职业教育双语教材

暖通空调技术

党天伟 魏旭春 主编

天津大学出版社

图书在版编目(CIP)数据

暖通空调技术 / 党天伟, 魏旭春主编. -- 天津 : 天津大学出版社, 2023.9
职业教育双语教材
ISBN 978-7-5618-7607-7

Ⅰ. ①暖… Ⅱ. ①党… ②魏… Ⅲ. ①采暖设备－双语教学－高等职业教育－教材②通风设备－双语教学－高等职业教育－教材③空气调节设备－双语教学－高等职业教育－教材 Ⅳ. ①TU83

中国国家版本馆CIP数据核字(2023)第187192号

NUANTONG KONGTIAO JISHU

策划编辑 陈柄岐
责任编辑 陈柄岐
封面设计 谷英卉

出版发行 天津大学出版社
地　　址 天津市卫津路92号天津大学内(邮编:300072)
电　　话 发行部:022-27403647
网　　址 www.tjupress.com.cn
印　　刷 廊坊市瑞德印刷有限公司
经　　销 全国各地新华书店
开　　本 787mm×1092mm　1/16
印　　张 35.75
字　　数 949千
版　　次 2023年9月第1版
印　　次 2023年9月第1次
定　　价 116.00元

编委会

主　审： 李清彬

主　编： 党天伟　魏旭春

副主编： 王新华　单元太

参　编： 刘　杰　王　杰　高玉丽

古力扎努·阿力木　李　博

Т. Р. Холмуратов

П. С. Хужаев

Р. Г. Абдуллаев

前言

塔吉克斯坦鲁班工坊由天津城市建设管理职业技术学院与塔吉克斯坦技术大学共同建设，旨在加强中国与塔吉克斯坦在应用技术及职业教育领域的合作，分享中国职业教育优质资源。

本教材立足于塔吉克斯坦鲁班工坊教学与培训发展的需求，以鲁班工坊绿色能源实训中心管道与制暖技术实训装备为基础，扩展清洁能源知识，以培养城市热能应用技术专业高质量技术技能人才为目标，将中国绿色清洁能源供冷供热系统应用同世界分享。

本教材按照项目驱动模式和以实际工作任务为导向的职业教育理念开发建设，突出职业教育的特点和实践性教育环节，重视理论和实践相结合，体现理实一体化、模块化教学，并配有信息化教学资源，通过手机扫描书中二维码即可查看。

本教材融入热泵、中央空调知识和热泵工程典型实例等内容，对接城市热能应用技术、供热燃气通风与空调工程和建筑环境与设备工程专业岗位能力需求，包含8个教学项目、35个典型工作任务，并配套22个视频资源。根据学生的认知规律，每个任务由任务导入、任务准备、任务实施、任务评价、知识巩固等部分组成。项目一、项目二由党天伟、魏旭春编写，项目三由高玉丽、魏旭春编写，项目四由刘杰、古力扎努·阿力木编写，项目五由王新华编写，项目六由单元太编写，项目七由王杰编写，项目八由李博整理提供。塔吉克斯坦技术大学供热供燃气通风教研室T. P. Холмуратов、П. С. Хужаев、Р. Г. Абдуллаев参与了教材的编写。全书由党天伟、魏旭春负责策划并统稿。吴海月参与了翻译的校核工作。

本教材采用中俄两种语言编写，适合中文和俄文语言环境国家的各类院校教学使用、职业技能培训，还可作为供热燃气通风与空调工程和建筑环境与设备工程专业设计、施工、监理等人员的参考用书。

编者在编写本教材过程中得到了天津能源投资集团有限公司、天津市热电有限公司、天津市燃气设计院有限公司、天津市地热开发有限公司、山东栋梁科技设备有限公司和华德智慧能源管理（天津）有限公司的帮助和支持，也参阅了相关文献资料，在此一并表示衷心感谢。

由于编者水平有限，书中难免有一些错误和不足之处，恳请广大读者批评指正。

编者

2023年7月

目录

视频目录

项目一

蒸气压缩式制冷循环

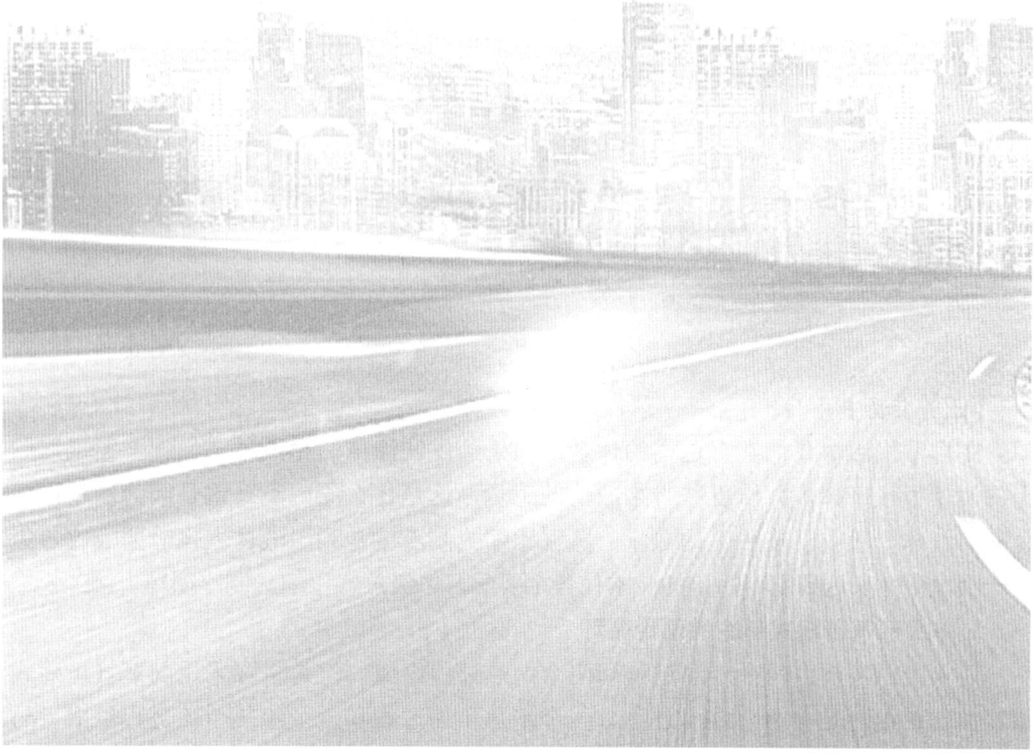

【项目描述】

制冷是使某一空间或物体的温度降到低于周围环境温度，并保持在规定低温状态的一门科学技术，它随着人们对低温条件的要求和社会生产力的提高而不断发展。蒸气制冷是目前应用较多的制冷形式，在这种形式中应用最广泛的是蒸气压缩式制冷装置。本项目通过对单级蒸气压缩制冷循环、双级蒸气压缩制冷循环、复叠式蒸气压缩制冷循环的介绍，使读者对蒸气压缩式制冷有进一步的认识，为后面制冷技术的学习打下基础。

【项目目标】

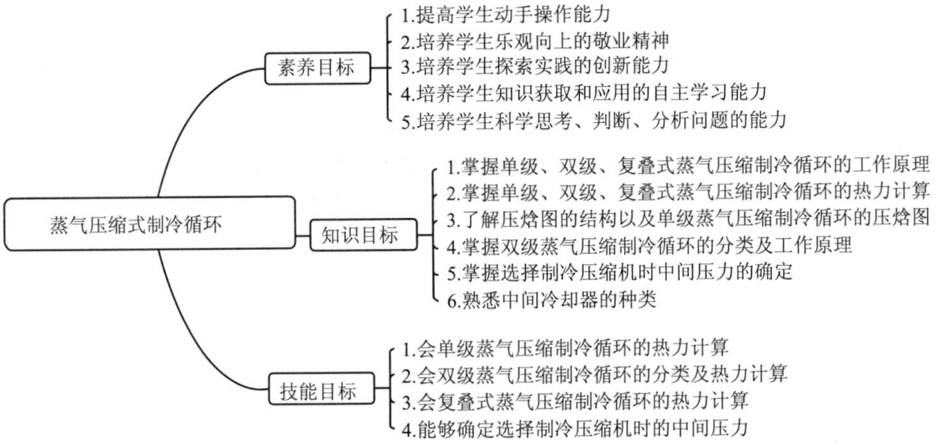

任务一　单级蒸气压缩式制冷循环

【任务准备】

在日常生活中我们都有这样的体会，如果给皮肤涂抹酒精液体，你就会发现皮肤上的酒精很快干掉，并给皮肤带来凉快的感觉，这是什么原因呢？这是因为酒精由液体变为气体时吸收了皮肤上的热量，蒸气压缩式制冷就是利用液体汽化时要吸收热量这一物理特性来达到制冷的目的。本任务主要学习单级蒸气压缩式制冷循环。

1. 单级蒸气压缩式制冷的理论循环

逆卡诺循环是由两个定温过程和两个绝热过程组成，但是实际采用的蒸气压缩式制冷的理论循环是由两个定压过程、一个绝热压缩过程和一个绝热节流过程组成。与逆卡诺循环（理想制冷循环）所不同的是：

（1）蒸气的压缩采用干压缩代替湿压缩，压缩机吸入的是饱和蒸气而不是湿蒸气；

（2）用膨胀阀代替膨胀机，制冷剂用膨胀阀绝热节流降压；

（3）制冷剂在冷凝器和蒸发器中的传热过程均为定压过程，并且具有传热温差。

蒸发器与冷凝器的认知

图 1-1-1 所示为蒸气压缩式制冷时理论循环图。它是由压缩机、冷凝器、膨胀阀、蒸发器等四大设备组成的，这些设备之间用管道依次连接形成一个封闭的系统。它的工作过程如下：压缩机将蒸发器内所产生的低压低温的制冷剂蒸气吸入气缸内，经过压缩机压缩后使制冷剂蒸气的压力和温度升高，然后将高压高温的制冷剂排入冷凝器；在冷凝器内，高压高温的制冷剂蒸气与温度比较低的冷却水（或空气）进行热量交换，把热量传给冷却水（或空气），而制冷剂本身放出热量后由气体冷凝为液体，这种高压的制冷剂液体经过膨胀阀节流降压、降温后进入蒸发器；在蒸发器内，低压低温的制冷剂液体吸收被冷却物体（如食品或空调冷冻水）的热量而汽化，而被冷却物体（如食品或空调冷冻水）得到冷却，蒸发器中所产生的低压低温的制冷剂蒸气又被压缩机吸走。由此制冷剂在系统中要经过压缩、冷凝、节流、汽化（蒸发）四个过程，从而完成一个制冷循环。

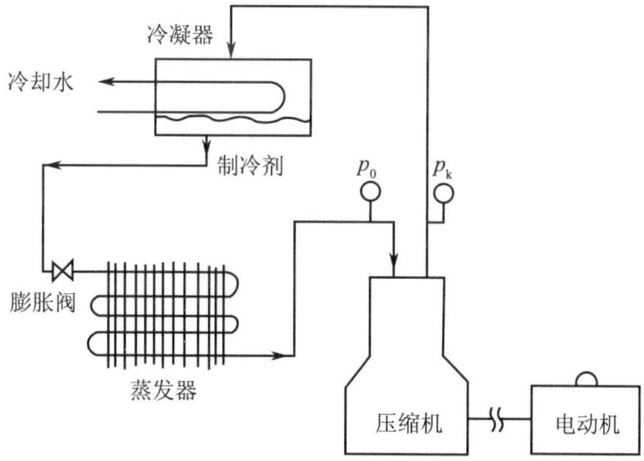

图 1-1-1　蒸气压缩式制冷的理论循环图

综上所述，蒸气压缩式制冷的理论循环过程可归纳为以下四步。

（1）低压低温的制冷剂液体（含有少量蒸气）在蒸发器内的定压汽化吸热过程，即从低温物体中夺取热量。该过程是在压力不变的条件下，制冷剂由液体汽化为气体。

（2）低压低温的制冷剂蒸气在压缩机中的绝热压缩过程。该过程是消耗外界能量（电能）的补偿过程，以实现制冷循环。

（3）高压高温的制冷剂蒸气在冷凝器中的定压冷却冷凝过程，即将从被冷却物体（低温物体）中夺取的热量连同压缩机所消耗的功转化成的热量一起，全部由冷却水（高温物体）带走，而制冷剂本身在定压下由气体冷凝为液体。

（4）高压的制冷剂液体经膨胀阀节流降压、降温过程，为制冷剂液体在蒸发器内汽化创造条件。

因此，蒸气压缩式制冷循环就是制冷剂在蒸发器内夺取低温物体（食品或空调冷冻水）的热量，并通过冷凝器把这些热量传给高温物体（冷却水或空气）的过程。

2. 单级蒸气压缩式制冷理论循环的压焓图

1）压焓图（lg *p*-*h* 图）的结构

在制冷系统中，制冷剂的热力状态变化可以用其热力性质表来说明，也可以用热力性质图来表示。用热力性质图来研究整个制冷循环，不仅可以研究循环中的每一个过程，简便地确定制冷剂的状态参数，而且能直观地看到循环中各状态的变化过程及其特点。

制冷剂的热力性质图主要有温熵图（*T*-*S* 图）和压焓图（lg *p*-*h* 图）两种。由于制冷剂在蒸发器内吸热汽化和在冷凝器中放热冷凝都是在定压下进行的，而定压过程中所交换的热量和压缩机在绝热压缩过程中所消耗的功都可以用焓差来计算，且制冷剂经膨胀阀绝热节流后焓值不变，所以在工程上利用制冷剂的 lg *p*-*h* 图进行制冷循环的热力计算更为方便。

压焓图（lg *p*-*h* 图）的结构如图 1-1-2 所示。其中，以压力为纵坐标（为了缩小图面，通常取对数坐标，但是从图面查得的数值仍然是绝对压力，而不是压力的对数值），以焓为横坐标。图 1-1-2 反映了一点、两线、三区：*k* 点为临界点；*k* 点右边为干饱和蒸气线（称上界线），干度 x=1；*k* 点左边为饱和液体线（称下界线），干度 x=0；两条饱和线将图分成三个区域，即下界线以左为过冷液体区，上界线以右为过热蒸气区，两者之间为湿蒸气区。图 1-1-2 还包括一系列等参数线，如等压线 p=c，等焓线 h=c，等温线 t=c，等熵线 S=c，等比体积线 v=c，等干度线 x=c，其中 c 表示某一常数。

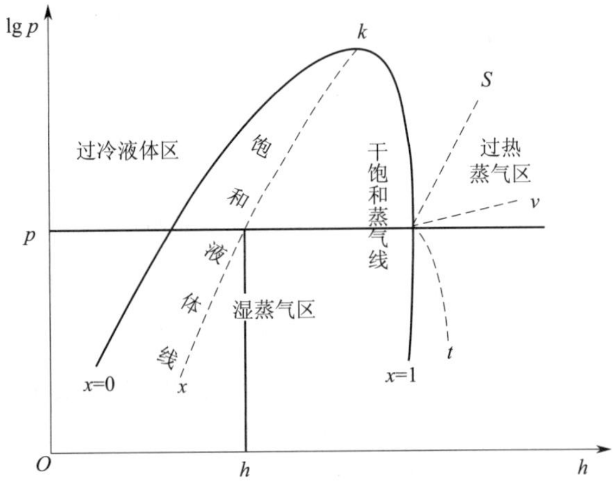

图 1-1-2　lg *p*-*h* 图的结构

（1）等压线：水平线。

（2）等焓线：垂直线。

（3）等温线：在过冷液体区几乎为垂直线；在湿蒸气区因工质状态的变化是在等压、等温下进行的，故等温线与等压线重合，是水平线；在过热蒸气区为向右下方弯曲的倾斜线。

（4）等熵线：向右上方倾斜的虚线。

（5）等比体积线：向右上方倾斜的虚线，但比等熵线平缓。

（6）等干度线：只存在于湿蒸气区内，其方向大致与饱和液体线或干饱和蒸气线相近，根据干度大小而定。

在压力、温度、比体积、比焓、比熵、干度等参数中，只要知道其中任何两个状态参数，就可以在 lg p-h 图中找出代表这个状态的一个点，在这个点上可以读出其他参数值。对于饱和蒸气和饱和液体，只要知道一个状态参数，就能在 lg p-h 图中确定其状态点。

压焓图是进行制冷循环分析和计算的重要工具，应熟练掌握。

2）单级蒸气压缩式制冷理论循环在压焓图上的表示

为了进一步了解单级蒸气压缩式制冷装置中制冷剂状态的变化过程，现将其制冷理论循环过程表示在压焓图上，如图 1-1-3 所示。

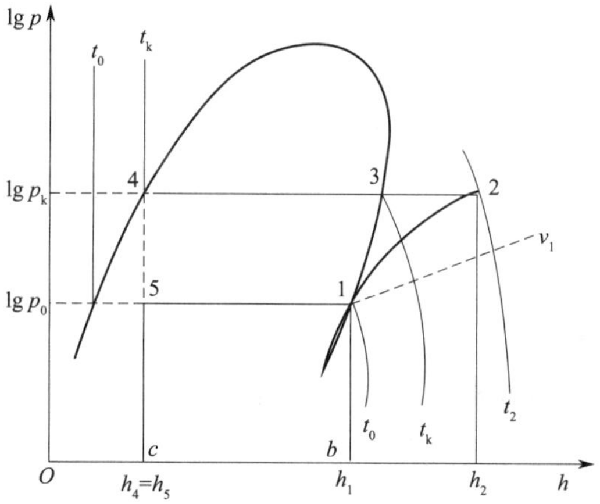

图 1-1-3　单级蒸气压缩式制冷理论循环在 lg p-h 图上的表示

点 1：制冷剂离开蒸发器的状态，也是进入压缩机的状态，如果不考虑过热，进入压缩机的制冷剂为干饱和蒸气。根据已知的 t_0 找到对应的 p_0，然后根据 p_0 的等压线与 x=1 的干饱和蒸气线相交来确定点 1。

点 2：高压制冷剂蒸气从压缩机排出进入冷凝器的状态。绝热压缩过程熵不变，即 $S_1=S_2$，因此由点 1 沿等熵线（$S=c$）向上与 p_k 的等压线相交便可求得点 2。

1 → 2 过程：制冷剂在压缩机中的绝热压缩过程，该过程要消耗机械功。

点 4：制冷剂在冷凝器内凝结成饱和液体的状态，也就是离开冷凝器时的状态。可由 p_k 的等压线与饱和液体线（x=0）相交求得点 4。

2 → 3 → 4 过程：制冷剂蒸气在冷凝器内进行定压冷却（2 → 3）和定压冷凝（3 → 4）过程，该过程制冷剂向冷却水（或空气）放出热量。

点 5：制冷剂出膨胀阀进入蒸发器的状态。

4 → 5 过程：制冷剂在膨胀阀中的节流过程。节流前后焓值不变（$h_4=h_5$），压力由

p_k 降到 p_0，温度由 t_k 降到 t_0，由饱和液体线进入湿蒸气区，这说明制冷剂液体经节流后产生少量的闪发气体。由于节流过程是不可逆过程，因此在压焓图上用一虚线表示。可由点 4 沿等焓线与 p_0 等压线相交求得点 5。

5 → 1 过程：制冷剂在蒸发器内定压蒸发吸热过程，该过程中 p_0 和 t_0 保持不变，低压低温的制冷剂液体吸收被冷却物体的热量使温度降低而达到制冷的目的。

制冷剂经过 1 → 2 → 3 → 4 → 5 → 1 过程后，即完成一个制冷理论基本循环。

3. 单级蒸气压缩式制冷理论循环的热力计算

制冷理论循环的热力计算是根据所确定制冷装置的制冷量、制冷剂的蒸发温度和冷凝温度及过冷温度、压缩机的吸气温度等已知条件进行的。

制冷理论循环热力计算的目的主要是计算出制冷循环的性能指标、压缩机的容量和功率以及热交换设备的热负荷，为选择压缩机和其他制冷设备提供必要的数据。

1）已知条件的确定

在进行单级蒸气压缩式制冷理论循环热力计算前，首先需要确定以下几个条件。

Ⅰ. 制冷装置的制冷量 φ_0

制冷量指制冷装置在一定的工作温度下，单位时间内从被冷却物体中吸收的热量。它是制冷装置制冷能力大小的标志，其单位为 kW，一般由空调工程、食品冷藏及其他用冷工艺来提供。

Ⅱ. 制冷剂的蒸发温度 t_0

蒸发温度是指制冷剂液体在蒸发器中汽化时的温度，它的确定与所采用的载冷剂（冷媒）有关，即与冷冻水、盐水和空气有关。

在冷藏库中以空气作为载冷剂时，制冷剂的蒸发温度要比冷藏库内所要求的空气温度低 8~10 ℃，即

$$t_0 = t' - (8\sim10) \tag{1-1-1}$$

在空调工程或其他用冷工艺中以水或盐水作为载冷剂时，制冷剂的蒸发温度的确定与选用的蒸发器的种类有关。

若选用卧式壳管式蒸发器，其蒸发温度比载冷剂温度低 2~4 ℃，即

$$t_0 = t' - (2\sim4) \tag{1-1-2}$$

若选用螺旋管式或直立管式蒸发器，其蒸发温度应比载冷剂温度低 4~6 ℃，即

$$t_0 = t' - (4\sim6) \tag{1-1-3}$$

Ⅲ. 制冷剂的冷凝温度 t_h

冷凝温度是指制冷剂在冷凝器中液化时的温度，其确定与冷凝器的结构形式和所采用的冷却介质（如冷却水或空气）有关。

若选用水冷式冷凝器，其冷凝温度比冷却水进出口平均温度（t_{pj},℃）高 5~7 ℃，即

$$t_k = t_{pj} + (5\sim7) \tag{1-1-4}$$

若选用风冷式冷凝器，其冷凝温度应比夏季空气调节室外计算干球温度（t_g,℃）高

15 ℃，即

$$t_k=t_g+15 \tag{1-1-5}$$

若选用蒸发式冷凝器，其冷凝温度应比夏季空气调节室外计算湿球温度（t_s,℃）高 8~15 ℃，即

$$t_k=t_s+（8\sim15） \tag{1-1-6}$$

水冷式冷凝器的冷却水进出口温差，应按下列数值选用：立式壳管式冷凝器为 2~4 ℃；卧式壳管式、套管式冷凝器为 4~8 ℃；淋激式冷凝器为 2~3 ℃。其中，冷却水进口温度较高时，温差应取较小值；进口温度较低时，温差应取较大值。

例 1-1-1　进冷凝器的冷却水温度 t_1=26 ℃，采用立式壳管式冷凝器，水在冷凝器中的温升 Δt=2~4 ℃，出冷凝器的冷却水温度 t_2=26+3=29 ℃，则制冷剂的冷凝温度为

$$t_k=t_{pj}+（5\sim7）=\frac{26+29}{2}+6=33.5\ ℃$$

可取 t_k 为 34 ℃。

Ⅳ. 制冷剂的过冷温度 t_{rc}

过冷温度是指制冷剂在冷凝压力 p_k 下，其温度低于冷凝温度时的温度。过冷温度比冷凝温度低 3~5 ℃，即

$$t_{rc}=t_k-（3\sim5） \tag{1-1-7}$$

Ⅴ. 压缩机的吸气温度 t_1

对于氨压缩机，其吸气温度比蒸发温度高 5~8 ℃，即 $t_1=t_0+（5\sim8）$；对于氟利昂压缩机，如采用回热循环，其吸气温度为 15 ℃。

2）单级蒸气压缩式制冷理论循环的热力计算

上述已知条件确定后，可在 lg p-h 图上标出制冷循环的各状态点，画出循环工作过程，并从图上查出各点的状态参数，便可进行热力计算。利用图 1-1-4 可对单级蒸气压缩式制冷理论循环进行热力计算。

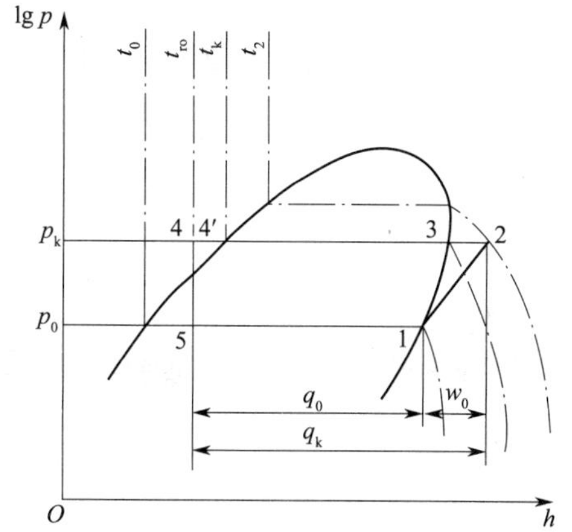

图 1-1-4　单级蒸气压缩式制冷理论循环在压焓图上的具体表示

Ⅰ. 单位质量制冷量 q_0

单位质量制冷量是指 1 kg 制冷剂在蒸发器内所吸收的热量，其单位为 kJ/kg，在图 1-1-4 中可用点 1 和点 5 的焓差来计算，即

$$q_0=h_1-h_5 \tag{1-1-8}$$

Ⅱ. 单位容积制冷量 q_v

单位容积制冷量是指压缩机吸入 1 m³ 制冷剂蒸气在蒸发器内所吸收的热量，其单位为 kJ/m³，即

$$q_v=\frac{q_0}{v_1}=\frac{h_1-h_5}{v_1} \tag{1-1-9}$$

式中　v_1——压缩机吸入制冷剂蒸气的比体积，m³/kg。

其中，v_1 与制冷剂性质有关，且受蒸发压力 p_0 的影响很大，一般制冷剂蒸发温度越低，v_1 值越大，q_0 值越小。

Ⅲ. 制冷装置中制冷剂的质量流量 M_R

制冷装置中制冷剂的质量流量是指压缩机每秒钟吸入制冷剂蒸气的质量，其单位为 kg/s，即

$$M_R=\frac{\varphi_0}{q_0} \tag{1-1-10}$$

式中　φ_0——制冷装置的制冷量，kJ/s 或 kW。

Ⅳ. 制冷装置中制冷剂的体积流量 V_R

制冷装置中制冷剂的体积流量是指压缩机每秒钟吸入制冷剂蒸气的体积，其单位为 m³/s，即

$$V_R=M_Rv_1=\frac{\varphi_0}{q_0}v_1 \tag{1-1-11}$$

Ⅴ. 冷凝器的热负荷 φ_k

冷凝器的热负荷是指制冷剂在冷凝器中放给冷却水（或空气）的热量，其单位为 kW，如果制冷剂液体过冷在冷凝器中进行，那么冷凝器的热负荷在 lg *p-h* 图上可用点 2 和点 4 的焓差来计算，即

$$q_k=h_2-h_4 \tag{1-1-12}$$

$$\varphi_k=M_Rq_k=M_R(h_2-h_4) \tag{1-1-13}$$

Ⅵ. 压缩机的理论耗功率 p_{th}

压缩机的理论耗功率是指压缩和输送制冷剂所消耗的理论功，其单位为 kW，即

$$W_0=h_2-h_1 \tag{1-1-14}$$

$$p_{th}=M_RW_0=M_R(h_2-h_1) \tag{1-1-15}$$

Ⅶ. 理论制冷系数 ε_{th}

$$\varepsilon_{th}=\frac{\varphi_0}{p_{th}}=\frac{q_0}{W_0}=\frac{h_1-h_5}{h_2-h_1} \tag{1-1-16}$$

例 1-1-2　某空气调节系统所需的制冷量为 25 kW，采用氨作为制冷剂，空调用户要求供给 10 ℃的冷冻水，可利用河水作为冷却水，水温最高为 32 ℃，系统不专门设置过冷器，液体过冷在冷凝器中进行，试进行制冷装置的热力计算。

解　（1）确定制冷装置的工作条件。

①采用直立管式蒸发器，其蒸发温度应比载冷剂温度低 4~6 ℃，即

$$t_0= t' -（4\sim6）=10-5=5\ ℃$$

与蒸发温度相应的 p_0=0.515 8 MPa。

②冷凝温度比冷却水进出口平均温度高 5~7 ℃，即

$$t_k=t_{pj}+（5\sim7）$$

若采用立式壳管式冷凝器，冷却水在冷凝器中的温升取 3 ℃，出冷凝器的冷却水温度为 $t_2=t_1+3=32+3=35$ ℃，则 $t_k=\dfrac{32+35}{2}+6=39.5$ ℃，取 t_k=40 ℃。与冷凝温度相对应的 p_k=1.554 9 MPa。

③过冷温度比冷凝温度低 3~5 ℃，取过冷度为 5 ℃，则过冷温度为

$$t_{rc}=t_k-5=40-5=35\ ℃$$

④压缩机的吸气温度比蒸发温度高 5 ℃，即

$$t_1=t_0+5=5+5=10\ ℃$$

（2）确定各状态点的参数。

根据上述已知条件，在 R717 的 lg p-h 图上画出制冷循环工作过程，如图 1-1-5 所示，按此图在 lg p-h 图上查出各状态点的参数如下。

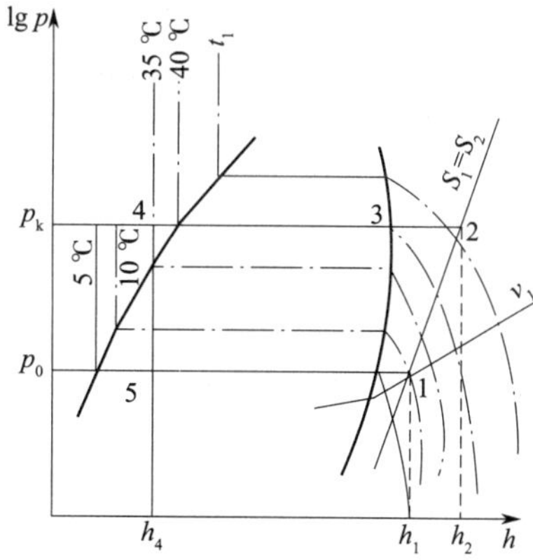

图 1-1-5　例 1-1-2 图

点 1 由 p_0 与 t_1=10 ℃相交求得，h_1=1 779 kJ/kg，v_1=0.25 m³/kg。由点 1 沿着等熵线向上与 p_k 相交得点 2，h_2=1 940 kJ/kg。再根据 t_{rc}=35 ℃与 p_k 相交得点 4，h_4=662 kJ/kg。由点 4 沿等焓线与 p_0 相交得点 5，由于 $h_4=h_5$，所以 h_5=662 kJ/kg。

（3）热力计算。

①单位质量制冷量：

$q_0=h_1-h_5=1\ 779-662=1\ 117$ kJ/kg

②单位容积制冷量：

$$q_v=\frac{q_0}{v_1}=\frac{1\ 117}{0.25}=4\ 468\ \text{kJ/m}^3$$

③制冷剂的质量流量和体积流量：

$$M_R=\frac{\varphi_0}{q_0}=\frac{25}{1\ 117}=0.022\ 4\ \text{kg/s}$$

$V_R=M_R v_1=0.022\ 4\times0.25=0.005\ 6\ \text{m}^3/\text{s}$

④冷凝器的热负荷：

$\varphi_k=M_R（h_2-h_4）=0.022\ 4\times（1\ 940-662）=28.63$ kW

⑤压缩机的理论耗功率：

$p_{th}=M_R（h_2-h_1）=0.022\ 4\times（1\ 940-1\ 779）=3.61$ kW

⑥理论制冷系数：

$$\varepsilon_{th}=\frac{\varphi_0}{p_{th}}=\frac{25}{3.61}=6.93$$

【任务实施】

根据项目任务书和项目任务完成报告进行任务实施，见表 1-1-1 和表 1-1-2。

表 1-1-1　项目任务书

<table>
<tr><td>任务名称</td><td colspan="3">单级蒸气压缩式制冷循环</td></tr>
<tr><td>小组成员</td><td colspan="3"></td></tr>
<tr><td>指导教师</td><td></td><td>计划用时</td><td></td></tr>
<tr><td>实施时间</td><td></td><td>实施地点</td><td></td></tr>
<tr><td colspan="4">任务内容与目标</td></tr>
<tr><td colspan="4">1. 了解单级蒸气压缩式制冷的理论循环；
2. 掌握压焓图（lg p-h 图）的结构；
3. 熟悉单级蒸气压缩式制冷理论循环在压焓图上的表示；
4. 能正确进行单级蒸气压缩式制冷理论循环的热力计算。</td></tr>
<tr><td>考核项目</td><td colspan="3">1. 单级蒸气压缩式制冷的理论循环
2. 压焓图（lg p-h 图）的结构
3. 单级蒸气压缩式制冷理论循环在压焓图上的表示
4. 单级蒸气压缩式制冷理论循环的热力计算</td></tr>
<tr><td>备注</td><td colspan="3"></td></tr>
</table>

表 1-1-2　项目任务完成报告

任务名称	单级蒸气压缩式制冷循环		
小组成员			
具体分工			
计划用时		实际用时	
备注			

1. 进冷凝器的冷却水温度 t_1=22 ℃，采用立式壳管式冷凝器，水在冷凝器中的温升 Δt=3~5 ℃，冷凝温度是多少？（参照例 1-1-1 计算）

2. 某空调系统的制冷量为 20 kW，采用 R134a 制冷剂，制冷系统采用回热循环，已知 t_0=0 ℃，t_k=40 ℃，蒸发器、冷凝器出口的制冷剂均为饱和状态，吸气温度为 15 ℃，试进行制冷理论循环的热力计算。（参照例 1-1-2 计算）

3. 在单级蒸气压缩式制冷循环的热力计算中为什么多采用 lg *p-h* 图？试说明 lg *p-h* 图的构成。

4. 在进行制冷理论循环热力计算时，首先应确定哪些工作参数？制冷循环热力计算应包括哪些内容？

5. 简述单级蒸气压缩式制冷理论循环在压焓图上的表示。

【任务评价】

根据项目任务综合评价表进行任务评价，见表 1-1-3。

表 1-1-3 项目任务综合评价表

任务名称： 测评时间： 年 月 日

考核明细		标准分	实训得分								
			小组成员								
			小组自评	小组互评	教师评价	小组自评	小组互评	教师评价	小组自评	小组互评	教师评价
团队（60分）	小组成员是否能在总体上把握学习目标与进度	10									
	小组成员是否分工明确	10									
	小组成员是否有合作意识	10									
	小组成员是否有创新想（做）法	10									
	小组成员是否如实填写任务完成报告	10									
	小组成员是否存在问题和具有解决问题的方案	10									
个人（40分）	个人是否服从团队安排	10									
	个人是否完成团队分配的任务	10									
	个人是否能与团队成员及时沟通和交流	10									
	个人是否能够认真描述困难、错误和修改的地方	10									
合计		100									

【知识巩固】

1. 填空题

压焓图（lg p-h 图）的结构。

（1）__________：水平线。

（2）__________：垂直线。

（3）__________：在过冷液体区几乎为垂直线；在湿蒸气区因工质状态的变化是在等压、等温下进行的，故等温线与等压线重合，是水平线；在过热蒸气区为向右下方弯曲的倾斜线。

（4）__________：向右上方倾斜的虚线。

（5）__________：向右上方倾斜的虚线，但比等熵线平缓。

（6）__________：只存在于湿蒸气区域内，其方向大致与饱和液体线或干饱和蒸气线相近，根据干度大小而定。

2. 计算题

（1）已知制冷剂为 R22，将压力为 0.2 MPa 的饱和蒸气等熵压缩到 1 MPa。求压缩后的比焓 h 和温度 t 各为多少？

（2）已知某制冷机以 R12 为制冷剂，制冷量为 16.28 kW，循环的蒸发温度 t_0=−15 ℃，冷凝温度 t_k=30 ℃，过冷温度 t_{rc}=25 ℃，压缩机的吸气温度 t_1=15 ℃。①将该循环画在 lg p-h 图上；②确定各状态下的有关参数值（v、h、S、t、p）；③进行理论循环的热力计算。

任务二　双级蒸气压缩式制冷循环

【任务准备】

随着制冷技术在各行各业的广泛使用，要求达到的蒸发温度越来越低，而单级蒸气压缩式制冷循环能获得的最低蒸发温度为 −40~−20 ℃，当用户需要更低温度时，单级蒸气压缩式制冷循环难以实现，这时必须采用双级蒸气压缩式制冷循环。

一般单级蒸气压缩式制冷循环常用中温制冷剂，其蒸发温度一般只能达到 −40~−20 ℃。由于冷凝温度及其对应的冷凝压力受到环境条件的限制，所以当冷凝压力一定时，要想获得较低的蒸发温度，压缩比 p_k/p_0 必然很大。而压缩比过大，会导致制冷压缩机的容积效率降低，使制冷量减少，排气温度过高，润滑油变稀，危害制冷压缩机的正常工作。通常单级蒸气压缩式制冷压缩机压缩比的合理范围大致如下：氨 $p_k/p_0 \leqslant 8$，氟利昂 $p_k/p_0 \leqslant 10$。当压缩比超过上述范围时，就应采用双级蒸气压缩式制冷循环。

双级蒸气压缩式制冷循环的主要特点是将来自蒸发器的低压蒸气先用低压级制冷压缩机压缩至适当的中间压力，然后经中间冷却器冷却后再进入高压级制冷压缩机再次压缩至冷凝压力。这样既可以获得较低的蒸发温度，又可以使制冷压缩机的压缩比控制在合理范围内，保证制冷压缩机安全可靠地运行。

双级压缩根据中间冷却器的工作原理可分为完全中间冷却的双级压缩和不完全中间冷却的双级压缩。在工程中，氨系统主要采用一次节流、完全中间冷却的双级压缩制冷循环；氟利昂系统则采用一次节流、不完全中间冷却的双级压缩制冷循环。

1. 一次节流、完全中间冷却的双级压缩制冷循环

1）制冷循环的工作原理

一次节流、完全中间冷却的双级压缩制冷循环的工作原理如图 1-2-1 所示。

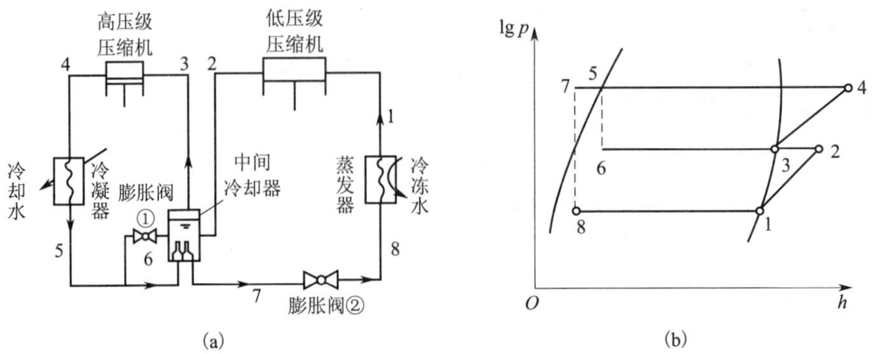

图 1-2-1　一次节流、完全中间冷却的双级压缩制冷循环

（a）工作流程　（b）理论循环

该制冷循环的工作原理如下：从蒸发器出来的低压蒸气被低压级制冷压缩机吸入后压缩至中间压力，被压缩后的过热蒸气进入中间冷却器，被来自膨胀阀的液态制冷剂冷却至饱和状态，再经高压级制冷压缩机继续压缩至冷凝压力，然后进入冷凝器中冷凝成高压液体。由冷凝器流出的液体分成两路：一路经膨胀阀节流至中间压力进入中间冷却器，利用它的汽化来冷却低压级制冷压缩机排出的中间压力的蒸气和中间冷却器盘管中的高压液体，汽化的蒸气连同节流后的闪发气体及冷却后的中压蒸气一起进入高压级制冷压缩机；另一路在中间冷却器的盘管内被过冷后进入膨胀阀，节流后进入蒸发器中蒸发吸热，吸收被冷却物体的热量，以达到制冷的目的。

在图 1-2-1（b）中，1 → 2 表示低压蒸气在低压级制冷压缩机中的压缩过程；2 → 3 表示中压过热蒸气在中间冷却器中的冷却过程；3 → 4 表示中压蒸气在高压级制冷压缩机中的压缩过程；4 → 5 表示高压蒸气在冷凝器中的冷却和冷凝过程；5 → 6 表示高压液体在膨胀阀①的节流过程；6 → 3 表示中压液体（含有少量闪发气体）在中间冷却器中的蒸发吸热过程；5 → 7 表示高压液体在中间冷却器盘管内的再冷却过程；7 → 8 表示高压液体制冷剂在膨胀阀②的节流过程；8 → 1 表示低压低温液体（含有少量闪发气体）在蒸发器中的蒸发吸热过程。

2）双级压缩氨制冷系统

图 1-2-2 所示为双级压缩氨制冷系统图。其工艺流程如下：低压级制冷压缩机→中间冷却器→高压级制冷压缩机→氨油分离器→冷凝器→高压贮液器→调节站→中间冷却器盘管→氨液过滤器→浮球膨胀阀→气液分离器→氨液过滤器→氨泵→供液调节站→蒸发排管→回气调节站→气液分离器→低压级制冷压缩机。

2. 一次节流、不完全中间冷却的双级压缩制冷循环

1）制冷循环的工作原理

氟利昂系统采用不完全中间冷却的双级压缩，其目的是希望制冷压缩机的过热度大一些。这样，既能改善制冷压缩机的运行性能，又能改善制冷循环的热力性能。

一次节流、不完全中间冷却的双级压缩制冷循环的工作原理如图 1-2-3 所示。

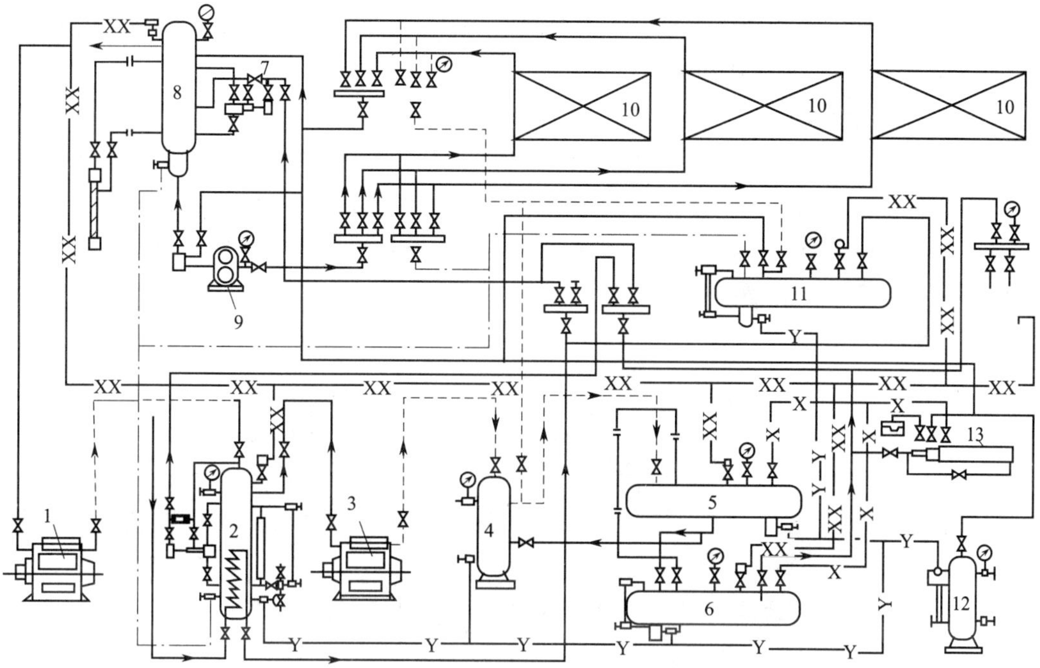

图 1-2-2　双级压缩氨制冷系统图

1—低压级制冷压缩机；2—中间冷却器；3—高压级制冷压缩机；4—氨油分离器；5—冷凝器；6—高压贮液器；7—调节阀；8—气液分离器；9—氨泵；10—蒸发排管；11—排液桶；12—集油器；13—空气分离器

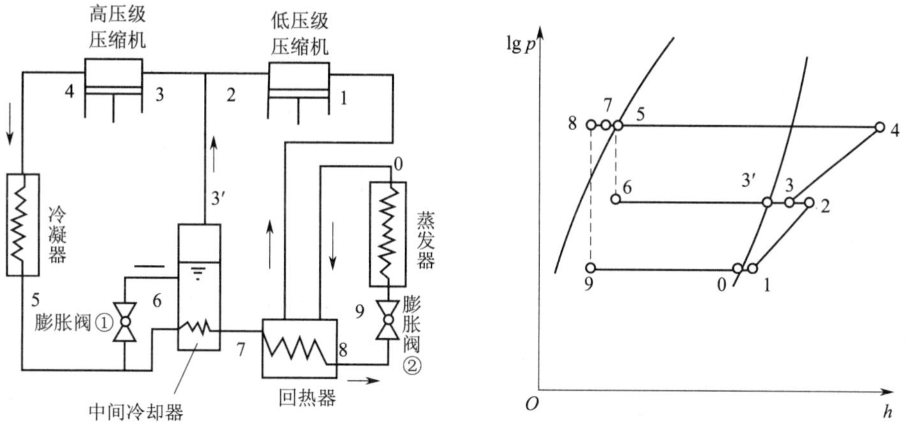

（a）　　　　（b）

图 1-2-3　一次节流、不完全中间冷却的双级压缩制冷循环

（a）工作流程　（b）理论循环

不完全中间冷却的双级压缩与完全中间冷却的双级压缩的主要区别为低压级制冷压缩机的排气不在中间冷却器中冷却，而是与中间冷却器中产生的饱和蒸气在管路中混合后再进入高压级制冷压缩机中，而且系统中还设有回热器，使低压蒸气与高压液体进行热交换，以保证低压级制冷压缩机吸气的过热度。

2）双级压缩氟利昂制冷系统

图 1-2-4 所示为双级压缩氟利昂制冷系统图。其工艺流程如下：低压级制冷压缩机→油分离器→（与来自中间冷却器的蒸气混合）→高压级制冷压缩机→油分离器→冷凝器→干燥过滤器→中间冷却器→回热器→电磁阀→热力膨胀阀→空气冷却器（即蒸发器）→回热器→低压级制冷压缩机。

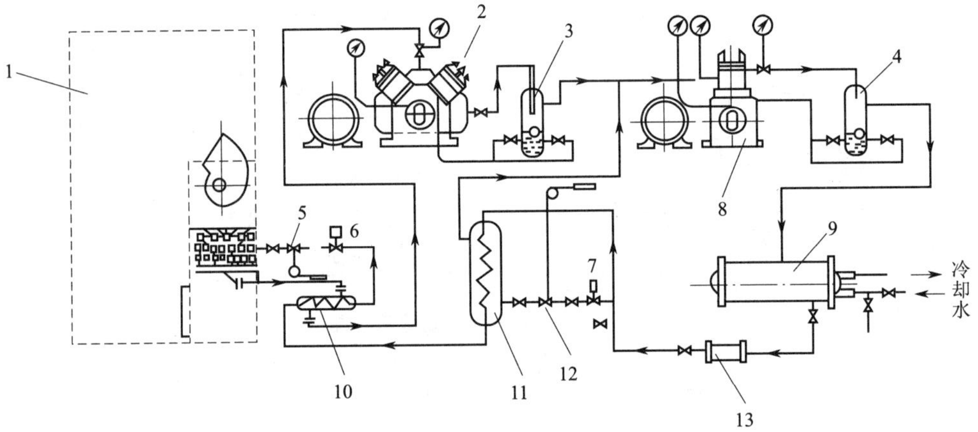

图 1-2-4　双级压缩氟利昂制冷系统图

1—空气冷却器；2—低压级制冷压缩机；3、4—油分离器；5、12—热力膨胀阀；6、7—电磁阀；8—高压级制冷压缩机；9—冷凝器；10—回热器；11—中间冷却器；13—干燥过滤器

3. 选择制冷压缩机时中间压力的确定

在设计双级压缩制冷系统时，选定适宜的中间压力可以使双级压缩制冷系统所耗的总功率最小。这个中间压力称为最佳中间压力，其单位为 Pa，计算公式为

$$p=\sqrt{p_0 p_{\mathrm{k}}} \tag{1-2-1}$$

但是，由于制冷剂蒸气不是理想气体，而且高、低压级制冷压缩机吸气温度不同，吸入蒸气的质量也不相等，所以应对式（1-2-1）进行如下修正：

$$p=\phi\sqrt{p_0 p_{\mathrm{k}}} \tag{1-2-2}$$

式中　ϕ——与制冷剂性质有关的修正系数。

从实际试验结果得出结论：在相同压缩比时，低压级制冷压缩机的容积效率要比高压级制冷压缩机小，而且当蒸发温度越低、吸气压力越小时，容积效率降低越大。所以，为了提高低压级制冷压缩机的容积效率以获得较大的制冷量，通常将低压级制冷压缩机的压缩比取得小些。实际情况表明，最佳中间压力值的确定与许多因素有关，不仅应使双级制冷压缩机的气缸总容积为最小值，而且应使双级制冷压缩机的实际制冷系数为最大值，这样可缩小制冷压缩机的结构尺寸，提高其经济性。同时，还要求高压级制冷压缩机的排气温度适当低一些，以改善制冷压缩机的润滑性能。

综合以上的要求，修正系数 ϕ 推荐取下列数值：

（1）对 R22，ϕ =0.9~0.95；

（2）对 R717，ϕ =0.95~1.0。

4. 中间冷却器

中间冷却器可分为完全中间冷却和不完全中间冷却两种，如图 1-2-5 所示。中间冷却器的壳体断面应保证气流速度不超过 0.5 m/s，盘管中液体制冷剂的流速为 0.4~0.7 m/s。氨中间冷却器的传热系数为 600~700 W/（m^2 • ℃），氟利昂中间冷却器的传热系数为 350~400 W/（m^2 • ℃）。

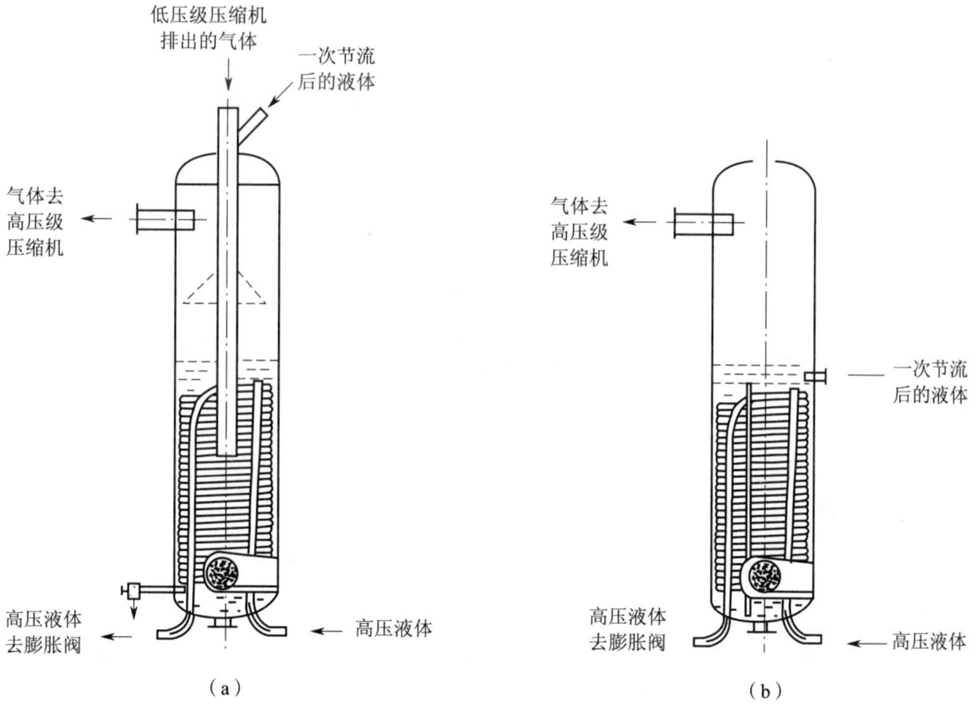

图 1-2-5　中间冷却器示意图

（a）完全中间冷却器　（b）不完全中间冷却器

【任务实施】

根据项目任务书和项目任务完成报告进行任务实施，见表 1-2-1 和表 1-2-2。

表 1-2-1　项目任务书

任务名称	双级蒸气压缩式制冷循环		
小组成员			
指导教师		计划用时	
实施时间		实施地点	
任务内容与目标			
1. 掌握一次节流、完全中间冷却的双级压缩制冷循环的工作原理和热力计算； 2. 掌握一次节流、不完全中间冷却的双级压缩制冷循环的工作原理和热力计算； 3. 确定选择制冷压缩机时的中间压力。			
考核项目	1. 一次节流、完全中间冷却的双级压缩制冷循环的工作原理及热力计算 2. 一次节流、不完全中间冷却的双级压缩制冷循环的工作原理及热力计算 3. 确定选择制冷压缩机时的中间压力		
备注			

表 1-2-2　项目任务完成报告

任务名称	双级蒸气压缩式制冷循环		
小组成员			
具体分工			
计划用时		实际用时	
备注			
1. 根据中间冷却器的工作原理不同，双级压缩制冷循环可分为哪两种形式？工作原理各是什么？两者有何区别？ 2. 试述双级氨制冷系统和双级氟利昂制冷系统的工作原理。 3. 试述一次节流、完全中间冷却的双级压缩制冷循环的热力计算过程。 4. 试述一次节流、不完全中间冷却的双级压缩制冷循环的热力计算过程。			

【任务评价】

根据项目任务综合评价表进行任务评价，见表 1-2-3。

表 1-2-3　项目任务综合评价表

任务名称：　　　　　　　　　　　　　　　　测评时间：　　年　　月　　日

<table>
<tr><td colspan="2" rowspan="4">考核明细</td><td rowspan="4">标准分</td><td colspan="9">实训得分</td></tr>
<tr><td colspan="9">小组成员</td></tr>
<tr><td colspan="3"></td><td colspan="3"></td><td colspan="3"></td></tr>
<tr><td>小组自评</td><td>小组互评</td><td>教师评价</td><td>小组自评</td><td>小组互评</td><td>教师评价</td><td>小组自评</td><td>小组互评</td><td>教师评价</td></tr>
<tr><td rowspan="6">团队（60分）</td><td>小组成员是否能在总体上把握学习目标与进度</td><td>10</td><td></td><td></td><td></td><td></td><td></td><td></td><td></td><td></td><td></td></tr>
<tr><td>小组成员是否分工明确</td><td>10</td><td></td><td></td><td></td><td></td><td></td><td></td><td></td><td></td><td></td></tr>
<tr><td>小组成员是否有合作意识</td><td>10</td><td></td><td></td><td></td><td></td><td></td><td></td><td></td><td></td><td></td></tr>
<tr><td>小组成员是否有创新想（做）法</td><td>10</td><td></td><td></td><td></td><td></td><td></td><td></td><td></td><td></td><td></td></tr>
<tr><td>小组成员是否如实填写任务完成报告</td><td>10</td><td></td><td></td><td></td><td></td><td></td><td></td><td></td><td></td><td></td></tr>
<tr><td>小组成员是否存在问题和具有解决问题的方案</td><td>10</td><td></td><td></td><td></td><td></td><td></td><td></td><td></td><td></td><td></td></tr>
<tr><td rowspan="4">个人（40分）</td><td>个人是否服从团队安排</td><td>10</td><td></td><td></td><td></td><td></td><td></td><td></td><td></td><td></td><td></td></tr>
<tr><td>个人是否完成团队分配的任务</td><td>10</td><td></td><td></td><td></td><td></td><td></td><td></td><td></td><td></td><td></td></tr>
<tr><td>个人是否能与团队成员及时沟通和交流</td><td>10</td><td></td><td></td><td></td><td></td><td></td><td></td><td></td><td></td><td></td></tr>
<tr><td>个人是否能够认真描述困难、错误和修改的地方</td><td>10</td><td></td><td></td><td></td><td></td><td></td><td></td><td></td><td></td><td></td></tr>
<tr><td colspan="2">合计</td><td>100</td><td></td><td></td><td></td><td></td><td></td><td></td><td></td><td></td><td></td></tr>
</table>

【知识巩固】

1. 填空题

一次节流、完全中间冷却的双级压缩制冷循环的工作原理：从蒸发器出来的________被低压级制冷压缩机吸入后压缩至中间压力，被压缩后的________进入________，被来自膨胀阀的________冷却至饱和状态，再经________继续压缩至冷凝压力，然后进入冷凝器中冷凝成________。由冷凝器流出的液体分成两路：一路经膨胀阀节流至中间压力进入________，利用它的汽化来冷却低压级制冷压缩机排出的中间压力的蒸气和中间冷却器盘管中的________，汽化的蒸气连同节流后的________及冷却后的中压蒸气一起进入高压级制冷压缩机；另一路在中间冷却器的盘管内被过冷后进入膨胀阀，节流后进入蒸发器中蒸发吸热，吸收被冷却物体的热量，以达到制冷的目的。

2. 简答题

（1）简述不完全中间冷却的双级压缩与完全中间冷却的双级压缩的主要区别。

（2）简述双级压缩氟利昂制冷系统的工艺流程。

（3）有一双级压缩制冷系统，制冷剂为 R717，已知 p_0=0.717 MPa，p_k=1.167 MPa，试确定其最佳中间压力。

（4）当蒸发温度为 −80 ℃，能否采用双级压缩制冷循环？为什么？

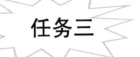

任务三　复叠式蒸气压缩制冷循环

【任务准备】

由于受到制冷剂本身物理性质的限制，双级压缩制冷循环所能达到的最低蒸发温度也是有一定限制的，具体如下。

（1）随着蒸发温度的降低，制冷剂的比体积增大，单位容积制冷能力大为降低，则低压气缸的尺寸大大增加。

（2）蒸发温度太低，相应的蒸发压力也就很低，致使压缩机气缸的吸气阀不能正常工作，同时不可避免地会有空气渗入制冷系统内。

（3）蒸发温度必须高于制冷剂的凝固点，否则制冷剂无法进行循环。

从以上分析可知，为了获得低于 −70~−60 ℃的蒸发温度，不宜采用氨等作为制冷剂，而需要采用其他的制冷剂。但是，凝固点低的制冷剂，其临界温度也很低，不利于用一般冷却水或空气进行冷凝，这时必须采用复叠式蒸气压缩制冷循环。

1. 复叠式蒸气压缩制冷循环的工作原理

图 1-3-1 所示为复叠式蒸气压缩制冷循环的工作原理。它由两个独立的单级蒸气压缩式制冷循环组成，左端为高温级制冷循环，制冷剂为 R22；右端为低温级制冷循环，制冷剂为 R13。蒸发冷凝器既是高温级制冷循环的蒸发器，又是低温级制冷循环的冷凝器。其依靠高温级制冷循环中制冷剂的蒸发来吸收低温级制冷循环中制冷剂的冷凝热量。

在复叠式蒸气压缩制冷循环中，为了保证低温级制冷循环中制冷剂的冷凝，要求高温级制冷循环的蒸发温度低于低温级制冷循环的冷凝温度，一般低 3~5 ℃。

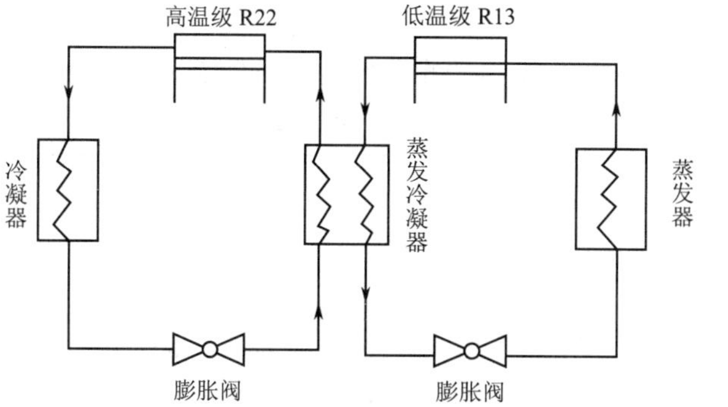

图 1-3-1　复叠式蒸气压缩制冷循环的工作原理

复叠式蒸气压缩制冷循环的制冷温度范围见表 1-3-1。当蒸发温度为 -80~-60 ℃时，高温级制冷循环与低温级制冷循环都采用单级；当蒸发温度为 -100~-80 ℃时，高温级制冷循环应采用双级，低温级制冷循环应采用单级；当蒸发温度低于 -100 ℃时，高温级制冷循环应采用单级，低温级制冷循环应采用双级。

表 1-3-1　复叠式蒸气压缩制冷循环的制冷温度范围

温度范围 /℃	采用的制冷剂与制冷循环
-80~-60	R22 单级与 R13 单级复叠
-100~-80	R22 双级与 R13 单级复叠
-130~-100	R22 单级与 R13 双级复叠

2. 复叠式蒸气压缩制冷系统图

图 1-3-2 所示为复叠式蒸气压缩制冷系统图。在低温级制冷循环的高压段和低压段之间有一个膨胀容器，它的作用是防止制冷机停机后低压级系统中的压力过高，以保证安全。

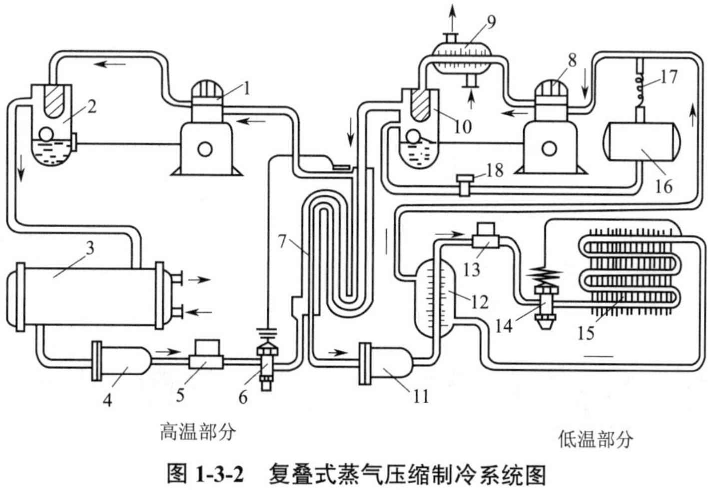

图 1-3-2　复叠式蒸气压缩制冷系统图

1—R22 制冷压缩机；2、10—油分离器；3—冷凝器；4、11—过滤器；5、13—电磁阀；6、14—热力膨胀阀；7—蒸发冷凝器；8—R13 制冷压缩机；9—预冷器；12—回热器；15—蒸发器；16—膨胀容器；17—毛细管；18—单向阀

【任务实施】

根据项目任务书和项目任务完成报告进行任务实施，见表 1-3-2 和表 1-3-3。

表 1-3-2　项目任务书

任务名称	复叠式蒸气压缩制冷循环		
小组成员			
指导教师		计划用时	
实施时间		实施地点	
任务内容与目标			
了解复叠式蒸气压缩制冷循环的工作原理。			
考核项目	复叠式蒸气压缩制冷循环的工作原理		
备注			

表 1-3-3　项目任务完成报告

任务名称	复叠式蒸气压缩制冷循环		
小组成员			
具体分工			
计划用时		实际用时	
备注			
1. 试述复叠式蒸气压缩制冷循环中蒸发冷凝器的作用。 2. 简述复叠式蒸气压缩制冷循环的工作原理。 3. 当蒸发温度为 −100 ℃，采用复叠式蒸气压缩制冷时，高温级制冷循环采用单级还是双级？低温级制冷循环采用单级还是双级？			

【任务评价】

根据项目任务综合评价表进行任务评价，见表 1-3-4。

表 1-3-4　项目任务综合评价表

任务名称：　　　　　　　　　　　　　　　　测评时间：　　年　　月　　日

考核明细		标准分	实训得分								
			小组成员								
			小组自评	小组互评	教师评价	小组自评	小组互评	教师评价	小组自评	小组互评	教师评价
团队（60分）	小组成员是否能在总体上把握学习目标与进度	10									
	小组成员是否分工明确	10									
	小组成员是否有合作意识	10									
	小组成员是否有创新想（做）法	10									
	小组成员是否如实填写任务完成报告	10									
	小组成员是否存在问题和具有解决问题的方案	10									
个人（40分）	个人是否服从团队安排	10									
	个人是否完成团队分配的任务	10									
	个人是否能与团队成员及时沟通和交流	10									
	个人是否能够认真描述困难、错误和修改的地方	10									
合计		100									

【知识巩固】

1. 填空题

复叠式蒸气压缩制冷循环的制冷温度范围：当蒸发温度为________时，高温级制冷循环与低温级制冷循环都采用________；当蒸发温度为________时，高温级制冷循环应采用________，低温级制冷循环应采用单级；当蒸发温度低于________时，高温级制冷循环应采用单级，低温级制冷循环应采用双级。

2. 简答题

简述复叠式蒸气压缩制冷循环的工作原理。

项目二

制冷与热泵工质

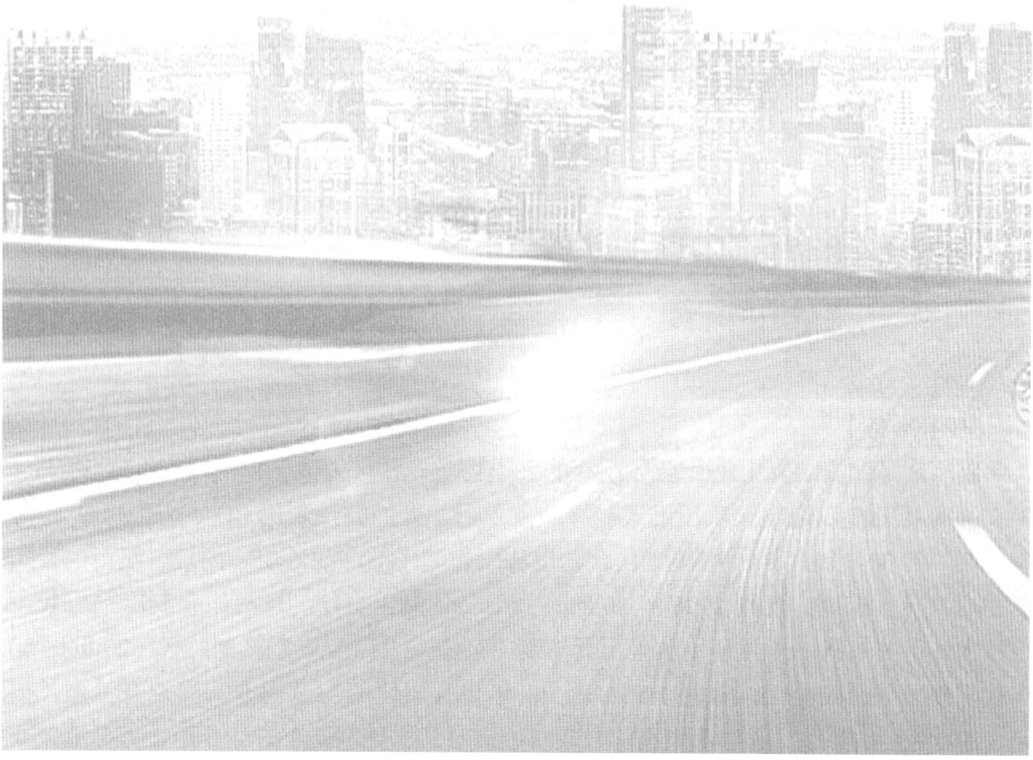

【项目描述】

制冷剂是制冷装置中进行循环制冷的工作物质，又称为“工质”。

载冷剂是空调工程、工业生产和科学试验中采用的制冷装置间接冷却被冷却物，或者将制冷装置产生的冷量远距离输送的中间物质。

润滑油是介于两个相对运动的物体之间，具有减少两个物体因接触而产生摩擦的功能。

最常用的蓄冷介质是水、冰和其他相变材料。

本项目主要认识制冷剂、载冷剂、润滑油和蓄冷介质。

【项目目标】

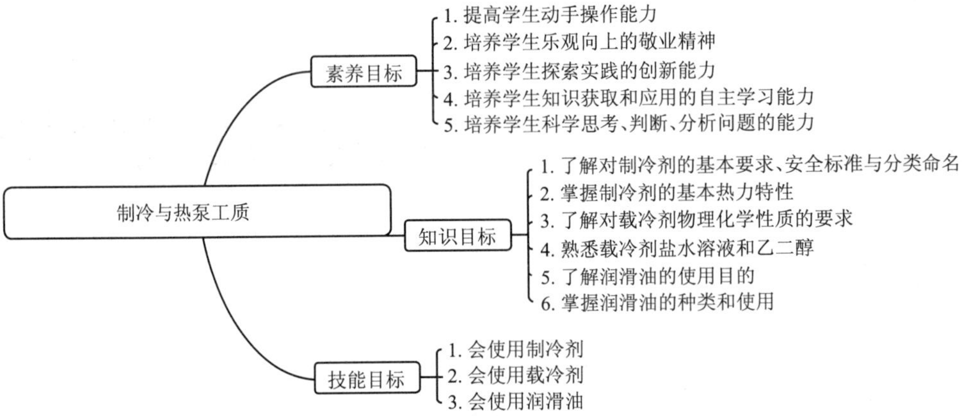

任务一　制冷剂的认识

【任务准备】

制冷剂是制冷装置中进行循环制冷的工作物质，又称为“工质”。自 1834 年 Jacob Perkins 采用乙醚制造出蒸气压缩式制冷装置以后，人们尝试采用 CO_2、NH_3、SO_2 作为制冷剂；到 20 世纪初，一些碳氢化合物也被用作制冷剂，如乙烷、丙烷、氟甲烷、二氯乙烯、异丁烷等；直到 1928 年 Midgley 和 Henne 制出 R12，氟利昂族制冷剂引起制冷技术真正的革新，人类开始从采用天然制冷剂步入采用合成制冷剂时代；20 世纪 50 年代出现了共沸混合工质，如 R502 等；60 年代开始研究与试用非共沸混合工质。但是，20 世纪 70 年代发现含氯或溴的合成制冷剂对大气臭氧层有破坏作用，而且造成非常严重的温室效应。所以，考虑环境保护是现今选用制冷剂的重要原则。

1. 对制冷剂的基本要求

1）热力学性质

Ⅰ. 制冷效率高

制冷剂的热力学性质对制冷系数的影响可用制冷效率 η_R 表示；选用制冷效率较高的制冷剂可以提高制冷的经济性。

Ⅱ. 压力适中

制冷剂在低温状态下的饱和压力最好能接近大气压力，甚至高于大气压力。因为，如果蒸发压力低于大气压力，空气易于渗入、不易排除，这不仅会影响蒸发器、冷凝器的传热效果，而且会增加压缩机的耗功量；同时，由于制冷系统一般均采用水或空气作为冷却介质以使制冷剂冷凝成液态，故希望在常温下制冷剂的冷凝压力也不应过高，最好不超过 2 MPa，这样可以减少制冷装置承受的压力，也可以减少制冷剂向外渗漏的可能性。

Ⅲ. 单位容积制冷能力大

制冷剂单位容积制冷能力越大，则产生一定制冷量时，所需制冷剂的体积循环量越小，就可以减小压缩机尺寸。一般而言，标准大气压力下沸点越低，单位容积制冷能力越大。例如，当蒸发温度 t_0=0 ℃，冷凝温度 t_k=50 ℃，膨胀阀前制冷剂再冷度 $\Delta t_{s.c}$=0 ℃，吸气过热度 $\Delta t_{s.h}$=0 ℃时，常用制冷剂的单位容积制冷能力与沸点的关系如图 2-1-1 所示。

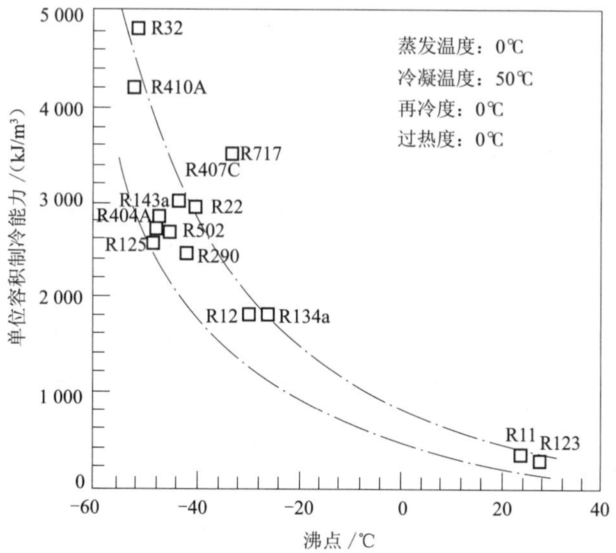

图 2-1-1 常用制冷剂的单位容积制冷能力与沸点的关系

Ⅳ. 临界温度高

制冷剂的临界温度高，便于用一般冷却水或空气对制冷剂进行冷却、冷凝。此外，制冷循环的工作区越远离临界点，制冷循环一般越接近逆卡诺循环，节流损失小，制冷系数较高。

2）物理化学性质

Ⅰ. 与润滑油的互溶性

制冷剂与润滑油相溶是制冷剂的一个重要特性。在蒸气压缩式制冷装置中，除离心式制冷压缩机外，制冷剂一般均与润滑油接触，致使两者相互混合或吸收形成制冷剂 - 润滑油溶液。根据制冷剂在润滑油中的可溶性，可分为有限溶于润滑油的制冷剂和无限溶于润滑油的制冷剂。

有限溶于润滑油的制冷剂（如 NH_3）在润滑油中的溶解度（质量百分比）一般不超过 1%。如果加入较多的润滑油，则两者分为两层，一层为润滑油，另一层为含润滑油很少的制冷剂，因此制冷系统中需设置油分离器、集油器，再采取措施将润滑油送回压缩机。

无限溶于润滑油的制冷剂，在再冷状态下，可与任何比例的润滑油组成溶液；在饱和状态下，溶液的浓度则与压力、温度有关。其有可能转化为有限溶于润滑油的制冷剂。在设计采用无限溶于润滑油的制冷剂的制冷系统时，希望采取措施使进入制冷系统中的润滑油与制冷剂一同返回压缩机。

Ⅱ. 导热系数和放热系数

制冷剂的导热系数和放热系数要高，可以减少蒸发器、冷凝器等热交换设备的传热面积，缩小设备尺寸。

Ⅲ. 密度和黏度

制冷剂的密度和黏度小，可以减小制冷剂管道口径和流动阻力。

Ⅳ. 耐蚀性

制冷剂对金属和其他材料（如橡胶、塑料等）应无腐蚀与侵蚀作用。

3）环境友好性能

反映一种制冷剂环境友好性能的参数有消耗臭氧层潜值（Ozone Depletion Potential，ODP）、全球变暖潜值（Global Warming Potential，GWP）、大气寿命（排放到大气层的制冷剂被分解一半时所需要的时间，Atmospheric Life，AL）等。为了全面地反映制冷剂对全球变暖造成的影响，人们进一步提出了变暖影响总当量（Total Equivalent Warming Impact，TEWI）指标，该指标综合考虑了制冷剂对全球变暖的直接效应（Direct Effect，DE）和制冷机消耗能源而排放的 CO_2 对全球变暖的间接效应（Indirect Effect，IE）。

$$\mathrm{TEWI}=\mathrm{DE}+\mathrm{IE} \tag{2-1-1}$$

其中

$$\mathrm{DE}=\mathrm{GWP}\cdot(L\cdot N+M\cdot a)$$

$$\mathrm{IE}=N\cdot E\cdot b$$

式中 GWP——制冷剂的全球变暖潜值，按 100 年水平计，$kgCO_2/kg$；

L——制冷机的制冷剂年泄漏量，kg/a；

N——制冷机寿命（运转年限），a；

M——制冷机的制冷剂充灌量，kg；

a——制冷机报废时的制冷剂损耗率，%；

E——制冷机的年耗电量，kW·h/a；

b——1 kW·h 发电量所排放的 CO_2 质量，$kgCO_2$/（kW·h）。

从式（2-1-1）可以看出，为降低温室效应，除降低制冷剂的 GWP 外，还需减少泄漏、提高回收率，并改善制冷机的能源利用效率。

综合考虑制冷剂的 ODP、GWP 和大气寿命，当其排放到大气层后对环境的影响符合国际认可条件时，则认为其是环境友好型制冷剂。评价制冷机使用制冷剂的环境友好性能时，国际认可的条件如下：

$$\text{LCGWP}+\text{LCODP}\times 10^5 \leqslant 100 \tag{2-1-2}$$

其中

$$\text{LCGWP}=[\text{GWP}\cdot(L_r\cdot N+a)\cdot R_c]/N$$

$$\text{LCODP}=[\text{ODP}\cdot(L_r\cdot N+a)\cdot R_c]/N$$

式中　LCGWP——寿命周期直接全球变暖潜值指数，$lbCO_2$/（Rt·a）；

LCODP——寿命周期臭氧层消耗潜值指数，lbR11/（Rt·a）；

GWP——制冷剂的全球变暖潜值，$lbCO_2$/lb 制冷剂；

ODP——制冷剂的臭氧层消耗潜值，lbR11/lb 制冷剂；

L_r——制冷机的制冷剂年泄漏率（占制冷剂充注量的百分比，默认值为 2%/a），%/a；

a——制冷机报废时的制冷剂损耗率（占制冷剂充注量的百分比，默认值为 10%），%；

R_c——1 冷吨（Rt）制冷量的制冷剂充注量（默认值为 2.5 lb 制冷剂 /Rt），lb 制冷剂 /Rt；

N——设备寿命（默认值为 10 a），a。

4）其他

制冷剂应无毒，不燃烧，不爆炸，而且易购价廉。

2. 安全标准与分类命名

现今国际上对制冷剂的安全性分类与命名一般采用美国国家标准协会和美国供暖制冷与空调工程师学会标准《制冷剂命名和安全性分类》（ANSI/ASHRAE 34—1992）。我国国家标准《制冷剂编号方法和安全性分类》（GB/T 7778—2017）在《制冷剂命名和安全性分类》（ANSI/ASHRAE 34—1992）基础上，增加了急性毒性指标和环境友好性能评价方法。

制冷剂充注与回收

1）安全性分类

Ⅰ. 单组分制冷剂

制冷剂的安全性分类包括毒性和可燃性两项内容，由一个大写字母和一个数字组成，在 GB/T 7778—2017 中分为 A1~C3 共 9 个等级，见表 2-1-1。

表 2-1-1　制冷剂的安全分类

可燃性		毒性		
		A	B	C
		低毒性	中毒性	高毒性
3	有爆炸性	A3	B3	C3
2	有燃烧性	A2	B2	C2
1	不可燃	A1	B1	C1

毒性按急性和慢性允许暴露量将制冷剂的毒性危害分为 A、B、C 三类，见表 2-1-2。其中，急性危害用 50% 致死浓度 LC_{50}（Lethal Concentration 50%）表征，慢性危害用时间加权阈限值浓度 TLV-TWA（Threshold Limit Value-Time Weighted Average）表征。

表 2-1-2　制冷剂的毒性危害程度分类

分类	分类方法		备注
	LC_{50}（4-hr）	TLV-TWA	
A 类	≥ 0.1%（V/V）	≥ 0.04%（V/V）	LC_{50}（4-hr）：表示物质在空气中的体积浓度，在此浓度的环境下持续暴露 4 h 可导致试验动物 50% 死亡。 TLV-TWA：在正常 8 h 工作日和 40 h 工作周的时间加权平均最高允许浓度的条件下，几乎所有工作人员可以反复地每日暴露其中而无有损健康的影响
B 类	≥ 0.1%（V/V）	<0.04%（V/V）	
C 类	<0.1%（V/V）	<0.04%（V/V）	

可燃性按可燃下限（Lower Flammability Limit，LFL）和燃烧时产生的热量大小分为 1、2、3 三类，见表 2-1-3。

表 2-1-3　制冷剂的燃烧性危害程度分类

分类	分类方法
1 类	在 101 kPa 和 18 ℃的大气中试验时，无火焰蔓延的制冷剂，即不可燃
2 类	在 101 kPa、21 ℃和相对湿度为 50% 条件下，制冷剂的 LFL> 0.1 kg/m³，且燃烧产生热量小于 19 000 kJ/kg 者，即有燃烧性
3 类	在 101 kPa、21 ℃和相对湿度为 50% 条件下，制冷剂的 LFL ≤ 0.1 kg/m³，且燃烧产生热量大于或等于 19 000 kJ/kg 者为有很高的燃烧性，即有爆炸性

LFL 是指在大气压力为 101 kPa、干球温度为 21 ℃、相对湿度为 50%，并在容积为 0.012 m³ 的玻璃瓶中采用电火花点燃火柴头作为点燃火源的试验条件下，能够在制冷剂和空气组成的均匀混合物中足以使火焰开始蔓延的制冷剂最小浓度。LFL 通常表示为制冷剂的体积百分比，在 25 ℃、101 kPa 条件下，制冷剂的体积百分比 ×0.000 414 1× 分子质量可得到单位为 kg/m³ 的值。

Ⅱ. 混合物制冷剂

制冷剂混合物中由于较易挥发组分先蒸发，不易挥发组分先冷凝，而产生的混合物气液相组分浓度变化称为浓度滑移（Concentration Glide）。混合物在浓度滑移时，其组分的浓度发生变化，其燃烧性和毒性也可能变化。因此，它应该有两个安全性分组类型，这两个类型使用一个斜杠（/）分开。每个类型都根据相同的分类原则按单组分制冷剂进行分类。第一个类型是混合物在规定组分浓度下进行分类，第二个类型是混合物在最大浓度滑移的组分浓度下进行分类。

对燃烧性的“最大浓度滑移”是指在该百分比组分下，气相或液相的燃烧性组分浓度最高。对毒性的“最大浓度滑移”是指在该百分比组分下，在气相和液相的 $LC_{50\ (4\text{-hr})}$ 和 TLV-TWA 的体积浓度分别小于 0.1% 和 0.04% 的组分浓度最高。一种混合物的 $LC_{50\ (4\text{-hr})}$ 和 TLV-TWA 应该由各组分的 $LC_{50\ (4\text{-hr})}$ 和 TLV-TWA 按组分浓度百分比进行计算。

2）分类命名

目前使用的制冷剂有很多种，归纳起来可分为四类，即无机化合物、碳氢化合物、氟利昂以及混合溶液。而制冷剂分类命名的目的在于建立对各种通用制冷剂的简单表示方法，以取代使用其化学名称。制冷剂采用技术性前缀符号和非技术性前缀符号（即成分标识前缀符号）两种方式进行命名。技术性前缀符号为“R”（制冷剂英文单词 refrigeration 的字头），如 $CHClF_2$ 用 R22 表示，主要应用于技术出版物、设备铭牌、样本以及使用维护说明书中；非技术性前缀符号是体现制冷剂化学成分的符号，如含有碳、氟、氯、氢，则分别用 C、F、Cl、H 表示，如 R22 用 HCFC22 表示，主要应用于有关臭氧层保护与制冷剂替代的非技术性、科普读物以及有关宣传类出版物中。

制冷剂的命名规则如下。

（1）对于甲烷、乙烷等饱和碳氢化合物及其卤族衍生物（即氟利昂），由于饱和碳氢化合物的化学分子式为 C_mH_{2m+2}，故氟利昂的化学分子式可表示为 $C_mH_nF_xCl_yBr_z$，其原子数之间有下列关系：

$$2m+2=n+x+y+z$$

该类制冷剂编号为“R×××B×”，其中第一位数字为 $m-1$，此值为零时则省略不写；第二位数字为 $n+1$；第三位数字为 x；第四位数字为 z，如为零，则与字母“B”一同省略。根据上述命名规则可知：

①甲烷族卤化物为“R0××”系列，例如一氯二氟甲烷分子式为 $CHClF_2$，由于 $m-1=0$、$n+1=2$、$x=2$、$z=0$，故编号为 R22，称为氟利昂 22；

②乙烷族卤化物为“R1××”系列，例如二氯三氟乙烷分子式为 $CHCl_2CF_3$，由于 $m-1=1$、$n+1=2$、$x=3$、$z=0$ 故编号为 R123，称为氟利昂 123；

③丙烷族卤化物为“R2××”系列，例如丙烷分子式为 C_3H_8，因为 $m-1=2$、$n+1=9$、$x=0$、$z=0$ 故编号为 R290；

④环丁烷族卤化物为“R3××”系列，例如八氟环丁烷分子式为 C_4F_8，因为 $m-1=3$、$n+1=1$、$x=8$、$z=0$ 故编号为 R318。

（2）对于已商业化的非共沸混合物为“R4××”系列编号。该系列编号的最后两位数并无特殊含义，例如 R407C 由 R32、R125/R134a 组成，质量百分比分别为 23%、25%、52%。

（3）对于已商业化的共沸混合物为“R5××”系列编号。该系列编号的最后两位数并无特殊含义，例如R507A由质量百分比均为50%的R125和R143a组成。

（4）对于各种有机化合物为“R6××”系列编号。该系列编号的最后两位数并无特殊含义，例如丁烷为R600、乙醚为R610。

（5）对于各种无机化合物为“R7××”系列编号。该系列编号的最后两位数为该化合物的分子量，例如氨（NH_3）分子量为17，故编号为R717；二氧化碳（CO_2）分子量为44，故编号为R744。

（6）对于非饱和碳氢化合物为“R××××”系列编号。其中，第一位数字为非饱和碳键的个数，而第二、三、四位数字与甲烷等饱和碳氢化合物编号相同，分别为碳（C）原子个数减1、氢（H）原子个数加1以及氟（F）原子个数。例如，乙烯（C_2H_4）编号为R1150，氟乙烯（C_2H_3F）编号为R1141。

3. 制冷剂的基本热力学特性

制冷剂在标准大气压力（即101.32 kPa压力）下的饱和温度，通常称为沸点。各种制冷剂的沸点与其分子组成、临界温度等有关。在给定蒸发温度和冷凝温度的条件下，各种制冷剂的蒸发压力、冷凝压力和单位容积制冷能力q_v与其沸点之间存在一定关系，即一般沸点越低，蒸发压力、冷凝压力越高，单位容积制冷能力越大。因此，根据沸点的高低，可将制冷剂分为高温制冷剂、中温制冷剂和低温制冷剂，其中沸点大于0 ℃为高温制冷剂，低于−60 ℃为低温制冷剂。而且沸点越低的制冷剂，在常温下的相变压力越高，故根据常温下制冷剂的相变压力的高低又可将制冷剂分为高压制冷剂、中压制冷剂和低压制冷剂。可见，高温制冷剂就是低压制冷剂，低温制冷剂就是高压制冷剂。空气调节用制冷机中一般采用中温制冷剂和高温制冷剂。表2-1-4为几种常用制冷剂的热力学性质。

1）氟利昂

氟利昂是饱和碳氢化合物卤族衍生物的总称，是20世纪30年代出现的一类合成制冷剂。它的出现解决了当时空调制冷界对制冷剂“求之不得”的问题。

氟利昂主要有甲烷族、乙烷族和丙烷族三组，其中氢、氟、氯的原子数对其性质影响很大。氢原子数减少，可燃性也减少；氟原子数越高，对人体越无害，对金属腐蚀性越小；氯原子数增多，可提高制冷剂的沸点，但是氯原子越多对大气臭氧层的破坏作用越严重。

大多数氟利昂本身无毒、无臭、不燃，与空气混合遇火也不爆炸，因此适用于公共建筑或实验室的空调制冷装置。当氟利昂中不含水分时，对金属无腐蚀作用；当氟利昂中含有水分时，能分解生成氯化氢、氟化氢，不但腐蚀金属，在铁质表面上还可能产生“镀铜”现象。

表2-1-4　几种常用制冷剂的热力学性质

制冷剂	类别	无机物	卤代烃（氟利昂）				非共沸混合溶液	
	编号	R717	R123	R134a	R22	R32	R407C	R410A

续表

制冷剂		无机物	卤代烃（氟利昂）				非共沸混合溶液	
类别	编号	R717	R123	R134a	R22	R32	R407C	R410A
化学式		NH_3	$CHCl_2CF_3$	CF_3CH_2F	$CHCLF_2$	CH_2F_2	R32/125/134a（23/25/52）	R32/125（50/50）
分子量		17.03	152.93	102.03	86.48	52.02	95.03	86.03
沸点 /℃		−33.3	27.87	−26.16	−40.76	−51.8	泡点：−43.77 露点：−36.70	泡点：−51.56 露点：−51.50
凝固点 /℃		−77.7	−107.15	−96.6	−160.0	−136.0	—	—
临界温度 /℃		133.0	183.79	101.1	96.0	78.4	—	—
临界压力 /MPa		11.417	3.674	4.067	4.974	5.830	—	—
密度	30 ℃液体 /（kg/m³）	595.4	1 450.5	1 187.2	1 170.7	938.9	泡点：1 115.40	泡点：1 034.5
	0 ℃饱和气 /（kg/m³）	3.456 7	2.249 6	14.419 6	21.26	21.96	泡点：24.15	泡点：30.481
比热	30 ℃液体 /[kJ/（kg・℃）]	4.843	1.009	1.447	1.282	—	泡点：1.564	泡点：1.751
	0 ℃饱和气 /[kJ/（kg・℃）]	2.660	0.667	0.883	0.744	1.121	泡点：0.955 9	泡点：1.012 4
0 ℃饱和气绝热指数 /（C_p/C_v）		1.400	1.104	1.178	1.294	1.753	泡点：1.252 6	泡点：1.361
0 ℃比潜热 /（kJ/kg）		1 261.81	179.75	198.68	204.87	316.77	泡点：212.15	泡点：221.80
导热系数	0 ℃液体 /[W/（m・K）]	0.175 8	0.083 9	0.093 4	0.096 2	0.147 4	—	—
	0 ℃饱和气 /[W/（m・K）]	0.009 09	—	0.011 79	0.009 5	—	—	—
黏度 $\times 10^3$	0 ℃液体 /（Pa・s）	0.520 2	0.569 6	0.287 4	0.210 1	0.193 2	—	—
	0 ℃饱和气 /（Pa・s）	0.021 84	—	0.010 94	0.011 80	—	—	—
23 ℃相对绝缘强度（以氮为 1）		0.83	—	—	1.3	—	—	—
安全级别		B2	B1	A1	A1	A2	A1/A1	A1/A1

氟利昂的放热系数低、价格较高、极易渗漏又不易被发现，而且氟利昂的吸水性较差，为了避免发生“镀铜”和“冰塞”现象，系统中应装有干燥器。此外，卤化物暴露在热的铜表面，则会产生很亮的绿色，故可用卤素喷灯检漏。

另外，由于对臭氧层的影响不同，根据氢、氟、氯组成情况可将氟利昂分为全卤化氯氟烃（CFCs）、不完全卤化氯氟烃（HCFCs）和不完全卤化氟烃化合物（HFCs）三类。其中，全卤化氯氟烃（CFCs），如 R11、R12 等，对大气臭氧层破坏严重。

Ⅰ. 氟利昂 22（R22 或 HCFC22）

R22 化学性质稳定、无毒、无腐蚀性、无刺激性，并且不可燃，广泛用于空调用制冷装置，特别是房间空调器和单元式空调器几乎均采用此种制冷剂，它也可用于一些需要 −15 ℃以下较低蒸发温度的场合。

R22 是一种良好的有机溶剂，易于溶解天然橡胶和树脂材料；虽然对一般高分子化合物几乎没有溶解作用，但能使其变软、膨胀和起泡，故制冷压缩机的密封材料和采用制冷剂冷却的电动机的电气绝缘材料，应采用耐腐蚀的氯丁橡胶、尼龙和氟塑料等。另外，R22 在温度较低时与润滑油有限溶解，且比油重，故需采取专门的回油措施。

由于 R22 属于 HCFC 类制冷剂，对大气臭氧层稍有破坏作用，其 ODP=0.034，GWP=1 900，我国将在 2030 年淘汰 R22。

Ⅱ. 氟利昂 123（R123 或 HCFC123）

R123 沸点为 27.87 ℃，ODP=0.02，GWP=93，目前是一种较好的替代 R11（CFC11）的制冷剂，其已成功地应用于离心式制冷机。但是，R123 有毒性，安全级别列为 B1。

Ⅲ. 氟利昂 134a（R134a，现常称为 HFC134a）

R134a 的热力学性能接近 R12（CFC12），ODP=0，GWP=1 300。R134a 液体和气体的导热系数明显高于 R12，在冷凝器和蒸发器中的传热系数比 R12 分别高 35%~40% 和 25%~35%。

R134a 是低毒不燃制冷剂，它与矿物油不相溶，但能完全溶解于多元醇酯（POE）类合成油；R134a 的化学稳定性很好，但吸水性强，只要有少量水分存在，在润滑油等因素的作用下，即会产生酸、CO 或 CO_2，对金属产生腐蚀作用或产生“镀铜”现象，因此 R134a 对系统的干燥性和清洁性要求更高，且必须采用与之相溶的干燥剂。

2）无机化合物

Ⅰ. 氨（R717）

氨（NH_3）除毒性大外，也是一种很好的制冷剂，从 19 世纪 70 年代至今一直被广泛使用。氨的最大优点是单位容积制冷能力大，蒸发压力和冷凝压力适中，制冷效率高，而且 ODP 和 GWP 均为 0；氨的最大缺点是有强烈的刺激性，对人体有危害，目前规定氨在空气中的浓度不应超过 20 mg/m³。氨是可燃物，空气中氨的体积百分比达 16%~25% 时，遇明火有爆炸的危险。

氨吸水性强，但要求液氨中含水量不得超过 0.12%，以保证系统的制冷能力。氨几乎不溶于润滑油。氨对黑色金属无腐蚀作用，若氨中含有水分，对铜和铜合金（磷青铜除外）有腐蚀作用。但是，氨价廉，一般生产企业采用较多。

Ⅱ. 二氧化碳（R744）

二氧化碳是地球生物圈的组成物质之一，它无毒、无臭、无污染、不爆、不燃、无腐蚀，ODP=0，GWP=1。除对环境方面的友好性外，它还具有优良的热物理性质。例如，CO_2 的单位容积制冷能力是 R22 的 5 倍，较高的单位容积制冷能力使压缩机进一步小型化；CO_2 的黏度较低，在 –40 ℃下其液体黏度是 5 ℃水的 1/8，即使在相对较低的流速下，也可以形成湍流流动，有很好的传热性能；采用 CO_2 的制冷循环具有较低的压力比，可以提高绝热效率。此外，CO_2 来源广泛、价格低廉，并与目前常用材料具有良好的相溶性。基于 CO_2 用作制冷剂的上述优点，研究人员在不断尝试将其应用于各种制冷、空调和热泵系统。

但是，由于 CO_2 的临界温度较低，仅为 31.1 ℃，故当冷却介质为冷却水或室外空气时，制取普通低温的制冷循环一般为跨临界循环，只有当冷凝温度低于 30 ℃时，CO_2 才可能采用与常规制冷剂相似的亚临界循环。由于 CO_2 的临界压力很高，为 73.75 bar，处于跨临界或亚临界的制冷循环，系统内的工作压力都非常高，因此对压缩机、换热器等部件的力学性能有较高的要求。

3）混合溶液

采用混合溶液作为制冷剂颇受重视。但是，对于二元混合溶液来说，由于其自由度为 2，所以要知道两个参数才能确定混合溶液的状态，一般选择温度 - 浓度、压力 - 浓度、焓 - 浓度等参数组合，绘制相应的相平衡图，以供使用。

二元混合溶液的特性可从相平衡图中明显看出，图 2-1-2 所示为在某压力下 A、B 两组分的温度 - 浓度图。其中，实曲线为饱和液线，虚曲线为干饱和蒸气线，两条曲线将相图分为三区，实线下方为液相区，虚线上方为过热蒸气区，两条曲线之间为湿蒸气区。

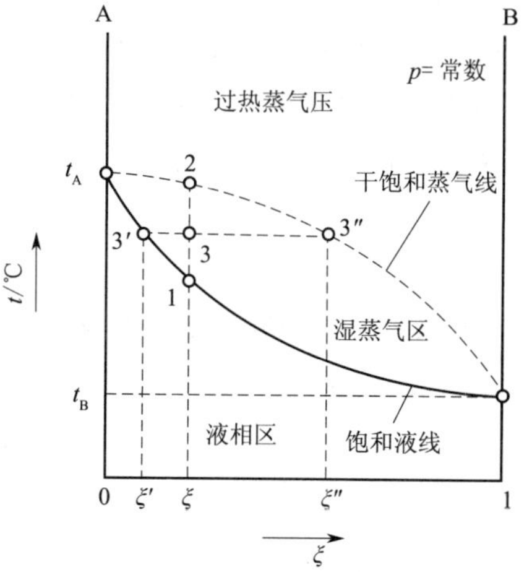

图 2-1-2　二元混合溶液的温度 - 浓度图

R502 就是由质量百分比为 48.8% 的 R22 和 51.2% 的 R115 组成的具有最低沸点的二元混合工质。与 R22 相比，其压力稍高，在较低温度下单位质量制冷能力约提高 13%。此外，在相同的蒸发温度和冷凝温度条件下，其压缩比较小，压缩后的排气温度较低，因此采用单级蒸气压缩式制冷时，蒸发温度可低达 –55 ℃。

Ⅰ. R407C

R407C 是由质量百分比为 23% 的 R32、25% 的 R125 和 52% 的 R134a 组成的三元非共沸混合工质。其标准沸点为 –43.77 ℃，温度滑移较大，一般为 4~6 ℃。与 R22 相比，其蒸发温度约高 10%，制冷量略有下降，且传热性能稍差，制冷效率约下降 5%。此外，由于 R407C 温度滑移较大，应改进蒸发器和冷凝器的设计。目前，R407C 作为 R22 的替代制冷剂，已用于房间空调器、单元式空调器以及小型冷水机组中。

Ⅱ. R410A

R410A 是由质量百分比各为 50% 的 R32 和 R125 组成的二元近共沸混合工质。其标准沸点为 –51.56 ℃（泡点）、–51.5 ℃（露点），温度滑移仅为 0.1 ℃左右。与 R22 相比，其系统压力为 R22 的 1.5~1.6 倍，制冷量提高 40%~50%。R410A 具有良好的传热特性和流动特性，制冷效率较高，目前是房间空调器、多联式空调机组等小型空调装置的替代制冷剂。

4）不完全卤化氟醚化合物（HFEs）

近年来，甲醚（C_2H_6O）、甲乙醚（C_3H_8O）和乙醚（$C_4H_{10}O$）的不完全卤化物备受人们关注，研究发现：

（1）HFE143m（CF_3OCH_3）可以替代 R12 和 R134a，其热力学性能接近 R12，ODP=0，GWP=750；

（2）HFE245mc（$CF_3CF_2OCH_3$）可以替代 R114，用于高温热泵，其 ODP=0，GWP=622；

（3）HFE347mcc（$CF_3CF_2CF_2OCH_3$）和 HFE347mmy（$CH_3OCF(CF_3)_2$）可以替代 R11，虽然其热力学性能低于 R11，但是 ODP=0。

制冷剂一般装在专用的钢瓶中，钢瓶应定期进行耐压试验。装存不同制冷剂的钢瓶不要互相调换使用，也切勿将存有制冷剂的钢瓶置于阳光下暴晒或靠近高温处，以免引起爆炸。一般氨瓶漆成黄色，氟利昂瓶漆成银灰色，并在钢瓶表面标有所装存制冷剂的名称。

【任务实施】

根据项目任务书和项目完成报告进行任务实施，见表 2-1-5 和表 2-1-6。

表 2-1-5　项目任务书

任务名称	制冷剂的认识		
小组成员			
指导教师		计划用时	
实施时间		实施地点	
任务内容与目标			
1. 了解对制冷剂的基本要求； 2. 熟悉制冷剂的分类、基本热力特性。			
考核项目	1. 制冷剂的分类 2. 制冷剂的基本热力特性 3. 对制冷剂的基本要求		
备注			

表 2-1-6　项目任务完成报告

任务名称	制冷剂的认识		
小组成员			
具体分工			
计划用时		实际用时	
备注			
1. 什么是制冷剂？对制冷剂有什么要求？选择制冷剂时应考虑哪些因素？ 2. 制冷剂的安全性是如何规定的？ 3. “环保制冷剂就是无氟制冷剂”的说法正确吗？请简述其原因；如何评价制冷剂的环境友好性能？			

【任务评价】

根据项目任务综合评价表进行任务评价，见表 2-1-7。

表 2-1-7　项目任务综合评价表

任务名称：　　　　　　　　　　　　　　　　测评时间：　　年　　月　　日

考核明细		标准分	实训得分								
			小组成员								
			小组自评	小组互评	教师评价	小组自评	小组互评	教师评价	小组自评	小组互评	教师评价
团队（60分）	小组成员是否能在总体上把握学习目标与进度	10									
	小组成员是否分工明确	10									
	小组成员是否有合作意识	10									
	小组成员是否有创新想（做）法	10									
	小组成员是否如实填写任务完成报告	10									
	小组是否存在问题和具有解决问题的方案	10									
个人（40分）	个人是否服从团队安排	10									
	个人是否完成团队分配任务	10									
	个人是否能与团队成员及时沟通和交流	10									
	个人是否能够认真描述困难、错误和修改的地方	10									
合计		100									

【知识巩固】

（1）将 R22 和 R343a 制冷剂分别放置在两个完全相同的钢瓶中，如何利用最简单的方法进行识别？

（2）高温、中温与低温制冷剂与高压、中压、低压制冷剂的关系是什么？目前常用的高温、中温与低温制冷剂有哪些？各适用于哪些系统？

（3）在单级蒸气压缩式制冷循环中，当冷凝温度为 40 ℃、蒸发温度为 0 ℃时，在 R717、R22、R134a、R123、R410A 中，哪些制冷剂适宜采用回热循环？

任务二　载冷剂的认识

【任务准备】

在空调工程、工业生产和科学试验中，常采用制冷装置间接冷却被冷却物，或者将制冷装置产生的冷量远距离输送，这时均需要一种中间物质，在蒸发器内被冷却降温，然后再用它冷却被冷却物，这种中间物质称为载冷剂。本任务主要认识载冷剂。

1. 对载冷剂物理化学性质的要求

载冷剂的物理化学性质应尽量满足下列要求：

（1）在使用温度范围内，不凝固，不汽化；

（2）无毒，化学稳定性好，对金属不腐蚀；

（3）比热大，输送一定冷量所需流量小；

（4）密度小，黏度小，可减小流动阻力，降低循环泵消耗功率；

（5）导热系数大，可减小换热设备的传热面积；

（6）来源充裕，价格低廉。

常用的载冷剂是水，但其只能用于温度高于 0 ℃的条件。当要求温度低于 0 ℃时，一般采用盐水，如氯化钠或氯化钙盐水溶液，或采用乙二醇或丙三醇等有机化合物的水溶液。

2. 盐水溶液

盐水溶液是盐和水的溶液，它的性质取决于溶液中盐的浓度，如图 2-2-1 和图 2-2-2 所示。图中曲线为不同浓度盐水溶液的凝固温度曲线，当溶液中盐的浓度低时，凝固温度随浓度增加而降低，当浓度高于一定值以后，凝固温度随浓度增加反而升高，此转折点为冰盐的合晶点。曲线将相图分为四区，各区盐水的状态不同。曲线上部为溶液区；曲线左部（虚线以上）为冰 - 盐溶液区，即当盐水溶液浓度低于合晶点浓度、温度低于该浓度的析盐温度而高于合晶点温度时，有冰析出，溶液浓度增加，故左侧曲线也称为析冰线；曲线右部（虚线以上）为盐 - 盐水溶液区，即当盐水浓度高于合晶点浓度、温度低于该浓度的析盐温度而高于合晶点温度时，有盐析出，溶液浓度降低，故右侧曲线也称为析盐线；低于合晶点温度（虚线以下）部分为固态区。

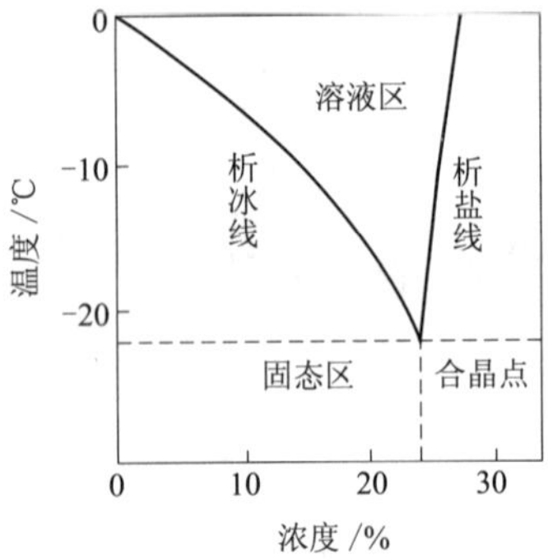

图 2-2-1 氯化钠盐水溶液

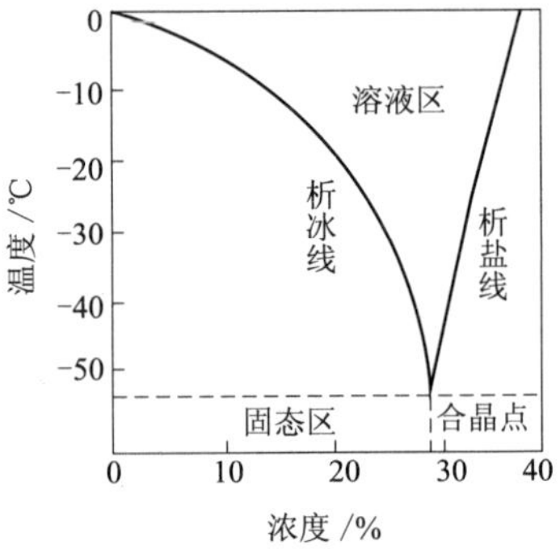

图 2-2-2 氯化钙盐水溶液

选择盐水溶液浓度时应注意，盐水溶液浓度越大，其密度越大，流动阻力也越大，而比热减小，输送相同冷量时，需增加盐水溶液的流量。因此，要保证蒸发器中盐水溶液不冻结，凝固温度不要选择过低，一般比蒸发温度低 4~5 ℃（敞开式蒸发器）或 8~10 ℃（封闭式蒸发器），而且盐水溶液浓度不应大于合晶点浓度。

盐水溶液在制冷系统中运转时，有可能不断吸收空气中的水分，使其浓度降低，凝固温度升高，所以应定期向盐水溶液中增补盐量，以维持要求的浓度。

氯化钠等盐水溶液最大的缺点是对金属有强烈的腐蚀性，故盐水溶液系统的防腐蚀是突出问题。实践证明，金属的被腐蚀与盐水溶液中的含氧量有关，含氧量越大，腐蚀性越强，因此最好采用闭式系统，减少与空气的接触。此外，为了减轻腐蚀作用，可在盐水溶液中加入一定量的缓蚀剂，缓蚀剂可以采用氢氧化钠（NaOH）和重铬酸钠（$Na_2Cr_2O_7$）。1 m^3 氯化钙盐水溶液中加 1.6 kg 重铬酸钠、0.45 kg 氢氧化钠；1 m^3 氯化钠盐水溶液中加 3.2 kg 重铬酸钠、0.89 kg 氢氧化钠。加缓蚀剂的盐水应呈碱性（pH 值为 7.5~8.5）。重铬酸钠对人体皮肤有腐蚀作用，调配溶液时必须加以注意。

3. 乙二醇

由于盐水溶液对金属有强烈的腐蚀作用，所以一些场合常采用腐蚀性小的有机化合物，如甲醇、乙二醇等。乙二醇有乙烯乙二醇和丙烯乙二醇之分。由于乙烯乙二醇的黏度大大低于丙烯乙二醇，故载冷剂多采用乙烯乙二醇。

乙烯乙二醇是无色、无味的液体，挥发性低，腐蚀性低，容易与水和许多有机化合物混合使用；虽略带毒性，但无危害，广泛应用于工业制冷和冰蓄冷空调系统中。

虽然乙烯乙二醇对普通金属的腐蚀性比水低，但乙烯乙二醇的水溶液表现出较强的腐蚀性。在使用过程中，乙烯乙二醇氧化呈酸性，因此乙烯乙二醇水溶液中应加入添加剂。添加剂包括防腐剂和稳定剂，防腐剂可在金属表面形成阻蚀层，而稳定剂可为碱性缓冲剂——硼砂，使溶液维持碱性（pH 值 >7）。乙烯乙二醇水溶液中添加剂的添加量为溶液质量的 0.08%~0.12%。

乙烯乙二醇浓度的选择取决于应用的需要。一般而言，以凝固温度比蒸发温度低 5~6 ℃确定溶液浓度为宜，浓度过高，不但投资大，而且对其物性也有不利影响。为了防止空调设备在冬季冻结损毁，采用 30% 的乙烯乙二醇水溶液即可。

【任务实施】

根据项目任务书和项目任务完成报告进行任务实施，见表 2-2-1 和表 2-2-2。

表 2-2-1　项目任务书

<table>
<tr><td>任务名称</td><td colspan="3">载冷剂的认识</td></tr>
<tr><td>小组成员</td><td colspan="3"></td></tr>
<tr><td>指导教师</td><td></td><td>计划用时</td><td></td></tr>
<tr><td>实施时间</td><td></td><td>实施地点</td><td></td></tr>
<tr><td colspan="4">任务内容与目标</td></tr>
<tr><td colspan="4">1. 了解对载冷剂物理化学性质的要求；
2. 掌握载冷剂盐水溶液、乙二醇的应用。</td></tr>
<tr><td>考核项目</td><td colspan="3">1. 对载冷剂物理化学性质的要求；
2. 怎样选择载冷剂盐水溶液；
3. 怎样选择载冷剂乙二醇。</td></tr>
<tr><td>备注</td><td colspan="3"></td></tr>
</table>

表 2-2-2　项目任务完成报告

<table>
<tr><td>任务名称</td><td colspan="3">载冷剂的认识</td></tr>
<tr><td>小组成员</td><td></td><td></td><td></td></tr>
<tr><td>具体分工</td><td></td><td></td><td></td></tr>
<tr><td>计划用时</td><td></td><td>实际用时</td><td></td></tr>
<tr><td>备注</td><td colspan="3"></td></tr>
<tr><td colspan="4">1. 什么是载冷剂？对载冷剂有何要求？选择载冷剂时应考虑哪些因素，有哪些注意事项？

2. 什么是盐水溶液？盐水溶液应该怎么应用？

3. 什么是乙二醇？乙二醇应该怎么应用？

</td></tr>
</table>

【任务评价】

根据项目任务综合评价表进行任务评价，见表 2-2-3。

表 2-2-3　项目任务综合评价表

任务名称：　　　　　　　　　　　　　　　　测评时间：　　年　　月　　日

考核明细		标准分	实训得分								
			小组成员								
			小组自评	小组互评	教师评价	小组自评	小组互评	教师评价	小组自评	小组互评	教师评价
团队（60分）	小组成员是否能在总体上把握学习目标与进度	10									
	小组成员是否分工明确	10									
	小组成员是否有合作意识	10									
	小组成员是否有创新想（做）法	10									
	小组成员是否如实填写任务完成报告	10									
	小组成员是否存在问题和具有解决问题的方案	10									
个人（40分）	个人是否服从团队安排	10									
	个人是否完成团队分配的任务	10									
	个人是否能与团队成员及时沟通和交流	10									
	个人是否能够认真描述困难、错误和修改的地方	10									
合计		100									

【知识巩固】

1. 填空题

（1）选择盐水溶液浓度时应注意，盐水溶液______越大，其______越大，______也越大，而______减小，输送相同冷量时，需增加盐水溶液的流量。

（2）乙二醇添加剂包括______和______。防腐剂可在金属表面形成______，而稳定剂可为碱性缓冲剂——______，使溶液维持碱性（pH 值 >______）。乙烯乙二醇水溶液中添加剂的添加量为溶液质量的______%~______%。

2. 简答题

已知内融冰冰盘管蓄冷空调系统制冷机的蒸发温度为 −12 ℃，如果分别采用乙烯乙二醇、NaCl、$CaCl_2$ 水溶液作为载冷剂，各载冷剂的质量浓度至少为多少？

任务三 润滑油的认识

【任务准备】

润滑油是应用于两个相对运动的物体之间，具有减少两个物体因接触而产生摩擦的功能；其是一种技术密集型产品，是复杂的碳氢化合物的混合物，而其真正的使用性能又是复杂的物理或化学变化过程的综合效应。本任务主要认识润滑油。

1. 润滑油的使用目的

对于制冷压缩机而言，润滑油对保证制冷压缩机的运行可靠性和使用寿命具有重要作用，其作用主要体现在以下三个方面。

（1）减少摩擦。制冷压缩机具有各种运动摩擦副，摩擦一方面需要消耗更多的能量，另一方面致使摩擦面磨损，影响压缩机正常运行。润滑油的注入，会在摩擦面形成油膜，既可减少摩擦，又可减少能耗。

（2）带走摩擦热。摩擦会产生热量，致使部件温度升高，影响压缩机正常运行，甚至造成运动副的“卡死”。注入润滑油，可以带走摩擦热，使运动副的温度保持在合适范围，同时还可以带走各种机械杂质，起到防锈和清洁作用。

（3）减少泄漏。制冷压缩机的摩擦面具有一定间隙，是气态制冷剂泄漏的主要通道。在摩擦面间隙中注入润滑油，可以起到密封作用。

此外，润滑油还起到消声（降低机器运行中产生的机械噪声和启动噪声）等作用；在一些压缩机中，润滑油还是一些机构的压力油，如在活塞式压缩机中，润滑油为卸载机构提供液压动力，控制投入运行的气缸数量，以调节压缩机的输气量。

2. 润滑油的种类

选用润滑油时，应注意润滑油的性能，评价润滑油性能的主要因素有黏度、与制冷剂的相溶性、倾点（流动性）、闪点、凝固点、酸值、化学稳定性、与材料的相溶性、含水量、含杂质量以及电击穿强度等。

制冷压缩机使用的润滑油可分为天然矿物油和人工合成油两大类。

（1）天然矿物油，简称矿物油（Mineral Oil，MO），其是从石油中提取的润滑油，一般由烷烃、环烷烃和芳香烃组成，它只能与极性较弱或非极性制冷剂相互溶解。我国国家标准《冷冻机油》（GB/T 16630—2012）规定，矿物油分为四个品种，即 L-DRA/A、L-DRA/B、L-DRB/A 和 L-DRB/B，其应用范围见表 2-3-1。

表 2-3-1　矿物油的品种

国标品种	ISO 品种	主要组成	工作温度	制冷剂	典型应用
L-DRA/A	L-DRA	深度精制矿物油（环烷基油、石蜡基油或白油）合成烃油	高于 –40 ℃	氨	开启式：普通冷冻机
L-DRA/B				氨、CFCs，HCFCs及以其为主混合物	半封闭：普通冷冻机，冷冻、冷藏设备，空调设备
L-DRB/A	L-DRB	深度精制矿物油合成烃油	低于 –40 ℃	CFCs、HCFCs及以其为主混合物	全封闭：冷冻、冷藏设备，电冰箱
L-DRB/B		合成烃油			

（2）人工合成油，简称合成油，其弥补了矿物油的不足，通常都有较强的极性，能溶解在极性较强的制冷剂中，如 R134a。常用的合成油有聚烯烃乙二醇油、烷基苯油、聚酯类油和聚醚类油。

表 2-3-2 给出了几类主要制冷用润滑油的适用范围。一般而言，选择制冷润滑油时对制冷剂的考虑要比压缩机形式多一些。MO 类润滑油可用于使用 CFCs、HCFCs、氨、HCs 等制冷剂的系统，PAG 油多用于汽车空调，POE 油和 PVE 油配合 HFCs 制冷剂及其混合物使用。虽然目前在使用 HFCs 制冷剂的系统中多采用 POE 油，但 PVE 油在许多方面的性能都优于 POE 油，故 PVE 油在未来会逐步得到推广应用。

表 2-3-2　几类主要制冷用润滑油的适用范围

项目	MO	PAG	AB	POE	PVE
适用压缩机	往复式、旋转式、涡旋式、螺杆式、离心式	往复式、斜盘式、涡旋式、螺杆式、离心式	往复式、旋转式	往复式、旋转式、涡旋式、螺杆式、离心式	往复式、旋转式、涡旋式、螺杆式、离心式
使用制冷剂	CFCs、HCFCs、氨、HCs	HFC-134a、HCs、氨	CFCs、HCFCs、氨、HFC-407C	HFCs 及其混合物	HFCs 及其混合物
典型应用	家用空调、电冰箱、冷冻冷藏设备、中央空调冷水机组、汽车空调	汽车空调、家用空调、电冰箱	空调设备、冷冻冷藏设备	冷冻冷藏设备、空调器	汽车空调、家用空调、中央空调冷水机组

3. 润滑油的使用

润滑油的选择主要取决于制冷剂种类、压缩机类型、运行工况（蒸发温度、冷凝温度）等，一般应使用制造厂家推荐的牌号。选择润滑油时，首先要考虑的是润滑油的低温性能和与制冷剂的互溶性。

1）低温性能

润滑油的低温性能主要包括黏度和流动性。

Ⅰ. 黏度

润滑油的低温性能主要是其黏度，黏度过大，油膜的承载能力大，易于保持液体润滑，但流动阻力大，压缩机的摩擦功率和启动阻力增大；黏度过小，流动阻力小，摩擦热量小，但不易在运动部件摩擦面之间形成具有一定承载力的油膜，油的密封效果差。故当润滑油的黏度变化率超过 15% 时，应予更换。

制冷压缩机用润滑油按 40 ℃时运动黏度的大小可分为 N15、N22、N32、N46 和 N68 五个黏度等级。由于制冷剂与润滑油的互溶性不同，故不同制冷剂所要求的润滑油黏度也不相同，R22 制冷压缩机一般选用 N32 或 N46 黏度等级的润滑油。

Ⅱ. 流动性

要求润滑油的凝固点要低，最好比蒸发温度低 5~10 ℃，且在低温工况下仍应具有良好的流动性。若低温流动性差，则润滑油会沉淀在蒸发器内而影响制冷能力，或凝结在压缩机底部，失去润滑作用而损坏运动部件。

2）与制冷剂的互溶性

前文已述，制冷剂可分为有限溶于润滑油的制冷剂和无限溶于润滑油的制冷剂两大类。但是有限溶解和无限溶解是有条件的，随着润滑油的种类不同和温度降低，无限溶解可以转化为有限溶解。

图 2-3-1 所示为几种氟利昂 - 润滑油混合的临界温度曲线，在临界曲线以上，制冷剂可以无限溶于润滑油，曲线下面所包含的区域为有限溶解区。例如，如图中的 *A* 点含油量为 20%，润滑油完全溶解在制冷剂中。当含油浓度不变，但温度降低时，如图中的 *B* 点，对 R114 和 R12 而言，仍处于完全溶解状态；而对于 R22 来说，则处于有限溶解状态，溶液将分为两层，少油层为状态 *B*′，多油层为状态 *B*″，由于润滑油比 R22 的密度小，故多油层在上层。当温度继续降低至图中的 *C* 点时，R12 也将转变为有限溶解，一部分为状态 *C*′，另一部分几乎是纯的润滑油 *C*″。

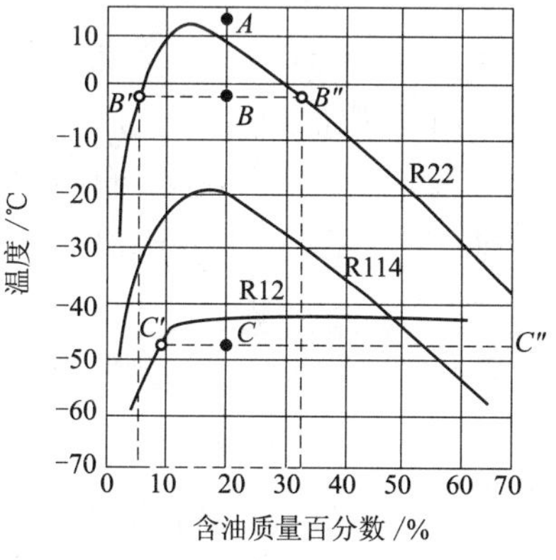

图 2-3-1　氟利昂 - 润滑油混合的临界温度曲线

无限溶于润滑油的制冷剂，润滑油随制冷剂一起渗透到压缩机的各部件，为压缩机创造良好的润滑条件，并且不会在冷凝器、蒸发器等换热表面上形成油膜而妨碍传热。但是从图 2-3-2 所示的 R22 和润滑油饱和溶液的压力 - 浓度图可以看出，当蒸发压力一定时，随着含油量的增加，制冷系统的蒸发温度升高，导致制冷量减小。制冷量减小的另一个原因是气态制冷剂和油滴一起从蒸发器进入压缩机，遇到温度较高的气缸后，溶于润滑油中的制冷剂从其中蒸发出来，因此这部分制冷剂不但没有产生有效的制冷量，还引起压缩机的有效进气量减少。为减少这部分损失，可以采用回热循环，使从蒸发器出来的气态制冷剂和润滑油的混合物先进入回热器，被来自冷凝器的液态制冷剂加热，使润滑油中溶解的液态制冷剂汽化，同时使高压液态制冷剂再冷，减少节流损失。

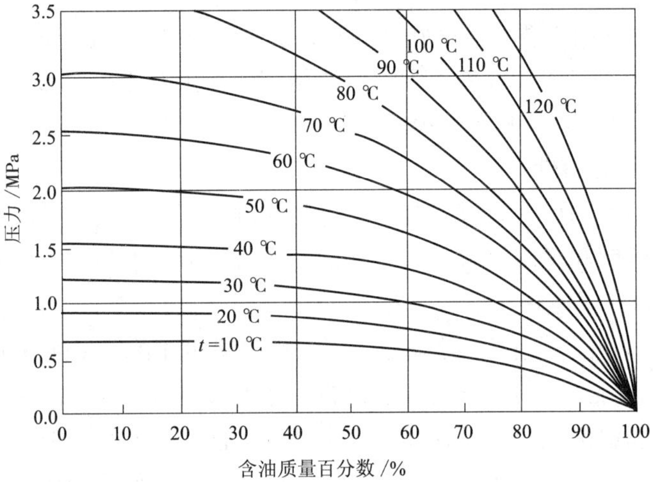

图 2-3-2　R22 和润滑油饱和溶液的压力 - 浓度图

在采用无限溶于润滑油的制冷剂的制冷系统中，由于润滑油中含有制冷剂，压缩机启动时，曲轴箱内压力突然降低（但温度还来不及降低），从图 2-3-2 可以看出，润滑油的饱和浓度将增大，溶解于其中的制冷剂将蒸发，导致润滑油“起泡”；特别是当压缩机置于低温环境时，由图 2-3-1 所示的临界温度曲线可知，压缩机曲轴箱中的油将出现分层，由于下层为少油层，油泵从曲轴箱底部的少油层抽油，必然导致润滑不良，有烧毁压缩机的危险。为避免“起泡”现象发生，可以在压缩机启动前，用油加热器加热润滑油，以减少油中制冷剂的溶解量，保护压缩机。

【任务实施】

根据项目任务书和项目完成报告进行任务实施，见表 2-3-3 和表 2-3-4。

表 2-3-3　项目任务书

任务名称	润滑油的认识		
小组成员			
指导教师		计划用时	
实施时间		实施地点	
任务内容与目标			
1. 了解润滑油的使用目的； 2. 熟悉润滑油的种类； 3. 掌握润滑油的使用。			
考核项目	1. 润滑油的使用目的 2. 润滑油的种类 3. 润滑油使用时应考虑的因素		
备注			

表 2-3-4　项目任务完成报告

任务名称	润滑油的认识		
小组成员			
具体分工			
计划用时		实际用时	
备注			
1. 什么是润滑油？润滑油的使用目的是什么？选择润滑油时应考虑哪些因素，有哪些注意事项？ 2. 润滑油的种类有哪些？			

【任务评价】

根据项目任务综合评价表进行任务评价，见表 2-3-5。

表 2-3-5 项目任务综合评价表

任务名称：　　　　　　　　　　　　　　　　　　测评时间：　年　月　日

考核明细		标准分	实训得分								
			小组成员								
			小组自评	小组互评	教师评价	小组自评	小组互评	教师评价	小组自评	小组互评	教师评价
团队（60分）	小组成员是否能在总体上把握学习目标与进度	10									
	小组成员是否分工明确	10									
	小组成员是否有合作意识	10									
	小组成员是否有创新想（做）法	10									
	小组成员是否如实填写任务完成报告	10									
	小组成员是否存在问题和具有解决问题的方案	10									
个人（40分）	个人是否服从团队安排	10									
	个人是否完成团队分配的任务	10									
	个人是否能与团队成员及时沟通和交流	10									
	个人是否能够认真描述困难、错误和修改的地方	10									
合计		100									

【知识巩固】

（1）润滑油对保证制冷压缩机的运行可靠性和使用寿命具有重要作用，其作用主要有________、________、________。

（2）制冷压缩机用润滑油可分为________和________两大类。

（3）润滑油的低温性能主要包括______和______。

任务四　蓄冷介质的认识

【任务准备】

冷量以显热或潜热形式储存在某种蓄冷介质中，并能够在需要时释放出冷量的空调系统称为蓄冷空调系统。常用的蓄冷介质一般有水、冰和共晶盐三种。近年来，为了提高能效、减少初投资，研究发展了一些高温相变蓄冷材料，如优态盐、气体水合物、水 / 油蓄冷材料、功能热流体等。

1. 水

水的比热容是 4.184 kJ/（kg • ℃），采用显热蓄冷，蓄冷温度为 4~6 ℃。水蓄冷单位蓄冷能力比较低，因此蓄冷设备容积较大。

2. 冰

冰蓄冷的原理是利用冰的溶解潜热储存冷量，由于冰的凝固点为 0 ℃，导致冰蓄冷过程中制冷机的蒸发温度较低（–10~–3 ℃），能效水平较低。由于制冰蓄冷工况与直接供冷工况有较大差别，一般需要使用双工况制冷机。冰的溶解潜热为 335 kJ/kg，单位蓄冷能力为 40~50 kW • h/m^3，蓄冷设备容积比水蓄冷方式小。

3. 共晶盐

共晶盐是无机盐与水的混合物。共晶盐蓄冷属于潜热蓄冷，处于共晶含量下的盐溶液，在共晶温度下结冰时，放出潜热。常用共晶盐的相变温度一般为 5~7 ℃，单位蓄冷能力为 20. 8 kW • h/m^3。

4. 优态盐

优态盐为传统相变材料的一种。根据成分的不同，优态盐的相变温度可以在 –114~164 ℃调整，并能满足各种范围的蓄冷蓄热要求。用于常规空调系统的优态盐一般要求其相变温度为 6~10 ℃。常用优态盐的主要成分为十水硫酸钠，辅助成分包括 NH_4Cl、NH_4Br 和 NaCl 等。美国的蓄冷工程中 3% 左右采用优态盐蓄冷，我国的实际应用案例则较少。此外，新型的蓄冷剂还有气体水合物、水 / 油蓄冷材料、功能热流体等。在实际工程中，水蓄冷和冰蓄冷依然占据空调蓄冷系统的绝大多数。

【任务实施】

根据项目任务书和项目完成报告进行任务实施，见表 2-4-1 和表 2-4-2。

表 2-4-1 项目任务书

任务名称	蓄冷介质的认识		
小组成员			
指导教师		计划用时	
实施时间		实施地点	
任务内容与目标			
1. 了解蓄冷介质的作用； 2. 熟悉常用的蓄冷介质。			
考核项目	1. 蓄冷介质的作用； 2. 常用的蓄冷介质。		
备注			

表 2-4-2 项目任务完成报告

任务名称	蓄冷介质的认识		
小组成员			
具体分工			
计划用时		实际用时	
备注			
1. 什么是蓄冷介质？蓄冷介质的作用是什么？ 2. 常用的蓄冷介质有哪些？			

【任务评价】

根据项目任务综合评价表进行任务评价，见表 2-4-3。

表 2-4-3　项目任务综合评价表

任务名称：　　　　　　　　　　　　　　测评时间：　　年　　月　　日

<table>
<tr><td colspan="2" rowspan="4">考核明细</td><td rowspan="4">标准分</td><td colspan="9">实训得分</td></tr>
<tr><td colspan="9">小组成员</td></tr>
<tr><td colspan="3"></td><td colspan="3"></td><td colspan="3"></td></tr>
<tr><td>小组自评</td><td>小组互评</td><td>教师评价</td><td>小组自评</td><td>小组互评</td><td>教师评价</td><td>小组自评</td><td>小组互评</td><td>教师评价</td></tr>
<tr><td rowspan="6">团队（60分）</td><td>小组成员是否能在总体上把握学习目标与进度</td><td>10</td><td></td><td></td><td></td><td></td><td></td><td></td><td></td><td></td><td></td></tr>
<tr><td>小组成员是否分工明确</td><td>10</td><td></td><td></td><td></td><td></td><td></td><td></td><td></td><td></td><td></td></tr>
<tr><td>小组成员是否有合作意识</td><td>10</td><td></td><td></td><td></td><td></td><td></td><td></td><td></td><td></td><td></td></tr>
<tr><td>小组成员是否有创新想（做）法</td><td>10</td><td></td><td></td><td></td><td></td><td></td><td></td><td></td><td></td><td></td></tr>
<tr><td>小组成员是否如实填写任务完成报告</td><td>10</td><td></td><td></td><td></td><td></td><td></td><td></td><td></td><td></td><td></td></tr>
<tr><td>小组成员是否存在问题和具有解决问题的方案</td><td>10</td><td></td><td></td><td></td><td></td><td></td><td></td><td></td><td></td><td></td></tr>
<tr><td rowspan="4">个人（40分）</td><td>个人是否服从团队安排</td><td>10</td><td></td><td></td><td></td><td></td><td></td><td></td><td></td><td></td><td></td></tr>
<tr><td>个人是否完成团队分配任务</td><td>10</td><td></td><td></td><td></td><td></td><td></td><td></td><td></td><td></td><td></td></tr>
<tr><td>个人是否能与团队成员及时沟通和交流</td><td>10</td><td></td><td></td><td></td><td></td><td></td><td></td><td></td><td></td><td></td></tr>
<tr><td>个人是否能够认真描述困难、错误和修改的地方</td><td>10</td><td></td><td></td><td></td><td></td><td></td><td></td><td></td><td></td><td></td></tr>
<tr><td colspan="2">合计</td><td>100</td><td></td><td></td><td></td><td></td><td></td><td></td><td></td><td></td><td></td></tr>
</table>

【知识巩固】

1. 常用的蓄冷介质一般有__________、__________和__________三种。
2. 冰蓄冷的原理是______________________________。

项目三

制冷与热泵压缩机

【项目描述】

空调制冷大多为压缩式制冷，一般包含压缩机、冷凝器、节流装置（膨胀阀、毛细管）、蒸发器四大部件，其中压缩机需要消耗电能做功，因此俗称电制冷。

热泵空调的冷暖两用一般通过机组内部的换向阀实现。通过换向阀改变制冷剂的流向，切换两个换热器的功能，使用户侧的换热器夏季用作蒸发器制冷，而冬季用作冷凝器制热。

党的二十大报告指出，“加快发展方式绿色转型”“加快节能降碳先进技术研发和推广应用，倡导绿色消费，推动形成绿色低碳的生产方式和生活方式”。

【项目目标】

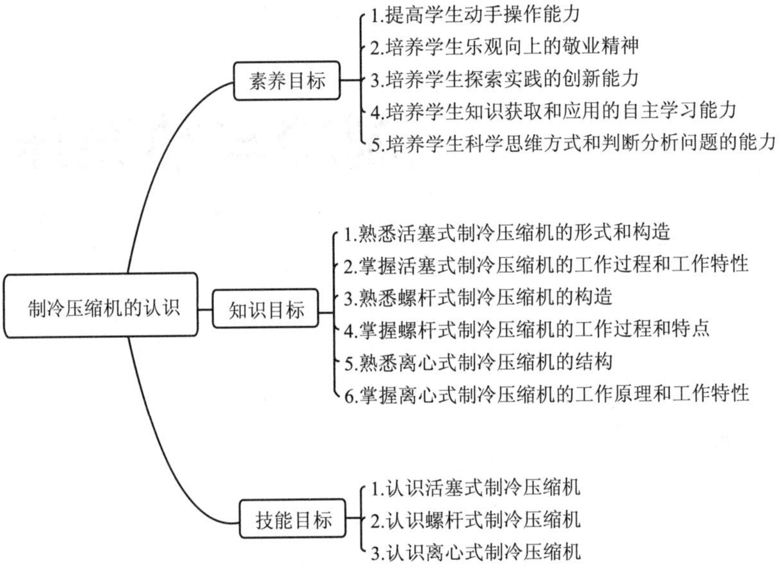

任务一　活塞式制冷压缩机的认识

【任务准备】

活塞式制冷压缩机是制冷系统的心脏，它从吸气口吸入低温低压的制冷剂气体，通过电机运转带动活塞对其进行压缩后，向排气口排出高温高压的制冷剂气体，为制冷循环提供动力，从而实现压缩→冷凝→膨胀→蒸发（吸热）的制冷循环。本任务主要认识活塞式制冷压缩机。

活塞式压缩机结构

1. 活塞式制冷压缩机的形式

往复活塞式制冷压缩机一般简称为活塞式制冷压缩机，其应用较为广泛，但是由于活塞和连杆等的惯性力较大，限制了活塞运动速度的提高和气缸容积的增加，故排气量不会太大。目前，活塞式制冷压缩机多为中小型，一般空调工况制冷量小于300 kW。活塞式制冷压缩机的不同分类如下。

（1）根据气体在气缸内的流动情况，可分为顺流式和逆流式。

（2）根据气缸的排列和数目，可分为卧式、立式和单缸式、多缸式。

（3）根据构造不同，可分为开启式和封闭式。

2. 活塞式制冷压缩机的构造

1）开启式活塞制冷压缩机

开启式活塞制冷压缩机的构造虽然比较复杂，但是可以概括为机体、活塞及曲轴连杆机构、气缸套及进排气阀组（有的压缩机没有气缸套）、卸载装置和润滑系统五个部分。

2）封闭式活塞制冷压缩机

封闭式活塞制冷压缩机可分为半封闭式和全封闭式两种形式。

半封闭式活塞制冷压缩机的构造与逆流开启式活塞制冷压缩机相似，只是压缩机机体与电动机外壳共同构成一个密闭空间，从而取消轴封装置，整机尺寸紧凑，空调用冷水机组多采用此种制冷压缩机，其构造如图 3-1-1 所示。

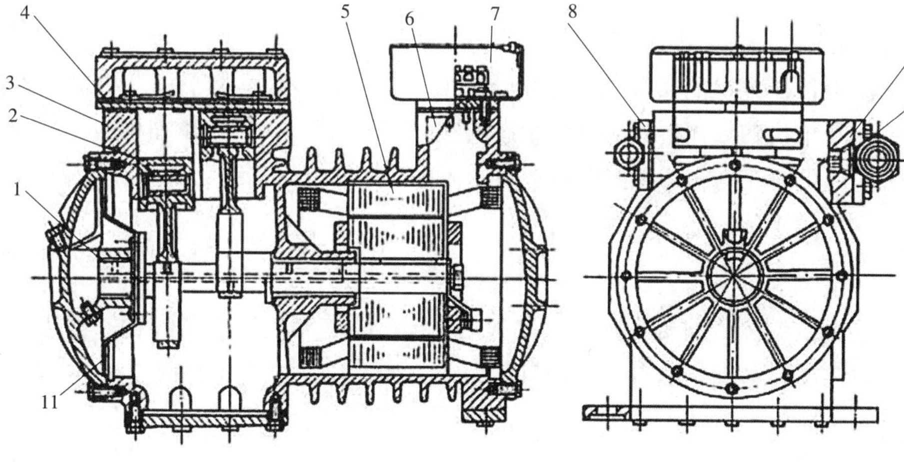

图 3-1-1　半封闭式活塞制冷压缩机

1—偏心轴；2—活塞连杆组；3—气缸体；4—阀板组；5—内置电动机；6—接线柱；7—接线盒；8—排气截止阀；9—吸气滤网；10—吸气截止阀；11—甩油盘

3. 活塞式制冷压缩机的工作过程

1）活塞式制冷压缩机的理论输气量

活塞式制冷压缩机的理想工作过程包括吸气、压缩和排气三个过程，如图 3-1-2

所示。

（1）吸气：活塞从上端点 a 向右移动，气缸内压力急剧降低，低于吸气口压力 p_1，吸气阀开启，低压气态制冷剂在定压下被吸入气缸，直至活塞到达下端点 b 的位置，即 p-V 图上的 4 → 1 过程线。

（2）压缩：活塞从下端点 b 向左移动，气缸内压力稍高于吸气口压力，则靠气缸内与吸气口处的压力差将吸气阀关闭，气缸内气体被绝热压缩，直至气缸内气体压力稍高于排气口的压力，排气阀被压开，即 p-V 图上的 1 → 2 过程线。

（3）排气：排气阀开启后，活塞继续向左移动，将气缸内的高压气体定压排出，直至活塞到达上端点 a 位置，即 p-V 图上的 2 → 3 过程线。

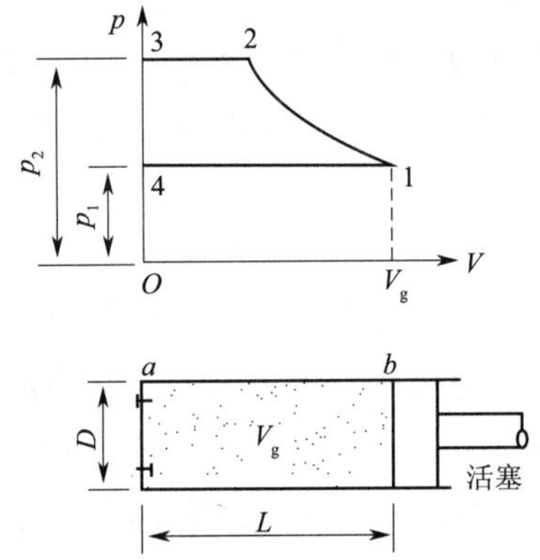

图 3-1-2　活塞式制冷压缩机的理想工作过程

2）活塞式制冷压缩机的容积效率

活塞式制冷压缩机的实际工作过程比较复杂，有很多因素影响压缩机的实际输气量 V_r（排出压缩机的气体折算成进气状态的实际体积流量），因此压缩机的实际输气量永远小于压缩机的理论输气量 V_h，两者的比值称为压缩机的容积效率，用 η_v 表示，即

$$\eta_V = \frac{V_r}{V_h} \tag{3-1-1}$$

影响活塞式制冷压缩机实际工作过程的主要因素包括气缸余隙容积、进排气阀阻力、吸气过程气体被加热的程度和漏气等四个方面，这样可认为容积效率 η_v 等于四个系数的乘积，即

$$\eta_V = \lambda_V \lambda_p \lambda_t \lambda_l$$

式中　λ_V——余隙系数（或称容积系数）；

λ_p——节流系数（或称压力系数）；

λ_t——预热系数（或称温度系数）；

λ_l——气密系数（或称密封系数）。

4. 活塞式制冷压缩机的工作特性

活塞式制冷压缩机的工作特性主要有两点：一为压缩机的制冷量；二为压缩机的耗功率。这两项工作特性除与制冷压缩机的类型、结构形式、尺寸以及加工质量等有关外，主要取决于运行工况。

1）活塞式制冷压缩机的制冷量

活塞式制冷压缩机的实际输气量 V_r（单位：m^3/s）为

$$V_r = \eta_V V_h$$

如果活塞式制冷压缩机的理论输出量为 V_h（单位为 m^3/s），如果制冷剂单位容积制冷能力为 q_v（单位：kJ/m^3），则活塞式制冷压缩机的制冷量 φ_0（单位：kW）为

$$\varphi_0 = V_r q_V = \eta_V V_h q_V = \eta_V V_h \frac{q_0}{v_1} \tag{3-1-2}$$

式中　V_1——每次吸入气缸的气体量；

q_0——制冷剂的制冷能力。

2）活塞式制冷压缩机的耗功率

压缩机的耗功率是指电动机传至压缩机主轴的功率，也称为压缩机的轴功率 P_e。压缩机的轴功率消耗在两方面：一部分直接用于压缩气态制冷剂，称为指示功率 P_i；另一部分用于克服机构运动的摩擦阻力并驱动油泵，称为摩擦功率 P_m。因此，压缩机的轴功率为

$$P_e = P_i + P_m \tag{3-1-3}$$

目前，我国制冷压缩机（不限于活塞式压缩机）有关的国家标准如下：

（1）《活塞式单级制冷剂压缩机（组）》（GB/T 10079—2018）；

（2）《全封闭涡旋式制冷剂压缩机》（GB/T 18429—2018）；

（3）《螺杆式制冷压缩机》（GB/T 19410—2008）；

（4）《房间空气调节器用全封闭型电动机 - 压缩机》（GB/T 15765—2021）；

（5）《电冰箱用全封闭型电动机 - 压缩机》（GB/T 9098—2021）；

（6）《汽车空调用制冷剂压缩机》（GB/T 21360—2018）。

制冷压缩机各标准中的名义工况见表 3-1-1。压缩机的性能曲线一般都是在名义工况给定的吸气温度（或过热度）、液体再冷温度（或再冷度）条件下绘制的。

表 3-1-1　制冷压缩机各标准中的名义工况

类型	吸气饱和（蒸发）温度/℃	吸气温度/℃	吸气过热度/℃	排气饱和（冷凝）温度/℃	液体再冷温度/℃	液体再冷度/℃	环境温度/℃	标准号	备注
高温	7.2	18.3	—	54.4	—	0	35	GB/T 10079—2018	有机制冷剂，高冷凝压力工况
	7.2	18.3	—	48.9	—	0	35		有机制冷剂，低冷凝压力工况
	5	20①	—	50	—	0	—	GB/T 19410—2008	高冷凝压力工况
	5	20①	—	40	—	0	—		低冷凝压力工况
	7.2	18.3	—	54.4	46.1	—	35	GB/T 18429—2018	—
	7.2	35	—	54.4	—	8.3	35	GB/T 15765—2021	大过热度工况
	7.2	18.3	—	54.4	—	8.3	35		小过热度工况
	−6.7	18.3	—	48.9	—	0	35	GB/T 10079—2018	有机制冷剂
	−6.7	4.4	—	48.9	48.9	—	35		—
中温	−10	—	10 或 5②	45	—	0	—	GB/T 19410—2008	高冷凝压力工况
	−10	—	10 或 5②	40	—	0	—		低冷凝压力工况
中低温	−15	−10	—	30	25	—	32	GB/T 10079—2018	无机制冷剂
低温	−31.7	18.3	—	40.6	—	0	35	GB/T 10079—2018	有机制冷剂
	−35	—	10 或 5②	40	—	0	—	GB/T 19410—2008	—
	−31.7	4.4	—	40.6	40.6	—	35	GB/T 18429—2018	—
	−23.3	32.2	—	54.4	32.2	—	32.2	GB/T 9098—2021	—
汽车用空调	−1.0③	9	—	63	63	—	≥ 65	GB/T 21360—2018	涡旋压缩机转速为 3 000 r/min，其他压缩机为 1 800 r/min

注：1. 在 GB/T 19410—2008 中，①吸气温度适用于高温名义工况，吸气过热度适用于中温、低温名义工况；②用于 R717。

2. 在 GB/T 21360—2018 中，③对于变排量压缩机，压缩机控制阀的设定压力为 −1.0 ℃时的饱和压力。

3. "—" 表示相应标准对此项未进行规定。

【任务实施】

根据项目任务书和项目完成报告进行任务实施，见表 3-1-2 和表 3-1-3。

表 3-1-2　项目任务书

任务名称	活塞式制冷压缩机的认识		
小组成员			
指导教师		计划用时	
实施时间		实施地点	
任务内容与目标			
1. 了解活塞式制冷压缩机的构造； 2. 熟悉活塞式制冷压缩机的工作过程和工作特性。			
考核项目	1. 活塞式制冷压缩机的构造 2. 活塞式制冷压缩机的工作过程 3. 活塞式制冷压缩机的工作特性		
备注			

表 3-1-3　项目任务完成报告

任务名称	活塞式制冷压缩机的认识		
小组成员			
具体分工			
计划用时		实际用时	
备注			
1. 活塞式制冷压缩机有哪些形式？它们分别由什么构成？ 2. 活塞式制冷压缩机的理想工作过程是什么？实际过程是什么？			

【任务评价】

根据项目任务综合评价表进行任务评价，见表 3-1-4。

表 3-1-4　项目任务综合评价表

任务名称：　　　　　　　　　　　　　　　　　测评时间：　　年　　月　　日

考核明细		标准分	实训得分								
			小组成员								
			小组自评	小组互评	教师评价	小组自评	小组互评	教师评价	小组自评	小组互评	教师评价
团队（60分）	小组成员是否能在总体上把握学习目标与进度	10									
	小组成员是否分工明确	10									
	小组成员是否有合作意识	10									
	小组成员是否有创新想（做）法	10									
	小组成员是否如实填写任务完成报告	10									
	小组成员是否存在问题和具有解决问题的方案	10									
个人（40分）	个人是否服从团队安排	10									
	个人是否完成团队分配任务	10									
	个人是否能与团队成员及时沟通和交流	10									
	个人是否能够认真描述困难、错误和修改的地方	10									
合计		100									

【知识巩固】

1. 活塞式制冷压缩机的理想工作过程有________、________和________三个过程。

2. 活塞式制冷压缩机的容积效率是________、________、________和_______的乘积。

3. 活塞式制冷压缩机的实际输气量 V_r =________。

4. 据气缸排列和数目的不同，活塞式制冷压缩机可分为__________、__________和__________。

5. 开启式活塞制冷压缩机的构造虽然比较复杂，但是可以概括为______、______及______、______、______五个部分。

6. 封闭式制冷压缩机可分为________和________两种形式。

任务二　螺杆式制冷压缩机的认识

【任务准备】

螺杆式制冷压缩机是一种容积型回转式制冷压缩机。它利用一对设置在机壳内的螺旋形阴、阳转子（螺杆）啮合转动来改变齿槽的容积和位置，以完成蒸气的吸入、压缩和排气过程。本任务主要认识螺杆式制冷压缩机。

螺杆式压缩机结构

1. 螺杆式制冷压缩机的构造

螺杆式制冷压缩机的构造如图 3-2-1 所示，其主要部件包括阴转子、阳转子、机体（包括气缸体和吸、排气端座）、轴承、轴封、平衡活塞及能量调节装置等。

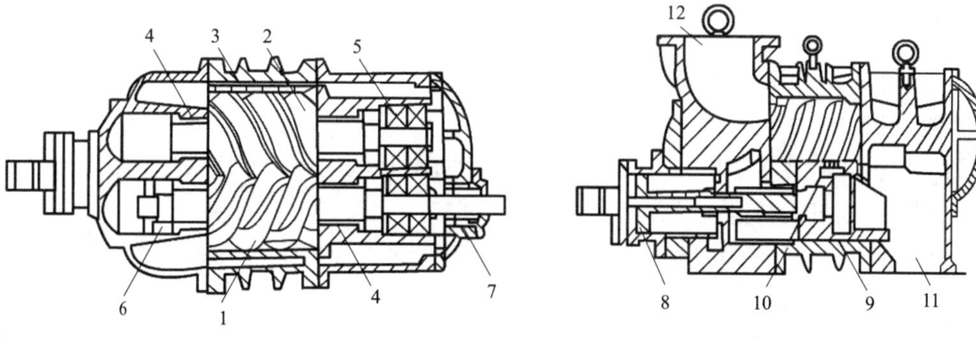

图 3-2-1　螺杆式制冷压缩机示意图

1—阳转子；2—阴转子；3—机体；4—滑动轴承；5—止推轴承；6—平衡活塞；7—轴封；8—能量调节用卸载活塞；9—卸载滑阀；10—喷油孔；11—排气口；12—进气口

螺杆式制冷压缩机气缸体轴线方向的一侧为进气口，另一侧为排气口，不像活塞式制冷压缩机那样设有进气阀和排气阀；其阴、阳转子之间以及转子与气缸壁之间需喷入润滑油，作用是冷却气缸壁，降低排气温度，润滑转子，并在转子及气缸壁面之间形成油膜密封，减小机械噪声。螺杆式制冷压缩机运转时，由于转子上会产生较大轴向力，所以必须采用平衡措施，通常是在两转子的轴上设置推力轴承。另外，阳转子上轴向力较大，还要加装平衡活塞予以平衡。

2. 螺杆式制冷压缩机的工作过程

螺杆式制冷压缩机的气缸体内装有一对互相啮合的螺旋形转子——阳转子和阴转子。其中，阳转子有 4 个凸形齿，阴转子有 6 个凹形齿，两转子按一定速比啮合反向旋转。一般阳转子由原动机直连，阴转子为从动。

气缸体、啮合的螺杆和排气端座组成的齿槽容积变小，而且位置向排气端移动，完成对蒸气的压缩和输送，如图 3-2-2（b）所示。当齿槽与排气口相通时，压缩终止，蒸气被排出，如图 3-2-2（c）所示。每一齿槽空间都经历吸气、压缩、排气三个过程。

在同一时刻同时存在吸气、压缩、排气三个过程，只不过它们发生在不同的齿槽空间或同一齿槽空间的不同位置。

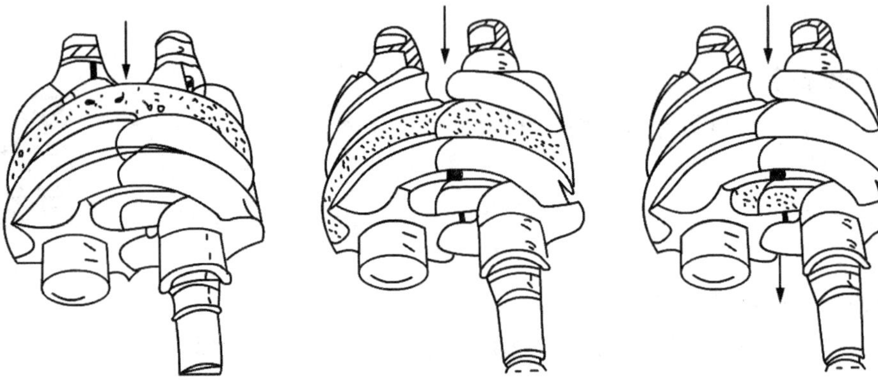

（a）　　（b）　　（c）

图 3-2-2　螺杆式制冷压缩机的工作过程

（a）吸气　（b）压缩　（c）排气

3. 螺杆式制冷压缩机的特点

螺杆式制冷压缩机有下列优点：

（1）螺杆式制冷压缩机只有旋转运动，没有往复运动，因此平衡性好、振动小，可以提高制冷压缩机的转速；

（2）螺杆式制冷压缩机结构简单、紧凑，质量轻，无吸、排气阀，易损件少，可靠性高，检修周期长；

（3）螺杆式制冷压缩机没有余隙，没有吸、排气阀，因此在低蒸发温度或高压缩比工况下仍然有较高的容积效率，另外由于气缸内喷油冷却，所以排气温度较低。

（4）螺杆式制冷压缩机对湿压缩不敏感；

（5）螺杆式制冷压缩机的制冷量可以实现无级调节。

螺杆式制冷压缩机有下列缺点：

（1）螺杆式制冷压缩机运行时噪声大；

（2）螺杆式制冷压缩机的能耗较大；

（3）螺杆式制冷压缩机需要在气缸内喷油，因此润滑油系统比较复杂，机组体积庞大。

【任务实施】

根据项目任务书和项目完成报告进行任务实施，见表 3-2-1 和表 3-2-2。

表 3-2-1　项目任务书

任务名称	螺杆式制冷压缩机的认识		
小组成员			
指导教师		计划用时	
实施时间		实施地点	
任务内容与目标			
1. 了解螺杆式制冷压缩机的构造； 2. 掌握螺杆式制冷压缩机的工作过程； 3. 熟悉螺杆式制冷压缩机的特点。			
考核项目	1. 螺杆式制冷压缩机的构造 2. 螺杆式制冷压缩机的工作过程 3. 螺杆式制冷压缩机的特点		
备注			

表 3-2-2　项目任务完成报告

任务名称	螺杆式制冷压缩机的认识		
小组成员			
具体分工			
计划用时		实际用时	
备注			
1. 简述螺杆式制冷压缩机的构造。 2. 试述螺杆式制冷压缩机的工作过程。 3. 螺杆式制冷压缩机有哪些优点和缺点？			

【任务评价】

根据项目任务综合评价表进行任务评价，见表 3-2-3。

表 3-2-3　项目任务综合评价表

任务名称：　　　　　　　　　　　　　　　　　　测评时间：　　年　　月　　日

考核明细		标准分	实训得分								
			小组成员								
			小组自评	小组互评	教师评价	小组自评	小组互评	教师评价	小组自评	小组互评	教师评价
团队（60分）	小组成员是否能在总体上把握学习目标与进度	10									
	小组成员是否分工明确	10									
	小组成员是否有合作意识	10									
	小组成员是否有创新想（做）法	10									
	小组成员是否如实填写任务完成报告	10									
	小组成员是否存在问题和具有解决问题的方案	10									
个人（40分）	个人是否服从团队安排	10									
	个人是否完成团队分配任务	10									
	个人是否能与团队成员及时沟通和交流	10									
	个人是否能够认真描述困难、错误和修改的地方	10									
合计		100									

【知识巩固】

1. 螺杆式制冷压缩机的主要部件有________、________、________（包括________和________）、________、________、________及________。

2. 螺杆式制冷压缩机的气缸体内装有一对互相啮合的螺旋形转子——________和________。阳转子有 4 个________，阴转子有 6 个________，两转子按一定速比啮合反向旋转。一般________由原动机直连，________为从动。

3. 螺杆式制冷压缩机有哪些优点和缺点？

任务三　涡旋式制冷压缩机的认识

【任务准备】

20 世纪初，法国工程师 Cruex 发明涡轮式压缩机，并且在美国申请了专利，受限于当时高精度涡旋形线加工设备，并没有得到快速发展。一直到 20 世纪 70 年代，能源危机以及高精度数控铣床的发明才极大地推动了涡旋式压缩机的发展。

涡旋式压缩机是一种容积式压缩的压缩机，压缩部件由动涡旋盘和静涡旋盘组成，利用动、静涡旋盘的相对公转运动形成封闭容积的连续变化，从而实现压缩气体的目的。涡旋式压缩机主要用于空调、制冷、一般气体压缩以及汽车发动机增压器和真空泵等场合，可在很大范围内取代传统的中小型往复式压缩机。

本任务主要认识涡旋式制冷压缩机。

1. 涡旋式制冷压缩机的基本结构

涡旋式制冷压缩机的两个具有双函数方程形线的动涡旋盘和静涡旋盘相错 180° 对置相互啮合，其中动涡旋盘由一个偏心距很小的曲柄轴驱动，并通过防自转机构约束，绕静涡旋盘做半径很小的平面运动，从而与端板配合形成一系列月牙形柱体工作容积，如图 3-3-1 所示。

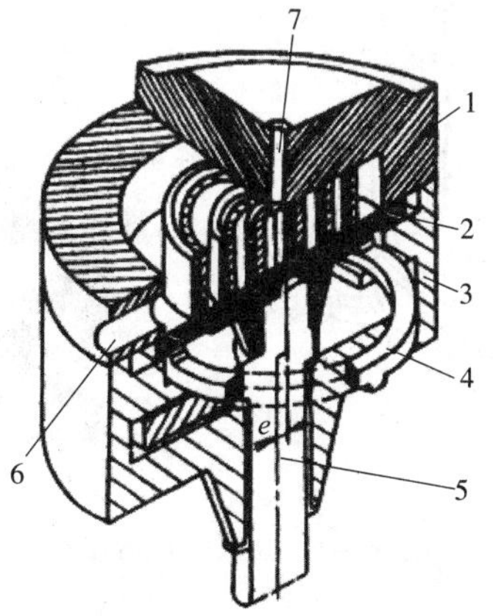

图 3-3-1　涡旋式制冷压缩机的结构

1—静涡旋盘；2—动涡旋盘；3—机体；4—十字连接环；5—曲轴；6—吸气口；7—排气孔

2. 涡旋式制冷压缩机的工作原理

1）工作原理

在吸气、压缩、排气的工作过程中，静涡旋盘固定在机架上，动涡旋盘由偏心曲柄轴驱动并由防自转机构约束，围绕静涡旋盘基圆中心做半径很小的平面转动。气体通过空气滤芯吸入静涡旋盘的外围，随着偏心曲柄轴的旋转，气体在动静涡旋盘啮合所组成的若干个月牙形压缩腔内被逐步压缩，然后由静涡旋盘中心部件的轴向孔连续排出。

2）特点

（1）利用排气来冷却电机，同时为平衡动涡旋盘上承受的轴向力而采用背压腔结构。

（2）机壳内是高压排出气体，使排气压力脉动小，因而振动和噪声都很小。

3）背压腔轴向力平衡的实现

在动涡旋盘上开背压孔，背压孔与中间压力腔相通，从背压孔引入气体至背压腔，使背压腔处于吸、排气压力之间的中间压力。通过背压腔内气体作用于动涡旋盘的底部，从而来平衡各月牙形空间内气体对动涡旋盘的不平衡轴向力和力矩，如图 3-3-2 所示。

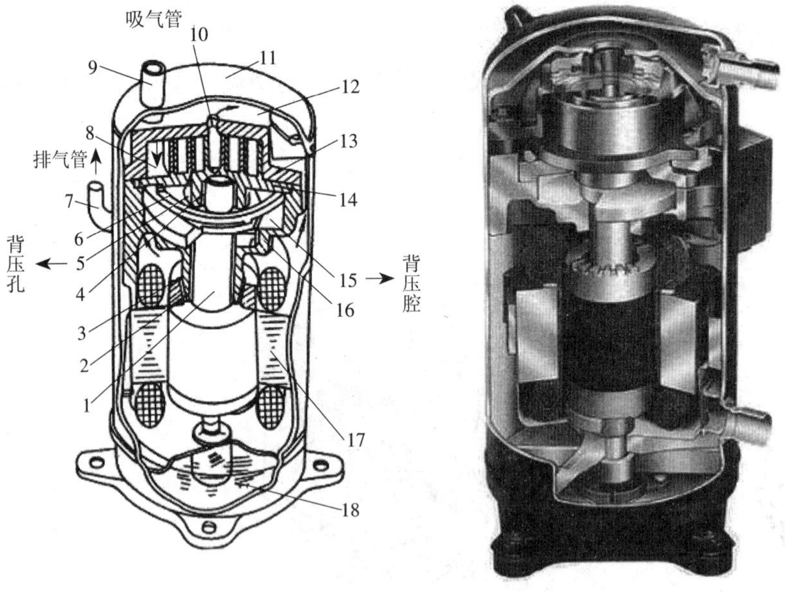

（a） （b）

图 3-3-2　立式背压腔结构

（a）结构图 （b）实物图

1—曲轴；2、4—轴承；3—密封；5、15—背压腔；6—防自转环；7—排气管；8—吸气腔；10—排气口；11—机壳；12—排气腔；13—静盘；14—动盘；16—机架

3. 涡旋式制冷压缩机外壳的特点

1）优点

（1）相邻两压缩室压差小，可使气体泄漏量减少。

（2）由于吸气、压缩、排气过程是同时连续进行的，故压力上升速度较慢，因此转矩变化幅度小、振动小，同时没有余隙容积，故不存在引起容积效率下降的膨胀过程。

（3）无吸排气阀，效率高，可靠性高，噪声低。

（4）由于采用柔性结构，抗杂质和液击能力强，一旦压缩腔内压力过高，可使动涡旋盘与静涡旋盘端面脱离，压力立即得到释放。

（5）机壳内腔为排气室，可减少吸气预热，提高压缩机容积效率。

（6）由于压缩气体由外向内运动，可进行喷液冷却和中间补气，实现经济运行。

2）缺点

（1）涡旋体形线加工精度非常高，其端板平面的平面度、端板平面与涡旋体侧壁面的垂直度必须控制在微米级，必须采用专用的精密加工设备以及精确的调心装配技术。

（2）应用范围受限，目前仅用于功率在 1~15 kW 的空调器中，密封要求高，密封机构复杂。由于无气阀，压缩腔内部会形成过压缩和欠压缩。

4. 数码涡旋式制冷压缩机

1）工作原理

采用“轴向柔性”浮动密封技术，将一活塞安装在顶部定涡旋盘处，活塞顶部有一调节室，通过直径 0.6 mm 的排气孔和排气压力相连通，而外接 PWM 阀（脉冲宽度调节阀）连接调节室和吸气压力。PWM 阀处于常闭位置时，活塞上下侧的压力为排气压力，一弹簧力确保两个涡旋盘共同加载。PWM 阀通电时，调节室内排气被释放至低压吸气管，导致活塞上移，带动顶部定涡旋盘上移，该动作使动、定涡旋盘分隔，导致无制冷剂通过涡旋盘。其调制范围为 10%~100%，通过动、定涡旋盘分开 1 mm 达到调制冷量的目的。数码涡旋式制冷压缩机的工作原理如图 3-3-3 所示。

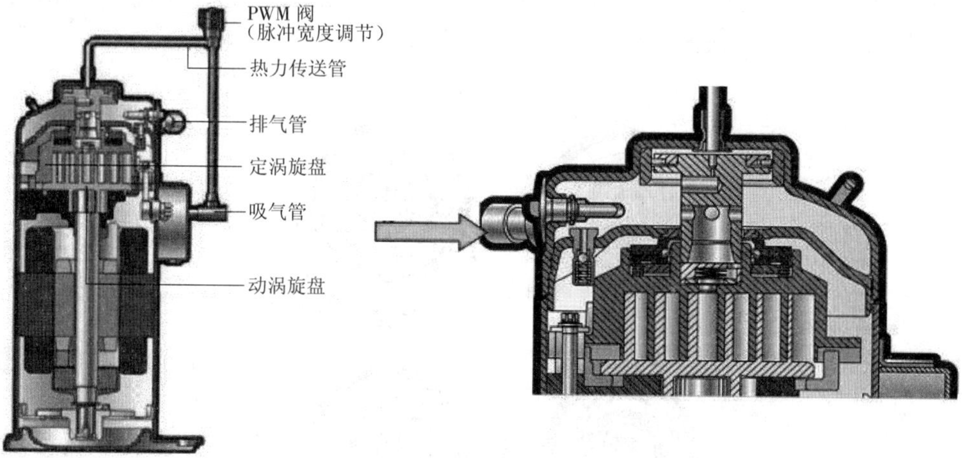

图 3-3-3　数码涡旋式制冷压缩机的工作原理

2）数码涡旋式制冷压缩机的调节机构

数码涡旋式制冷压缩机的调节机构如图 3-3-4 所示。

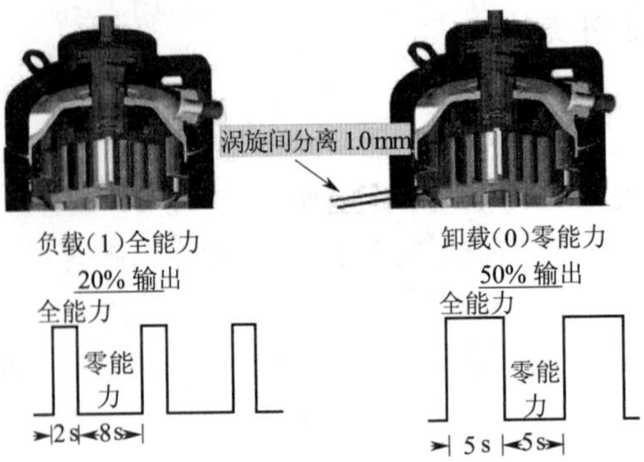

图 3-3-4　数码涡旋式制冷压缩机的调节机构

3）数码涡旋式制冷压缩机用于冷冻系统的运行流程

数码涡旋式制冷压缩机用于冷冻系统的运行流程如图 3-3-5 所示。

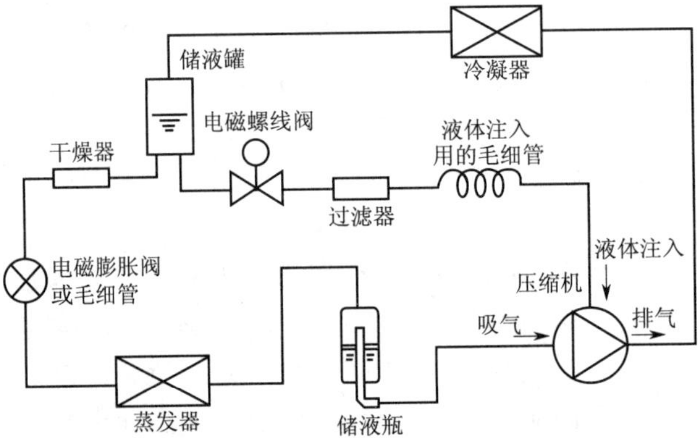

图 3-3-5　数码涡旋式制冷压缩机用于冷冻系统的运行流程

5. 涡旋式制冷压缩机的工作过程

涡旋式制冷压缩机在主轴旋转一周时间内，其吸气、压缩、排气三个工作过程是同时进行的，外侧空间与吸气口相通，始终处于吸气过程，内侧空间与排气口相通，始终处于排气过程，如图 3-3-6 所示。

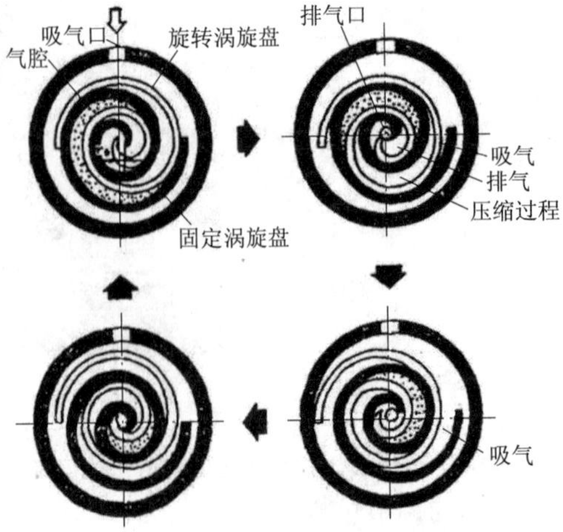

图 3-3-6　涡旋式制冷压缩机的工作过程

【任务实施】

根据项目任务书和项目完成报告进行任务实施，见表 3-3-1 和表 3-3-2。

表 3-3-1　项目任务书

<table>
<tr><td>任务名称</td><td colspan="3">涡旋式制冷压缩机</td></tr>
<tr><td>小组成员</td><td colspan="3"></td></tr>
<tr><td>指导教师</td><td></td><td>计划用时</td><td></td></tr>
<tr><td>实施时间</td><td></td><td>实施地点</td><td></td></tr>
<tr><td colspan="4">任务内容与目标</td></tr>
<tr><td colspan="4">1. 了解涡旋式制冷压缩机的工作原理；
2. 掌握涡旋式制冷压缩机的特点。</td></tr>
<tr><td>考核项目</td><td colspan="3">1. 涡旋式制冷压缩机的工作原理
2. 涡旋式制冷压缩机的特点</td></tr>
<tr><td>备注</td><td colspan="3"></td></tr>
</table>

表 3-3-2　项目任务完成报告

<table>
<tr><td>任务名称</td><td colspan="3">涡旋式制冷压缩机</td></tr>
<tr><td>小组成员</td><td></td><td></td><td></td></tr>
<tr><td>具体分工</td><td></td><td></td><td></td></tr>
<tr><td>计划用时</td><td></td><td>实际用时</td><td></td></tr>
<tr><td>备注</td><td colspan="3"></td></tr>
<tr><td colspan="4">1. 简述涡旋式制冷压缩机的工作原理。

2. 试述涡旋式制冷压缩机的特点。</td></tr>
</table>

【任务评价】

根据项目任务综合评价表进行任务评价，见表 3-3-3。

表 3-3-3　项目任务综合评价表

任务名称：　　　　　　　　　　　　　　　　　　　测评时间：　　年　　月　　日

考核明细		标准分	实训得分								
			小组成员								
			小组自评	小组互评	教师评价	小组自评	小组互评	教师评价	小组自评	小组互评	教师评价
团队（60分）	小组成员是否能在总体上把握学习目标与进度	10									
	小组成员是否分工明确	10									
	小组成员是否有合作意识	10									
	小组成员是否有创新想（做）法	10									
	小组成员是否如实填写任务完成报告	10									
	小组成员是否存在问题和具有解决问题的方案	10									
个人（40分）	个人是否服从团队安排	10									
	个人是否完成团队分配任务	10									
	个人是否能与团队成员及时沟通和交流	10									
	个人是否能够认真描述困难、错误和修改的地方	10									
合计		100									

【知识巩固】

1. 在__________、__________、__________的工作过程中，静盘固定在机架上，动涡旋盘由__________驱动并由防自转机构约束，围绕静涡旋盘基圆中心做半径很小的平面转动。气体通过________吸入静涡旋盘的外围，随着偏心曲柄轴的旋转，气体在动静涡旋盘噬合所组成的若干个月牙形压缩腔内被逐步压缩，然后由静涡旋盘中心部件的轴向孔连续排出。

2. 涡旋式制冷压缩机有哪些优点和缺点？

任务四　滚动转子式压缩机的认识

【任务准备】

1. 滚动转子式压缩机的基本结构

滚动转子式压缩机是一种容积型回转式压缩机，其气缸工作容积的变化是依靠一个偏心装置的圆筒形转子在气缸内的滚动实现的。

（1）转子回转一周，将完成上一工作循环的压缩和排气过程及下一工作循环的吸气过程。

（2）由于不设进气阀，吸气开始的时机和气缸上吸气孔口位置有严格的对应关系，不随工况的变化而变动。

（3）由于设置了排气阀，压缩终止的时机将随排气管中压力的变化而变动。

2. 滚动转子式压缩机的优点

滚动转子式压缩机如今在家用电冰箱和空调器中应用也很普遍，它的优点如下：

（1）结构简单，体积小，质量轻，与活塞式压缩机相比，体积可减小 40%~50%，质量也可减轻 40%~50%；

（2）零部件少，特别是易损件少，同时相对运动部件之间的摩擦损失少，因而可靠性较高；

（3）仅滑片有较小的往复惯性力，旋转惯性力可完全平衡，转速可以较高，并且振动小，运转平稳；

（4）没有吸气阀，吸气时间长，余隙容积小，并且直接吸气，可减小吸气有害过热，所以其效率高，但其加工及装配精度要求高，由于没有吸气阀，可以用于输送污浊和带液滴、含粉尘的工艺用气体。

3. 滚动转子式压缩机的缺点

（1）滑片与气缸壁面之间的泄漏、摩擦和磨损较大，限制了它的工作寿命及效率的提高，并且这种压缩机加工精度要求较高。如果采用双层滑片，运行时两块滑片的端部都与气缸内壁保持接触，形成两道密封线，并在两道密封线之间形成油封，大大降低了滑片端部的泄漏损失，减小了摩擦力及摩擦损失，使机器的工作寿命及效率均有所提高。

（2）一旦在其轴承、主轴、滚轮或是滑片处发生磨损，间隙增大，马上会对其性能产生较明显的不良影响，因而它通常是用在工厂中整体装配的冰箱、空调器中，系统内也要求具有较高的清洁度。

【任务实施】

根据项目任务书和项目完成报告进行任务实施，见表 3-4-1 和表 3-4-2。

表 3-4-1　项目任务书

任务名称	滚动转子式制冷压缩机		
小组成员			
指导教师		计划用时	
实施时间		实施地点	
任务内容与目标			
1. 了解滚动转子式制冷压缩机的基本结构； 2. 掌握滚动转子式制冷压缩机的特点。			
考核项目	1. 滚动转子式制冷压缩机的基本结构 2. 滚动转子式制冷压缩机的特点		
备注			

表 3-4-2　项目任务完成报告

任务名称	涡旋式制冷压缩机		
小组成员			
具体分工			
计划用时		实际用时	
备注			
1. 简述转子式制冷压缩机的工作原理。 2. 试述滚动转子式制冷压缩机的特点。			

【任务评价】

根据项目任务综合评价表进行任务评价，见表 3-4-3。

表 3-4-3　项目任务综合评价表

任务名称：　　　　　　　　　　　　　　测评时间：　　年　　月　　日

考核明细		标准分	实训得分								
			小组成员								
			小组自评	小组互评	教师评价	小组自评	小组互评	教师评价	小组自评	小组互评	教师评价
团队（60分）	小组成员是否能在总体上把握学习目标与进度	10									
	小组成员是否分工明确	10									
	小组成员是否有合作意识	10									
	小组成员是否有创新想（做）法	10									
	小组成员是否如实填写任务完成报告	10									
	小组成员是否存在问题和具有解决问题的方案	10									
个人（40分）	个人是否服从团队安排	10									
	个人是否完成团队分配任务	10									
	个人是否能与团队成员及时沟通和交流	10									
	个人是否能够认真描述困难、错误和修改的地方	10									
合计		100									

【知识巩固】

1. 滚动转子式压缩机是一种________压缩机，气缸工作容积的变化，是依靠一个__________的圆筒形转子在气缸内的滚动来实现的。

2. 转子式制冷压缩机有哪些优点和缺点？

任务五　离心式制冷压缩机的认识

【任务准备】

离心式制冷压缩机是一种速度型压缩机，它是利用高速旋转的叶轮对蒸气做功从而使蒸气获得动能，而后通过扩压器将动能转变为压力能来提高蒸气的压力。本任务主要认识离心式制冷压缩机。

离心式压缩机结构

随着大型空气调节系统和石油化学工业的日益发展，迫切需要大型及低温制冷压缩机，而离心式制冷压缩机能够很好地满足这种要求。

离心式制冷压缩机的转数很高，对于材料强度、加工精度和制造质量均有严格要求，否则易于损坏，且不安全。此前，小型离心式制冷压缩机的总效率低于活塞式制冷压缩机，故其更适用于大型或特殊用途的场合；但随着技术的进步，近年来小至 175 kW 制冷量的离心式制冷压缩机已得到应用，其性能系数已达到或超过同容量的螺杆式制冷压缩机。

1. 离心式制冷压缩机的结构

离心式制冷压缩机的结构与离心水泵相似，如图 3-5-1 所示。其低压气态制冷剂从侧面进入叶轮中心以后，靠叶轮高速旋转产生的离心力作用，获得动能和压力势能，流向叶轮的外缘。由于离心式制冷压缩机的圆周速度很高，气态制冷剂从叶轮外缘流出的速度也很高，为了减少能量损失以及提高离心式制冷压缩机出口气体的压力，除像水泵那样装有蜗壳外，还在叶轮的外缘设有扩压器，这样从叶轮流出的气体首先通过扩压器再进入蜗壳，使气体的流速有较大的降低，将动能转换为压力能，以获得高压气体，并排出压缩机。

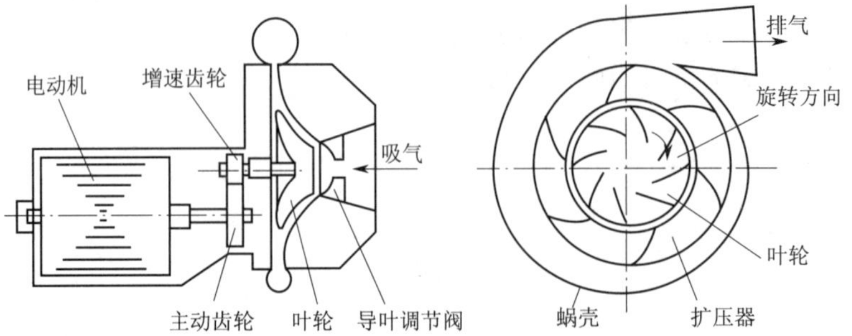

图 3-5-1　单级离心式制冷压缩机的结构

由于对离心式制冷压缩机的制冷温度和制冷量有不同要求，故需采用不同种类的制冷剂，而且压缩机要在不同的蒸发压力和冷凝压力下工作，这就要求离心式制冷压缩机能够产生不同的能量头。因此，离心式制冷压缩机有单级和多级之分，也就是说主轴上的叶轮可以是一个或多个。显然，工作叶轮的转数越高、叶轮级数越多，离心式制冷压缩机产生的能量头越高。

2. 离心式制冷压缩机的工作原理

1）叶轮的压气作用

如前所述，离心式制冷压缩机依靠叶轮旋转产生的离心力作用，将吸入的低压气体压缩成高压状态。图 3-5-2 为气态制冷剂通过叶轮与扩压器时压力和流速的变化，其中 *ABC* 为气体压力变化线，*DEF* 为气体流速变化线，气体通过叶轮时，压力由 *A* 升至 *B*，同时气流速度由 *D* 升至 *E*；从叶轮流出的气体通过扩压器，其流速由 *E* 降至 *F*，而压力则由 *B* 增至 *C*。

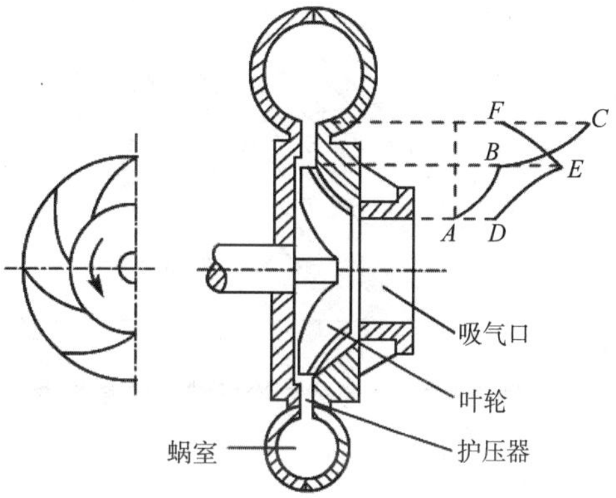

图 3-5-2

2）气体被压缩时所需要的能量头

单位质量制冷剂进行绝热压缩时，有

$$W_{\mathrm{c.th}} = h_2 - h_1$$

其中，$W_{\mathrm{c.th}}$ 是单位质量制冷剂绝热压缩时所需要的理论耗功量（单位 kg/kg），在离心式制冷压缩机中称为能量头。

但是，气态制冷剂流经叶轮时，气体内部以及气体与叶片表面之间有摩擦等损失，制冷剂在压缩过程吸收摩擦热，进行吸热多变压缩过程。因此，气态制冷剂在压缩过程实际所需要的能量头 *W* 应为

$$W = \frac{W_{\mathrm{c.th}}}{\eta_{\mathrm{ad}}} \tag{3-5-1}$$

式中　η_{ad}——离心式制冷压缩机的绝热效率，一般为 0.7~0.8。

3）叶轮外缘圆周速度和最小制冷量

如上所述，由于气态制冷剂流过叶轮时有各种能量损失，气态制冷剂所能获得的能量头 W' 永远小于理论能量头 $W_{\mathrm{c.th}}$，即

$$W' = \eta_{\mathrm{h}} W_{\mathrm{c.th}} = \eta_{\mathrm{h}} \varphi_{u_2} u_2^2 = \varphi u_2^2 \tag{3-5-2}$$

式中　η_{h}——水力效率；

φ——压力系数，等于 $\eta_{\mathrm{h}}\varphi u_2$，对于离心式制冷缩机来说一般为 0.45~0.55；

u_2——叶轮出口圆周速度。

3. 离心式制冷压缩机的工作特性

图 3-5-3 所示为离心式制冷压缩机流量与压缩比（p_{k} / p_0）之间的关系曲线，包括

不同转数下的关系曲线和等效率曲线，左侧点画线为喘振边界线。从图中可以看出，在某转数下离心式制冷压缩机的效率最高，该转数的特性曲线是设计转数特性曲线。

1）喘振

离心式制冷压缩机叶轮的叶片为后弯曲叶片，其工作特性与后弯曲叶片的离心风机相似。图 3-5-4 所示为设计转速下离心式制冷压缩机的特性曲线，横坐标为输气量，纵坐标为能量头。

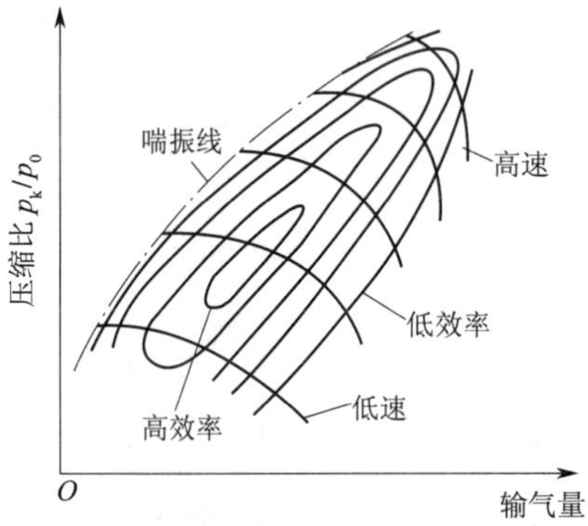

图 3-5-3　离心式制冷压缩机的特性曲线

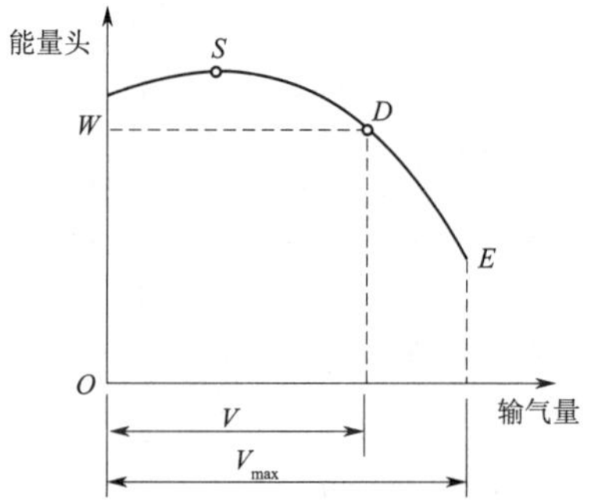

图 3-5-4　设计转速下离心式制冷压缩机的特性曲线

图中 D 点为设计点，离心式制冷压缩机在此工况点运行时，效率最高，偏离此点效率均要降低，偏离越远，效率降低越多。

图中 E 点为最大输气量点，输气量增至此点，离心式制冷压缩机叶轮进口流速达到音速，输气量不可能进一步增加。

图中 S 点为喘振边界点，当压缩机的流量减至 S 点流量以下，由于制冷剂通过叶轮流道的能量损失增加较大，离心式制冷压缩机的有效能量头不断下降，这时压缩机出口以外的气态制冷剂将倒流返回叶轮。例如，蒸发压力不变，由于某种原因冷凝压力上升，压缩气态制冷剂所需能量头有所增加，压缩机输气量将减少；当冷凝压力继续增加，输气量减至 S 点时，离心式制冷压缩机产生的有效能量头达到最大，如果冷凝压力再增加，离心式制冷压缩机能够产生的能量头不敷需要，气态制冷剂就要从冷凝器倒流回至压缩机。气态制冷剂发生倒流后，冷凝压力降低，压缩机又可将气态制冷剂压出，并送至冷凝器，冷凝压力又要不断上升，再次出现倒流。离心式制冷压缩机运转时出现的这种气体来回倒流撞击现象称为喘振。出现喘振，不仅会造成周期性的增大噪声和振动，而且由于高温气体倒流进入压缩机，将引起压缩机壳体和轴承温度升高，若不及时采取措施，还会损坏压缩机甚至损坏整套制冷装置。

2）影响离心式制冷压缩机制冷量的因素

从图 3-5-4 可以看出，离心式制冷压缩机在工作范围（S-D-E）运行时，输气量越小，有效能量头越高。由于冷凝压力与蒸发压力的差越大，气态制冷剂被压缩时所需要的能量头也越大，所以离心式制冷压缩机与活塞式制冷压缩机一样，实际输气量都是随着冷凝温度的升高和蒸发温度的降低而减少，从而减少压缩机的制冷量。

【任务实施】

根据项目任务书和项目完成报告进行任务实施，见表 3-5-1 和表 3-5-2。

表 3-5-1　项目任务书

任务名称	离心式制冷压缩机的认识		
小组成员			
指导教师		计划用时	
实施时间		实施地点	
任务内容与目标			
1. 熟悉离心式制冷压缩机的结构； 2. 掌握离心式制冷压缩机的工作原理； 3. 了解离心式制冷压缩机的工作特性。			
考核项目	1. 离心式制冷压缩机的结构 2. 离心式制冷压缩机的工作原理 3. 离心式制冷压缩机的工作特性		
备注			

表 3-5-2　项目任务完成报告

任务名称	涡旋式制冷压缩机		
小组成员			
具体分工			
计划用时		实际用时	
备注			
1. 试分析转速、冷凝温度、蒸发温度对离心式压缩机制冷量的影响规律。 2. 简述离心式制冷压缩机的结构。 3. 影响离心式制冷压缩机制冷量的因素是什么？			

【任务评价】

根据项目任务综合评价表进行任务评价，见表 3-5-3。

表 3-5-3　项目任务综合评价表

任务名称：　　　　　　　　　　　　　测评时间：　　年　　月　　日

考核明细		标准分	实训得分								
			小组成员								
			小组自评	小组互评	教师评价	小组自评	小组互评	教师评价	小组自评	小组互评	教师评价
团队（60分）	小组成员是否能在总体上把握学习目标与进度	10									
	小组成员是否分工明确	10									
	小组成员是否有合作意识	10									
	小组成员是否有创新想（做）法	10									
	小组成员是否如实填写任务完成报告	10									
	小组成员是否存在问题和具有解决问题的方案	10									
个人（40分）	个人是否服从团队安排	10									
	个人是否完成团队分配任务	10									
	个人是否能与团队成员及时沟通和交流	10									
	个人是否能够认真描述困难、错误和修改的地方	10									
合计		100									

【知识巩固】

1. 影响离心式制冷压缩机制冷量的因素：__________、__________和__________。
2. 什么是喘振？
3. 叶轮的作用是什么？

制冷系统节流装置作用与安装

任务六　蒸气压缩式热泵的认识

【任务准备】

蒸气压缩式热泵也称机械压缩式热泵，其主要特点是利用电动机或内燃机等动力机械驱动压缩机，使工质在热泵中循环流动并发生状态变化，从而实现热泵的连续高效制热。理解热泵工质的状态和性质变化规律是掌握蒸气压缩式热泵工作原理的基础。

1. 蒸气压缩式热泵的工作原理

蒸气压缩式热泵的工作原理如图 3-6-1 所示。蒸气压缩式热泵由压缩机、冷凝器、节流阀和蒸发器构成封闭系统，在系统中充入一定量的适宜热泵工质。热泵工质在蒸发器中为低压低温状态，可吸收低温热源的热能，发生液 - 气相变（蒸发），变为低压蒸气进入压缩机，并被压缩机升压后进入冷凝器，高压高温的热泵工质蒸气在冷凝器中放热给热用户，热泵工质变为高压液体进入节流阀，经节流阀节流后变为低压低温的饱和气与饱和液的混合物进入蒸发器，开始下一个循环。

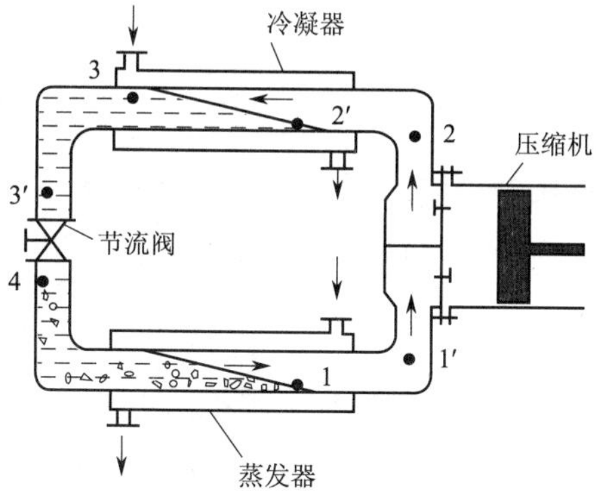

图 3-6-1　蒸气压缩式热泵的工作原理

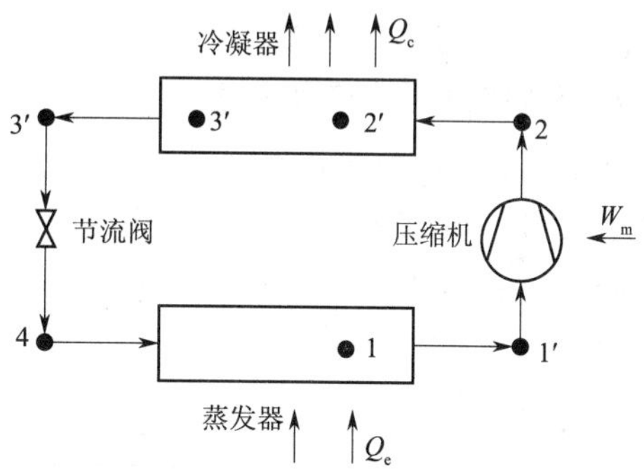

图 3-6-2　蒸气压缩式热泵的能量关系及结构简图

2. 出节流阀的湿蒸气的干度

图 3-6-2 中在节流阀出口处工质为饱和液与饱和气的混合物，简称为湿蒸气，为表征湿蒸气中饱和液与饱和气的相对多少，用干度 x 表示湿蒸气中饱和气的质量比例，其定义式为

$$x=\frac{\text{饱和气的质量}}{\text{饱和气的质量+饱和液的质量}}=\frac{m_V}{m_V+m_L} \tag{3-6-1}$$

3. 进出热泵的能量关系

为方便表达，蒸气压缩式热泵的结构常用图 3-6-2 所示的结构简图表示，图中也给出了热泵稳定运行时出入热泵的能量关系。

由图 3-6-2 可见，工质流经热泵压缩机时吸收功或电能为 W_m，经过蒸发器时从低温热源吸热 Q_e，这两部分能量合并后变为高温热能 Q_c，并由工质携带至冷凝器中放出给热用户，三者间的关系为

$$Q_c = Q_e + W_m \tag{3-6-2}$$

任务七　吸收式热泵的认识

【知识要点】

蒸气压缩式热泵的主要特点是热泵工质依靠机械功（压缩机）驱动工质在热泵中循环流动，从而连续地将热量从低温热源泵送到高温热汇供给用户。本任务介绍的吸收式热泵则是用热能驱动工质循环，实现对热能的泵送功能，较适用于有废热或可通过煤、气、油及其他燃料可获得低成本热能的场合。

【知识巩固】

1. 吸收式热泵的基本构成

图 3-7-1 所示为可连续工作的吸收式热泵的基本构成，由发生器、吸收器、冷凝器、蒸发器、节流阀、溶液泵、溶液阀、溶液热交换器组成封闭环路，并内充以工质对（吸收剂和循环工质）溶液组成。

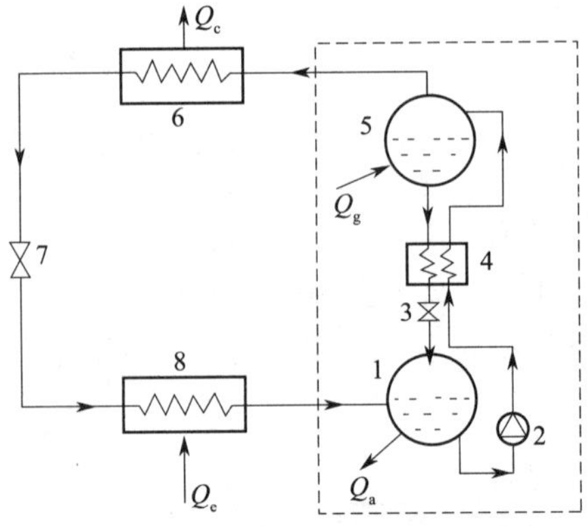

图 3-7-1　吸收式热泵的基本构成

1—吸收器；2—溶液泵；3—溶液阀；4—溶液热交换器；5—发生器；6—冷凝器；7—节流阀；8—蒸发器

吸收式热泵中各组成部分的基本情况如下。

1）工质对

一般是循环工质和吸收剂组成的二元非共沸混合物，其中循环工质的沸点低，吸收剂的沸点高，且两组元的沸点应具有较大的差值。循环工质在吸收剂中应具有较大的溶解度，工质对溶液还应对循环工质有较强的吸收能力。本任务主要介绍以 H_2O（水，循环工质）-LiBr（溴化锂，吸收剂）为工质对的吸收式热泵。

2）发生器

发生器中为 H_2O-LiBr 工质对的浓溶液（水为溶剂），利用热水、蒸气或燃料火焰加热工质对溶液，使其中的低沸点循环工质变为蒸气排出，故称为发生器。

3）吸收器

发生器中为 H_2O-LiBr 工质对的稀溶液，利用工质对溶液对循环工质较强的吸收能力，抽吸蒸发器中产生的循环工质蒸气。

4）冷凝器

来自发生器的循环工质蒸气在冷凝器中冷凝为液体，并放出热量。

5）节流部件（阀、孔板或细管等）

节流部件是控制循环工质流量的部件。节流阀前压力、温度较高的循环工质液体经节流阀后变为压力、温度较低的循环工质饱和气和饱和液混合物。

6）蒸发器

在蒸发器中，来自节流部件的低压、低温循环工质饱和气与饱和液的混合物吸收低温热源的热量，使其中的循环工质饱和液蒸发为饱和气。

7）溶液泵

溶液泵不断将吸收器中的工质对稀溶液送入发生器，保持吸收器、发生器中的溶液量（液位）、溶液浓度稳定。

8）溶液阀

溶液阀可控制由发生器流入吸收器的溶液量与溶液泵的流量相匹配。

9）溶液热交换器

溶液热交换器是流出吸收器的稀溶液与流出发生器的浓溶液进行热交换的部件，使进入发生器的稀溶液温度升高，节省发生器中的高温热能消耗；使进入吸收器的稀溶液温度降低，提高吸收器中溶液的吸收能力。

2. 吸收式热泵的工作过程

吸收式热泵的基本工作过程如下：利用高温热能加热发生器中的工质对浓溶液，产生高温、高压的循环工质蒸气，进入冷凝器；在冷凝器中循环工质凝结放热，变为高温、高压的循环工质液体，进入节流阀；经节流阀后变为低温、低压的循环工质饱和气与饱和液的混合物，进入蒸发器；在蒸发器中循环工质吸收低温热源的热量变为蒸气，进入吸收器；在吸收器中循环工质蒸气被工质对溶液吸收，吸收了循环工质蒸气的工质对稀溶液经热交换器升温后被不断泵送到发生器，同时产生了循环工质蒸气的发生器中的浓溶液经热交换器降温后被不断放入吸收器，维持发生器和吸收器中液位、浓度和温度的稳定，实现吸收式热泵的连续制热。

3. 吸收式热泵的热力系数

吸收式热泵的效率（制热系数）通常用热力系数来表示，其基本含义与制热系数相同，即

$$\text{热力系数}=\frac{\text{用户获得的有用热量}}{\text{消耗的燃料热量或热水、蒸气能量及驱动泵的能量}}$$

可用公式表示为

$$\zeta_{\mathrm{H}}=\frac{Q_{\mathrm{u}}}{Q_{\mathrm{g}}+W_{\mathrm{p}}}=\frac{Q_{\mathrm{c}}+Q_{\mathrm{a}}}{Q_{\mathrm{g}}+W_{\mathrm{p}}} \tag{3-7-1}$$

式中 W_p——泵类的耗功，简要分析时可忽略；

Q_g——发生器的加热量；

Q_a——吸收器的放热量；

Q_c——冷凝器的放热量。

4. 吸收式热泵的分类

（1）按工质对可分为 H_2O-LiBr 热泵、NH_3-H_2O 热泵等。

（2）按驱动热源可分为蒸气型热泵、热水型热泵、直燃型热泵、余热型热泵、复合热源型热泵等。

（3）按驱动热源的利用方式可分为单效热泵、双效热泵、多效热泵、多级热泵等。

（4）按制热目的可分为第一类吸收式热泵、第二类吸收式热泵等。

（5）按溶液循环流程可分为串联式热泵、倒串联式热泵、并联式热泵、串并联式热泵等。

（6）按机组结构可分为单筒式热泵、双筒式热泵、三筒式热泵、多筒式热泵等。

5. 吸收式热泵的基本特点

（1）吸收式热泵运动部件少，噪声低，运转磨损小，但制造费用比压缩式热泵高些。

（2）吸收式热泵的热力系数通常低于压缩式热泵的制热系数，但两者的分母项含义不同。吸收式热泵用热能来驱动，分母项为热能，热能中只有一部分是可用能（可用能与电能、机械功等价，热能中可用能的比例为 $1-T_a/T_r$，其中 T_a 为环境温度，T_r 为热能温度）；而压缩式热泵用电能或机械功来驱动，所消耗的电能、机械功全部是可用能。因此，吸收式热泵适宜于用废热或低成本燃料产生的热能来驱动。

（3）吸收式热泵的热力系数在冷凝温度和蒸发温度的差增大时，其变化幅度比压缩式热泵的制热系数小。因此，在环境温度下降或用户需热温度提高时，吸收式热泵的供热量变化不像压缩式热泵那样敏感。

【任务实施】

根据项目任务书和项目完成报告进行任务实施，见表 3-7-1 和表 3-7-2。

表 3-7-1　项目任务书

任务名称	吸收式热泵的认识		
小组成员			
指导教师		计划用时	
实施时间		实施地点	
任务内容与目标			
1. 了解吸收式热泵的基本构成； 2. 掌握吸收式热泵的工作过程； 3. 了解吸收式热泵的分类。			
考核项目	1. 吸收式热泵的基本构成 2. 吸收式热泵的工作过程 3. 吸收式热泵的分类		
备注			

表 3-7-2　项目任务完成报告

任务名称	吸收式热泵的认识		
小组成员			
具体分工			
计划用时		实际用时	
备注			
1. 简述吸收式热泵的基本构成。 2. 简述吸收式热泵的分类。			

【任务评价】

根据项目任务综合评价表进行任务评价，见表 3-6-3。

表 3-6-3 项目任务综合评价表

任务名称：　　　　　　　　　　　　　　　　测评时间：　　年　　月　　日

<table>
<tr><td colspan="2" rowspan="4">考核明细</td><td rowspan="4">标准分</td><td colspan="9">实训得分</td></tr>
<tr><td colspan="9">小组成员</td></tr>
<tr><td colspan="3"></td><td colspan="3"></td><td colspan="3"></td></tr>
<tr><td>小组自评</td><td>小组互评</td><td>教师评价</td><td>小组自评</td><td>小组互评</td><td>教师评价</td><td>小组自评</td><td>小组互评</td><td>教师评价</td></tr>
<tr><td rowspan="6">团队（60分）</td><td>小组成员是否能在总体上把握学习目标与进度</td><td>10</td><td></td><td></td><td></td><td></td><td></td><td></td><td></td><td></td><td></td></tr>
<tr><td>小组成员是否分工明确</td><td>10</td><td></td><td></td><td></td><td></td><td></td><td></td><td></td><td></td><td></td></tr>
<tr><td>小组成员是否有合作意识</td><td>10</td><td></td><td></td><td></td><td></td><td></td><td></td><td></td><td></td><td></td></tr>
<tr><td>小组成员是否有创新想（做）法</td><td>10</td><td></td><td></td><td></td><td></td><td></td><td></td><td></td><td></td><td></td></tr>
<tr><td>小组成员是否如实填写任务完成报告</td><td>10</td><td></td><td></td><td></td><td></td><td></td><td></td><td></td><td></td><td></td></tr>
<tr><td>小组成员是否存在问题和具有解决问题的方案</td><td>10</td><td></td><td></td><td></td><td></td><td></td><td></td><td></td><td></td><td></td></tr>
<tr><td rowspan="4">个人（40分）</td><td>个人是否服从团队安排</td><td>10</td><td></td><td></td><td></td><td></td><td></td><td></td><td></td><td></td><td></td></tr>
<tr><td>个人是否完成团队分配任务</td><td>10</td><td></td><td></td><td></td><td></td><td></td><td></td><td></td><td></td><td></td></tr>
<tr><td>个人是否能与团队成员及时沟通和交流</td><td>10</td><td></td><td></td><td></td><td></td><td></td><td></td><td></td><td></td><td></td></tr>
<tr><td>个人是否能够认真描述困难、错误和修改的地方</td><td>10</td><td></td><td></td><td></td><td></td><td></td><td></td><td></td><td></td><td></td></tr>
<tr><td colspan="2">合计</td><td>100</td><td></td><td></td><td></td><td></td><td></td><td></td><td></td><td></td><td></td></tr>
</table>

【知识巩固】

1. 吸收式热泵的效率（制热系数）通常用____________来表示。
2. 简述吸收式热泵的基本特点。

项目四

节流机构与辅助设备

【项目描述】

制冷在商业和民生中有着越来越广泛的应用，实现连续制冷以达到节能减排的目的，推进健全绿色低碳循环发展经济体系，在制冷系统中加装节流机构与辅助设备设置节流装置（也称节流机构）是助力实现碳达峰、碳中和目标实现的重要手段。

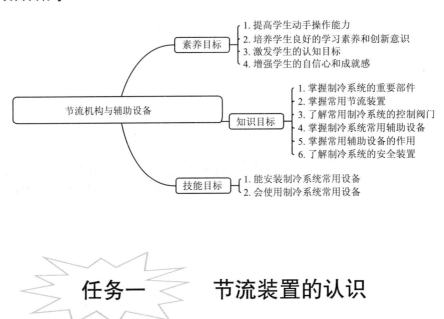

【项目目标】

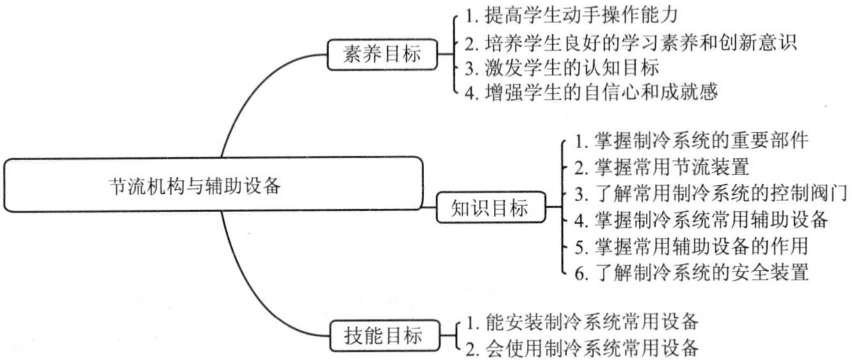

任务一　节流装置的认识

【任务准备】

本任务主要学习制冷系统的重要部件——节流装置。通过学习，需要掌握节流装置的构成、工作原理以及问题解决方法。

节流装置是组成制冷系统的重要部件，被称为制冷系统四大部件之一，其作用如下。

（1）对高压液态制冷剂进行节流降压，保证冷凝器与蒸发器之间的压力差，以使蒸发器中的液态制冷剂在要求的低压下蒸发吸热，从而达到制冷降温的目的；同时使冷凝器中的气态制冷剂在给定的高压下放热冷凝。

（2）调节供入蒸发器的制冷剂流量，以适应蒸发器热负荷变化，从而避免因部分制冷剂在蒸发器中未及汽化，而进入制冷压缩机，引起湿压缩甚至冲缸事故；或因供液不足，致使蒸发器的传热面积未充分利用，引起制冷压缩机吸气压力降低，制冷能力下降。

由于节流装置具有控制进入蒸发器制冷剂流量的功能，故也称为流量控制机构；又由于高压液态制冷剂流经此部件后，节流降压膨胀为湿蒸气，故也称为节流阀或膨胀阀。常用的节流装置有手动膨胀阀、浮球式膨胀阀、热力膨胀阀、电子膨胀阀、毛细管和节流短管等。

1. 手动膨胀阀

手动膨胀阀的构造与普通截止阀相似，只是阀芯为针形锥体或具有 V 形缺口的锥体，如图 4-1-1 所示。其阀杆采用细牙螺纹，当旋转手轮时，可使阀门开度缓慢增大或减小，以保证良好的调节性能。

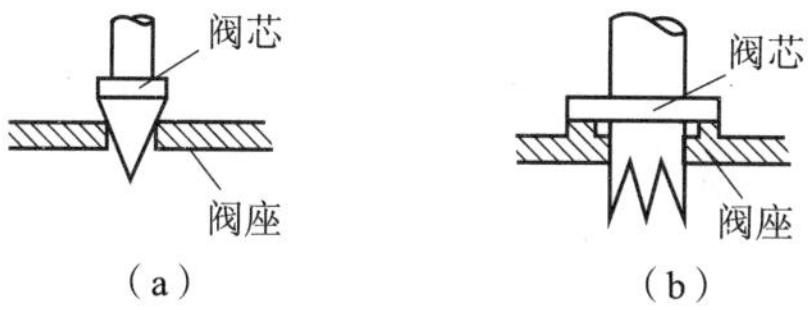

图 4-1-1　手动膨胀阀阀芯

（a）针形阀芯　（b）具有 V 形缺口的阀芯

由于手动膨胀阀全凭经验进行操作，管理麻烦，目前大部分已被其他节流装置取代，只在氨制冷系统、试验装置或安装在旁路中作为备用节流装置的情况下还有少量使用。

2. 浮球式膨胀阀

满液式蒸发器要求液位保持一定的高度，一般均采用浮球式膨胀阀。

根据液态制冷剂的流动情况，浮球式膨胀阀有直通式和非直通式两种，如图 4-1-2 和图 4-1-3 所示。这两种浮球式膨胀阀的工作原理都是依靠浮球室中的浮球因液面的降低或升高，控制阀门的开启或关闭。浮球室装在蒸发器一侧，上、下用平衡管与蒸发器相通，保证两者液面高度一致，以控制蒸发器液面的高度。

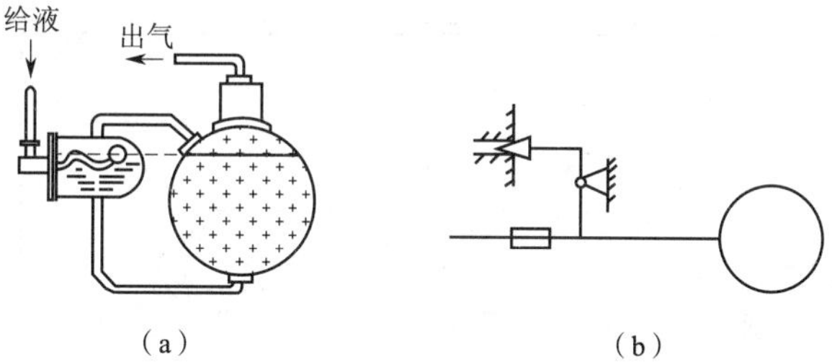

图 4-1-2　直通式浮球式膨胀阀

（a）安装示意图　（b）工作原理图

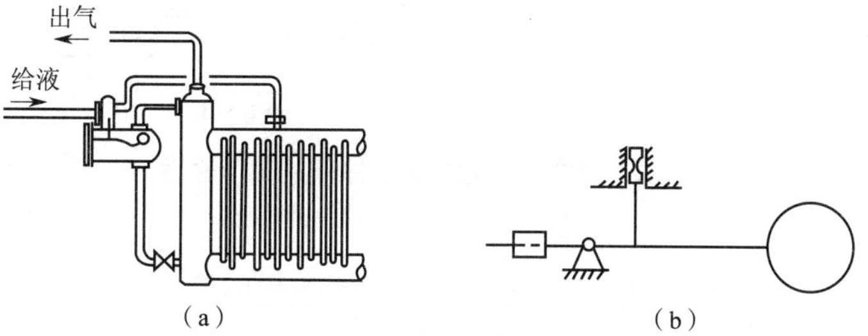

图 4-1-3　非直通式浮球式膨胀阀

（a）安装示意图　（b）工作原理

这两种浮球式膨胀阀的区别在于：直通式浮球式膨胀阀供给的液体是通过浮球室和下部液体平衡管流入蒸发器，其构造简单，但由于浮球室液面波动大，浮球传递给阀芯的冲击力也大，故容易损坏；而非直通式浮球式膨胀阀阀门机构在浮球室外部，节流后的制冷剂不通过浮球室而直接流入蒸发器，因此浮球室液面稳定，但结构和安装要比直通式浮球式膨胀阀复杂一些。目前，非直通式浮球式膨胀阀应用比较广泛。

3. 热力膨胀阀

热力膨胀阀通过蒸发器出口气态制冷剂的过热度控制膨胀阀开度，广泛应用于非满液式蒸发器。

按照平衡方式，热力膨胀阀可分为内平衡式和外平衡式两种。

1）内平衡式热力膨胀阀

图 4-1-4 所示为内平衡式热力膨胀阀的工作原理图，它由阀芯、阀座、弹性金属膜片、弹簧、感温包和调整螺钉等组成。以常用的同工质充液式热力膨胀阀为例进行分析，弹性金属膜片受三种力的作用：

（1）阀后制冷剂的压力 p_1，作用在膜片下部，使阀门向关闭方向移动；

（2）弹簧作用力 p_2，也作用在膜片下部，使阀门向关闭方向移动，其大小可通过调整螺钉予以调整；

（3）感温包内制冷剂的压力 p_3，作用在膜片上部，使阀门向开启方向移动，其大小取决于感温包内制冷剂的性质和感温包感受的温度。

对于任一运行工况，以上三种作用力均会达到平衡，即 $p_1+p_2=p_3$，此时弹性金属膜片不动，阀芯位置不动，阀门开度一定。

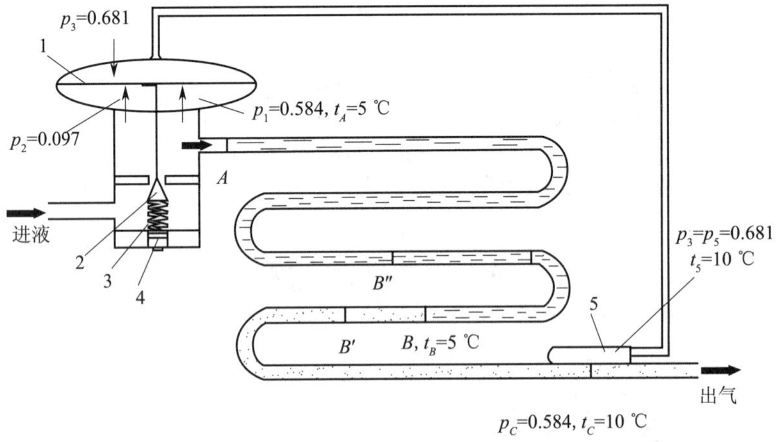

图 4-1-4　内平衡式热力膨胀阀的工作原理

1—弹性金属膜片；2—阀芯；3—弹簧；4—调整螺钉；5—感温包

如图 4-1-4 所示，感温包内定量充注与制冷系统相同的液态制冷剂——R22，若进入蒸发器的液态制冷剂的蒸发温度为 5 ℃，相应的饱和压力等于 0.584 MPa，如果不考虑蒸发器内制冷剂的压力损失，蒸发器内各部位的压力均为 0.584 MPa；在蒸发器内，液态制冷剂吸热沸腾，变成气态，直至图中 B 点，全部汽化，呈饱和状态；自 B 点开始制冷剂继续吸热，呈过热状态；如果至蒸发器出口装有感温包的 C 点，温度升高 5 ℃，达到 10 ℃，当达到热平衡时，感温包内液态制冷剂的温度也为 10 ℃，即 t_5 =10 ℃，相应的饱和压力等于 0.681 MPa，作用在膜片上部的压力 $p_3=p_5$ =0.681 MPa，如果将弹簧作用力调整至相当膜片下部受到 0.097 MPa 的压力，则 $p_1+p_2+p_3$ =0.681 MPa，膜片处于平衡位置，阀门有一定开度，保证蒸发器出口制冷剂的过热度为 5 ℃。

当外界条件发生变化使蒸发器的负荷减小时，蒸发器内液态制冷剂沸腾减弱，制冷剂达到饱和状态的位置后移至 B' 点，此时感温包处的温度将低于 10 ℃，致使 $(p_1+p_2)>p_3$，阀门稍微关小，制冷剂供应量有所减少，膜片达到另一平衡位置；由于阀门稍微关小，弹簧稍有放松，弹簧作用力稍有减小，蒸发器出口制冷剂的过热度将小于 5 ℃。反之，当外界条件改变使蒸发器的负荷增加时，蒸发器内液态制冷剂沸腾加强，制冷剂达到饱和状态的位置前移至 B'' 点，此时感温包处的温度将高于 10 ℃，致使 $(p_1+p_2)<p_3$，阀门稍微开大，制冷剂流量增加，蒸发器出口制冷剂的过热度将大于 5 ℃。

2）外平衡式热力膨胀阀

当蒸发盘管较细或相对较长，或者多根盘管共用一个热力膨胀阀，通过分液器并联时，因制冷剂流动阻力较大，若仍使用内平衡式热力膨胀阀，将导致蒸发器出口制冷剂的过热度很大，蒸发器传热面积不能有效利用。以图 4-1-4 为例，若制冷剂在蒸发器内的压力损失为 0.036 MPa，则蒸发器出口制冷剂的蒸发压力为 0.584−0.036=0.548 MPa，相应的饱和温度为 3 ℃，此时蒸发器出口制冷剂的过热度则增至 7 ℃；蒸发器内制冷剂的阻力损失越大，过热度增加越大，这时就不应使用内平衡式热力膨胀阀。一般情况下，当 R22 蒸发器内压力损失达到表 4-1-1 规定的数值时，应采用外平衡式热力膨胀阀。

表 4-1-1　使用外平衡式热力膨胀阀的蒸发器阻力损失值（R22）

蒸发温度 /℃	10	0	−10	−20	−30	−40	−50
阻力损失 /kPa	42	33	26	19	14	10	7

图 4-1-5 所示为外平衡式热力膨胀阀的工作原理图。从图中可以看出，外平衡式热力膨胀阀的构造与内平衡式热力膨胀阀基本相同，只是弹性金属膜片下部空间与膨胀阀出口互不相通，而是通过一根小口径平衡管与蒸发器出口相连，这样膜片下部承受蒸发器出口制冷剂的压力，从而消除了蒸发器内制冷剂流动阻力的影响。以图 4-1-5 为例，若进入蒸发器的液态制冷剂的蒸发温度为 5 ℃，相应的饱和压力等于 0.584 MPa，蒸发器内制冷剂的压力损失为 0.036 MPa，则蒸发器出口制冷剂的蒸发压力即 p_1 =0.548 MPa（相应的饱和温度为 3 ℃），再加上相当于 5 ℃过热度的弹簧作用力 p_2

=0.097 MPa，则 $p_3 = p_1 + p_2$ =0.645 MPa，对应的饱和温度约为 8 ℃，膜片处于平衡位置，保证蒸发器出口气态制冷剂过热度基本上等于 5 ℃。

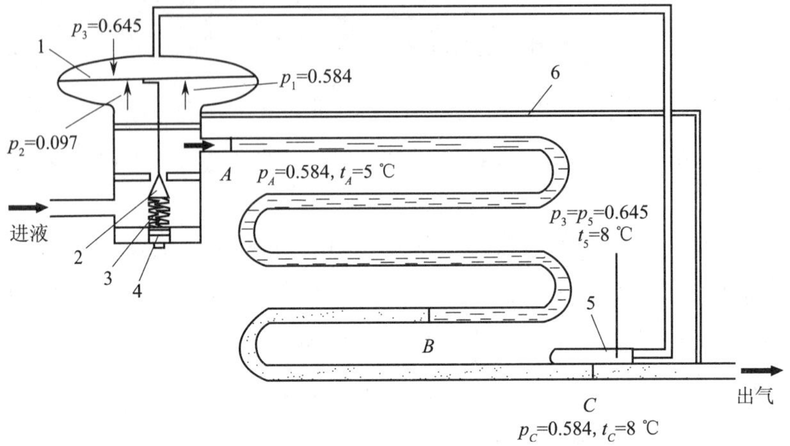

图 4-1-5　外平衡式热力膨胀阀的工作原理

1—弹性金属膜片；2—阀芯；3—弹簧；4—调整螺钉；5—感温包；6—平衡管

现有各种热力膨胀阀均是通过感温包感受蒸发器出口制冷剂温度的变化来调节制冷剂流量的，当感温包发生泄漏故障时，膨胀阀将会关闭，供给蒸发器的制冷剂流量为零，导致系统无法工作。针对这一问题，一种带保险结构的双向热力膨胀阀被提出，如图 4-1-6 所示。当感温包未发生泄漏时，其原理和外平衡式热力膨胀阀一样；当感温包发生泄漏时，阀芯 5 与阀座孔 2-1 之间的节流通道关闭，限位块 1-6 及膜片 1-4 在通过压力传递管 3 传递的蒸发器出口制冷剂压力的作用下向上移动，并带动阀针 4 向上移，使阀芯 5 内的轴向通孔开启，成为节流通道，继续向蒸发器供液，保证系统继续工作。

3）感温包的充注

根据制冷系统所用制冷剂的种类和蒸发温度不同，热力膨胀阀感温系统中可采用不同物质和方式进行充注，主要方式有充液式、充气式、交叉充液式、混合充注式和吸附充注式，各种充注方式均有一定的优缺点和使用限制。

Ⅰ. 充液式热力膨胀阀

上面讨论的就是充液式热力膨胀阀，充注的液体量应足够大，以保证在任何温度下感温包内均有液体存在，感温系统内的压力为所充注液体的饱和压力。

充液式热力膨胀阀的优点是阀门的工作不受膨胀阀和平衡毛细管所处环境温度的影响，即使温度低于感温包感受的温度，也能正常工作。但是，充液式热力膨胀阀随蒸发温度的降低，过热度有明显上升的趋势。图 4-1-7 所示为 R22 充液式热力膨胀阀过热度的变化情况，其中下面曲线为 R22 的饱和压力 - 温度关系曲线，加上弹簧作用力 p_2（任何蒸发温度下弹簧作用力均取 p_2=0.097 MPa），即为膨胀阀开启力 p_3 与蒸发温度的关系曲线（上面曲线）。从图中可以看出，当蒸发温度为 5 ℃时，蒸发器出口制冷剂过热度为 5 ℃（线段 *ab*）；当蒸发温度为 −15 ℃与 −40 ℃时，蒸发器出口制冷剂过热度分别为 8 ℃与 15 ℃（线段 *cd* 和 *ef*）。所以，充液式热力膨胀阀温度适应范围较小。

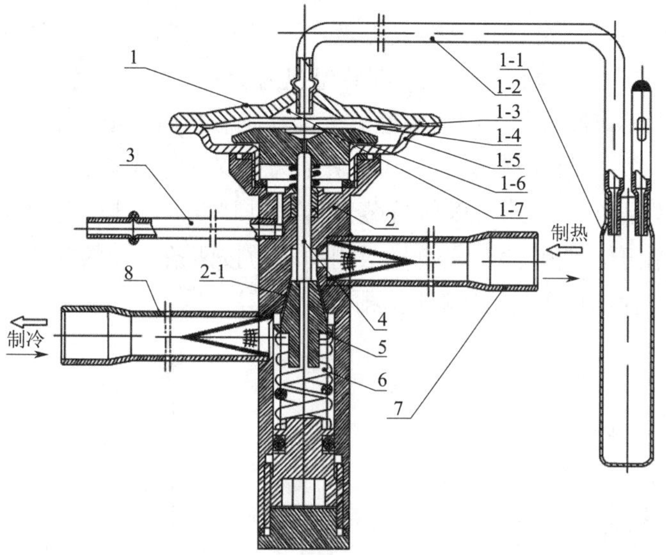

图 4-1-6 带保险结构的双向热力膨胀阀

1—膜盒；1-1—感温管；1-2—连接毛细管；1-3—顶盖；1-4—膜片；1-5—底盖；1-6—限位块；1-7—感温剂；2—阀体；2-1—阀座孔；3—压力传递管；4—阀针；5—阀芯；6—平衡弹簧；7、8—连接管

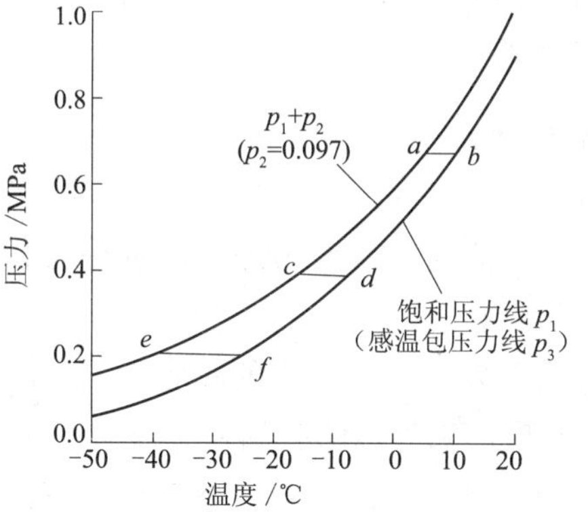

图 4-1-7 充液式热力膨胀阀的过热度变化情况

Ⅱ. 充气式热力膨胀阀

充气式热力膨胀阀感温系统中充注的也是与制冷系统相同的制冷剂，但是充注的液体数量取决于热力膨胀阀工作时的最高蒸发温度，在该温度下感温系统内所充注的液态制冷剂应全部汽化为气体，如图 4-1-8 所示。当感温包的温度低于 t_A 时，感温包内的压力与温度的关系为制冷剂的饱和特性曲线；当感温包的温度高于 t_A 时，感温包内的制冷剂呈气态，尽管温度增加很大，但压力却增加很小。因此，当制冷系统的蒸发温度超过最高限定温度 t_M 时，蒸发器出口气态制冷剂虽具有很大的过热度，但阀门基

本不能开大。这样就可以控制对蒸发器的供液量，以免系统蒸发温度过高，而导致制冷压缩机的电机过载。

Ⅲ. 其他充注式热力膨胀阀

除上述两种充注方式外，还有交叉充液式，即充液式热力膨胀阀感温包内充注与制冷系统不同的制冷剂；混合充注式，即感温包内除充注与制冷系统不同的制冷剂外，还充注一定压力的不可凝气体；吸附充注式，即在感温包内装填吸附剂（如活性炭）和充注吸附性气体（如二氧化碳）。图 4-1-9 所示为交叉充液式热力膨胀阀的特性曲线，可以看出不同蒸发温度下，均可以保持蒸发器出口制冷剂过热度几乎不变。采用不同充注方式的目的在于，使弹性金属膜片两侧的压力按两条不同的曲线变化，以改善热力膨胀阀的调节特性，扩大其适用温度范围。

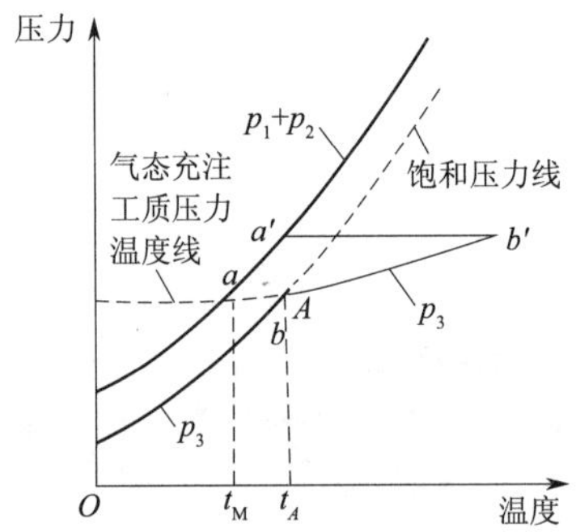

图 4-1-8　充气式热力膨胀阀感温包内制冷剂特性曲线

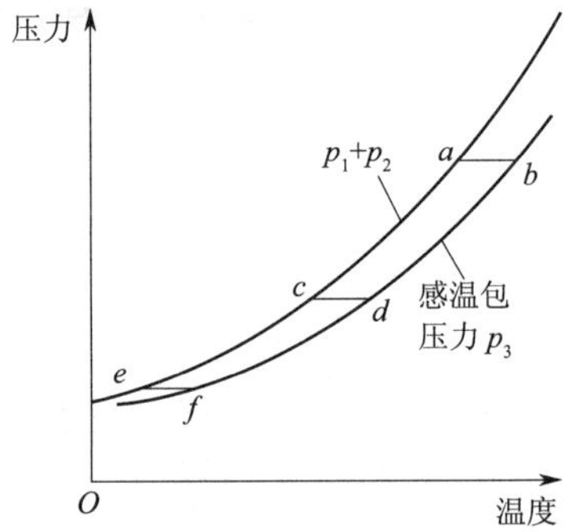

图 4-1-9　交叉充液式热力膨胀阀的特性曲线

4）热力膨胀阀的选配和安装

Ⅰ. 热力膨胀阀的选配

在为制冷系统选配热力膨胀阀时，应考虑制冷剂种类和蒸发温度范围，且使膨胀阀的容量与蒸发器的负荷相匹配。

把通过在某压力差情况下处于一定开度的膨胀阀的制冷剂流量，在一定蒸发温度下完全蒸发时所产生的制冷量，称为该膨胀阀在此压力差和蒸发温度下的膨胀阀容量。在一定的膨胀阀开度和膨胀阀进出口制冷剂状态的情况下，通过膨胀阀的制冷剂质量流量 M_r（单位：kg/s）可按下式计算：

$$M_r = C_D A_v \sqrt{2\left(p_{vi} - p_{vo}\right) / v_{vi}} \tag{4-1-1}$$

$$C_D = 0.020\,05\sqrt{\rho_{vi}} + 6.34 v_{vo}$$

式中　p_{vi}——膨胀阀进口压力，Pa；

p_{vo}——膨胀阀出口压力，Pa；

v_{vi}——膨胀阀进口制冷剂比容，m³/kg；

A_v——膨胀阀的通道面积，m²；

C_D——流量系数；

ρ_{vi}——膨胀阀进口制冷剂密度，kg/m³；

v_{vo}——膨胀阀出口制冷剂比容，m³/kg。

热力膨胀阀的容量可以用下式求得：

$$\varphi_0 = M_r\left(h_{eo} - h_{ei}\right) \tag{4-1-2}$$

式中　h_{eo}——蒸发器出口制冷剂焓值，kJ/kg；

h_{ei}——蒸发器进口制冷剂焓值，kJ/kg。

由已知的蒸发器制冷量 φ_0、蒸发温度以及膨胀阀进、出口制冷剂状态，即可采用式（4-1-1）和式（4-1-2）计算选配热力膨胀阀，当然也可以按照厂家提供的膨胀阀容量性能表选择。选配时一般要求热力膨胀阀的容量比蒸发器容量大 20%~30%。

Ⅱ. 热力膨胀阀的安装

热力膨胀阀的安装位置应靠近蒸发器，阀体应垂直放置，不可倾斜，更不可颠倒安装。由于热力膨胀阀依靠感温包感受到的温度进行工作，且温度传感系统的灵敏度比较低，传递信号的时间滞后较大，易造成膨胀阀频繁启闭和供液量波动，因此感温包的安装非常重要。

Ⅰ）感温包的安装方法

正确的安装方法旨在改善感温包与吸气管中制冷剂的传热效果，以减小时间滞后，提高热力膨胀阀的工作稳定性。

通常将感温包缠在吸气管上，感温包紧贴管壁，包扎紧密；接触处应将氧化皮清除干净，必要时可涂一层防锈层。当吸气管外径小于 22 mm 时，管周围温度的影响可以忽略，安装位置可以任意，一般包扎在吸气管上部；当吸气管外径大于 22 mm 时，感温包安装处若有液态制冷剂或润滑油流动，水平管上、下侧温差可能较大，因此将感温包安装在吸气管水平轴线以下 45° 以内（一般为 30°），如图 4-1-10 所示。为了防止感温包受外界温度影响，在包扎好后务必用不吸水绝热材料缠包。

Ⅱ）感温包的安装位置

感温包安装在蒸发器出口、压缩机吸气管段上，并尽可能安装在水平管段部分，但必须注意不得置于有积液、积油之处，如图 4-1-11 所示。为了防止因水平管积液、膨胀阀操作错误，蒸发器出口处吸气管需要抬高时，抬高处应设存液弯，否则只得将感温包安装在立管上。当采用外平衡式热力膨胀阀时，外平衡管一般连接在蒸发器出口、感温包后的压缩机吸气管上，连接口应位于吸气管顶部，以防被润滑油堵塞。当然，为了抑制制冷系统运行的波动，也可将外平衡管连接在蒸发管压力降较大的部位。

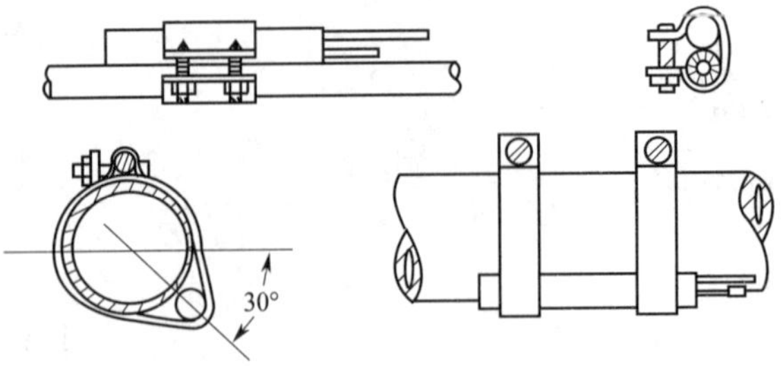

图 4-1-10　感温包的安装方法

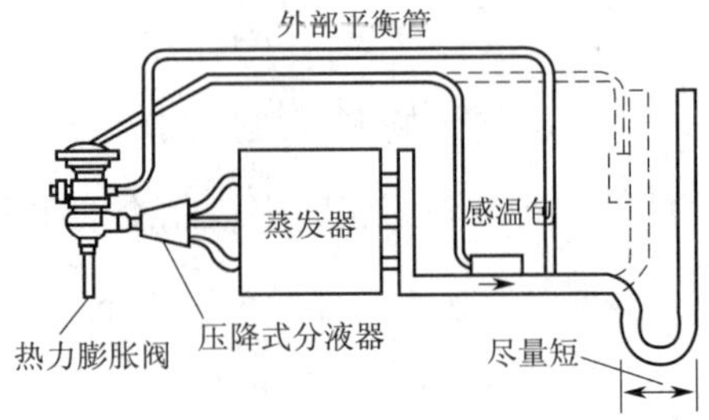

图 4-1-11　感温包的安装位置

4. 电子膨胀阀

无级变容量制冷系统制冷剂供液量调节范围宽，要求调节反应快，传统的节流装置（如热力膨胀阀）难以良好胜任，而电子膨胀阀可以很好地满足要求。电子膨胀阀利用被调节参数产生的电信号，控制施加于膨胀阀上的电压或电流，进而达到调节供液量的目的。

按照驱动方式，电子膨胀阀可分为电磁式和电动式两类。

1）电磁式电子膨胀阀

电磁式电子膨胀阀的结构如图 4-1-12（a）所示，它是依靠电磁线圈的磁力驱动针阀，电磁线圈通电前，针阀处于全开位置；通电后，受磁力作用，针阀的开度减小，开度减小的程度取决于施加在电磁线圈上的控制电压，电压越高，开度越小（针阀开度随控制电压的变化如图 4-1-12（b）所示），流经膨胀阀的制冷剂流量也越小。

电磁式电子膨胀阀的结构简单、动作响应快，但是在制冷系统工作时，需要一直提供控制电压。

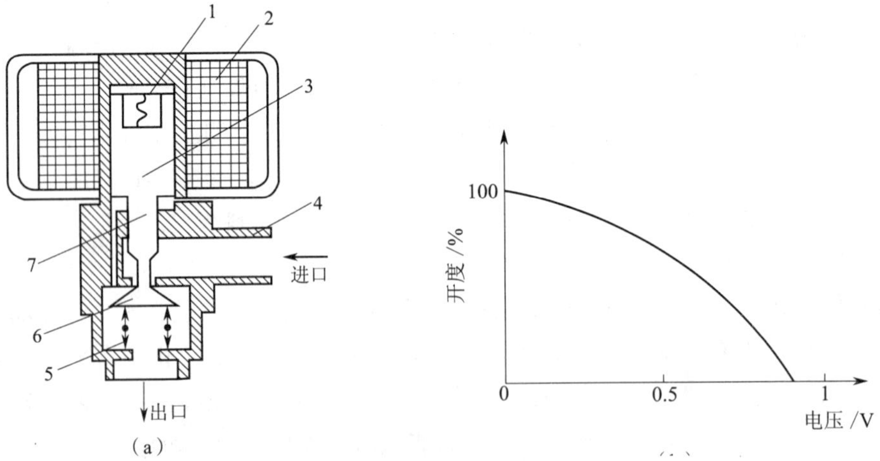

图 4-1-12　电磁式电子膨胀阀

（a）结构图　（b）开度 - 电压关系图

1—柱塞弹簧；2—线圈；3—柱塞；4—阀座；5—弹簧；6—针阀；7—阀杆

2）电动式电子膨胀阀

电动式电子膨胀阀是依靠步进电机驱动针阀的，可分为直动型和减速型两种。

Ⅰ. 直动型

直动型电动式电子膨胀阀的结构如图 4-1-13（a）所示。该膨胀阀是用脉冲步进电机直接驱动针阀。当控制电路的脉冲电压按照一定的逻辑关系作用到电机定子的各相线圈上时，永久磁铁制成的电机转子受磁力矩作用产生旋转运动，通过螺纹的传递，使针阀上升或下降，调节针阀的流量。直动型电动式电子膨胀阀的工作特性如图 4-1-13（b）所示。

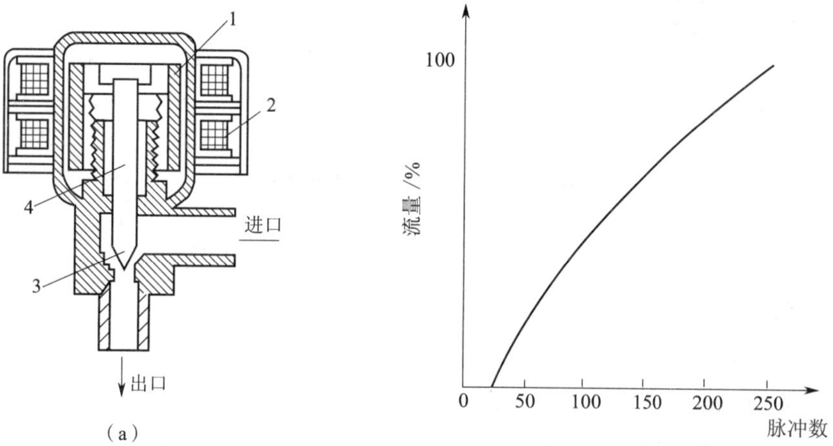

图 4-1-13　直动型电动式电子膨胀阀

（a）结构图　（b）流量 - 脉冲数关系图

1—转子；2—线圈；3—针阀；4—阀杆

直动型电动式电子膨胀阀驱动针阀的力矩直接来自定子线圈的磁力矩，限于电机尺寸，这个力矩较小。

Ⅱ. 减速型

减速型电动式电子膨胀阀的结构如图 4-1-14（a）所示。该膨胀阀内装有减速齿轮组，步进电机通过减速齿轮组将其磁力矩传递给针阀，减速齿轮组可放大磁力矩，因而该步进电机易与不同规格的阀体配合，满足不同调节范围的需要。节流阀口径为 1.6 mm 的减速型电动式电子膨胀阀工作特性如图 4-1-14（b）所示。

采用电子膨胀阀进行蒸发器出口制冷剂过热度调节，可以通过设置在蒸发器出口的温度传感器和压力传感器（有时也利用设置在蒸发器中部的温度传感器采集蒸发温度）来采集过热度信号，采用反馈调节来控制膨胀阀的开度；也可以采用前馈加反馈复合调节，消除因蒸发器管壁与传感器热容造成的过热度控制滞后，改善系统调节品质，在很宽的蒸发温度区域将过热度控制在目标范围内。除蒸发器出口制冷剂过热度控制外，通过指定的调节程序还可以扩展电子膨胀阀的控制功能，如用于热泵机组除霜、压缩机排气温度控制等。此外，电子膨胀阀也可以根据制冷剂液位进行工作，所以除用于干式蒸发器外，还可用于满液式蒸发器。

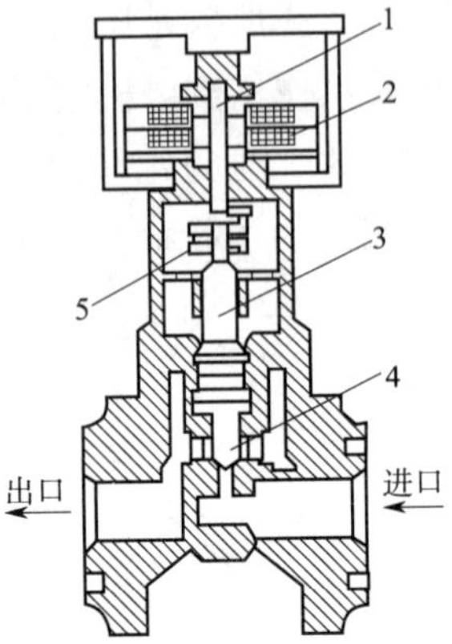

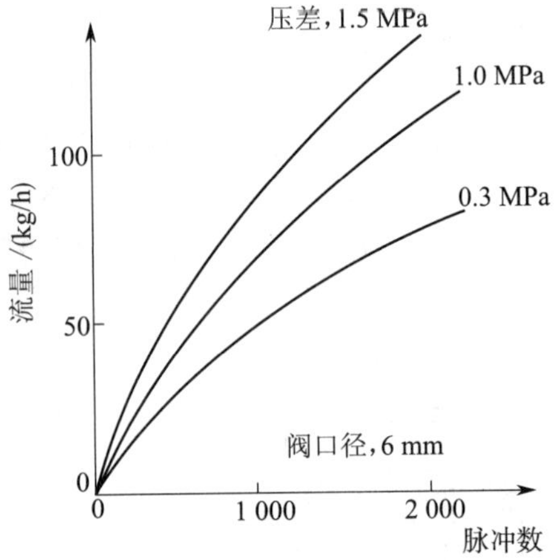

图 4-1-14　减速型电动式电子膨胀阀

（a）结构图　（b）流量 - 脉冲数关系图

1—转子；2—线圈；3—阀杆；4—针阀；5—减速齿轮组

5. 毛细管

随着封闭式制冷压缩机和氟利昂制冷剂的出现，开始采用直径为 0.7~2.5 mm、长度为 0.6~6 m 的细长紫铜管代替膨胀阀，作为制冷循环流量控制与节流降压元件，这种细管被称为毛细管或减压膨胀管。毛细管已广泛用于小型全封闭式制冷装置，如家用冰箱、除湿机和房间空调器，当然较大制冷量的机组也有采用。

1）毛细管的工作原理

毛细管是根据“液体比气体更容易通过”的原理工作的。当具有一定再冷度的液态制冷剂进入毛细管后，沿管长方向压力和温度的变化如图 4-1-15 所示。其中，1 → 2 段为液相段，此段压力降不大，并且呈线性变化，同时该段制冷剂的温度为定值；当制冷剂流至点 2，即压力降至相当于饱和压力后，管中开始出现气泡，直到毛细管末端，制冷剂由单相液态流动变为气 - 液两相流动，其温度相当于所处压力下的饱和温度；由于在该段饱和气体的百分比（干度）逐步增加，因此压力降呈非线性变化，越接近毛细管末端，单位长度的压力降越大。

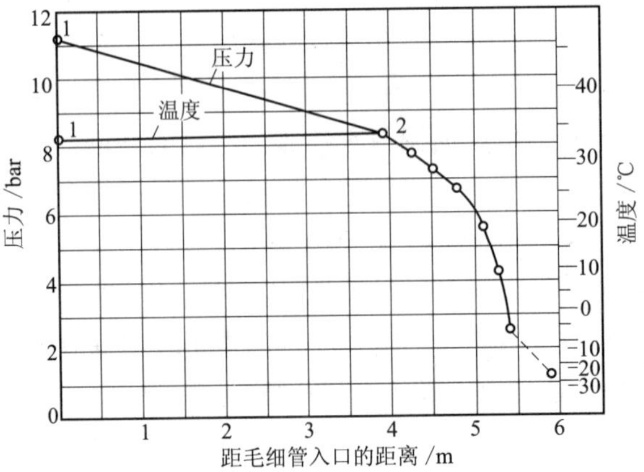

图 4-1-15　毛细管内压力与温度变化

毛细管的供液能力主要取决于毛细管入口制冷剂的状态（压力p_1和温度t_1），以及毛细管的几何尺寸（长度L和内径d_i）。而蒸发压力p_0，在通常工作条件下对供液能力的影响较小，这是因为蒸气在等截面毛细管内流动时，会出现临界流动现象；当毛细管出口的背压（即蒸发压力p_0）等于临界压力p_{cr}，即$p_0 = p_{cr} = p_2$时，通过毛细管的流量达到最高；当毛细管出口的背压（即蒸发压力p_0）低于临界压力p_{cr}时，毛细管出口截面的压力p_2等于临界压力p_{cr}，通过毛细管的流量保持不变，其压力的进一步降低将在毛细管外进行；只有当毛细管出口的背压（即蒸发压力p_0）高于临界压力p_{cr}时，毛细管出口截面的压力p_2才等于蒸发压力p_0，通过毛细管的流量随出口压力的降低而增加。

2）毛细管尺寸的确定

在制冷系统设计时，需要根据要求的制冷剂质量流量M_r及毛细管入口制冷剂的状态（压力p_1和过冷度Δt）确定毛细管尺寸。由于影响毛细管流量的因素众多，通常的做法是利用在大量理论和试验基础上建立起来的计算图线对毛细管尺寸进行初选，然后通过装置运行试验，将毛细管尺寸进一步调整到最佳值。

首先根据毛细管入口制冷剂的状态（压力p_1或冷凝温度t_k，过冷度Δt）通过图4-1-16确定标准毛细管的流量M_a，然后利用式（4-1-3）计算相对流量系数ψ，最后根据ψ查图4-1-17确定初选毛细管的长度和内径。当然也可以根据给定毛细管的尺寸，确定它的流量初算值。

$$\psi = \frac{M_r}{M_a} \tag{4-1-3}$$

另外，毛细管几何尺寸关系到供液能力，长度增加或内径减小，供液能力减小。据有关试验介绍，在工况相同、流量相同条件下，毛细管的长度近似与其内径的4.6次方成正比，即

$$\frac{L_1}{L_2} = \left(\frac{d_{i1}}{d_{i2}}\right)^{4.6} \tag{4-1-4}$$

也就是说，若毛细管的内径比额定尺寸大5%，为了保证供液能力不变，其长度应为原定长度的1.25倍，因此毛细管内径的偏差影响显著。

毛细管的优点是结构简单、无运动部件、价格低廉；使用时，系统不需装设贮液器，制冷剂充注量少，而且压缩机停止运转后，冷凝器与蒸发器内的压力可较快地自动达到平衡，减轻电动机的启动负荷。

毛细管的主要缺点是调节性能较差，供液量不能随工况变化而任意调节，因此宜用于蒸发温度变化范围不大、负荷比较稳定的场合。

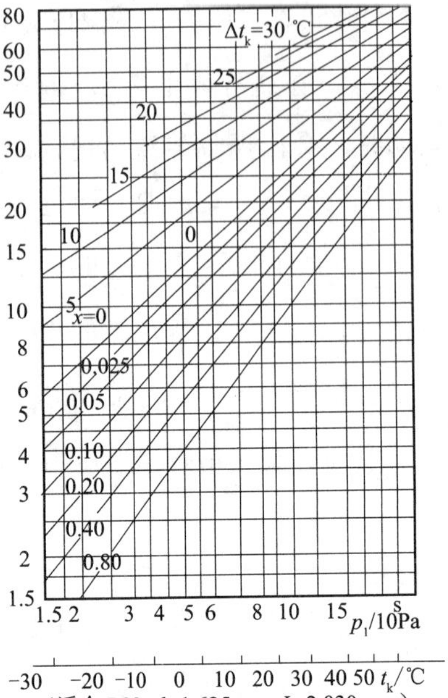

（适合 R22，d_i=1.625 mm、L=2 030 mm）

图 4-1-16　标准毛细管进口状态与流量关系图

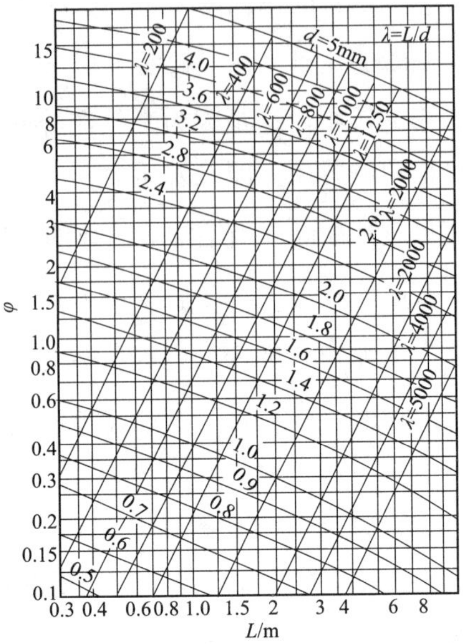

图 4-1-17　毛细管相对流量系数 φ 与几何尺寸关系图

6. 节流短管

节流短管是一种定截面节流孔口的节流装置，已被应用于部分汽车空调、少量冷水机组和热泵机组中。例如，应用于汽车空调中的节流短管通常是指长径比为 3~20 的细铜管段，将其安放在一根塑料套管内，在塑料套管上有一个或两个 O 形密封圈，铜管外面是滤网，来自冷凝器的制冷剂在 O 形密封圈的隔离下，只能通过细小的节流孔经过节流后进入蒸发器，滤网用于阻挡杂质进入铜管，其结构如图 4-1-18 所示。采用节流短管的制冷系统需在蒸发器后面设置气液分离器，以防止压缩机发生湿压缩。节流短管的主要优点是价格低廉、制造简单、可靠性好、便于安装，取消了热力膨胀阀系统中用于判别制冷负荷大小所增加的感温包等，具有良好的互换性和自平衡能力。

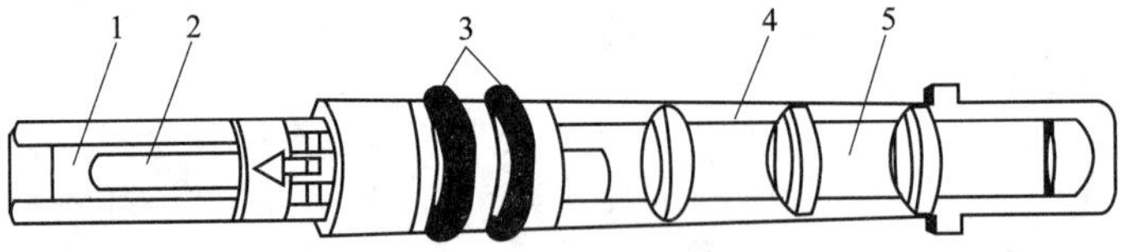

图 4-1-18　节流短管结构示意图

1—出口滤网；2—节流孔；3—O 形密封圈；4—塑料外壳；5—进口滤网

【任务实施】

根据项目任务书和项目完成报告进行任务实施，见表 4-1-2 和表 4-1-3。

表 4-1-2　项目任务书

<table>
<tr><td>任务名称</td><td colspan="3">节流装置的认识</td></tr>
<tr><td>小组成员</td><td colspan="3"></td></tr>
<tr><td>指导教师</td><td></td><td>计划用时</td><td></td></tr>
<tr><td>实施时间</td><td></td><td>实施地点</td><td></td></tr>
<tr><td colspan="4">任务内容与目标</td></tr>
<tr><td colspan="4">1. 掌握节流装置的种类；
2. 掌握常用节流装置的结构、安装以及工作原理。</td></tr>
<tr><td>考核项目</td><td colspan="3">1. 节流装置的种类和作用
2. 热力膨胀阀的分类
3. 电子膨胀阀的分类</td></tr>
<tr><td>备注</td><td colspan="3"></td></tr>
</table>

表 4-1-3　项目任务完成报告

<table>
<tr><td>任务名称</td><td colspan="3">节流装置的认识</td></tr>
<tr><td>小组成员</td><td></td><td></td><td></td></tr>
<tr><td>具体分工</td><td></td><td></td><td></td></tr>
<tr><td>计划用时</td><td></td><td>实际用时</td><td></td></tr>
<tr><td>备注</td><td colspan="3"></td></tr>
<tr><td colspan="4">1. 常用的节流装置有哪些，详细说明其作用。

2. 热力膨胀阀按照什么分类，包括什么？

3. 简述电子膨胀阀的分类，详细说明其作用。

</td></tr>
</table>

【任务评价】

根据项目任务综合评价表进行任务评价，见表 4-1-4。

表 4-1-4 项目任务综合评价表

任务名称：　　　　　　　　　　　　　　测评时间：　　年　　月　　日

考核明细		标准分	实训得分								
			小组成员								
			小组自评	小组互评	教师评价	小组自评	小组互评	教师评价	小组自评	小组互评	教师评价
团队（60分）	小组成员是否能在总体上把握学习目标与进度	10									
	小组成员是否分工明确	10									
	小组成员是否有合作意识	10									
	小组成员是否有创新想（做）法	10									
	小组成员是否如实填写任务完成报告	10									
	小组成员是否存在问题和具有解决问题的方案	10									
个人（40分）	个人是否服从团队安排	10									
	个人是否完成团队分配的任务	10									
	个人是否能与团队成员及时沟通和交流	10									
	个人是否能够认真描述困难、错误和修改的地方	10									
合计		100									

【知识巩固】

1. 填空题

（1）被称为制冷系统四大部件的之一的是______。

（2）节流装置有______、______、______、______、______、______等。

（3）按照膨胀阀平衡方式不同，热力膨胀阀可分为______和______。

2. 简答题

（1）直通式浮球式膨胀阀和非直通式浮球式膨胀阀的区别在哪儿？

（2）热力膨胀阀的充注方式有哪些？

任务二　阀门的认识

【任务准备】

阀门是用来开闭管路、控制流向、调节和控制输送介质参数（温度、压力和流量）的管路附件。根据功能，阀门可分为关断阀、止回阀、调节阀等。本任务主要介绍制冷系统常用的控制阀门，主要包括制冷剂压力调节阀、压力开关、温度开关和电磁阀。

1. 制冷剂压力调节阀

制冷剂压力调节阀主要包括蒸发压力调节阀、压缩机吸气压力调节阀和冷凝压力调节阀。

1）蒸发压力调节阀

若外界负荷变化，系统供液量就会随之变化，从而引起压力波动，这不仅会影响被冷却对象的温控精度，还会影响系统的稳定性。蒸发压力调节阀通常安装在蒸发器出口处，根据蒸发压力的高低自动调节阀门开度，控制从蒸发器中流出的制冷剂流量，以维持蒸发压力的恒定。

蒸发压力调节阀根据容量大小可分为直动型和控制型两类。

直动型蒸发压力调节阀是一种受阀进口压力（蒸发压力）控制的比例型调节阀，如图 4-2-1 所示。其阀门开度与蒸发压力值和主弹簧设定压力值之差成正比，平衡波纹管有效面积与阀座面积相当，阀板的行程不受出口压力影响。当蒸发压力大于主弹簧的设定压力时，阀被打开，制冷剂流量增加，蒸发压力降低；当蒸发压力小于主弹簧的设定压力时，阀被逐渐关小，制冷剂流量减少，蒸发压力升高，实现对蒸发压力的调节控制。为防止制冷系统出现振荡现象，蒸发压力调节阀中装有阻尼装置，能够保证调节器长久使用，同时不削弱调节精度。

控制型蒸发压力调节阀是将定压导阀（控制阀）和主阀组合使用调节蒸发压力，一般用于需要准确调节蒸发压力的制冷系统中，如图 4-2-2 所示。其中，A 为导阀流口，p_e 为蒸发压力，p_c 为从系统高压侧引过来的压力，p_1 和 p_3 为弹簧力。通过调节弹簧压力 p_1 设定蒸发压力，使之与蒸发压力 p_e 平衡。当蒸发压力 p_e 降低时，弹簧压力 p_1 大于蒸发压力 p_e，导阀流口关小，在主阀活塞上端形成高压 p_c，主阀将在 $p_c > p_3$ 时关闭，从而蒸发器中的压力将上升；反之，当蒸发压力 $p_e > p_1$ 时，导阀流口开大，压力 p_c 通过 A 卸掉，主阀活塞上方的压力降低，在 p_3 的作用下打开主阀，从而降低蒸发器中的压力。通过这样动态的变化，控制主阀的开度，实现制冷剂的流量控制，使蒸发压力近似保持为设定值。

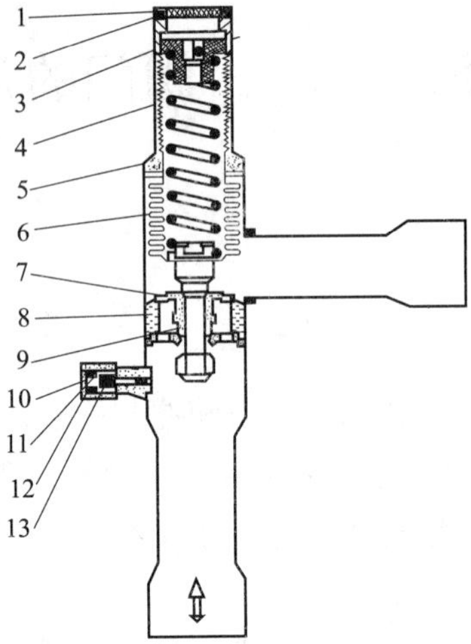

图 4-2-1　直动型蒸发压力调节阀

1—密封帽；2—垫片；3—调节螺母；4—主弹簧；5—阀体；6—平衡波纹管；7—阀板；8—阀座；9—阻尼装置；10—压力表接头；11—盖帽；12—垫片；13—插入物

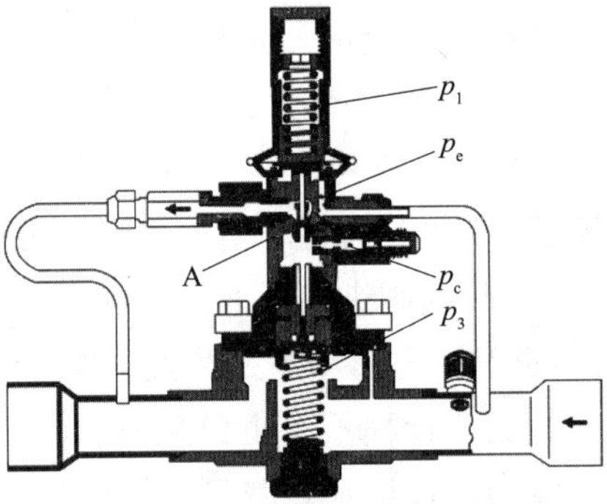

图 4-2-2　控制型蒸发压力调节阀

2）压缩机吸气压力调节阀

压缩机吸气压力过高，会引起电机负荷过大，严重者会导致电机烧毁。尤其是在长期停机后启动或蒸发器除霜结束重新返回制冷运行时，吸气压力会很高。因此，可在压缩机的吸气管路上安装吸气压力调节阀，也称为曲轴箱压力调节阀，避免因过高的吸气压力而损坏电机，实现对压缩机的保护。

吸气压力调节阀也有直动式和控制式两种，图 4-2-3 所示为直动式吸气压力调节阀。直动式吸气压力调节阀的工作原理和蒸发压力调节阀相似，主弹簧的设定压力值和作用在阀板下部的吸气压力值之差控制阀板的行程，不受进口压力的影响。当吸气压力高于设定值时，阀板开度减小；当吸气压力低于设定值时，阀板开度增大。直动式吸气压力调节阀也是比例型调节阀，存在一定的比例带。例如，KVL 型吸气压力调节阀的比例带为 0.15 MPa，表明当吸气压力低于设定压力的值在 0.15 MPa 以内时，阀的开度与其压差成比例，当超过该比例带值时，阀将保持全开。

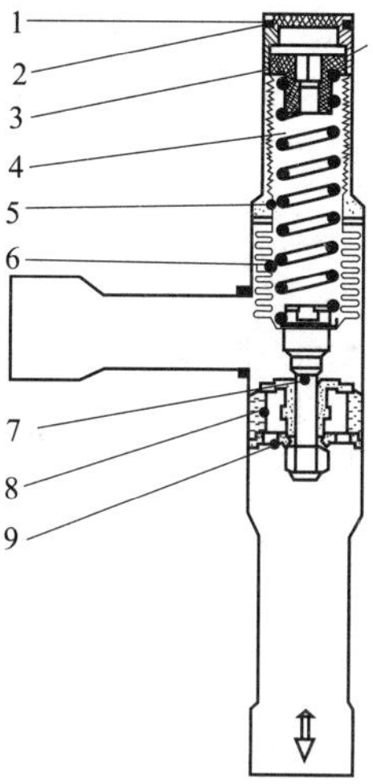

图 4-2-3　直动式吸气压力调节阀

1—密封帽；2—垫片；3—调节螺母；4—主弹簧；5—阀体；6—平衡波纹管；7—阻尼装置；8—阀座；9—阀板

此种吸气压力调节阀一般用于低温制冷系统，使用时注意接管尺寸不宜选得太小，避免因入口处气流速度过快而产生噪声。对于大中型制冷设备，一般采用控制式吸气压力调节阀。

3）冷凝压力调节阀

当负荷发生变化，冷却介质的温度和流量的变化都会引发冷凝压力的改变。冷凝压力升高，会使压缩机吸排气压力比升高，压缩机耗功增加，制冷量减小，系统 COP 下降；冷凝压力下降过低，会导致膨胀阀的供液动力不足，造成制冷量下降、系统回油困难等问题。因此，有必要对系统冷凝压力进行调节。根据冷凝器的类型不同，有不同的冷凝压力调节方式。

风冷冷凝器一般通过冷凝压力调节器进行调节，特别适用于全年制冷运行的风冷系统中。其原理是通过改变冷凝器的有效传热面积来改变冷凝器的传热能力，从而改变冷凝压力，这是一种有效的调节方法。冷凝压力调节阀由一个安装在冷凝器出口液管上的高压调节阀和跨接在压缩机出口与高压贮液器之间的差压调节阀组成。高压调节阀是由进口压力控制的比例型调节阀，通过进口压力和冷凝压力设定值之差调节阀的开度；差压调节阀是受阀前后压差（冷凝器和高压调节阀的压降之和）控制的调节阀，开度随着压差的变化同步变化，当压差减小到设定值时，阀门关闭。当冷凝压力过低时，高压调节阀关闭，压缩机排出的制冷剂在冷凝器中冷凝，冷凝器有效传热面积减少，压力逐渐升高，差压调节阀前后产生压差，阀门开启，压缩机排气直接进入贮液器顶部，贮液器内的压力升高，保证膨胀阀前压力稳定；当冷凝压力逐渐升高时，高压调节阀逐渐开启，差压调节阀由于压差逐渐减小而逐渐关闭，当温度升高到使系统在冷凝压力设定值以上正常运行时，高压调节阀全开，差压调节阀全关，制冷剂走正常循环路径。

图 4-2-4 至图 4-2-6 分别给出了高压调节阀、差压调节阀的结构和冷凝压力调节阀在制冷系统中的设置位置。

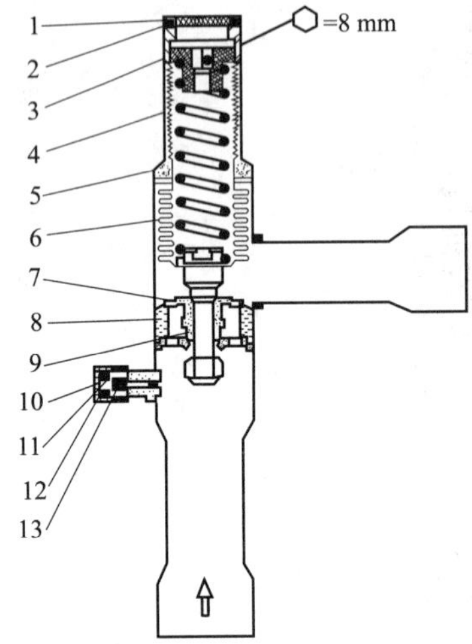

图 4-2-4　高压调节阀结构

1—密封帽；2—垫片；3—调节螺母；4—主弹簧；5—阀体；6—平衡波纹管；7—阀板；8—阀座；9—阻尼装置；10—压力表接头；11—自封阀

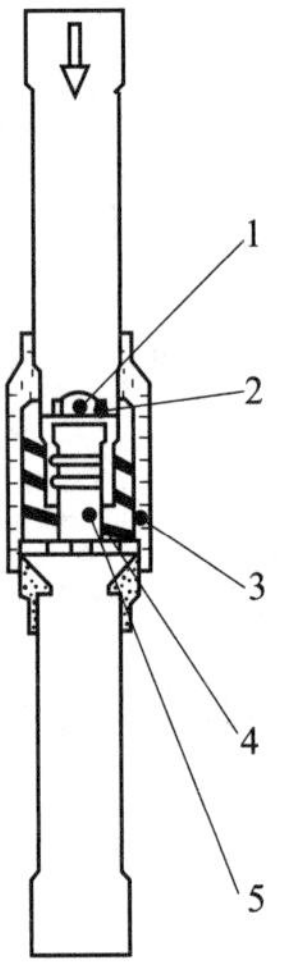

图 4-2-5　差压调节阀结构

1—活塞；2—阀片；3—活塞导向器；4—阀体；5—弹簧

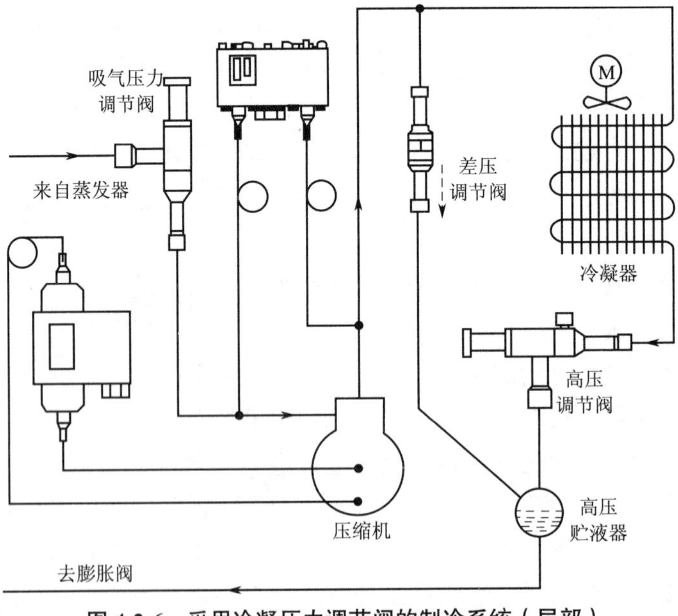

图 4-2-6　采用冷凝压力调节阀的制冷系统（局部）

水冷冷凝器一般通过调节冷却水流量的方法调节冷凝压力。安装在冷却水管上的水量调节阀，根据冷凝压力变化相应地改变其开度，实现冷凝压力调节。根据控制水量调节阀的参数，可分为压力控制型和温度控制型。

压力控制型水量调节阀以冷凝压力为信号对冷却水的流量进行比例调节，冷凝压力越高，阀开度越大，冷凝压力越低，阀开度越小，当冷凝压力减小到阀的开启压力以下时，阀门自动关闭，切断冷却水的供应，此后冷凝压力将迅速上升，当其上升至高于阀的开启压力时，阀门又自动打开。温度控制型水量调节阀的工作原理与压力控制型相同，所不同的是，它以感温包检测冷却水出口的温度变化，将温度信号转变成感温包内的压力信号，调节冷却水的流量。温度控制型水量调节阀不如压力控制型水量调节阀的动作响应快，但工作平稳，传感器安装简单、便捷。

上述两种水量调节阀都有直动式和控制式两种结构，前者一般用于小型系统；对于大型制冷系统，应采用后者，可以减小冷却水压力波动对调节过程的影响。图 4-2-7 和图 4-2-8 分别为直动式和控制式水量调节阀。

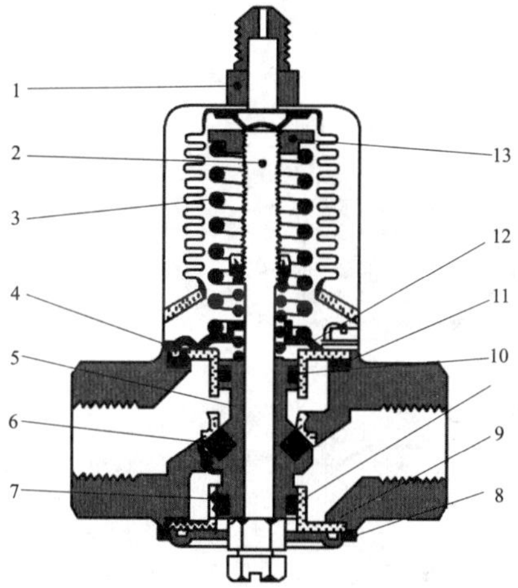

图 4-2-7　直动式水量调节阀

1—压力接头；2—调节杆；3—调节弹簧；4—上引导衬套；5—阀锥体；6—T 形环；7—下引导衬套；8—底板；9—垫圈；10—O 形圈；11—垫圈；12—顶板；13—弹簧固定器

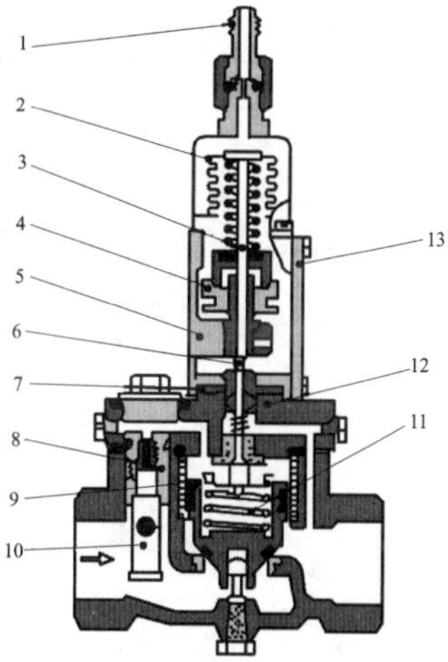

图 4-2-8　控制式水量调节阀

1—压力接头；2—波纹管；3—推杆；4—调节纳子；5—弹簧室；6—导阀锥体顶杆；7—绝缘垫片；8—平衡流口；9—伺服活塞；10—滤网组件；11—伺服弹簧；12—阀盖；13—端盖

2. 压力开关和温度开关

1）压力开关

制冷系统运行过程是一个压力动态变化的过程，压缩机排气压力最高，节流后压力降低，进入压缩机吸气管路后压力最低。为了确保制冷装置在其压力范围内工作，避免发生事故，需要进行压力保护，压力开关用于实现上述各个压力的保护。

压力开关是一种受压力信号控制的电气开关，当吸排气压力发生变化，超出其正常的工作压力范围时，切断电源，强制压缩机停机，以保护压缩机。压力开关又称为压力控制器或压力继电器，根据控制压力的高低，有低压开关、高压开关、高低压开关等。对于采用油泵强制供油的压缩机，还需设置油压差开关。

Ⅰ. 低压开关

如果压缩机的吸气压力过低，不仅会造成压缩机功耗加大、效率降低，而且对于食品冷冻冷藏会导致被冷却物的温度无谓地降低，增加食品的干耗，使食品品质下降。如果低压侧负压非常严重，还会导致空气、水分渗入制冷系统。因此，必须将压缩机的吸气压力控制在一安全值以上。

低压开关用于压缩机的吸气压力保护，当压力降到设定值下限时，切断电路，使压缩机停机，并报警；当压力升到设定值上限时，接通电路，系统重新运行。图 4-2-9 所示为低压开关的结构图，其原理图如图 4-2-10 所示。当系统中压力减小至设定值以下时，波纹管克服主弹簧的弹簧力推动主梁，带动微动开关移动，使触点①、④分开，而①、②闭合，低压开关处于图 4-2-10（a）中的状态，这时压缩机的电源将被切断，压缩机停止工作。当系统中压力恢复至正常范围时，低压开关处于图 4-2-10（b）中的状态，①、④触电闭合，接通电源，系统恢复正常运行。

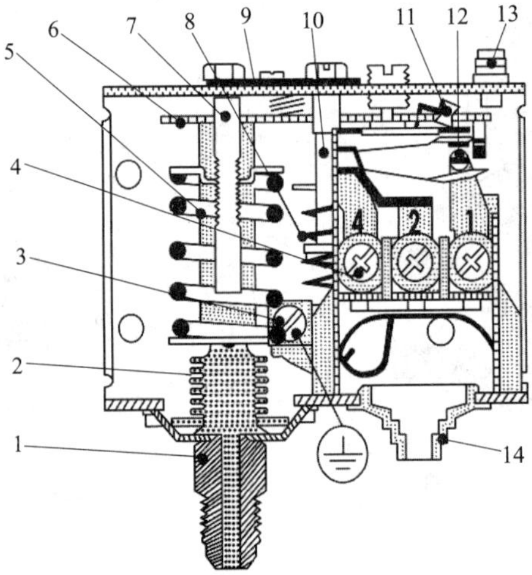

图 4-2-9　低压开关结构

1—压力连接件；2—波纹管；3—接地端；4—接线端；5—主弹簧；6—主梁；7—压力调整杆；8—差压弹簧；9—固定盘；10—差压调整杆；11—翻转器；12—旋钮；13—复位按钮；14—电线接口

图 4-2-9 所示压力开关带有手动复位按钮，当压力恢复正常时，为保护系统，触点并不自动跳回，需在排除故障后再手动按一下复位按钮以使触点回到正常位置。也有把压力开关设计成自动复位的，这种情况下不需要人工干预即可自动复位。实际使用时可根据情况自行选择手动复位或自动复位的低压开关。

目前的压力开关都有设定值和幅差指示。压力开关的设定值可以通过压力调节杆改变主弹簧的预紧力来实现，根据需求在给定压力范围内进行调节；幅差可以通过差压调整杆改变差压弹簧的预紧力来调节，用于防止当被控压力在设定值附近时压力开关频繁通断。

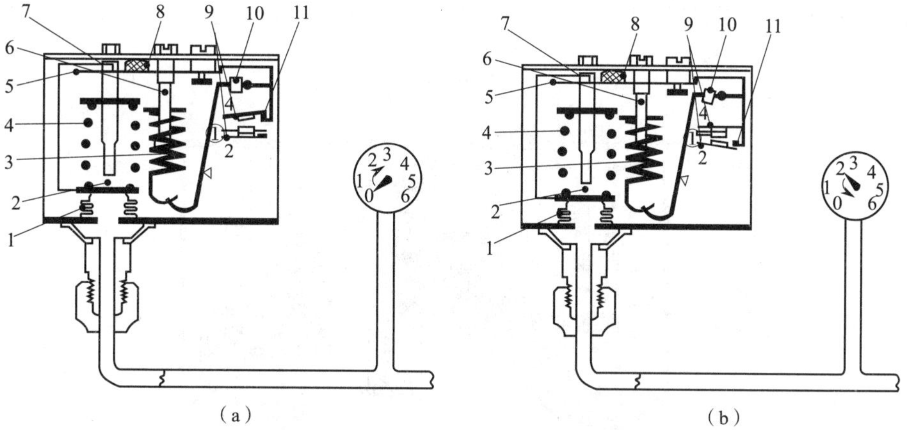

图 4-2-10　低压开关原理图

（a）保护状态　（b）正常状态

1—波纹管；2—顶杆；3—差压弹簧；4—主弹簧；5—主梁；6—差压调整杆；7—低压调整杆；8—杠杆；9—触点系统；10—翻转器；11—支撑架

Ⅱ. 高压开关

当压缩机开机后，排气管阀门未打开、制冷剂充注量过多、冷凝器风扇故障、不凝气体含量增多都会引发系统排气压力过高的故障，而排气压力过高是制冷系统中最危险的故障之一。排气压力过高会导致压缩机排气温度超高，致使润滑油和制冷剂损坏，还有可能烧毁电机绕组和损伤排气阀门。当排气压力超过设备的承受极限时，还可能发生爆炸，造成安全事故。高压开关用于控制压缩机的排气压力，使其不高于设定的安全值。当压缩机排气压力超过安全值时，高压开关将切断压缩机电源，使其停止工作，并报警。

高压开关与低压开关的结构和原理相同，只是波纹管和弹簧的规格略有不同，此处不再赘述。值得注意的是，高压开关跳开后，即使压力恢复到正常压力范围内，也不能自动接通压缩机电源，必须人为排除故障后，进行手动复位。

Ⅲ. 高低压开关

高低压开关也称为双压开关，它是高压开关和低压开关的组合体，如图 4-2-11 所示。它由低压部分、高压部分和接线部分组成，用于同时控制制冷系统中压缩机的吸气压力和排气压力。高、低压接头分别与压缩机的排气管和吸气管相连接，压力连接件接收压力信号后产生位移，通过顶杆直接和弹簧力作用，推动微动开关，控制电路的接通与断开。表 4-2-1 为部分高低压开关的主要技术指标。

Ⅳ. 油压差开关

采用油泵强制供油的压缩机，如果油压不足，就不能保证油路正常循环，严重时会烧毁压缩机，因此在该系统设置油压差开关进行保护。油压差开关如图 4-2-12 所示。在系统发生故障，油泵无法正常供油，不能建立油压差，或者油压差不足时，油压保护开关切断压缩机电源并报警。考虑到油压差总是在压缩机开机后逐渐建立起来，所以因欠压使压缩机停机的动作必须延时执行，这样压缩机开机前未建立起油压差也不会影响压缩机启动，这是油压差开关和一般压力开关的不同之处。

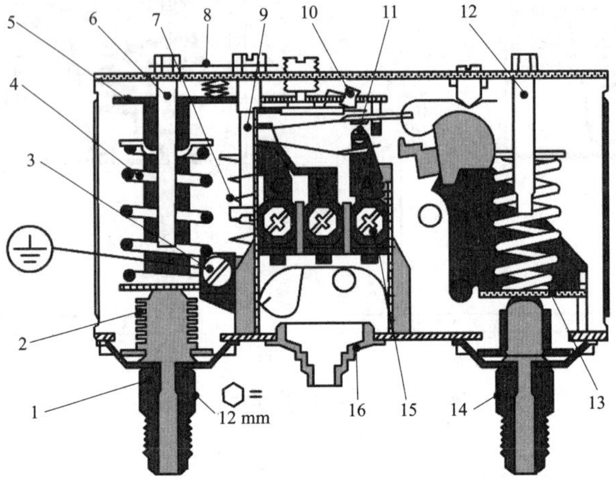

图 4-2-11　高低压开关结构

1—低压连接件；2—波纹管；3—接地端；4—主弹簧；5—主梁；6—低压调整杆；7—差压弹簧；8—固定盘；9—差压调整杆；10—翻转器；11—旋钮；12—高压调整杆；13—支撑架；14—高压连接件；15—接线端子；16—电线接口

表 4-2-1　几种高低压开关的主要技术指标

型号	高压 /MPa		低压 /MPa		开关触点容量	适用工质
	压力范围	幅差	压力范围	幅差		
KD155-S	0.6~1.5	0.3±0.1	0.07~0.35	0.05±0.1	AC220/380，300 V·A	R12
KD255-S	0.7~2.0			0.15±0.1	DC115/230 V，50 W	R22，R717
YK-306	0.6~3.0	0.2~0.5	0.07~0.6	0.06~0.2	DC115/230 V，50 W	R12
YWK-11	0.6~2.0	0~0.4	0.08~0.4	0.025~0.1	—	—
KP-15	0.6~3.2	0.4	0.07~0.75	0.07~0.4	—	R12，R22，R500

2）温度开关

温度开关又称为温度继电器或温度控制器，它是一种受温度信号控制的电气开关，可以用于控制和调节冷库、冰箱等设备的冷藏温度以及采用空调器房间的室内温度，也可以用于制冷系统的温度保护和温度检测，如压缩机的排气温度、油温等。根据感温原理，制冷空调中常见的温度开关可分为压力式、双金属式、电阻式和电子式等。

Ⅰ.压力式温度开关

压力式温度开关主要由感温包、毛细管、波纹管、主弹簧、幅差弹簧、触点等部件组成。感温包、毛细管和波纹管组成一个密封容器，内充低沸点的液体。感温包感受被测介质温度后，利用其中充注的挥发性液体将温度信号转变成压力信号，经由毛细管作用在波纹管上，与由弹簧预紧力对应的设定压力进行比较，在幅差范围内给出电气通断信号，通过拨臂控制开关，实现温度控制的目的。

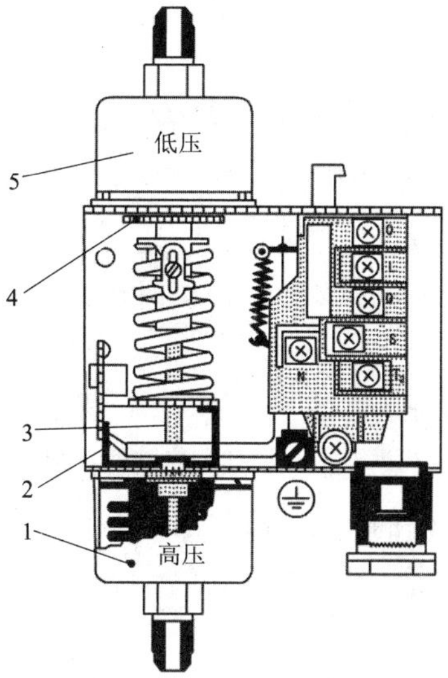

图 4-2-12　油压差开关

1—高压波纹管；2—杠杆；3—顶杆；4—主弹簧；5—压差设置机构

图 4-2-13 所示为典型的压力式温度开关，其与压力开关不同的是压力开关是直接将被控压力信号引到波纹管上，而压力式温度开关则是通过感温包感知被控温度并将温度信号转化为压力信号，再送至波纹管上。

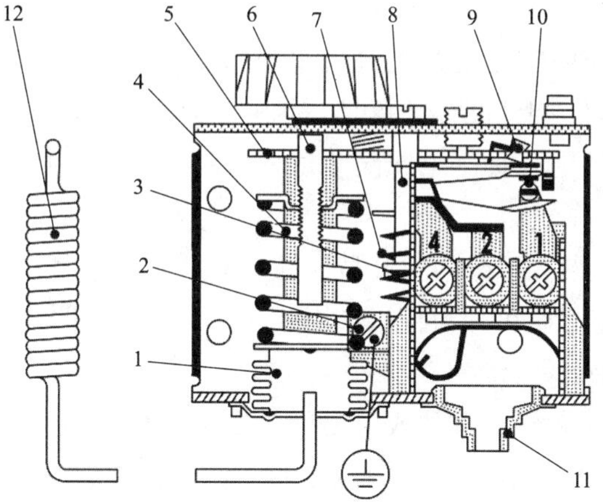

图 4-2-13　典型的压力式温度开关

1—波纹管；2—接地端子；3—端子；4—主弹簧；5—主梁；6—温度调节杆；7—差值弹簧；
8—温差调节杆；9—翻转器；10—触电；11—电缆入口；12—感温探头

在选用压力式温度开关时，需要注意它是否符合控制对象的特点和需求，要考虑控制温度范围、幅差、感温包形状，还要考虑电气性能方面的容量、接点方式等；安装时感温包必须始终放置在温度比控制器壳体的毛细管温度低的地方，以保证温度开关的调节不受环境温度的影响，还要根据充注方式考虑感温包和波纹管所处环境温度之间的相互关系。另外，也可以将两个控制不同温度的温度开关组合在一起，称为双温开关，用于防止压缩机的排气温度过高和控制压缩机中的油温。

Ⅱ. 双金属式温度开关

金属都有热胀冷缩的特性，不同的金属随温度变化具有不同的膨胀系数。双金属式温度开关就是将两种膨胀系数不同的金属焊接成双层金属片，受热时，因膨胀量不同而产生弯曲，使电气开关动作，实现温控。通常选用黄铜与钢的组合，为了使开关动作迅速，双金属片的片长应该足够大，较长时可以绕成盘簧形或螺旋形，以实现结构紧凑。

Ⅲ. 电阻式和电子式温度开关

电阻式温度开关是根据温度变化会引起金属电阻值变化的原理工作的，将其作为温度传感器接在惠斯顿电桥的一个桥臂上，将温度信号转变成传感电路的电压变化，经过电子线路放大后，给出电气开关的动作指令，可以实现双位控制和三位控制。

电子式温度开关采用热敏电阻或者热电偶作为感温元件。热敏电阻由 Mn、Ni、Co 等烧结而成，阻值随温度的升高而降低或升高，反应灵敏；热电偶是利用西伯克效应将温度转变为电势差，测量精度较高。

电阻式和电子式温度开关体积小、性能稳定、反应灵敏，与双金属式温度开关和压力式温度开关相比具有很大的优势，目前广泛应用在房间温度控制、压缩机启停控制、风机启停控制、除霜控制等。

3. 电磁阀

电磁阀是制冷系统中常见的开关式自动控制元件，它是受电气信号控制而进行开关动作的自控阀门，可用于自动接通和切断制冷管路，广泛应用于氟利昂制冷机系统中，属于流量控制元件的一种。电磁阀能适应各种介质，包括制冷剂气体、制冷剂液体、空气、水、润滑油等。

按照工作状态，电磁阀可分为常开型（通电关型）和常闭型（通电开型）两类。按照结构与工作原理，电磁阀可分为直接作用式和间接作用式两种。

1）直接作用式电磁阀

直接作用式电磁阀又称为直动式电磁阀（图 4-2-14），它主要由阀体、电磁线圈、衔铁和阀板等组成，直接由电磁力驱动，通常电磁阀口径在 3 mm 以下的为这种类型。

电磁线圈通电后产生磁场，衔铁在磁场力作用下提起，带动阀板离开阀座，开启阀门；切断电流，磁场力消失，衔铁在重力、弹簧力作用下自动下落，压在阀座上，关闭阀门，切断供液通道。

直动式电磁阀动作灵敏，可以在真空、负压、阀前后压差为零的情况下工作；当进、出口压差较大时，会使电磁阀开启困难，不能快速动作，因此直动式电磁阀仅适用于小型制冷系统。

2）间接作用式电磁阀

间接作用式电磁阀又称为继动式电磁阀，它有膜片式和活塞式两种，两者基本原理相同，属于双级开阀式，主要由阀体、导阀、电磁线圈、衔铁和阀板等组成。

图 4-2-15 所示为膜片式间接作用式电磁阀，其结构可分为两部分，上半部分是一个小口径的直动式电磁阀，起导阀作用；下半部分是阀体，其中装有膜片组件。导阀阀芯在膜片的中间，直接安装在衔铁上，膜片上有一个平衡孔，未通电时膜片上方与阀进口通过平衡孔达到平衡。

当电磁线圈通电时，磁场力将衔铁抬起，导阀阀芯打开，上方的小孔与阀出口连通，导阀上部的压力减小，这样在导阀上下形成压差，在压差的作用下膜片远离主阀芯，主阀被打开，电磁阀开启。切断电源后，衔铁在重力和弹簧力的作用下下落，导阀关闭，阀前介质通过膜片上的平衡孔进入膜片上方空间，形成下低上高的压差，从而膜片落下，主阀关闭。

这种电磁阀虽然结构较为复杂，但电磁阀线圈只控制导阀阀芯的起落，可以大大减少线圈功率，缩小电磁阀体积，多用于中型氟利昂制冷系统。值得注意的是，由于膜片的开启和维持要依靠阀前后的压力差，因此对于间接作用式电磁阀有一个最小开阀压力，只有在阀前后压力差大于这个最小开阀压力的情况下阀才能被打开；同时电磁阀必须垂直地安装在水平管路上。

3）四通阀

四通阀也称为四通换向阀，主要用于热泵型空调机组或者逆循环热气除霜系统中。四通阀是由一个电磁换向阀（导阀）和一个四通滑阀（主阀）构成的组合阀，通过导阀线圈上的通、断电控制，使电磁换向阀的阀芯左移或者右移，形成压力信号管路连通方向的改变，并推动四通滑阀的移动，使制冷剂流向发生改变，这样系统就可以在制冷和制热两种模式间进行转换。由于四通滑阀的移动是以压缩机吸、排气压力差作为动力的，故当制冷系统切换为制热模式时，虽然电磁换向阀已上电，但如果压缩机还没有启动，此时四通阀并没有实现真正的换向，只是为四通阀的换向创造了基本条件，只有当吸、排气压力差达到一定值后四通阀才能换向。

四通阀的认识与应用

四通阀要求制造精度高，动作灵敏，阀体不能有泄漏现象，否则会使动作失灵，无法工作。

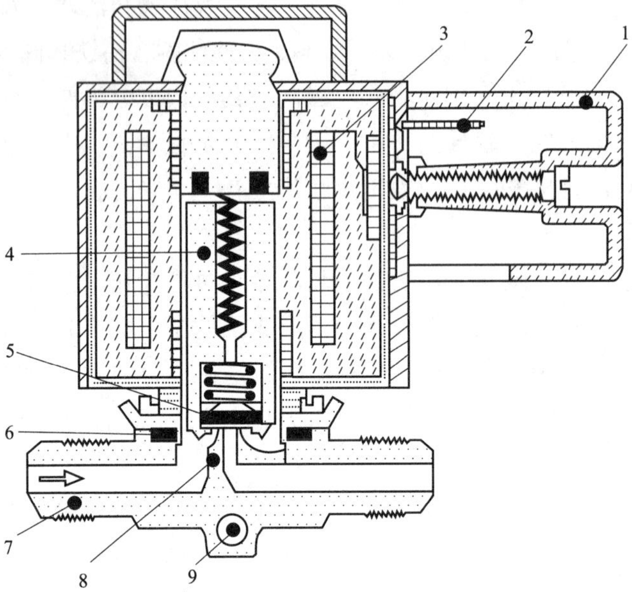

图 4-2-14　直接作用式电磁阀

1—接线盒；2—DIN 插头；3—电磁线圈；4—衔铁；5—阀板；6—垫片；7—阀体；8—阀座；9—安装孔

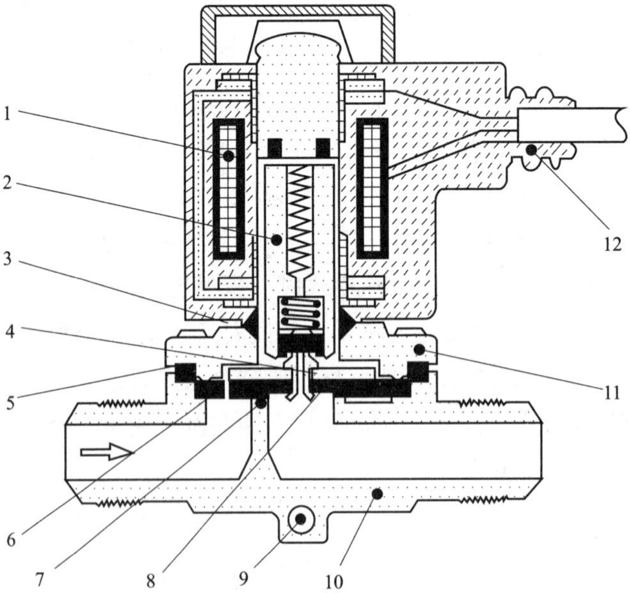

图 4-2-15　间接作用式电磁阀（膜片式）

1—电磁线圈；2—衔铁；3—主阀芯；4—导阀阀芯；5—垫片；6—平衡孔；
7—阀座；8—膜片；9—安装孔；10—阀体；11—阀盖；12—接头

【任务实施】

根据项目任务书和项目完成报告进行任务实施，见表 4-2-2 和表 4-2-3。

表 4-2-2　项目任务书

任务名称	阀门的认识		
小组成员			
指导教师		计划用时	
实施时间		实施地点	
任务内容与目标			
1. 掌握制冷剂压力调节阀的分类、结构和工作原理； 2. 掌握压力开关和温度开关的分类和结构； 3. 掌握电磁阀的分类和结构。			
考核项目	1. 制冷剂压力调节阀的分类 2. 压力开关和温度开关的含义 3. 电磁阀的分类及其用途		
备注			

表 4-2-3　项目任务完成报告

任务名称	阀门的认识		
小组成员			
具体分工			
计划用时		实际用时	
备注			
1. 制冷剂压力调节阀包含哪些？详细说明其影响及作用。 2. 简述压力开关和温度开关的含义以及分类。 3. 简述电磁阀的分类及其用途。			

【任务评价】

根据项目任务综合评价表进行任务评价，见表 4-2-4。

表 4-2-4　项目任务综合评价表

任务名称：　　　　　　　　　　　　　　测评时间：　　年　　月　　日

考核明细		标准分	实训得分								
			小组成员								
			小组自评	小组互评	教师评价	小组自评	小组互评	教师评价	小组自评	小组互评	教师评价
团队（60分）	小组成员是否能在总体上把握学习目标与进度	10									
	小组成员是否分工明确	10									
	小组成员是否有合作意识	10									
	小组成员是否有创新想（做）法	10									
	小组成员是否如实填写任务完成报告	10									
	小组成员是否存在问题和具有解决问题的方案	10									
个人（40分）	个人是否服从团队安排	10									
	个人是否完成团队分配的任务	10									
	个人是否能与团队成员及时沟通和交流	10									
	个人是否能够认真描述困难、错误和修改的地方	10									
合计		100									

【知识巩固】

（1）常用制冷系统控制阀门有______、______、______、______。

（2）制冷剂压力调节阀主要包括______、______、______。

（3）蒸发压力调节阀根据容量大小可分为______和______。

（4）水冷冷凝器一般通过调节冷却水流量的方法_______。

（5）高低压开关又称为_______，是_______和_______的组合体。

（6）制冷空调中常见的温度开关可分为______、______、______、______等。

任务三　辅助设备的认识

【任务准备】

在蒸气压缩式制冷系统中，除必要的四大部件和再冷却器、回热器、中间冷却器、冷凝-蒸发器等换热设备外，还要有一些辅助设备，以实现制冷剂的储存、分离与净化，润滑油的分离与收集，安全保护等，从而改善制冷系统的工作条件，保证制冷系统正常运转，提高运行的经济性和可靠性。当然，为了简化系统，一些部件可以省略。本节主要学习制冷系统的辅助设备。

1. 贮液器

贮液器在制冷系统中具有稳定制冷剂流量的作用，并可用来存贮液态制冷剂。贮液器有卧式和立式两种，图 4-3-1 所示为氨用卧式贮液器示意图。其筒体由钢板卷制焊成，贮液器上设有进液管、出液管（插至筒体中线以下）、安全阀、液位指示器等。

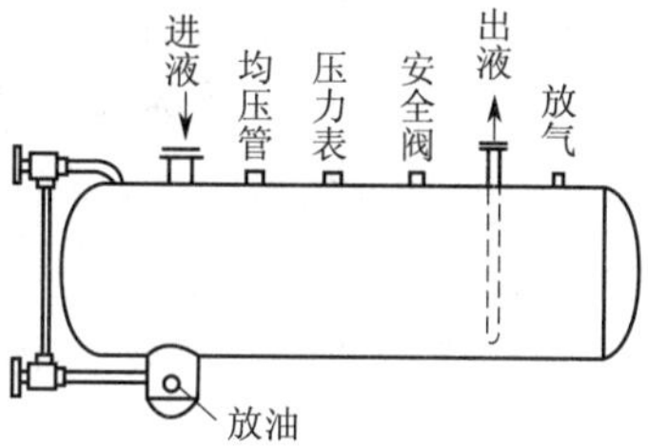

图 4-3-1　氨用卧式贮液器示意图

如图 4-3-2 所示，贮液器安装在冷凝器下面，储存高压液态制冷剂，故又称高压贮液器。对于小型制冷装置和采用干式蒸发器的氟利昂制冷系统，由于系统中充注的制冷剂很少，系统气密性较好，可以采用容积较小的贮液器，或者在采用卧式壳管冷凝器时利用冷凝器壳体下部的空间存储一定的制冷剂，不需单独设置贮液器。

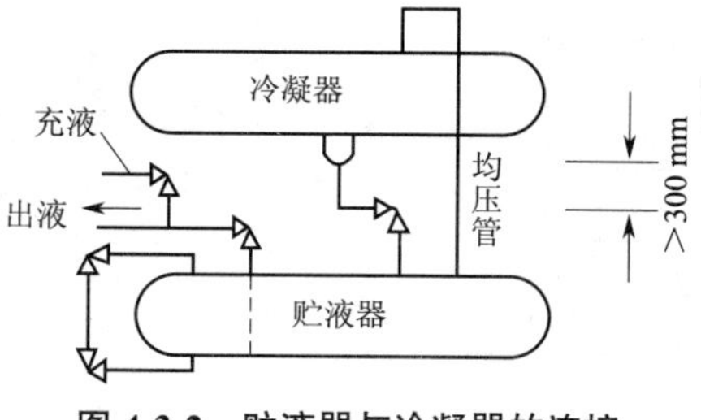

图 4-3-2　贮液器与冷凝器的连接

高压贮液器的容量一般应能容纳系统中的全部充液量，为了防止温度变化时因热膨胀而造成危险，贮液器的储存量不应超过本身容积的 80%。

采用泵循环式蒸发器的制冷系统，设有低压贮液器，除具有气液分离作用外，还可防止液泵的气蚀。低压贮液器的存液量应不少于液泵小时循环量的 30%，最大允许储存量为筒体容积的 70%。

2. 气液分离器

气液分离器是分离来自蒸发器出口的低压蒸气中的液滴，防止制冷压缩机发生湿压缩甚至液击现象。而氨用气液分离器除具有上述作用外，还可以使经节流装置供给的气液混合物分离，只让液氨进入蒸发器，提高蒸发器的传热效果。

空气调节用小型氟利昂制冷系统所采用的气液分离器有管道型和筒体型两种，筒体型气液分离器如图 4-3-3 所示。其中，来自蒸发器的含液气态制冷剂从上部进入，依靠气流速度的降低和方向的改变，将低压气态制冷剂携带的液或油滴分离；然后通过弯管底部具有油孔的吸气管，将稍具过热度的低压气态制冷剂及润滑油吸入压缩机；吸气管上部的小孔为平衡孔，防止在压缩机停机时分离器内的液态制冷剂和润滑油从油孔被压回压缩机。对于热泵式空调机，为了保证在融霜过程中压缩机可靠运行，气液分离器是不可或缺的部件。

用于大中型氨制冷系统的气液分离器有立式和卧式两种，图 4-3-4 所示为一种氨用立式气液分离器，其是具有多个管接头的钢质筒体。其中，来自蒸发器的氨气从筒体中部的进气管进入分离器，由于流体通道截面面积突然扩大和流向改变，蒸气中夹带的液滴被分离出来，落入下部的氨液中；节流后的湿蒸气从筒体侧面下部进入分离器，液体落入下部，经底部出液管依靠自身重力返回蒸发器或进入低压贮液器，而湿蒸气中的氨气则与来自蒸发器的蒸气一起被压缩机吸走。气液分离时氨气流动方向和氨液沉降方向相反，保证了分离效果。

选择气液分离器时，应保证筒体横截面的气流速度不超过 0.5 m/s。

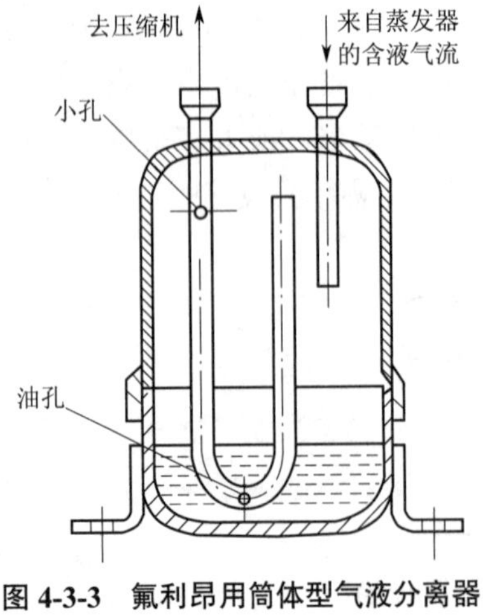

图 4-3-3　氟利昂用筒体型气液分离器

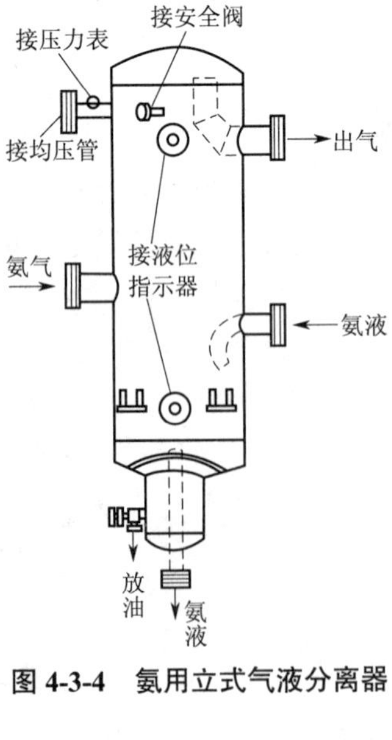

图 4-3-4　氨用立式气液分离器

3. 过滤器和干燥器

1）过滤器

过滤器用于清除制冷剂蒸气和液体中的铁屑、铁锈等杂质。氨制冷系统中有氨液过滤器和氨气过滤器，它们的结构如图 4-3-5 所示。氨过滤器一般用 2~3 层 0.4 mm 网孔的钢丝网制作。氨液过滤器一般设置在节流装置前的氨液管道上，氨液通过滤网的流速应小于 0.1 m/s；氨气过滤器一般安装在压缩机吸气管道上，氨气通过滤网的流速为 1~1.5 m/s。

空调电机常见故障及检修阀

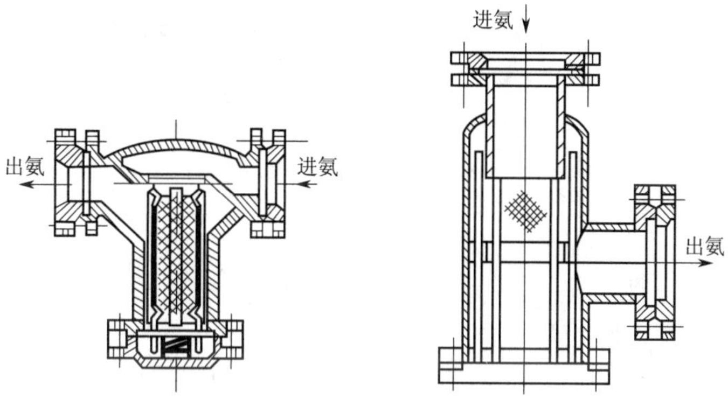

（a）　　　　（b）

图 4-3-5　氨过滤器

（a）氨液过滤器　（b）氨气过滤器

图 4-3-6 所示为氟利昂液体过滤器。它是用一段无缝钢管作为壳体，壳体内装有 0.1~0.2 mm 网孔的铜丝网，两端盖用螺纹与筒体连接并用锡焊焊牢。

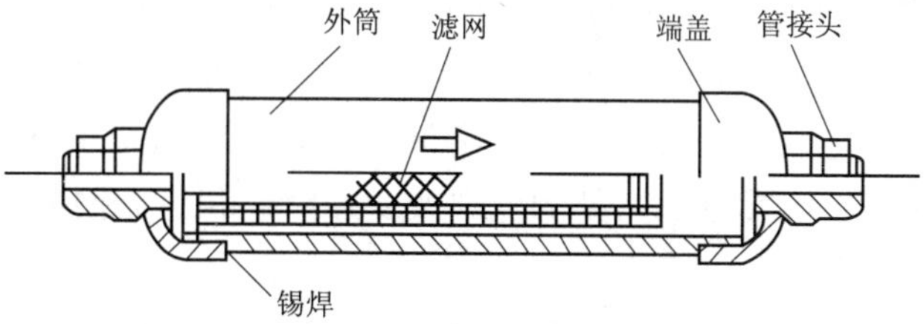

图 4-3-6　氟利昂液体过滤器

2）干燥器

如果制冷系统干燥不充分或充注的制冷剂含有水分，制冷系统中就会存在水分。水在氟利昂中的溶解度与温度有关，温度下降，水的溶解度降低，当含有水分的氟利昂通过节流装置膨胀节流时，温度急剧下降，水的溶解度相对降低，于是一部分水分被分离出来停留在节流孔周围，如节流后温度低于冰点，则会结冰而出现“冰堵”现象。同时，水长期溶解于氟利昂中会分解而腐蚀金属，还会使润滑油乳化，因此需利用干燥器吸附氟利昂中的水分。

在实际的氟利昂制冷系统中常将过滤和干燥功能合二为一，称为干燥过滤器。图4-3-7所示为一种干燥过滤器结构，过滤芯设置在筒体内部，由弹性膜片、聚酯垫和波形多孔板挤压固定，过滤芯由活性氧化铝和分子筛烧结而成，可以有效地去除水分、有害酸和杂质。干燥过滤器应装在氟利昂制冷系统节流装置前的液管上，或装在充注液态制冷剂的管道上，氟利昂通过干燥层的流速应小于0.03 m/s。

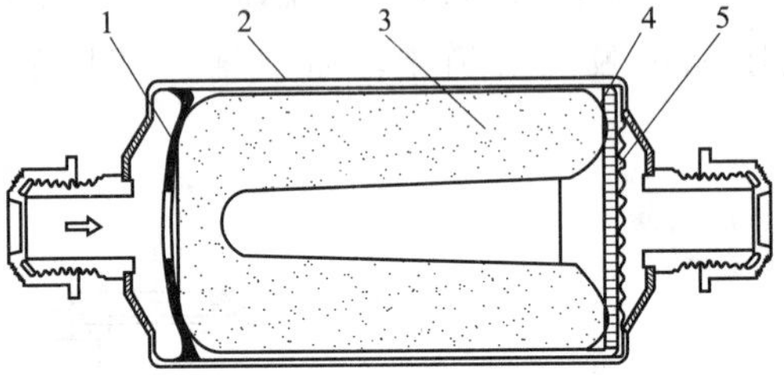

图4-3-7　干燥过滤器

1—弹性膜片；2—筒体；3—过滤芯；4—聚酯垫；5—波形多孔板

4. 油分离器

制冷压缩机工作时，总有少量滴状润滑油被高压气态制冷剂携带进入排气管，并可能进入冷凝器和蒸发器。如果在排气管上不装设油分离器，对于氨制冷装置来说，润滑油进入冷凝器，特别是进入蒸发器以后，会在制冷剂侧的传热面上形成严重的油污，降低冷凝器和蒸发器的传热系数。对于氟利昂制冷装置来说，如果回油不良或管路过长，蒸发器内可能积存较多的润滑油，致使系统的制冷能力大为降低，蒸发温度越低，其影响越大，严重时还会导致压缩机缺油损毁。

油分离器有惯性式、洗涤式、离心式和过滤式四种形式。惯性式油分离器依靠流速突然降低并改变气流运动方向将高压气态制冷剂携带的润滑油分离，并聚积在油分离器的底部，通过浮球阀或手动阀排回制冷压缩机，如图4-3-8所示；洗涤式油分离器将高压过热氨气通入氨液中洗涤冷却，使氨气中的雾状润滑油凝聚分离如图4-3-9所示；离心式油分离器借助离心力将滴状润滑油甩到壳体壁面聚积下沉分离如图4-3-10所示；过滤式油分离器依靠过滤网处的流向改变、降速和过滤网的过滤作用将油滴分离出来如图4-3-11所示。

过滤式油分离器气流通过过滤层的速度为0.4~0.5 m/s，其他形式的油分离器气流通过筒体的速度应不超过0.8 m/s。

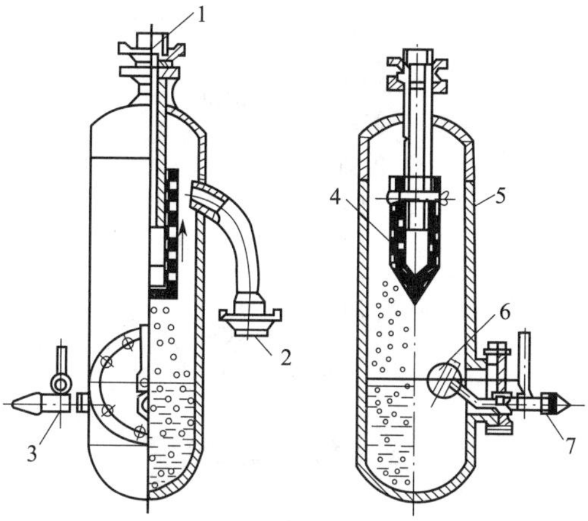

图 4-3-8　惯性式油分离器

1—进口；2—出口；3—回油阀；4—滤网；5—壳体；6—浮球阀；7—手动阀

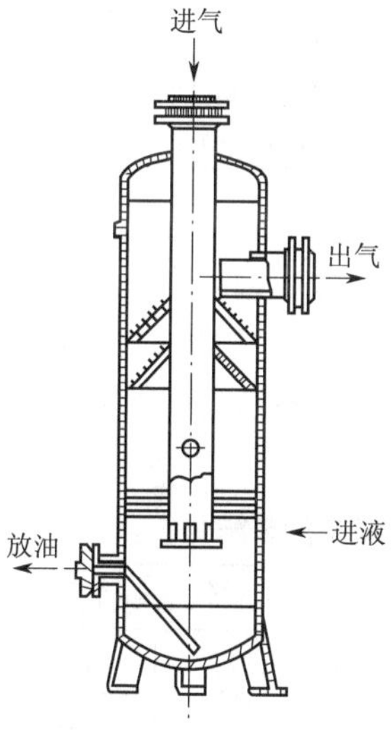

图 4-3-9　洗涤式油分离器

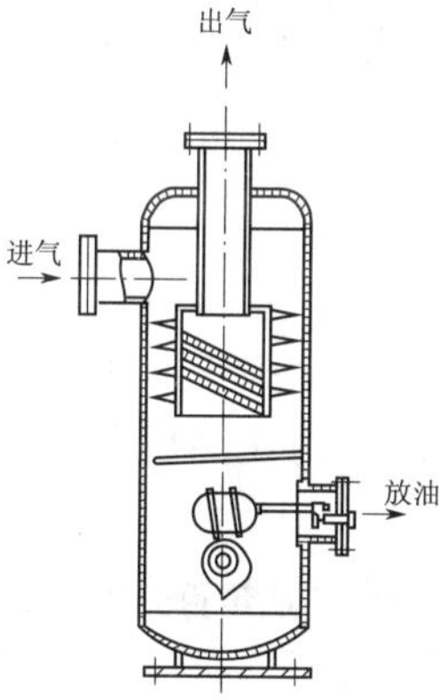

图 4-3-10　离心式油分离器

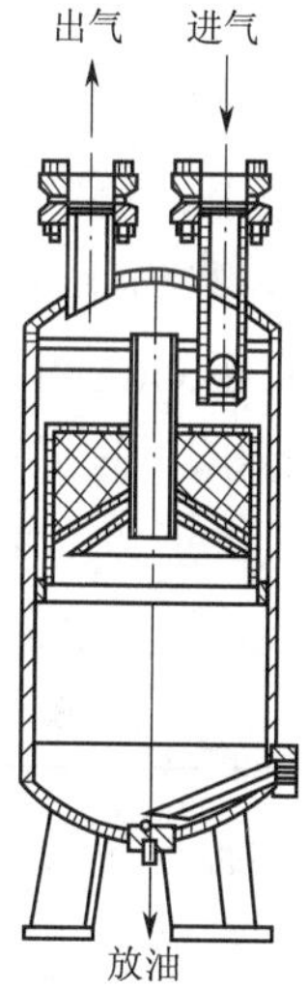

图 4-3-11　过滤式油分离器

5. 集油器

由于氨制冷剂与润滑油不相溶，所以在冷凝器、蒸发器和贮液器等设备的底部积存有润滑油，为了收集和放出积存的润滑油，应设置集油器。

集油器为钢板制成的筒状容器，其上设有进油管、放油管、出气管和压力表接管，如图 4-3-12 所示。其中，出气管与压缩机的吸气管相连，放油时，首先开启出气阀，使集油器内压力降低至稍高于大气压力；然后开启进油阀，将设备中积存的润滑油放至集油器，当润滑油达到集油器内容积的 60%~70% 时，关闭进油阀，再通过出气管使集油器内的压力降低，并关闭出气阀，最后开启放油阀放出润滑油。

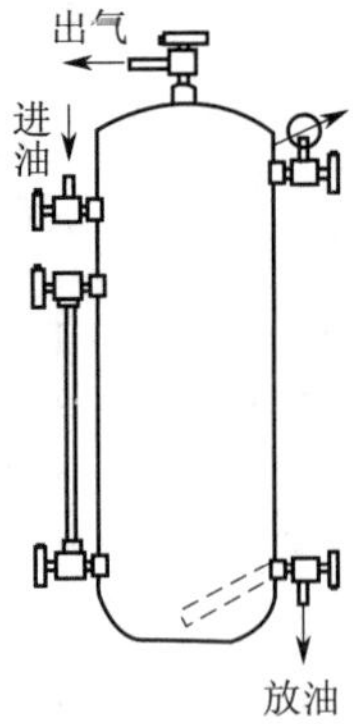

图 4-3-12　集油器

6. 不凝性气体分离器

由于制冷系统渗入空气或润滑油分解等原因，制冷系统中总会有不凝性气体（主要是空气）存在，尤其是在开启式制冷系统或经常在低温和低于大气压力下运行的制冷系统中情况更甚。这些气体往往聚积在冷凝器、高压贮液器等设备中，会降低冷凝器的传热效果，引起压缩机排气压力和排气温度升高，致使制冷系统的耗功率增加，制冷量减少。尤其是氨制冷系统，氨和空气混合后，在高温下有爆炸的危险。因此，必须经常排除制冷系统中的不凝性气体。

表 4-3-1 给出了 R22、氨蒸气和空气混合物中空气饱和含量与压力、温度的关系。可以看出，在气态制冷剂与空气的混合物中，压力越高，温度越低，空气的质量百分比越大。所以，不凝性气体分离器采用在高压和低温条件下排放空气，可以既放出不凝性气体又减少制冷剂的损失。

表 4-3-1　空气的饱和含量（质量百分比，%）与压力、温度的关系

压力 /bar	温度 /℃	空气饱和含量		压力 /bar	温度 /℃	空气饱和含量	
		R717	R22			R717	R22
12	20	41	10	8	20	8	0
	−20	90	55		−20	82	40
10	20	20	3	6	20	0	0
	−20	87	50		−20	76	30

在氨制冷系统中，常用的不凝性气体分离器有四层套管式和盘管式两种。图 4-3-13 所示为盘管式不凝性气体分离器，它实际上是一个冷却设备，分离器的圆形筒体为钢板卷焊制成，内装有冷却盘管。不凝性气体分离器的工作原理如图 4-3-14。放空气时，首先打开阀门 9、10、13，使冷凝器或贮液器上部积存的混合气体进入分离器的筒体中，再开启与压缩机吸气管道相连的制冷剂蒸气排出阀 8，并稍微开启膨胀阀 12，使低压液体制冷剂进入蒸发盘管 6，以冷却管外的混合气体，使其温度降低、制冷剂冷凝析出，从而提高混合气体中空气的含量。被冷凝析出的制冷剂沉积于分离器的底部，打开阀门 11、14，通过回液管流入贮液器，而不凝性气体则聚积在分离器的上部，通过

放空气阀 5 放出。由于制冷剂在分离器的冷凝过程中为潜热交换，故温度不会显著变化；随着不凝性气体含量增多，分离器内的温度将显著降低，所以在分离器的顶部装有温度计 7，当温度明显低于冷凝压力下的制冷剂饱和温度时，说明其中存在较多的不凝性气体，应该进行放气。

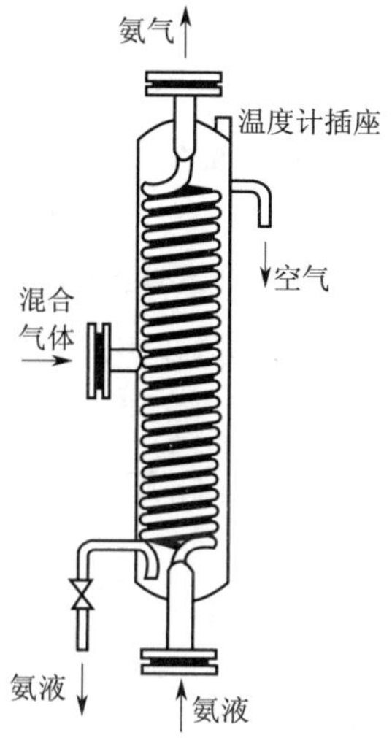

图 4-3-13　盘管式不凝性气体分离器

对于空气调节用制冷系统，除离心式制冷系统（使用 R11 或 R123）外，系统工作压力高于大气压力，特别是采用氟利昂作为制冷剂时，不凝性气体难以分离（表 4-3-1），再则经常使用全封闭或半封闭制冷压缩机，一般可不装设不凝性气体分离器。

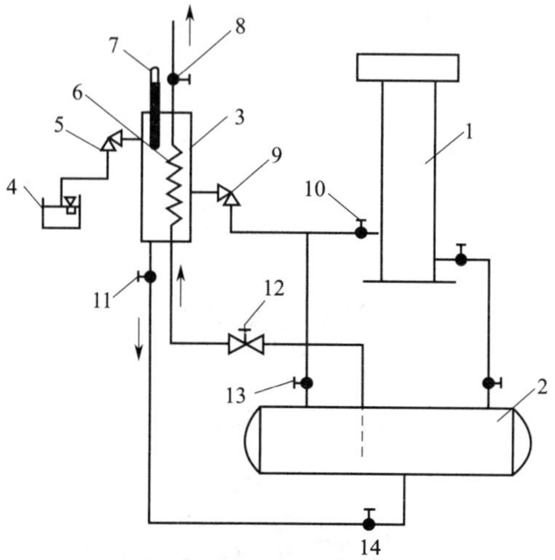

图 4-3-14　不凝性气体分离器的工作原理

1—冷凝器；2—贮液器；3—不凝性气体分离器；4—玻璃容器；5—放空气阀；6—蒸发盘管；7—温度计；8—制冷剂蒸气排出阀；9、10、11、13、14—阀门；12—膨胀阀

7. 安全装置

制冷系统中的压缩机、换热设备、管道、阀门等部件在不同压力下工作。由于操

作不当或机器故障都有可能导致制冷系统内压力异常，有可能引发事故。因此，在制冷系统运转中，除严格遵守操作规程外，还必须有完善的安全设备加以保护。安全设备的自动预防故障能力越强，发生事故的可能性越小，所以完善的安全设备是非常必要的。常用的安全设备有安全阀、熔塞和紧急泄氨器等。

1）安全阀

安全阀是指用弹簧或其他方法使其保持关闭的压力驱动阀，当压力超过设定值时，就会自动泄压。图 4-3-15 为微启式弹簧安全阀，当压力超过规定数值时，阀门自动开启。

安全阀通常在内部容积大于 0.28 m^3 的容器中使用。安全阀可装在压缩机上，连通吸气管和排气管。当压缩机排气压力超过允许值时，阀门开启，使高低压两侧串通，保证压缩机的安全。通常规定吸、排气压力差超过 1.6 MPa 时，应自动启跳（若为双级压缩机，吸、排气压力差为 0.6 MPa）。安全阀的口径 D_g（单位：mm）可按下式计算：

$$D_g = C_1\sqrt{V} \tag{4-3-1}$$

式中　V——压缩机排气量，m^3/h；

C_1——系数，见表 4-3-2。

安全阀也常安装在冷凝器、贮液器和蒸发器等容器上，其目的是防止环境温度过高（如火灾）时，容器内的压力超过允许值而发生爆炸。此时，安全阀的口径按下式计算：

$$D_g = C_2\sqrt{DL} \tag{4-3-2}$$

式中　D——容器的直径，m；

L——容器的长度，m；

C_2——系数，见表 4-3-2。

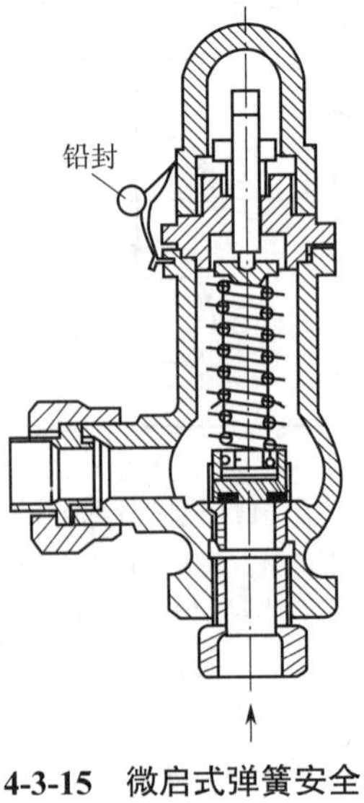

图 4-3-15　微启式弹簧安全阀

表 4-3-2　安全阀的计算系数

制冷剂	C_1	C_2		制冷剂	C_1	C_2	
		高压侧	低压侧			高压侧	低压侧
R22	1.6	8	11	R717	0.9	8	11

2）熔塞

熔塞是采用在预定温度下会熔化的构件来释放压力的一种安全装置，通常用于直径小于 152 mm、内部净容积小于 0.085 m^3 的容器中。采用不可燃制冷剂（如氟利昂）时，对于小容量的制冷系统或不满 1 m^3 的压力容器，可采用熔塞代替安全阀。图 4-3-16 所示为熔塞的结构，其中低熔点合金的熔化温度一般在 75 ℃以下，合金成分不同，熔化温度也不相同，可以根据所要控制的应力选用不同成分的低熔点合金。一旦压力容器发生意外事故，容器内压力骤然升高，温度也随之升高；而当温度升高到一定值时，熔塞中的低熔点合金即熔化，容器中的制冷剂排入大气，从而达到保护设备及人身安全的目的。需要强调的是，熔塞禁止用于使用可燃、易爆或有毒制冷剂的制冷系统中。

3）紧急泄氨器

紧急泄氨器是指在发生意外事故时，将整个系统中的氨液溶于水中泄出，以防止制冷设备爆炸及氨液外溢的设备。制冷系统充注的氨较多时，一般需设置紧急泄氨器，它通过管路与制冷系统中存有大量氨液的容器（如贮液器、蒸发器）相连。紧急泄氨器的结构如图 4-3-17 所示，氨液从正顶部进入，水从壳体上部侧面进入，其下部为泄水口。当出现意外紧急情况时，将给水管的进水阀与氨液的泄出阀开启，使大量水与氨液混合，形成稀氨水，排入下水道，以防引起严重事故。应该注意的是，在非紧急情况下，严禁使用此设备，以避免造成氨的损失。

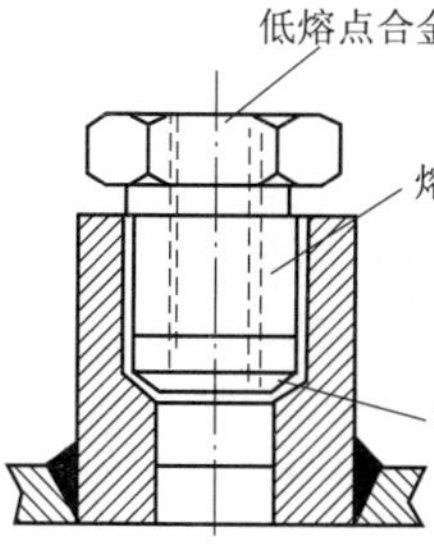

图 4-3-16　熔塞

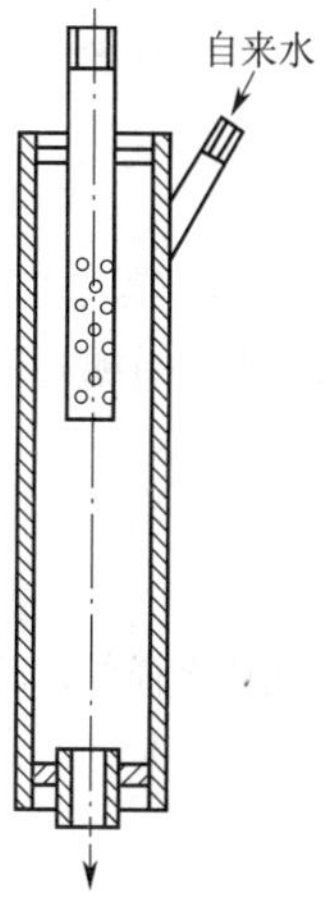

图 4-3-17　紧急泄氨器

【任务实施】

根据项目任务书和项目任务完成报告进行任务实施，见表 4-3-3 和表 4-3-4。

表 4-3-3 项目任务书

任务名称	辅助设备的认识		
小组成员			
指导教师		计划用时	
实施时间		实施地点	
任务内容与目标			
1. 掌握贮液器、气液分离器、过滤器和干燥器、油分离器、集油器和不凝性气体分离器的作用； 2. 掌握油分离器的形式； 3. 了解安全装置的分类。			
考核项目	1. 辅助设备的分类以及各自的作用 2. 油分离器的形式 3. 安全装置的分类		
备注			

表 4-3-4 项目任务完成报告

任务名称	辅助设备的认识		
小组成员			
具体分工			
计划用时		实际用时	
备注			
1. 简述辅助设备的分类以及各自的作用。 2. 油分离器的形式有哪几种？并详细说明。 3. 制冷系统在什么样的情况下会出现异常？分别有哪些安全装置？			

【任务评价】

根据项目任务综合评价表进行任务评价，见表 4-3-5。

表 4-3-5　项目任务综合评价表

任务名称：　　　　　　　　　　　　　　　　　　测评时间：　　年　　月　　日

考核明细		标准分	实训得分								
			小组成员								
			小组自评	小组互评	教师评价	小组自评	小组互评	教师评价	小组自评	小组互评	教师评价
团队（60分）	小组成员是否能在总体上把握学习目标与进度	10									
	小组成员是否分工明确	10									
	小组成员是否有合作意识	10									
	小组成员是否有创新想（做）法	10									
	小组成员是否如实填写任务完成报告	10									
	小组成员是否存在问题和具有解决问题的方案	10									
个人（40分）	个人是否服从团队安排	10									
	个人是否完成团队分配的任务	10									
	个人是否能与团队成员及时沟通和交流	10									
	个人是否能够认真描述困难、错误和修改的地方	10									
合计		100									

【知识巩固】

（1）油分离器有哪些类型？

（2）高压贮液器在制冷系统中起什么作用？

项目五

中央空调系统的构成及运行

【项目描述】

随着人们生活水平的提高，对室内环境舒适性的要求越来越高，中央空调系统在一些生活环境或生产过程中广泛应用，成为现代化建筑的必备设施。本项目主要介绍中央空调系统的构成、分类及运行原理等内容。

党的二十大报告指出，要积极稳妥推进碳达峰、碳中和，立足我国能源资源禀赋，坚持先立后破，有计划分步骤实施碳达峰行动。面对“双碳目标”的政策，节能环保是实现可持续发展的关键所在。中央空调是现代建筑中的耗能大户，合理的设计和科学的应用与管理对于中央空调系统的节能是至关重要的。

【项目目标】

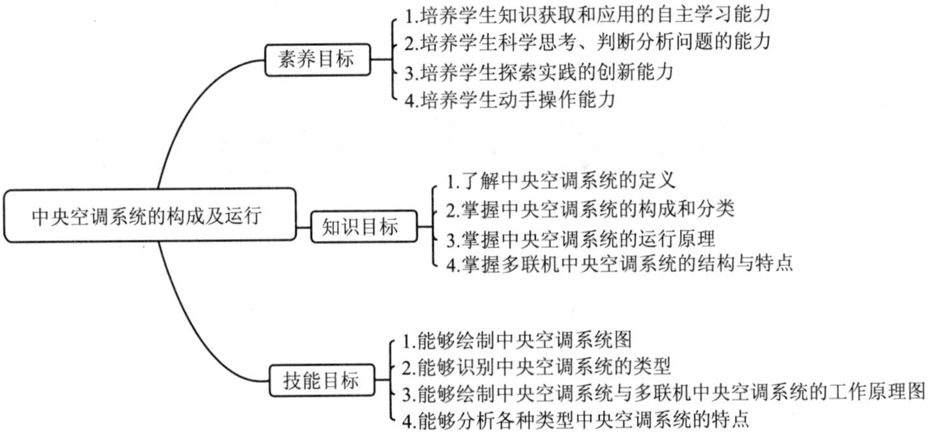

任务一　中央空调系统的构成认识

【任务准备】

中央空调是一种应用于大范围（区域）的空气调节系统，广泛应用于各种工业制冷场所以及写字楼、商场、医院、轨道交通、机场等各类公共建筑。中央空调系统是指在同一建筑物中由一个或多个冷热源系统和多个空气调节系统组成，以集中或半集中方式对空气进行净化、冷却（或加热）、加湿（或除湿）等处理，并对处理好的空气进行输送和分配，以达到调节室内空气目的的空调系统。

1. 中央空调系统的构成

中央空调系统主要由制冷机组、冷却水循环系统、冷冻水循环系统、风机盘管系统和冷却塔组成，如图 5-1-1 所示。制冷主机通过压缩机将制冷剂压缩成液态后送到蒸发器中与冷冻水进行热交换，将冷冻水制冷，冷冻泵将冷冻水送到各风机风口的冷却盘管中，由风机吹送达到降温的目的。

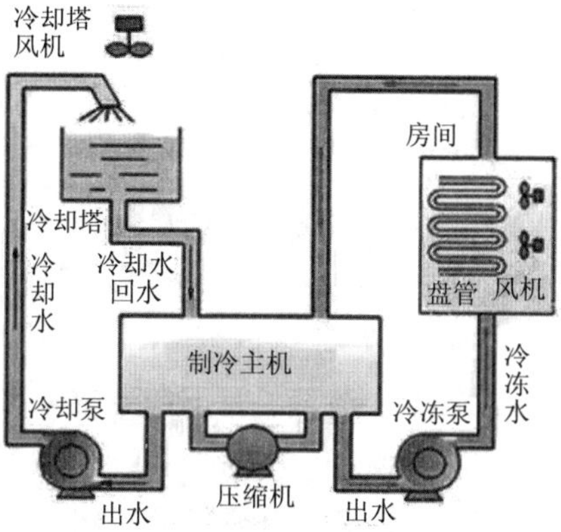

图 5-1-1　中央空调系统的构成

（1）制冷机组：到各房间的循环水通过制冷机组进行内部热交换，使冷冻水冷却到 5~7 ℃，并通过循环水系统向各空调点提供外部热交换源。内部热交换产生的热量通过冷却水系统排放到冷却塔内的空气中。内部换热系统是中央空调的制冷源。

（2）冷却塔：用于为制冷机组提供冷却水，将制冷机组产生的热量通过冷却水经冷却塔释放掉，相当于家用户式空调的室外机。

冷却塔的组成与运行

（3）外部热交换系统：由冷冻水循环系统和冷却水循环系统组成。

①冷冻水循环系统：由冷冻泵及冷冻管道组成，从冷冻机组流出的冷冻水由冷冻泵加压送入冷冻水管道，在各个房间内进行热交换，带走房间内的热量，使房间内的温度下降。

②冷却水循环系统：由冷却泵、冷却水管道及冷却塔组成，在冷冻机组进行热交换，使水温下降的同时，必将释放大量的热量，该热量被冷却水吸收，使冷却水温度升高，冷却泵将升温的冷却水压入冷却塔，使之在冷却塔中与大气进行热交换，然后再将降温的冷却水送回到冷冻机组，如此不断循环，带走冷冻机组释放的热量。

（4）空气输送和分配设备：由进风口、风管、风机、送风口、回风口组成，空气输送和分配方式可分为直流式（全新风）、封闭式（全封闭，无新风）和混合式（既有新风，又有回风）。

（5）空调水系统：包括水泵、水管、分水器、集水器。

（6）控制系统：可分为电气控制系统和监控系统两部分。

风管系统的维护

①电气控制系统（强电部分）：主要包括系统的供电和制冷机组、风机、水泵等的运行，可实现空调系统的手动控制。

②监控系统（弱电部分，也称楼控系统）：包括各种传感器、执行器的控制，以及在物业管理中心的集中监控功能，可实现整个中央空调系统的自动化监控。

（7）中央空调监控系统：主要包括传感器、执行器、控制器以及安装监控管理软件的中央监控站（计算机）。

（8）传感器，具体如下。

①温度传感器：用于测量室内、室外空气及水管、风管的温度，包括室内温度传感器、室外温度传感器、风管式温度传感器、水管式温度传感器。

②水压压差开关：用于监测管道的水压差，如测量分水器、集水器之间的水压差，或水泵进出水管之间的水压差。

③水管压力传感器：用于测量水管中的水压力，包括水压力变送器、远传压力表。

④水流开关：用于检测水管中的水流状态，当水流速度达到设定值时，给出开关量信号。

⑤流量传感器：用于测量水管中的流量，常用的流量传感器有电磁式和涡轮式两种。

⑥过滤网压差传感器：也称过滤网压差开关，用于检测空调过滤器是否堵塞。

⑦防冻开关：应用于北方地区空调机组或新风机组在冬季运行时的防冻保护，在机组送风温度过低时报警，同时联动保护动作，以防止机组中的盘管冻裂。

（9）执行器，具体如下。

①电动水阀：由电动机驱动，可以调节阀门开度大小。

②电磁阀：利用线圈通电后产生电磁吸力控制阀门开关，因此阀门只有开和关两种状态。

③止回阀：用于防止水回流。

2. 中央空调系统的特点

中央空调系统具有以下优点。

（1）空气处理和制冷设备集中在机房内，便于集中管理和调节，热源和冷源都是集中的。

（2）过渡季节可充分利用室外新风，减少制冷机运行时间。

（3）可以严格控制室内温度、湿度和空气洁净度。

（4）对空调系统可以采取有效的防震消声措施。

（5）使用寿命长。

（6）处理空气量大，运行可靠，便于管理和维修。

中央空调系统具有以下缺点。

（1）机房面积大，层高较高；风管布置复杂，占用建筑空间较多；安装工作量大，施工周期较长。

（2）对房间热湿负荷变化不一致或运行时间不一致的建筑物，系统运行不经济。

（3）风管系统各支路和风口的风量不易平衡；各房间由风管连接，不易防火。

【任务实施】

根据项目任务书和项目任务完成报告进行任务实施，见表 5-1-1 和表 5-1-2。

表 5-1-1　项目任务书

任务名称	中央空调系统的构成认识		
小组成员			
指导教师		计划用时	
实施时间		实施地点	
任务内容与目标			
1. 了解中央空调系统； 2. 掌握中央空调系统的构成； 3. 掌握中央空调系统的特点。			
考核项目	1. 中央空调系统的定义 2. 中央空调系统的构成 3. 中央空调系统的特点		
备注			

表 5-1-2　项目任务完成报告

任务名称	中央空调系统的构成认识		
小组成员			
具体分工			
计划用时		实际用时	
备注			
1. 简述什么是中央空调系统。 2. 简要说明中央空调系统的组成。 3. 分析中央空调系统的特点。 4. 绘制中央空调系统图。			

【任务评价】

根据项目任务综合评价表进行任务评价，见表 5-1-3。

表 5-1-3 项目任务综合评价表

任务名称：　　　　　　　　　　　　　　测评时间：　年　月　日

考核明细		标准分	实训得分								
			小组成员								
			小组自评	小组互评	教师评价	小组自评	小组互评	教师评价	小组自评	小组互评	教师评价
团队（60分）	小组成员是否能在总体上把握学习目标与进度	10									
	小组成员是否分工明确	10									
	小组成员是否有合作意识	10									
	小组成员是否有创新想（做）法	10									
	小组成员是否如实填写任务完成报告	10									
	小组成员是否存在问题和具有解决问题的方案	10									
个人（40分）	个人是否服从团队安排	10									
	个人是否完成团队分配的任务	10									
	个人是否能与团队成员及时沟通和交流	10									
	个人是否能够认真描述困难、错误和修改的地方	10									
合计		100									

【知识巩固】

（1）什么是中央空调系统，具有哪些特点？

（2）中央空调系统的组成包括什么？

任务二　中央空调系统的分类认识

【任务准备】

中央空调系统有多种分类方式，不同类型的中央空调系统，其组成各不相同。中央空调系统可按空气处理设备的设置情况和负担室内热湿负荷所用介质分类。

制冷设备常用控制电器

空气处理机组的认识

1. 按空气处理设备的设置情况分类

1）集中式中央空调系统

Ⅰ. 集中式中央空调系统的定义

集中式中央空调系统的所有空气处理设备如风机、加热器 / 冷却器、过滤器、加湿器等都集中在一个空调机房内，其冷、热源一般也集中设置，称为集中式空调系统。即将空气经机组处理后用风道分别送往各个空调房间的空调系统称为集中式空调系统。它是一种出现最早、迄今仍然广泛应用的最基本的空调系统形式。

Ⅱ. 集中式中央空调系统的主要特点

（1）空气处理设备、制冷设备集中布置在机房，热源集中在交换站等区域，以便于集中管理监测及控制。

（2）过渡季节可充分利用室外新风，如转换为全新风运行方式，可减少制冷机运行时间。

（3）使用集中式空调系统可以对空调区域的温度、湿度和空气清洁度进行精细调节。

（4）使用寿命较长。

（5）几种安装设备的机房面积较大，占用建筑空间大；风管及冷冻水、冷却水管路布置复杂，安装工作量大，施工周期较长。

（6）对于湿负荷、冷负荷、热负荷在不同的时段变化较为频繁及变化幅度较大的空调区域，系统运行不经济。

Ⅲ. 集中式中央空调系统的形式

Ⅰ）一次回风系统

在集中处理空气过程中，室内回风和室外新风混合后，经过表冷器冷却降湿后，直接送入空调房间或者加热后再送入空调房间，称为一次回风，如图 5-2-1 所示。回风与新风在喷水室（或表冷器）前混合并经热湿处理后，空调系统的回风与室外新风在喷淋室（或空气冷却器）前混合一次。

一次回风系统将从房间抽回的空气与室外空气混合、处理后再送入房间中，由于从室内抽回的空气通常比室外空气更接近送风状态，因此可减少加热或冷却所需的能量，运行费用较低，是一种广泛采用的系统形式。

一次回风系统的优点：

（1）设备简单，节省最初投资；

（2）可以严格地控制室内温度；

（3）可以充分进行通风换气，室内卫生条件好；

（4）空气处理机组集中在机房内，维修管理方便；

（5）可以实现全年多工况节能运行调节；

（6）使用寿命长；

（7）可以采取有效的消声和隔振措施。

Ⅱ）二次回风系统

与经过喷水室或空气冷却器处理之后的空气进行混合的空调房间回风，称为二次回风，具有一次回风和二次回风的空调系统称为一、二次回风系统，简称二次回风式系统，如图 5-2-2 所示。二次回风系统以回风代替再热器对空气进行加热，虽然理论上节能，但实际效果不太好，过程比较复杂，不容易控制。

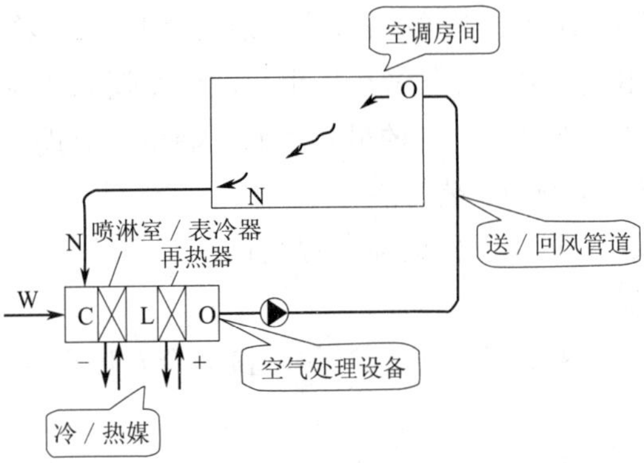

图 5-2-1　一次回风系统

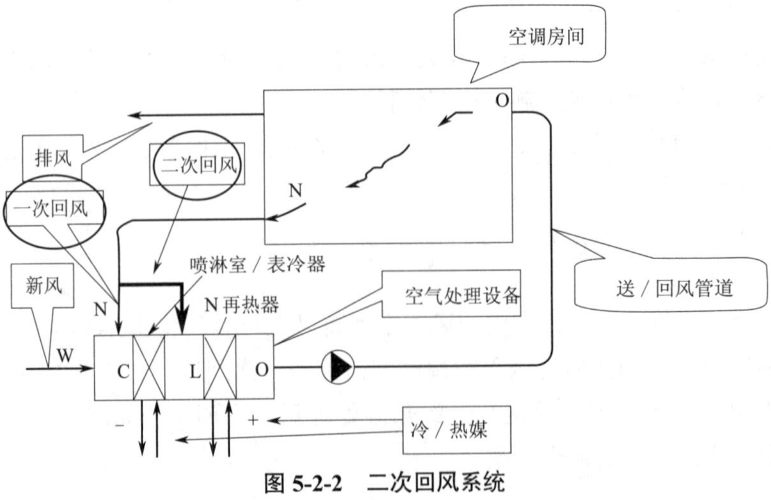

图 5-2-2　二次回风系统

2）半集中式中央空调系统

Ⅰ. 半集中式中央空调系统的定义

既有对新风的集中处理与输配，又能借设在空调房间的末端装置（如风机盘管）对室内循环空气做局部处理的系统称为半集中式空调系统。

Ⅱ. 半集中式中央空调系统的形式

半集中式中央空调系统主要包括风机盘管空调系统和诱导器空调系统。

Ⅰ）风机盘管空调系统

风机盘管空调系统是为了克服集中式中央空调系统的系统大、风道粗、占用建筑面积和空间较多、系统灵活性差等缺点而发展起来的一种半集中式空气 - 水系统。

风机盘管系统的认知与调节

风机盘管是中央空调理想的末端产品，风机盘管广泛应用于宾馆、办公楼、医院、商住建筑、科研机构。风机将室内空气或室外混合空气通过表冷器进行冷却或加热后送入室内，使室内气温降低或升高，以满足人们的舒适性要求。盘管管内流过冷冻水或热水时与管外空气换热，使空气被冷却，通过除湿或加热来调节室内的空气参数。

房间所需要的新鲜空气可以通过门窗的渗透或直接通过房间所设新风口进入房间，或者将室外空气经过新风处理机组集中处理后由管道直接送入被调房间，或者由风机盘管的空气入口处与室内空气进行混合后再经风机盘管进行热湿处理后送入室内。盘管处理空气的冷媒和热媒由集中设置的冷源和热源提供。因此，风机盘管空调系统属于半集中式中央空调系统。同时，由于这种空调系统冷量或热量是分别由空气和水带入空调房间内，所以此空调系统又被称为空气 - 水空调系统。装有盘管的空调器内部构造如图 5-2-3 所示。

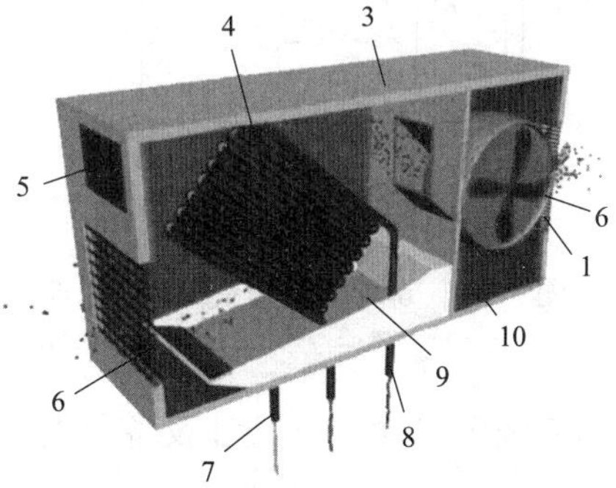

风机盘管维修保养与操作

图 5-2-3　装有盘管的空调器内部构造

1—循环风进口及空气过滤器；2—风机；3—箱体；4—盘管；5—控制器；6—出风格栅；7—排水管；8—冷媒；9—凝水盘；10—吸声材料

为满足不同场合的设计选用，风机盘管种类有卧式暗装（带回风箱）风机盘管、卧式明装风机盘管、立式暗装风机盘管、立式明装风机盘管、卡式二出风风机盘管、卡式四出风风机盘管及壁挂式风机盘管等多种。风机盘管机组主要由低噪声电机、盘管等组成。

Ⅱ）诱导器空调系统

诱导器是一种用于空调系统送风的特殊设备，它由静压箱、喷嘴、盘管（有的不设盘管）等组成。静压箱的作用是均流和消声，为了使一次风经过时能够均匀地从各喷嘴喷出，而且降低噪声，静压箱截面比风道截面大得多，并且内部设置各种形式的挡板，内腔还贴有吸声材料。一般情况下，静压箱越大，均流消声效果越好。喷嘴的作用是将一次风高速送出，同时诱导二次风，诱导器的喷嘴数量、排列方式、结构形式等都会影响诱导器的诱导比和阻力。

诱导器空调系统亦属于半集中式中央空调系统。图 5-2-4 所示为诱导器空调系统工作原理图，即经过集中处理的一次风首先进入诱导器的静压箱，然后通过静压箱上的喷嘴以很高的速度（20~30 m/s）喷出；由于喷出气流的引射作用，在诱导器内部造成负压区，室内空气（又称二次风）被吸入诱导器内部，与一次风混合成诱导器的送风，被送入空调房间内。诱导器内部的盘管可用来通入冷、热水，用以冷却或加热二次风，空调房间的负荷由空气和水共同承担。

Ⅲ. 半集中式中央空调系统的主要特点

（1）除有集中的空气处理室外，还在空调房间内设有二次空气处理设备。

（2）这种对空气的集中处理和局部处理相结合的空调方式，克服了集中式中央空调系统空气处理量大，设备、风道断面面积大等缺点，同时具有局部式空调系统便于独立调节的优点。

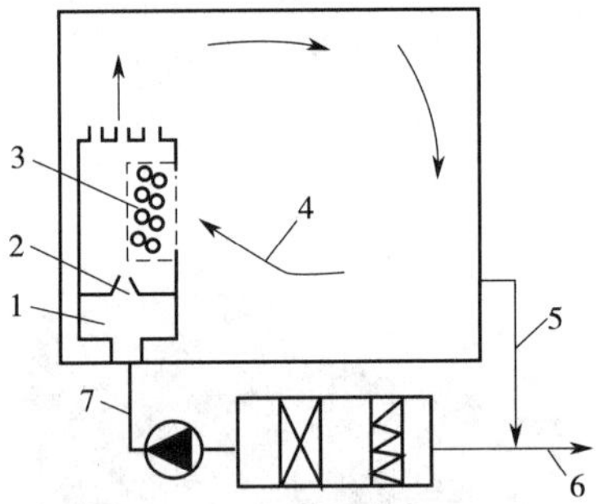

图 5-2-4　诱导器空调系统工作原理

1—静压箱；2—喷嘴；3—热交换器；4—二次风；5—回风管；6—新风管；7—一次风

（3）半集中式中央空调系统因二次空气处理设备种类不同而分为风机盘管空调系统和诱导器空调系统。其中，新风加风机盘管空调系统为最常用的半集中式中央空调系统。

2. 按负担室内热湿负荷所用介质分类

1）全空气空调系统

全空气空调系统是指空调房间的室内负荷全部由经过处理的空气来负担的空气调节系统，如图 5-2-5 所示。全空气空调系统用于消除室内显热冷负荷与潜热冷负荷。该系统中空气必须经冷却和去湿处理后送入室内。至于房间的采暖可以用同一套系统来实现，即在系统内增设空气加热和加湿（也可以不加湿）设备；也可以用另外的采暖系统来实现。集中式全空气空调系统是应用最多的一种系统形式，尤其是空气参数控制要求严格的工艺性空调大多采用这种系统。

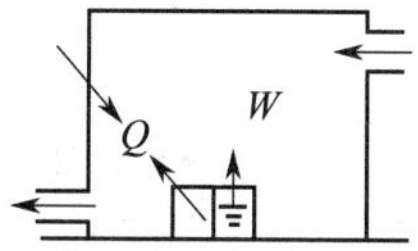

图 5-2-5　全空气空调系统

全空气空调系统空气比热小、密度小、需空气量多、风管断面大、输送耗能大，适用于普通低速单风道。

2）全水空调系统

空调房间内的室内热湿负荷全部由经过处理的水来承担的空调系统（主要以风机盘管为主），称为全水空调系统，如图 5-2-6 所示。在这种系统中，空调房间的热湿负荷全部由一定温度的水来负担。

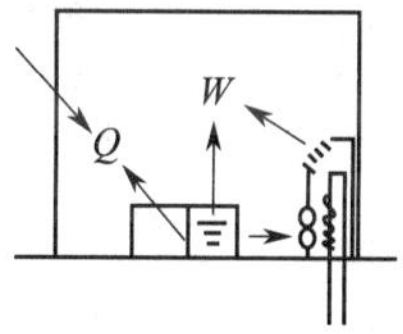

图 5-2-6　全水空调系统

全水空调系统输送管路断面小、无通风换气作用，适用于风机盘管系统、辐射板供冷供热系统（通常不单独采用）。

由于水的比容比空气大得多，在相同的负荷情况下，只需要较少的水量，因而输送管道占用的空间较少。但是，由于这种系统是靠水来消除空调房间的余热、余湿，无通风换气作用，因而室内空气品质较差，这种系统被采用的较少。

3）空气 - 水空调系统

空气 - 水空调系统是由空气和水共同来承担空调房间冷、热负荷的系统，除向房间内送入经处理的空气外，还在房间内设有以水作为介质的末端设备对室内空气进行冷却或加热，由空气和水（作为冷热介质）来共同承担空调房间的热湿负荷，如图 5-2-7 所示。

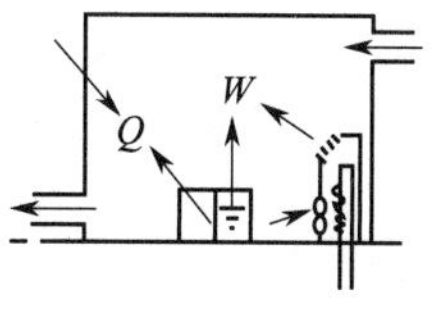

图 5-2-7　空气 - 水空调系统

空气 - 水空调系统介于全空气空调系统和全水空调系统之间，适用于辐射板供冷加新风系统、风机盘管加新风系统、空气 - 水诱导器空调系统，应用广泛。

4）制冷剂系统

将制冷系统的蒸发器直接置于空调房间内来吸收余热和余湿的空调系统称为制冷剂系统，如图 5-2-8 所示。

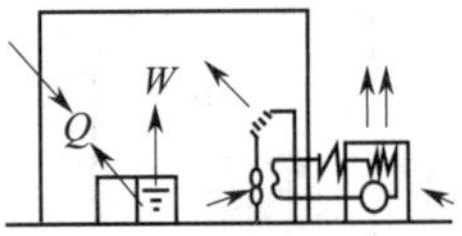

图 5-2-8　制冷剂系统

制冷剂系统的蒸发器或冷凝器直接向房间吸收或放出热量，冷、热量的输送损失少，适用于整体或分体式柜式空调机组、多台室内机的分体式空调机组、闭环式水热源热泵机组系统（局部空调机组）。

这种系统的优点在于冷热源利用率高，占用建筑空间少，布置灵活，可根据不同的空调要求自由选择制冷和供热，通常用于分散安装的局部空调机组。

【任务实施】

根据项目任务书和项目任务完成报告进行任务实施，见表 5-2-1 和表 5-2-2。

表 5-2-1　项目任务书

任务名称	中央空调系统的分类认识		
小组成员			
指导教师		计划用时	
实施时间		实施地点	
任务内容与目标			
1. 了解中央空调系统的分类； 2. 掌握集中式中央空调系统的形式和特点； 3. 掌握半集中式中央空调系统的形式和特点。			
考核项目	1. 中央空调系统的分类 2. 中央空调系统的形式 3. 中央空调系统各种形式的特点		
备注			

表 5-2-2　项目任务完成报告

<table>
<tr><td>任务名称</td><td colspan="3">中央空调系统的分类认识</td></tr>
<tr><td>小组成员</td><td></td><td></td><td></td></tr>
<tr><td>具体分工</td><td></td><td></td><td></td></tr>
<tr><td>计划用时</td><td></td><td>实际用时</td><td></td></tr>
<tr><td>备注</td><td colspan="3"></td></tr>
<tr><td colspan="4">1. 简述什么是集中式中央空调系统，什么是半集中式中央空调系统。

2. 简要说明中央空调系统的类型有哪些。

3. 分析中央空调系统的全空气空调系统、全水空调系统、空气 - 水空调系统、制冷剂系统的区别。

4. 绘制一次回风中央空调系统图。</td></tr>
</table>

【任务评价】

根据项目任务综合评价表进行任务评价，见表 5-2-3。

表 5-2-3　项目任务综合评价表

任务名称：　　　　　　　　　　　　　　测评时间：　　年　　月　　日

考核明细		标准分	实训得分								
			小组成员								
			小组自评	小组互评	教师评价	小组自评	小组互评	教师评价	小组自评	小组互评	教师评价
团队（60分）	小组成员是否能在总体上把握学习目标与进度	10									
	小组成员是否分工明确	10									
	小组成员是否有合作意识	10									
	小组成员是否有创新想（做）法	10									
	小组成员是否如实填写任务完成报告	10									
	小组成员是否存在问题和具有解决问题的方案	10									
个人（40分）	个人是否服从团队安排	10									
	个人是否完成团队分配的任务	10									
	个人是否能与团队成员及时沟通和交流	10									
	个人是否能够认真描述困难、错误和修改的地方	10									
合计		100									

【知识巩固】

（1）中央空调系统有哪些分类？

（2）什么是集中式中央空调系统？

制冷设备常用控制电器中的电机控制

空调不同模式下控制过程案例分析

任务三 中央空调系统的工作原理认识

【任务准备】

中央空调系统一般主要由制冷压缩机系统、冷媒（冷冻和冷热）循环水系统、冷却循环水系统、盘管风机系统、冷却塔风机系统等组成。不同的中央空调系统，运行原理也不同。

中央空调的维护与保养

1. 中央空调系统的工作原理

1）制冷原理

制冷压缩机组通过压缩机将空调制冷剂（冷媒介质，如 R134a、R22 等）压缩成液态后送至蒸发器中，冷冻循环水系统通过冷冻水泵将常温水泵入蒸发器盘管中与冷媒进行间接热交换，这样原来的常温水就变成低温冷冻水，冷冻水再被送到各风机风口的冷却盘管中吸收盘管周围的空气热量，产生的低温空气由盘管风机吹送到各个房间，从而达到降温的目的。

2）制热原理

冷媒在蒸发器中被充分压缩并伴随热量吸收过程完成后，再被送到冷凝器中恢复常压状态，以便冷媒在冷凝器中释放热量，其释放的热量通过循环冷却水系统的冷却水带走，冷却循环水系统将常温水通过冷却水泵泵入冷凝器热交换盘管后，再将已变热的冷却水送到冷却塔上，由冷却塔对其进行自然冷却或通过冷却塔风机对其进行喷淋式强迫风冷，与大气进行充分热交换，使冷却水变回常温，以便再循环使用。在冬季需要制热时，中央空调系统仅需要通过冷热水泵将常温水泵入换热器，通过与锅炉中的水充分热交换后，再将热水送到各楼层的风机盘管中，即可实现向用户提供供暖热风。

中央空调系统的工作原理如图 5-3-1 所示。

2. 不同中央空调系统的工作原理

1）水系统工作原理

水冷中央空调系统包含四大部件，即压缩机、冷凝器、节流装置、蒸发器，制冷剂依次在上述四大部件循环，即由压缩机出来的冷媒（制冷剂）高温高压的气体，流经冷凝器降温降压，冷凝器通过冷却水系统将热量带到冷却塔排出，冷媒继续流动，经过节流装置变成低温低压液体，再流经蒸发器，经吸热和压缩。在蒸发器的两端接有冷冻水循环系统，制冷剂在此吸收的热量将冷冻水温度降低，使低温的水流到用户端，再经过风机盘管进行热交换，将冷风吹出。

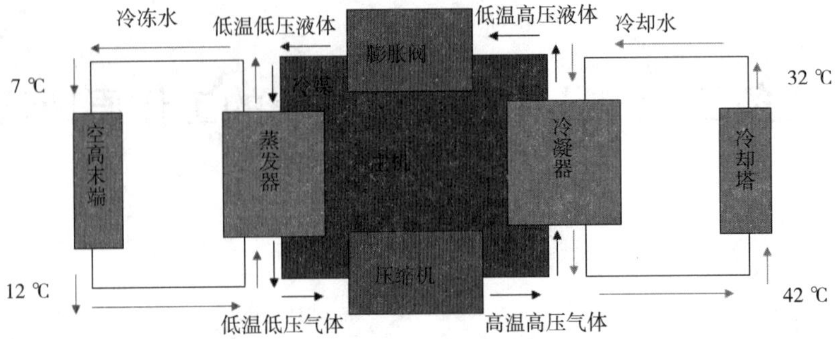

图 5-3-1　中央空调系统的工作原理

2）风系统工作原理

新风的传输方式采用置换式，而非空调气体的内循环原理和新旧气体混合的做法，这些做法相对置换式传输方式不健康。户外的新颖空气经过负压方式会被自动吸入室内，经过安装在卧室、室厅或起居室窗户上的新风口进入室内时，会自动除尘和过滤。同时，再由对应的室内管路与数个功用房间内的排风口相连，构成的循环系统将带走室内废气，并集中在排风口“呼出”，而排出的废气不再做循环运用，新旧风形成良好的循环。

3）盘管系统工作原理

风机盘管空调系统的工作原理就是借助风机盘管机组不断地循环室内空气，使之通过盘管而被冷却或加热，以保持房间要求的温度和一定的相对湿度。盘管使用的冷水或热水由集中冷源和热源供应。与此同时，由新风空调机房集中处理后的新风，通过专门的新风管道分别送入各空调房间，以满足空调房间的卫生要求。

风机盘管空调系统与集中式空调系统相比，没有大风道，只有水管和较小的新风管，具有布置和安装方便、占用建筑空间小、好单独调节等优点，广泛用于温湿度控制精度要求不高、房间数多、房间较小、需要单独控制的舒适性空调中。

【任务实施】

根据项目任务书和项目任务完成报告进行任务实施，见表 5-3-1 和表 5-3-2。

表 5-3-1　项目任务书

任务名称	中央空调系统的工作原理认识		
小组成员			
指导教师		计划用时	
实施时间		实施地点	
任务内容与目标			
1. 掌握中央空调系统制冷、制热的工作原理； 2. 掌握不同类型的中央空调系统的工作原理。			
考核项目	1. 中央空调系统的制冷原理 2. 中央空调系统的制热原理 3. 不同形式中央空调系统的工作原理		
备注			

表 5-3-2　项目任务完成报告

任务名称	中央空调系统的工作原理认识		
小组成员			
具体分工			
计划用时		实际用时	
备注			
1. 绘制中央空调系统的制冷原理图。 2. 绘制中央空调系统的制热原理图。 3. 分析水系统和风系统的中央空调系统工作原理。 4. 简述风机盘管中央空调系统的组成与工作原理。			

【任务评价】

根据项目任务综合评价表进行任务评价，见表 5-3-3。

表 5-3-3　项目任务综合评价表

任务名称：　　　　　　　　　　　　　　　　测评时间：　　年　　月　　日

<table>
<tr><td colspan="2" rowspan="4">考核明细</td><td rowspan="4">标准分</td><td colspan="9">实训得分</td></tr>
<tr><td colspan="9">小组成员</td></tr>
<tr><td colspan="3"></td><td colspan="3"></td><td colspan="3"></td></tr>
<tr><td>小组自评</td><td>小组互评</td><td>教师评价</td><td>小组自评</td><td>小组互评</td><td>教师评价</td><td>小组自评</td><td>小组互评</td><td>教师评价</td></tr>
<tr><td rowspan="6">团队（60分）</td><td>小组成员是否能在总体上把握学习目标与进度</td><td>10</td><td></td><td></td><td></td><td></td><td></td><td></td><td></td><td></td><td></td></tr>
<tr><td>小组成员是否分工明确</td><td>10</td><td></td><td></td><td></td><td></td><td></td><td></td><td></td><td></td><td></td></tr>
<tr><td>小组成员是否有合作意识</td><td>10</td><td></td><td></td><td></td><td></td><td></td><td></td><td></td><td></td><td></td></tr>
<tr><td>小组成员是否有创新想（做）法</td><td>10</td><td></td><td></td><td></td><td></td><td></td><td></td><td></td><td></td><td></td></tr>
<tr><td>小组成员是否如实填写任务完成报告</td><td>10</td><td></td><td></td><td></td><td></td><td></td><td></td><td></td><td></td><td></td></tr>
<tr><td>小组成员是否存在问题和具有解决问题的方案</td><td>10</td><td></td><td></td><td></td><td></td><td></td><td></td><td></td><td></td><td></td></tr>
<tr><td rowspan="4">个人（40分）</td><td>个人是否服从团队安排</td><td>10</td><td></td><td></td><td></td><td></td><td></td><td></td><td></td><td></td><td></td></tr>
<tr><td>个人是否完成团队分配的任务</td><td>10</td><td></td><td></td><td></td><td></td><td></td><td></td><td></td><td></td><td></td></tr>
<tr><td>个人是否能与团队成员及时沟通和交流</td><td>10</td><td></td><td></td><td></td><td></td><td></td><td></td><td></td><td></td><td></td></tr>
<tr><td>个人是否能够认真描述困难、错误和修改的地方</td><td>10</td><td></td><td></td><td></td><td></td><td></td><td></td><td></td><td></td><td></td></tr>
<tr><td colspan="2">合计</td><td>100</td><td></td><td></td><td></td><td></td><td></td><td></td><td></td><td></td><td></td></tr>
</table>

【知识巩固】

（1）简述中央空调系统的制冷原理。

（2）简述中央空调系统的制热原理。

任务四　多联机中央空调系统的认识

【任务准备】

多联机中央空调系统是用户中央空调的一个类型，俗称“一拖多”，指的是一台室外机通过配管连接两台或两台以上室内机，室外侧采用风冷换热形式，室内侧采用直接蒸发换热形式的一次制冷剂空调系统。多联机中央空调系统在中小型建筑和部分公共建筑中得到广泛的应用。

1. 多联机中央空调系统的组成

多联机中央空调系统以压缩制冷剂为输送介质，采用一台压缩机带动多台室内机，如图5-4-1所示。室外主机由外侧换热器、压缩机和其他附件组成。室内机由直接蒸发式换热器和风机组成。制冷剂通过管路由室外机送至室内机，通过控制管路中制冷剂的流量以及进入室内各散热器的制冷流量来满足不同房间的空调要求。与其他冷媒型空调系统最主要的区别为该系统压缩机采用变频调速进行控制，当系统处于低负荷时，通过变频控制器控制压缩机转速，使系统内冷媒的循环流量得以改变，从而对制冷量进行自动控制以满足使用要求，对一般住宅用户式空调系统只需设一台变频压缩机。

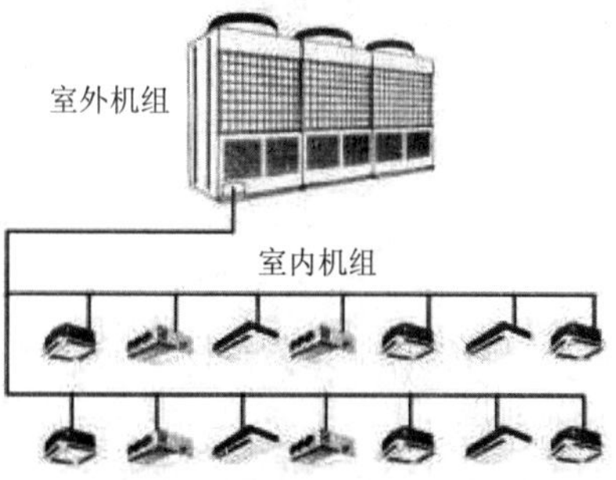

图 5-4-1　多联机中央空调系统

2. 多联机中央空调系统的工作原理

多联机中央空调系统的工作原理与壁挂式空调和柜式空调有所不同，根据形式不同，可以把多联机中央空调系统的工作原理分为制冷原理和制热原理。

1）多联机中央空调系统的制冷原理

多联机中央空调系统是通过将液体汽化来进行制冷的。液体汽化时会产生吸热反应，气体冷凝时会产生放热反应。多联机中央空调系统中的液体存在于一个封闭状态中，其中只有液体和液体自己产生的蒸气，没有其他的物质。当液体和自身产生的蒸气在饱和压力下会达到一种平衡时，此时的温度称为饱和温度。当达到饱和状态后，液体就不会再进行汽化，如果在这时把一部分蒸气拿走，那么液体又会再次汽化达到平衡状态。

在液体不断汽化时会不断吸收热量，然后使室内变冷。所以，为了达到制冷的目的，必须要不断从里面拿走蒸气，将蒸气聚积成液体后再回到空调中。多联机中央空调系统的制冷原理是液体在低温和低压下进行蒸发，从而产生冷气液，又在常温和高压下进行冷凝。所以，液体汽化有四个步骤：汽化、升压、冷凝、降压。

2）多联机中央空调系统的制热原理

空调中的压缩机在受到低温低压气体冲击后会把气体压缩成高温高压的气体，空调中的换热器把水温提高，同时把气体冷凝变成液体，液体再进入空调中的蒸发器。液体进入蒸发器之后会生成低压低温的气体，低温气体又再次被压缩机吸入进行压缩。反复循环，达到制热的效果。

3. 多联机中央空调系统的特点

与传统的中央空调系统相比，多联机中央空调系统具有以下特点。

（1）节能效果显著：多联机中央空调系统可以根据系统负荷变化自动调节压缩机转速，改变制冷剂流量，保证机组以较高的效率运行；部分负荷运行时能耗下降，全年运行费用降低。

（2）节省建筑空间：多联机中央空调系统采用的风冷式室外机一般设置在屋顶，不需要占用建筑面积；多联机中央空调系统的接管只有制冷剂管和凝结水管，且制冷剂管路布置灵活，与水系统相比，在满足相同室内吊顶高度的情况下，采用多联机中央空调系统可以减小建筑层高，降低建筑造价。

（3）施工安装方便，运行可靠：与集中式空调水系统相比，多联机中央空调系统施工工作量小得多，施工周期短，十分适合家庭情况，系统的环节少，系统运行管理安全可靠。

4）满足不同工况的房间使用要求：多联机中央空调系统组合方便、灵活，可以根据不同的使用要求组织系统，满足不同工况房间的使用要求。对于热回收多联机系统来说，一个系统内部分室内机在制冷的同时，另一部分室内机可以供热运行。在冬季，多联机系统可以实现内区供冷、外区供热，把内区的热量转移到外区，充分利用能源，降低能耗，满足不同区域的空调要求。

多联机空调与传统空调相比，具有如下显著的优点：运用全新理念，集“一拖多”技术、智能控制技术、多重健康技术、节能技术和网络控制技术等多种高新技术于一身，可以满足消费者对舒适性、方便性等方面的要求。

多联机空调与多台家用空调相比，投资较少，只用一个室外机，安装方便、美观，控制灵活、方便；可实现各室内机的集中管理，采用网络控制；可单独启动一台室内机运行，也可多台室内机同时启动，使控制更加灵活和节能。多联机中央空调系统占用空间少，仅一台室外机，可放置于楼顶，其结构紧凑、美观，节省空间。

【任务实施】

根据项目任务书和项目任务完成报告进行任务实施，见表 5-4-1 和表 5-4-2。

表 5-4-1　项目任务书

任务名称	多联机中央空调系统的认识		
小组成员			
指导教师		计划用时	
实施时间		实施地点	
任务内容与目标			
1. 了解多联机中央空调系统； 2. 掌握多联机中央空调系统的组成； 3. 掌握多联机中央空调系统的工作原理； 4. 能够分析多联机中央空调系统与传统中央空调系统的不同。			
考核项目	1. 多联机中央空调系统 2. 多联机中央空调系统的组成和工作原理 3. 多联机中央空调系统与传统中央空调系统的区别		
备注			

表 5-4-2　项目任务完成报告

任务名称	多联机中央空调系统的认识		
小组成员			
具体分工			
计划用时		实际用时	
备注			
1. 绘制多联机中央空调系统图。 2. 简要说明多联机中央空调系统的组成。 3. 简述多联机中央空调系统制冷和制热的工作原理。 4. 分析多联机中央空调系统与传统中央空调系统的不同。			

【任务评价】

根据项目任务综合评价表进行任务评价，见表 5-4-3。

表 5-4-3　项目任务综合评价表

任务名称：　　　　　　　　　　　　　　　　　　　　　　测评时间：　　年　　月　　日

考核明细		标准分	实训得分								
			小组成员								
			小组自评	小组互评	教师评价	小组自评	小组互评	教师评价	小组自评	小组互评	教师评价
团队（60分）	小组成员是否能在总体上把握学习目标与进度	10									
	小组成员是否分工明确	10									
	小组成员是否有合作意识	10									
	小组成员是否有创新想（做）法	10									
	小组成员是否如实填写任务完成报告	10									
	小组成员是否存在问题和具有解决问题的方案	10									
个人（40分）	个人是否服从团队安排	10									
	个人是否完成团队分配的任务	10									
	个人是否能与团队成员及时沟通和交流	10									
	个人是否能够认真描述困难、错误和修改的地方	10									
合计		100									

【知识巩固】

（1）什么是多联机中央空调系统？具有哪些特点？

（2）多联机中央空调系统的工作原理是什么？

项目六

热泵基础知识的运用

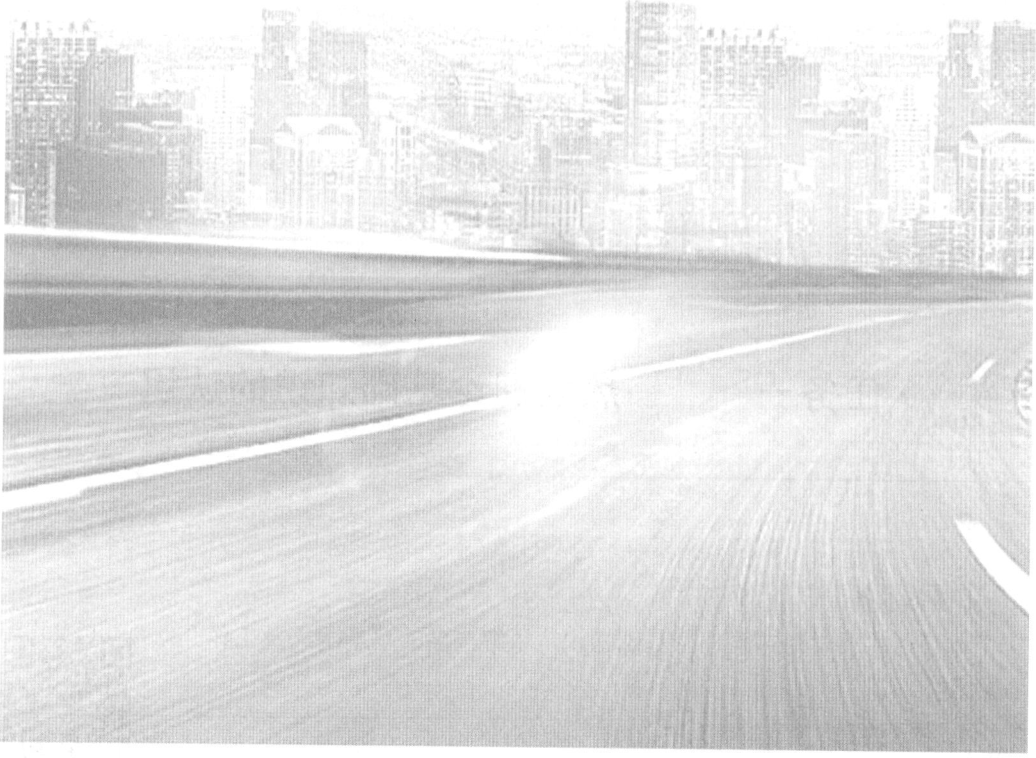

【项目描述】

热泵是一种能从自然界的空气、水或土壤中获取低品位热，经过电力做功，输出能用的高品位热的设备。它是一种节能、清洁的采暖空调一体化设备，按照取热来源一般可分为水源、地源和空气源热泵三种。热泵的作用是从周围环境中吸取热量，并把它传递给被加热的对象（温度较高的物体），热泵在工作时，消耗一部分能量，把环境介质中储存的能量加以挖掘。本项目通过对热泵理论基础知识、热泵的分类、低温热源的介绍，让人们更加了解热泵功能。

我国的热泵产业起步较晚，但发展迅速。热泵技术的独特优势，使其应用前景广阔。党的二十大报告指出，要加快发展方式绿色转型，实施全面节约战略。掌握热泵基础知识，因地制宜地推进和实施热泵技术在清洁供热、绿色建筑等领域的应用，可助力节能减排，落实二十大的生态文明建设目标。

【项目目标】

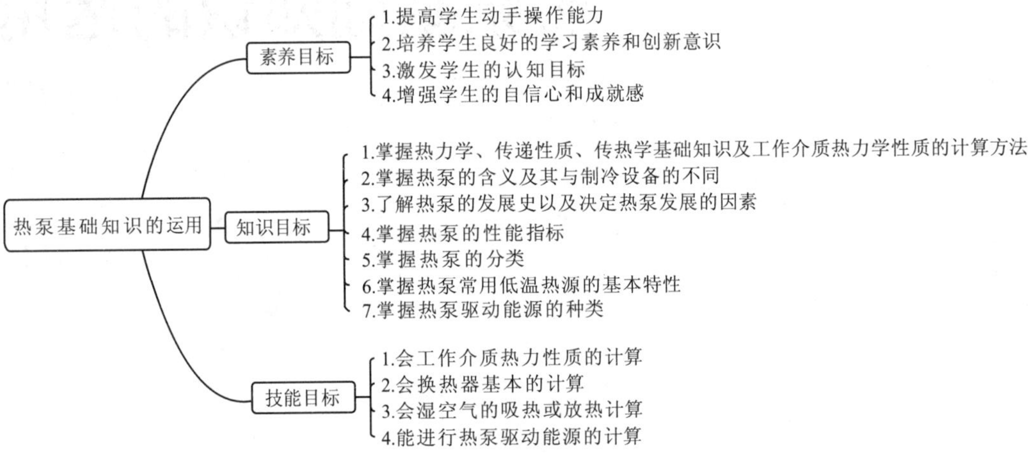

任务一　热泵理论基础知识的认识

【任务准备】

本任务主要学习热泵理论基础知识，了解热泵的基本术语及工作介质的状态。

1. 术语约定

图 6-1-1 是某热泵工作的示意图。简而言之，热泵就是以消耗少量

热泵的认识

高品位能源 W（如电能）为代价，把大量低温热能 Q_L 转变为高温热能 Q_H 的装置。

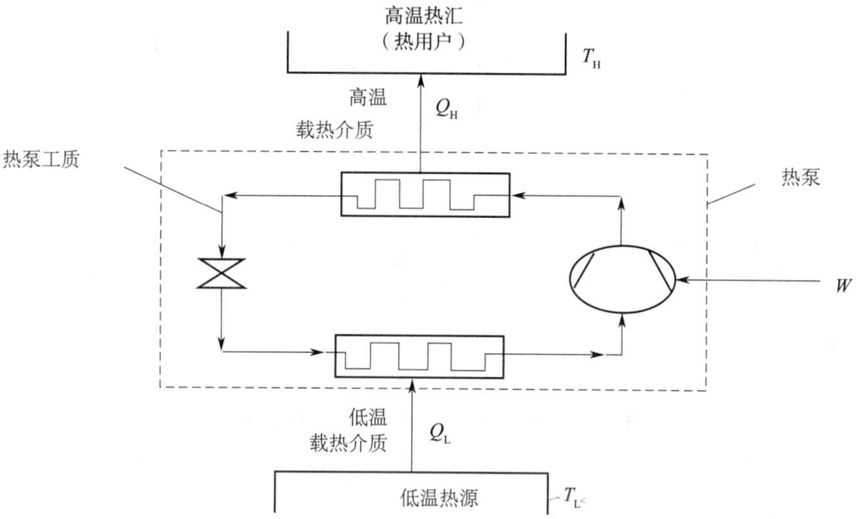

图 6-1-1　某热泵工作的示意图

为了便于叙述，对几个基本术语约定如下。

（1）低温热源：向热泵提供低温热能的热源，如环境空气、地下水、土壤、海水、工业废热等。

（2）高温热汇：需要高温热能的热用户。

（3）热泵工质：在热泵中循环流动的工作介质，在不引起误解时，可简称为工质或循环工质。

（4）低温载热介质：将低温热源的低温热能输送给热泵的介质。

（5）高温载热介质：将热泵制取的高温热能输送给热用户的介质。

（6）热泵工作介质：热泵工质、低温载热介质、高温载热介质统称为热泵的工作介质，在不引起误解时，可简称为工作介质。

（7）低温热源温度：图 6-1-1 中 T_L。

（8）高温热汇温度：图 6-1-1 中 T_H。

（9）低温热源输热量：图 6-1-1 中 Q_L。

（10）热泵制热量：图 6-1-1 中 Q_H。

（11）热泵耗功量：图 6-1-1 中 W。

2. 热泵工作介质的状态

热泵工作介质通常有五种状态：过冷液、饱和液、湿蒸气、饱和气、过热气。以水为例，在 1 个大气压下，其各种状态示意如图 6-1-2 所示。

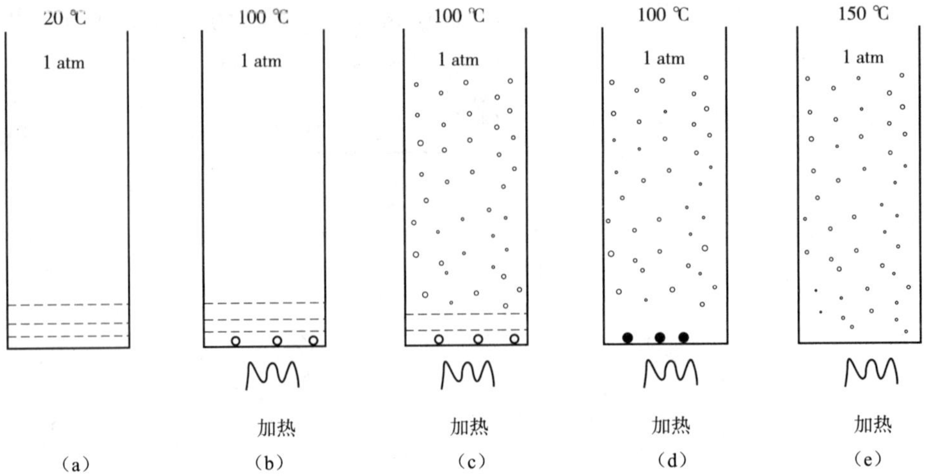

图 6-1-2　水在 1 个大气压下的各种状态示意

(a) 过冷液　(b) 饱合液　(c) 湿蒸气　(d)　饱和气　(e) 过热气

1）过冷液

当工作介质液体的温度低于饱和温度时，称为过冷液。工作介质在某个压力下的沸点，称为该压力下的饱和温度。对于水，在 1 个大气压（1 atm）下，其沸点为 100 ℃。

2）饱和液

当工作介质液体的温度等于饱和温度，且刚开始产生气泡时，称为饱和液。

3）湿蒸气

当工作介质液体的温度等于饱和温度，且已产生较多蒸气，处于气液共存状态时，称为湿蒸气。

4）饱和气

当工作介质蒸气的温度等于饱和温度，且饱和液将要被汽化完毕时，称为饱和气，也称为饱和蒸气、干饱和蒸气、干饱和气等。

5）过热气

当工作介质蒸气中已无饱和液，且蒸气温度高于饱和温度时，称为过热气，也称为过热蒸气。

工作介质的压力不同，其饱和温度也不同，但状态变化的过程是相似的。

【任务实施】

根据项目任务书和项目任务完成报告进行任务实施，见表 6-1-1 和表 6-1-2。

表 6-1-1　项目任务书

<table>
<tr><td>任务名称</td><td colspan="3">热泵理论基础知识的认识</td></tr>
<tr><td>小组成员</td><td colspan="3"></td></tr>
<tr><td>指导教师</td><td></td><td>计划用时</td><td></td></tr>
<tr><td>实施时间</td><td></td><td>实施地点</td><td></td></tr>
<tr><td colspan="4">任务内容与目标</td></tr>
<tr><td colspan="4">1. 掌握热泵的基本术语；
2. 掌握热力学介质的工作状态；
3. 掌握工作介质的热力性质计算方法；
4. 了解传递性质；
5. 掌握热量的传递。</td></tr>
<tr><td>考核项目</td><td colspan="3">1. 热泵工作介质的状态
2. 工作介质的热力性质计算方法
3. 传递的方式及内涵</td></tr>
<tr><td>备注</td><td colspan="3"></td></tr>
</table>

表 6-1-2　项目任务完成报告

<table>
<tr><td>任务名称</td><td colspan="3">热泵理论基础知识的认识</td></tr>
<tr><td>小组成员</td><td></td><td></td><td></td></tr>
<tr><td>具体分工</td><td></td><td></td><td></td></tr>
<tr><td>计划用时</td><td></td><td>实际用时</td><td></td></tr>
<tr><td>备注</td><td colspan="3"></td></tr>
<tr><td colspan="4">1. 热泵工作介质通常有哪些状态？

2. 估算热泵工质 R134a 的标准沸点。

3. 传递性质的方式有哪几种？并详细说明。</td></tr>
</table>

【任务评价】

根据项目任务综合评价表进行任务评价，见表 6-1-3。

表 6-1-3 项目任务综合评价表

任务名称：　　　　　　　　　　　　　　　测评时间：　　年　　月　　日

<table>
<tr><td colspan="2" rowspan="4">考核明细</td><td rowspan="4">标准分</td><td colspan="9">实训得分</td></tr>
<tr><td colspan="9">小组成员</td></tr>
<tr><td colspan="3"></td><td colspan="3"></td><td colspan="3"></td></tr>
<tr><td>小组自评</td><td>小组互评</td><td>教师评价</td><td>小组自评</td><td>小组互评</td><td>教师评价</td><td>小组自评</td><td>小组互评</td><td>教师评价</td></tr>
<tr><td rowspan="6">团队（60分）</td><td>小组成员是否能在总体上把握学习目标与进度</td><td>10</td><td></td><td></td><td></td><td></td><td></td><td></td><td></td><td></td><td></td></tr>
<tr><td>小组成员是否分工明确</td><td>10</td><td></td><td></td><td></td><td></td><td></td><td></td><td></td><td></td><td></td></tr>
<tr><td>小组成员是否有合作意识</td><td>10</td><td></td><td></td><td></td><td></td><td></td><td></td><td></td><td></td><td></td></tr>
<tr><td>小组成员是否有创新想（做）法</td><td>10</td><td></td><td></td><td></td><td></td><td></td><td></td><td></td><td></td><td></td></tr>
<tr><td>小组成员是否如实填写任务完成报告</td><td>10</td><td></td><td></td><td></td><td></td><td></td><td></td><td></td><td></td><td></td></tr>
<tr><td>小组成员是否存在问题和具有解决问题的方案</td><td>10</td><td></td><td></td><td></td><td></td><td></td><td></td><td></td><td></td><td></td></tr>
<tr><td rowspan="4">个人（40分）</td><td>个人是否服从团队安排</td><td>10</td><td></td><td></td><td></td><td></td><td></td><td></td><td></td><td></td><td></td></tr>
<tr><td>个人是否完成团队分配的任务</td><td>10</td><td></td><td></td><td></td><td></td><td></td><td></td><td></td><td></td><td></td></tr>
<tr><td>个人是否能与团队成员及时沟通和交流</td><td>10</td><td></td><td></td><td></td><td></td><td></td><td></td><td></td><td></td><td></td></tr>
<tr><td>个人是否能够认真描述困难、错误和修改的地方</td><td>10</td><td></td><td></td><td></td><td></td><td></td><td></td><td></td><td></td><td></td></tr>
<tr><td colspan="2">合计</td><td>100</td><td></td><td></td><td></td><td></td><td></td><td></td><td></td><td></td><td></td></tr>
</table>

【知识巩固】

（1）列举热泵的通用术语。

（2）热泵工作介质通常有哪些状态？并详细说明。

任务二 热泵含义及特点的认识

【任务准备】

本任务主要学习热泵的概念以及特点，通过学习要知道热泵最突出的优点，对比热泵与制冷设备的不同之处以及其应用领域。

热泵是一种制热装置，该装置以消耗少量电能或燃料能为代价，能将大量无用的低温热能转变为有用的高温热能，如同泵送“热能”的“泵”一样。

如图 6-2-1 所示，水泵是消耗少量电能或燃料能 W，将大量水从低位处泵送到所需的高位处；热泵是消耗少量电能或燃料能 W，将环境中蕴含的大量免费热能或生产过程中的无用低温废热 Q_2 转变为满足用户要求的高温热能 Q_1。根据热力学第一定律，Q_1、Q_2 和 W 之间满足如下关系式：

$$Q_1 = Q_2 + W \tag{6-2-1}$$

式中 Q_1——热泵提供给用户的有用热能，kW；

Q_2——热泵从低温热源中吸取的免费热能（环境热能或工业废热），kW；

W——热泵工作时消耗的电能或燃料能，kW。

由式（6-2-1）可见，$Q_1>W$，即热泵制取的有用热能总是大于所消耗的电能或燃料能，而用燃烧加热、电加热等装置制热时，所获得的热能一般小于所消耗的电能或燃料的燃烧能，这是热泵与普通加热装置的根本区别，也是热泵制热最突出的优点。

热泵在向高温需热处供热的同时，也在从低温热源吸热（制冷），因此热泵兼有制冷和制热的双重功能，但热泵与制冷设备又有明显的不同，主要体现在以下几方面。

（1）目的不同：热泵的目的是供热，制冷设备的目的是供冷，不同的目的影响机组结构和流程的设计。例如，内燃机驱动的热泵，需尽量回收尾气余热和气缸冷却热，与热泵制取的热量一起供给用户；而内燃机驱动的制冷设备，则只需考虑制冷效果。

（2）工作温度区间不同：热泵工作温度的下限一般是环境温度，上限则根据用户需求而定，可高于 100 ℃；制冷设备工作温度的上限一般是环境温度，下限则根据用户需求而定（如食品冷冻温度为 –30 ℃），如图 6-2-2 所示。

（3）对部件和工质的要求不同：由于热泵与制冷设备的工作温度不同，其工作压力、各部件材料与结构、对工质特性的要求也不同。

（4）应用领域不同：制冷设备用于低温储藏或加工的场合，热泵则用于需要供热的场合。

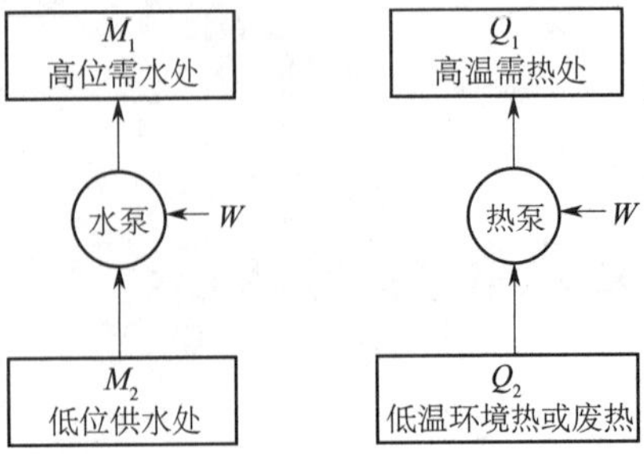

图 6-2-1　热泵和水泵的工作过程类比

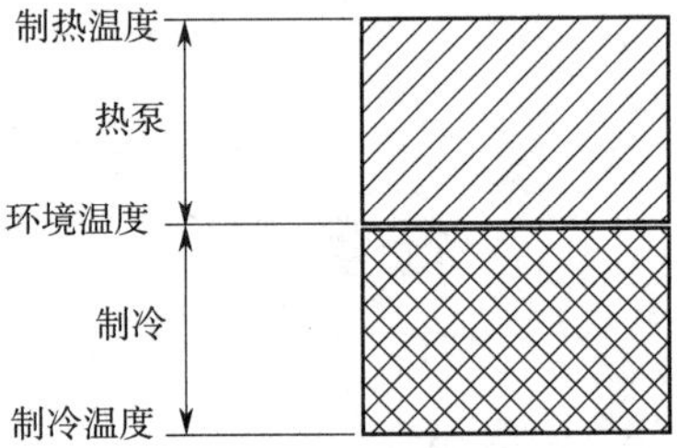

图 6-2-2　热泵与制冷设备的工作温度区间

【任务实施】

根据项目任务书和项目任务完成报告进行任务实施，见表 6-2-1 和表 6-2-2。

表 6-2-1　热泵项目任务书

任务名称	热泵含义及特点的认识		
小组成员			
指导教师		计划用时	
实施时间		实施地点	
任务内容与目标			
1. 了解热泵的含义； 2. 了解热泵的特点； 3. 了解热泵与制冷设备的对比。			
考核项目	1. 制热装置的工作过程 2. 水泵与热泵的工作过程类比 3. 热泵的功能以及与制冷设备的不同		
备注			

表 6-2-2　项目任务完成报告

任务名称	热泵含义及特点的认识		
小组成员			
具体分工			
计划用时		实际用时	
备注			
1. 简述热泵的含义。			

续表

2. 根据图 6-2-1 热泵和水泵的工作过程类比说出热泵的特点。
3. 热泵与制冷设备不同之处主要体现在哪些方面？

【任务评价】

根据项目任务综合评价表进行任务评价，见表 6-2-3。

表 6-2-3　项目任务综合评价表

任务名称：　　　　　　　　　　　　测评时间：　　年　　月　　日

考核明细		标准分	实训得分								
			小组成员								
			小组自评	小组互评	教师评价	小组自评	小组互评	教师评价	小组自评	小组互评	教师评价
团队（60分）	小组成员是否能在总体上把握学习目标与进度	10									
	小组成员是否分工明确	10									
	小组成员是否有合作意识	10									
	小组成员是否有创新想（做）法	10									
	小组成员是否如实填写任务完成报告	10									
	小组成员是否存在问题和具有解决问题的方案	10									
个人（40分）	个人是否服从团队安排	10									
	个人是否完成团队分配的任务	10									
	个人是否能与团队成员及时沟通和交流	10									
	个人是否能够认真描述困难、错误和修改的地方	10									
合计		100									

【知识巩固】

1. 填空题

（1）热泵从低温热源中吸取的免费热能有______、______。

（2）热泵工作时消耗______和______。

（3）热泵既能制______又能制______。

（4）制冷设备用于______或______。

2. 简答题

（1）热泵是什么？其与制冷机组的区别有哪些？

（2）热泵的工作过程与水泵的工作过程是相同的，这句话是否正确，为什么？

任务三 热泵发展历程的认识

【任务准备】

本任务主要学习热泵的发展历程，通过了解热泵的发展史以及发展阶段，知道影响热泵发展的必要因素。

热泵的理论基础可追溯到1824年卡诺（Carnot）发表的关于卡诺循环的论文，1850年开尔文（Lord Kelvin）指出制冷装置也可用以制热，1852年威廉·汤姆逊（William Thomson）发表了一篇论文，提出热泵的构想，并称之为热能放大器或热能倍增器。至19世纪70年代，制冷技术和设备得到迅速发展，但加热由于有各种简单的方法可以实现，热泵的开发一直到20世纪初才展开。

到20世纪20—30年代，热泵逐步发展起来。1930年霍尔丹（Haldane）在他的著作中介绍了1927年在苏格兰安装和试验的家用热泵，用热泵吸收环境空气的热量来为室内采暖和提供热水，可以认为这一装置是现代蒸气压缩式热泵的真正原型。

最早的大容量热泵的应用是1930—1931年在美国南加利福尼亚爱迪生公司的洛杉矶办事处，热泵自此开始得到较迅速的发展，至20世纪40年代后期已出现许多有代表性的热泵设计，以英国和瑞士为例，典型应用见表6-3-1。

表 6-3-1 早期的热泵典型应用

施工年份	地点	低温热源	制热量 /kW	备注
1941	瑞士苏黎世	河水、废水	1 500	游泳池加热
1941	瑞士 Skeckborn	湖水	1 950	人造丝厂工艺用热
1941	瑞士 Landquart	空气	122	纸厂工艺用热

续表

施工年份	地点	低温热源	制热量 /kW	备注
1943	瑞士苏黎世	河水	1 750	供热
1945	英国诺里季电力公司	河水	120~240	供暖
1949	英国皇家节日大厅	水	2 700	
1952	英国电气研究协会	污水	25	

随着世界范围内对节约能源、保护环境越来越重视，热泵以其吸收环境热能或回收低温废热来高效制取高温热能的突出优势，正在得到充分展现。

热泵发展的速度主要取决于以下几个因素。

1）能源因素

包括能源的价格（电能、煤、油、燃气等的比价）和能源的丰富性，当不同能源间比价合理或能源紧张时，热泵就具有较好的发展大环境。

2）环境因素

当出于环境保护的考虑，对其他制热方式（如燃煤制取热能）有严格的限制时，热泵就具有更大的应用空间。

3）技术因素

包括通过热泵循环、部件、工质的改进提高热泵的效率，利用材料技术简化热泵结构、降低热泵造价，利用测控技术提高热泵的可靠性和操作维护的简易性等，可使热泵比其他简单加热方式具有更强的综合竞争优势。

4）低温热源

热泵与其他简单加热方法的不同点之一是必须有低温热源，且低温热源的温度越高，对提高热泵的性能和应用优势越有利，有时能否有合适的低温热源甚至是决定热泵应用的关键因素。

5）应用领域开发

目前热泵已应用于供暖、制取热水、干燥（木材、食品、纸张、棉、毛、谷物、茶叶等）、浓缩（牛奶等）、娱乐健身（人工冰场、游泳池的同时供冷与供热等）、种植、养殖、人工温室等领域。

【任务实施】

根据项目任务书和项目任务完成报告进行任务实施，见表 6-3-2 和表 6-3-3。

表 6-3-2 项目任务书

任务名称	热泵含义及特点的认识		
小组成员			
指导教师		计划用时	
实施时间		实施地点	
任务内容与目标			
1. 了解热泵的发展历程; 2. 熟悉早期的热泵应用领域有哪些; 3. 了解热泵发展的决定因素。			
考核项目	1. 热泵发展历程有几个阶段 2. 决定热泵发展的因素		
备注			

表 6-2-2 项目任务完成报告

任务名称	热泵含义及特点的认识		
小组成员			
具体分工			
计划用时		实际用时	
备注			
1. 热泵的发展历程有几个阶段，并详细说明。 2. 早期的热泵应用在哪些地方? 3. 在热泵发展过程中决定热泵发展的因素有哪些?			

【任务评价】

根据项目任务综合评价表进行任务评价，见表 6-3-4。

表 6-3-4　项目任务综合评价表

任务名称：　　　　　　　　　　　　　　　　　测评时间：　　年　　月　　日

考核明细		标准分	实训得分								
			小组成员								
			小组自评	小组互评	教师评价	小组自评	小组互评	教师评价	小组自评	小组互评	教师评价
团队（60分）	小组成员是否能在总体上把握学习目标与进度	10									
	小组成员是否分工明确	10									
	小组成员是否有合作意识	10									
	小组成员是否有创新想（做）法	10									
	小组成员是否如实填写任务完成报告	10									
	小组成员是否存在问题和具有解决问题的方案	10									
个人（40分）	个人是否服从团队安排	10									
	个人是否完成团队分配的任务	10									
	个人是否能与团队成员及时沟通和交流	10									
	个人是否能够认真描述困难、错误和修改的地方	10									
合计		100									

【知识巩固】

（1）_____威廉·汤姆逊发表一篇论文提出______构想，并称之为_____或_____。

（2）最大的大容量热泵应用时间是______。

（3）热泵以其吸收______或______来高效制取高温热能的突出优势，正在得到充分发展。

（4）热泵的发展速度主要取决于______、______、______、______、______。

任务四　热泵性能指标的解析

【任务准备】

本任务主要通过学习热泵的制热系数相关的知识来比较其他制热装置的制热效率，从而体现出热泵的制热优势。

1. 热泵的制热系数

热泵最主要的性能指标是制热系数，用 COP_H 表示，其一般定义为

$$COP_H=\frac{\text{用户获得的热能}}{\text{热泵消耗的电能或燃料能}} \tag{6-4-1}$$

由式（6-4-1）可知，制热系数 COP_H 为无因次量，表示用户消耗单位电能或燃料能所获得的有用热能。

2. 热泵与其他制热装置制热效率的比较

与锅炉、电加热器等制热装置相比，热泵的突出特点是消耗少量电能或燃料能，即可获得大量的所需热能，这一特点可通过装置的能流图和制热系数得到明确的体现。

1）热泵的能流图和制热系数

热泵的简化能流图如图 6-4-1 所示，其中热泵的制热系数为 4，即输入 1 份电能或燃料能，可从环境或废热中吸取 3 份热能，总计供给用户 4 份热能，可得热泵的制热系数 COP_H 为

$$COP_H=\frac{Q_1}{W}=\frac{Q_2+W}{W}=1+\frac{Q_2}{W}>1 \tag{6-4-2}$$

即热泵的制热系数永远大于 1，用户获得的热能总是大于所消耗的电能或燃料能。

2）锅炉的能流图和制热系数

以锅炉作为普通制热装置的代表，其简化能流图如图 6-4-2 所示，按制热系数的含义，锅炉的制热系数即通常所说的热效率，图中取为 80%。

锅炉等普通制热装置的制热系数永远小于 1，即用户获得的热能总是小于所消耗的电能或燃料能。

燃气锅炉房及烟气余热回收系统

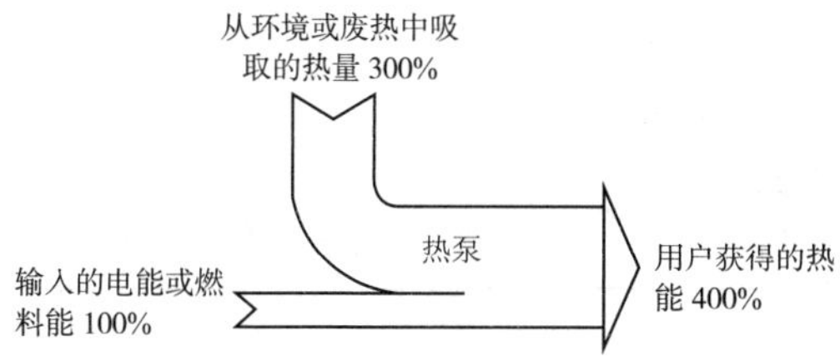

图 6-4-1　热泵的简化能流图

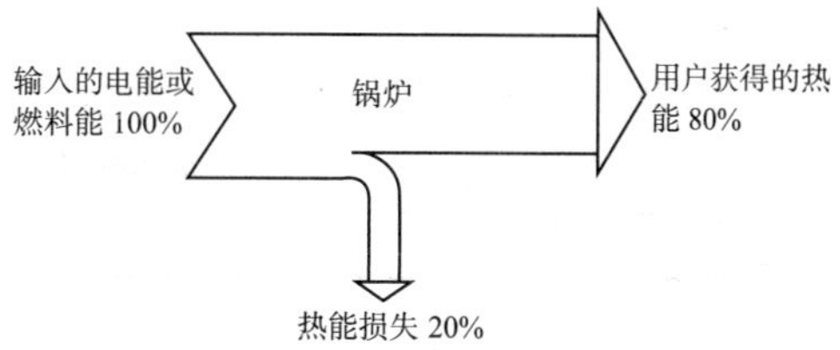

图 6-4-2　锅炉的简化能流图

【任务实施】

根据项目任务书和项目任务完成报告进行任务实施，见表 6-4-1 和表 6-4-2。

表 6-4-1　项目任务书

任务名称	热泵性能指标的解析		
小组成员			
指导教师		计划用时	
实施时间		实施地点	
任务内容与目标			
1. 了解热泵制热系数的定义； 2. 知道其他制热装置制热效率的特点。			
考核项目	1. 热泵的主要性能指标以及表示符号 2. 热泵的优势		
备注			

表 6-4-2　项目任务完成报告

任务名称	热泵性能指标的解析		
小组成员			
具体分工			
计划用时		实际用时	
备注			
1. 热泵的主要性能指标是什么？用什么符号表示？ 2. 热泵与其他制热装置相比较各有什么优势。			

【任务评价】

根据项目任务综合评价表进行任务评价，见表 6-4-3。

表 6-4-3　项目任务综合评价表

任务名称：　　　　　　　　　　　　　　　　测评时间：　　年　　月　　日

考核明细		标准分	实训得分								
			小组成员								
			小组自评	小组互评	教师评价	小组自评	小组互评	教师评价	小组自评	小组互评	教师评价
团队（60分）	小组成员是否能在总体上把握学习目标与进度	10									
	小组成员是否分工明确	10									
	小组成员是否有合作意识	10									
	小组成员是否有创新想（做）法	10									
	小组成员是否如实填写任务完成报告	10									
	小组成员是否存在问题和具有解决问题的方案	10									
个人（40分）	个人是否服从团队安排	10									
	个人是否完成团队分配的任务	10									
	个人是否能与团队成员及时沟通和交流	10									
	个人是否能够认真描述困难、错误和修改的地方	10									
合计		100									

【知识巩固】

（1）热泵的性能指标是______。

（2）热泵的制热系数定义式是______。

（3）热泵的制热系数永远大于 1，用户获得的热能总是大于所消耗的______和_____。

任务五　热泵分类的认识

【任务准备】

本任务学习热泵的分类，按照不同的分类了解热泵所产生的效果以及热泵的工作过程。

1. 按工作原理分类

按热泵的工作原理可分为蒸气压缩式热泵（也称为机械压缩式热泵）、吸收式热泵、化学热泵、蒸气喷射式热泵、热电热泵等。

1）蒸气压缩式热泵

蒸气压缩式热泵的结构如图 6-5-1 所示。

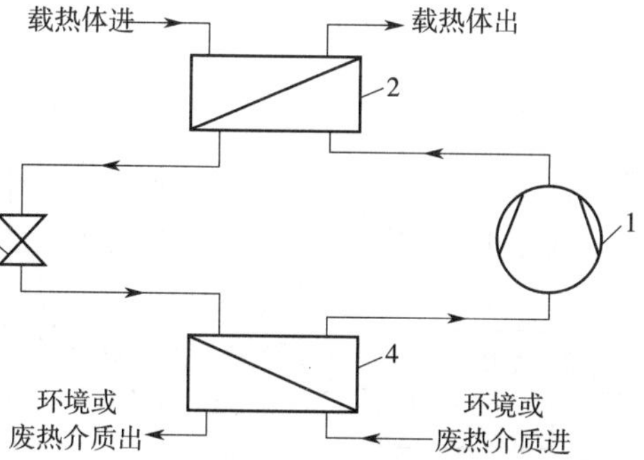

图 6-5-1　蒸气压缩式热泵的结构

1—压缩机；2—冷凝器；3—节流膨胀部件；4—蒸发器

蒸气压缩式热泵由压缩机 1（包括驱动装置，如电动机、内燃机等）、冷凝器 2、节流膨胀部件 3 和蒸发器 4 等基本部件组成封闭回路，在其中充注循环工质，由压缩机推动工质在各部件中循环流动。热泵工质在蒸发器中发生蒸发相变，吸收低温热源的热能；在压缩机中由低温低压变为高温高压，并吸收压缩机的驱动能；最后在冷凝器中发生冷凝相变放热，把蒸发、压缩过程中获得的能量供给用户。

2）吸收式热泵

吸收式热泵的结构如图 6-5-2 所示。吸收式热泵由发生器 1、吸收器 3、溶液泵 2、溶液阀 4 共同作用，起到蒸气压缩式热泵中压缩机的作用，并和冷凝器 5、节流膨胀阀 6、蒸发器 7 等部件组成封闭系统，在其中充注液态工质对（循环工质和吸收剂）溶液，吸收剂与循环工质的沸点差很大，且吸收剂对循环工质有极强的吸收作用。由燃料燃烧或其他高温介质加热发生器中的工质对溶液，产生温度和压力均较高的循环工质蒸气，进入冷凝器并在冷凝器中放热变为液态，再经节流膨胀阀降压降温后进入蒸发器，在蒸发器中吸取环境热或废热并变为低温低压蒸气，最后被吸收器吸收（同时放出吸收热）。与此同时，吸收器、发生器中的浓溶液和稀溶液间也不断通过溶液泵和溶液阀进行质量和热量交换，维持溶液成分及温度的稳定，使系统连续运行。

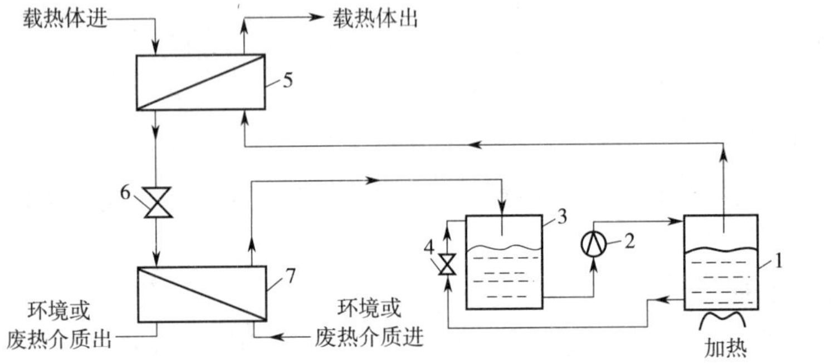

图 6-5-2　吸收式热泵的结构

1—发生器；2—溶液泵；3—吸收器；4—溶液阀；5—冷凝器；6—节流膨胀阀；7—蒸发器

3）化学热泵

化学热泵是指基于吸附 / 解吸及其他热化学反应原理的热泵。图 6-5-3 所示为典型化学热泵的工作过程。

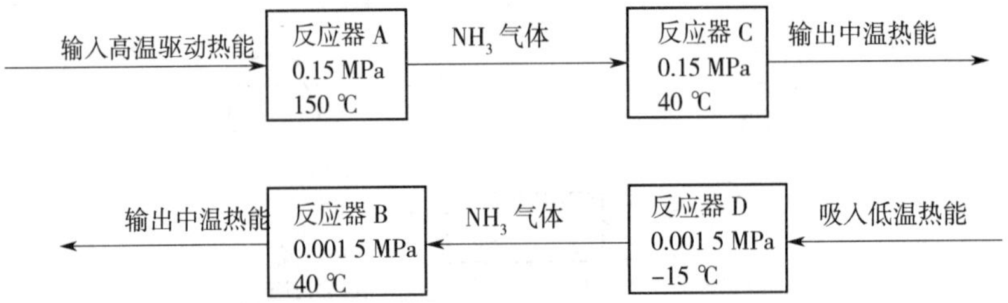

图 6-5-3　典型化学热泵的工作过程

图 6-5-3 中四个反应器中进行的反应分别如下。

反应 A：

$$FeCl_2 \cdot 6NH_3(固) \longrightarrow FeCl_2 \cdot 2NH_3(固) + 4NH_3(气) - Q_H$$

反应 C：

$$FeCl_2 \cdot 4NH_3(固) + 4NH_3(气) \longrightarrow FeCl_2 \cdot 8NH_3(固) + Q_M$$

反应 B：

$$FeCl_2 \cdot 2NH_3(固) + 4NH_3(气) \longrightarrow FeCl_2 \cdot 6NH_3(固) + Q_M$$

反应 D：

$$FeCl_2 \cdot 8NH_3(固) \longrightarrow FeCl_2 \cdot 4NH_3(固) + 4NH_3(气) - Q_L$$

该热泵的基本工作过程：反应器 A 中，驱动热源提供热能使 $FeCl_2 \cdot 6NH_3$ 吸热分解，分解出的 NH_3 进入反应器 C，与 $FeCl_2 \cdot 4NH_3$ 反应生成 $FeCl_2 \cdot 8NH_3$，并放出中温热能给用户，上述反应是在较高压力（0.15 MPa）下进行的；上述反应完成后，改变系统压力，使压力降到 0.001 5 MPa，此时低温反应器 D 可从环境中吸取低温热能，并使 $FeCl_2 \cdot 8NH_3$ 分解，放出的 NH_3 进入反应器 B，与其中的 $FeCl_2 \cdot 2NH_3$ 反应，放出中温热能给用户。如此反复进行，可使用户不断得到满足要求的中温热能。

4）蒸气喷射式热泵

蒸气喷射式热泵的结构如图 6-5-4 所示。

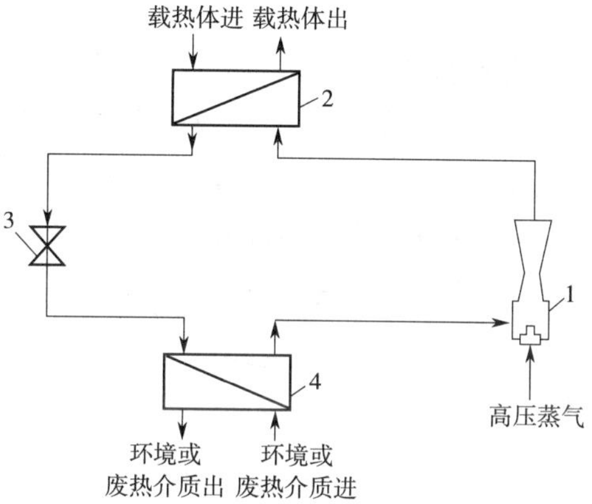

图 6-5-4　蒸汽喷射式热泵结构示意

1—蒸气喷射器；2—冷凝器；3—节流膨胀部件；4—蒸发器

蒸气喷射式热泵从喷嘴高速喷出的工作蒸气形成低压区，使蒸发器中的水在低温下蒸发并吸收低温热源的热能，然后被工作蒸气压缩，在冷凝器中冷凝并放热给用户。该类热泵主要应用于食品、化工等领域的浓缩工艺过程，并通常在结构上和浓缩装置设计成一体。

5）热电热泵

热电热泵的工作原理如图 6-5-5 所示。当两种不同金属或半导体材料组成电路且通以直流电时，则两种材料的一个接点吸热（制冷），另一个接点放热，利用这种效应的热泵即为热电热泵也称为珀尔帖热泵。

由于半导体材料的珀尔帖效应较显著，实际的热电热泵多由半导体材料制成，其结构如图 6-5-6 所示。

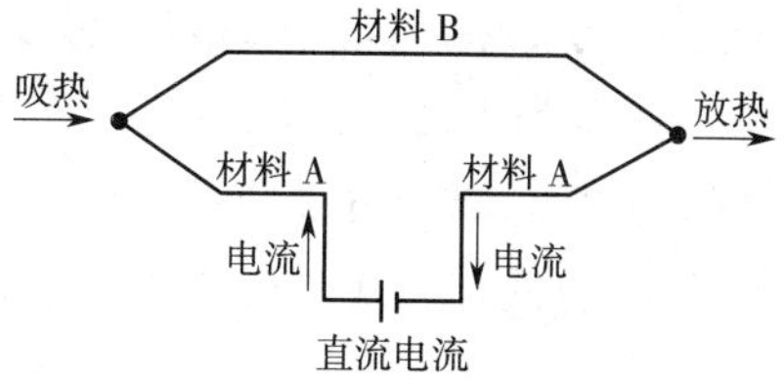

图 6-5-5　热电热泵的工作原理

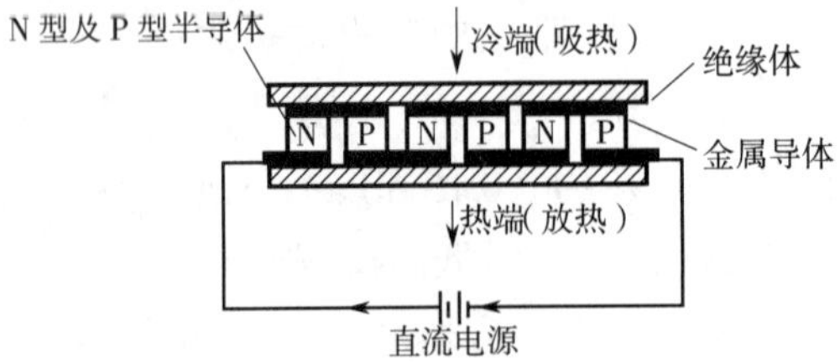

图 6-5-6　热电热泵的结构

热电热泵的优点是无运动部件，吸热与放热端可随电流方向灵活转换，结构紧凑；缺点是制热系数低，因此仅限于在特殊场合（科研仪器、宇航设备等）或微小型装置中使用。

2. 按驱动热泵所用的能源种类分类

按所用驱动能源，热泵可分为电动热泵、燃气热泵、燃油热泵、蒸汽或热水热泵等。

（1）电动热泵：以电能作为驱动热泵运行的能源。

（2）燃气热泵：以天然气、煤气、液化石油气、沼气等气体燃料作为驱动热泵运行的能源。

（3）燃油热泵：以汽油、柴油、重油或其他液体燃料作为驱动热泵运行的能源。

（4）蒸汽或热水热泵：以蒸气或热水（可由燃煤锅炉及太阳能、地热能、生物质能等可再生能源或新能源产生）作为驱动热泵运行的能源。

3. 按热泵制取热能的温度分类

按制热温度，热泵可分为常温、中温、高温热泵，其大致温度范围如下。

（1）常温热泵：所制取的热能温度低于 40 ℃。

（2）中温热泵：所制取的热能温度在 40~100 ℃。

（3）高温热泵：所制取的热能温度高于 100 ℃。

4. 按载热介质分类

载热介质通常有水、空气等，根据高温载热介质和低温载热介质的不同组合，热泵可分为以下几种。

（1）空气 - 空气热泵：低温载热介质和高温载热介质均为空气。

（2）空气 - 水热泵：低温载热介质为空气，高温载热介质为水。

（3）水 - 水热泵：低温载热介质和高温载热介质均为水。

（4）水 - 空气热泵：低温载热介质为水，高温载热介质为空气。

（5）土壤 - 水热泵：低温热源为土壤，高温载热介质为水。

（6）土壤 - 空气热泵：低温热源为土壤，高温载热介质为空气。

5. 按热泵与低温热源、高温热汇的耦合方式分类

按热泵与低温热源、高温热汇的耦合方式可分为直接耦合式热泵和间接式热泵。

（1）直接耦合式热泵：热泵与低温热源、高温热汇直接相连，其工作原理如图 6-5-7（a）所示。

（2）间接式热泵：热泵与低温热源或高温热汇通过载热介质相连，其工作原理如图 6-5-7（b）所示。

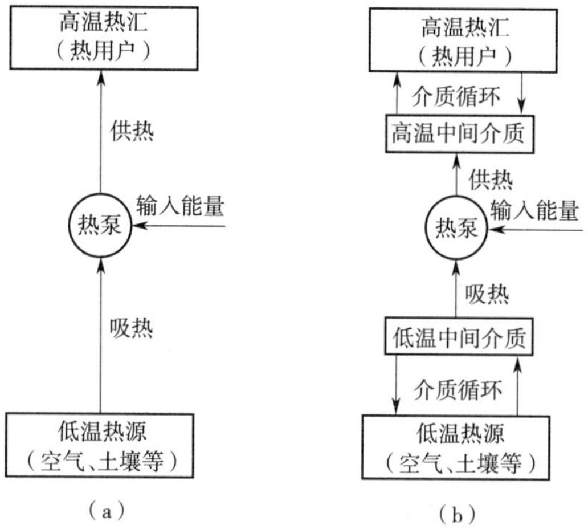

图 6-5-7　热泵与低温热源及高温热汇的耦合方式

（a）直接耦合式热泵　（b）间接式热泵

【任务实施】

根据项目任务书和项目任务完成报告进行项目实施，见表 6-5-1 和表 6-5-2。

表 6-5-1　项目任务书

<table>
<tr><td>任务名称</td><td colspan="3">热泵分类的认识</td></tr>
<tr><td>小组成员</td><td colspan="3"></td></tr>
<tr><td>指导教师</td><td></td><td>计划用时</td><td></td></tr>
<tr><td>实施时间</td><td></td><td>实施地点</td><td></td></tr>
<tr><td colspan="4">任务内容与目标</td></tr>
<tr><td colspan="4">1. 了解热泵按工作原理的分类；
2. 熟悉热泵按驱动热泵所用的能源种类的分类；
3. 了解热泵按热泵制取热能的温度的分类；
4. 了解热泵按载热介质的分类；
5. 掌握热泵按热泵与低温热源、高温热汇的耦合方式的分类。</td></tr>
<tr><td>考核项目</td><td colspan="3">1. 热泵按工作原理的分类
2. 热泵按驱动热泵所用的能源种类的分类
3. 热泵按热泵制取热能的温度的分类
4. 热泵按载热介质的分类
5. 热泵按热泵与低温热源、高温热汇的耦合方式的分类</td></tr>
<tr><td>备注</td><td colspan="3"></td></tr>
</table>

表 6-5-2　项目任务完成报告

<table>
<tr><td>任务名称</td><td colspan="3">热泵分类的认识</td></tr>
<tr><td>小组成员</td><td></td><td></td><td></td></tr>
<tr><td>具体分工</td><td></td><td></td><td></td></tr>
<tr><td>计划用时</td><td></td><td>实际用时</td><td></td></tr>
<tr><td>备注</td><td colspan="3"></td></tr>
<tr><td colspan="4">1. 热泵按工作原理的分类有哪些？

2. 热泵按驱动热泵所用的能源种类的分类有哪些？

3. 热泵按热泵制取热能的温度的分类有哪些？

4. 热泵按载热介质的分类有哪些？

5. 热泵按照热泵与低温热源、高温热汇的耦合方式分为哪几类？</td></tr>
</table>

【任务评价】

根据项目任务综合评价表进行任务评价，见表 6-5-3。

表 6-5-3　项目任务综合评价表

任务名称：　　　　　　　　　　　　　　　　　　　测评时间：　　年　　月　　日

考核明细		标准分	实训得分								
			小组成员								
			小组自评	小组互评	教师评价	小组自评	小组互评	教师评价	小组自评	小组互评	教师评价
团队（60分）	小组成员是否能在总体上把握学习目标与进度	10									
	小组成员是否分工明确	10									
	小组成员是否有合作意识	10									
	小组成员是否有创新想（做）法	10									
	小组成员是否如实填写任务完成报告	10									
	小组成员是否存在问题和具有解决问题的方案	10									
个人（40分）	个人是否服从团队安排	10									
	个人是否完成团队分配的任务	10									
	个人是否能与团队成员及时沟通和交流	10									
	个人是否能够认真描述困难、错误和修改的地方	10									
合计		100									

【知识巩固】

1. 填空题

（1）按工作原理，热泵可分为______、______、______、______、______。

（2）蒸气压缩式热泵又为称为______。

（3）按所用驱动能源，热泵可分为________、________、________、________、________。

2. 简答题

（1）压缩式热泵由哪些基本设备组成？

（2）热泵常用的热源种类有哪些？

任务六　热泵低温热源的认识

【任务准备】

本任务主要学习低温热源，通过学习了解有哪些低温热源，各种低温热源的特性，计算在不同环境下的吸热或放热。

中深层无干扰地热井取热施工技术和取热原理

利用热泵高效制热，离不开容量大且温度适当的低温热源。热泵常用的低温热源有环境空气、地下水、地表水（河水、湖泊水、城市公共用水等）、海水、土壤、工业废热、太阳能或地热能等。常用低温热源的基本特性见表 6-6-1。

表 6-6-1　常用低温热源的基本特性

低温热源种类	环境空气	地下水	地表水	海水	土壤	工业废热	太阳能	地热能
热源温度 /℃	−15~35	6~15	0~30	0~30	0~12	10~60	10~80	30~90
受气候的影响	大	小	较大	较小	较小	较小	较大	小
是否随处可得	是	否	否	否	是	否	是	否
是否随时可得	是	是	否	是	是	否	否	是

1. 环境空气

环境空气是水蒸气和干空气的混合物，也称为湿空气或简称为空气，在分析和计算时可作为理想气体处理。

1）饱和湿空气

当湿空气中的含水量已达最大值时的湿空气称为饱和湿空气。饱和湿空气中水蒸气的分压力等于其温度下纯水的饱和蒸气压。

2）相对湿度

相对湿度是指湿空气接近饱和湿空气的程度，一般用 ϕ 表示。设湿空气的温度为 t，湿空气中水蒸气的分压为 p_{w}，温度为 t 时纯水的饱和蒸气压为 p_{ws}，相对湿度的定义式为

$$\phi=\frac{p_{\mathrm{w}}}{p_{\mathrm{ws}}}\times 100\% \tag{6-6-1}$$

3）含湿量

含湿量是指湿空气中每伴随 1 kg 干空气的水蒸气质量，有时也称为湿含量，一般

用 d 表示，单位为 kg（水蒸气）/kg（干空气）。

设湿空气的总压力（通常为大气压力）为 p_a，湿空气的温度为 t，相对湿度为 ϕ，温度 t 时纯水的饱和蒸气压为 p_{ws}，则含湿量的计算分式为

$$d = 0.622 \times \frac{\phi p_{ws}}{p_a - \phi p_{ws}} \tag{6-6-2}$$

4）湿空气的吸热或放热计算

Ⅰ. 空气被加热时的吸热量计算

设湿空气在初状态 1 的温度为 t_1(K)，含湿量为 d_1 [kg（水蒸气）/kg（干空气）]；终状态 2 的温度为 t_2（K），含湿量不变；在 t_1 和 t_2 之间水蒸气的平均定压比热容为 C_{pw}[kJ/（kg·K）]，干空气的平均定压比热容为 C_{pa}[kJ/（kg·K）]；则含有 1 kg 干空气的湿空气由初状态 1 吸热变为终状态 2 时的吸热量 q_H[kJ/kg（干空气）] 的计算公式为

$$q_H = C_{pa}(t_2 - t_1) + C_{pw}(t_2 - t_1)d_1 \tag{6-6-3}$$

Ⅱ. 空气被冷却时的放热量计算

当湿空气被冷却未达到露点温度时，其放热量 q_C[kJ/kg（干空气）] 的计算公式与式（6-6-3）相似，即

$$q_C = C_{pa}(t_1 - t_2) + C_{pa}(t_1 - t_2)d_1 \tag{6-6-4}$$

当湿空气被冷却至低于露点温度时，设露点温度为 t_d（K），冷却终状态 2 时湿空气的含湿量为 d_2[kg（水蒸气）/kg（干空气）]，初、终状态湿空气中的平均含湿量为 d_m [kg（水蒸气）/kg（干空气）]，露点温度与终状态温度之间水的平均汽化潜热为 r（Kj/kg），则含有 1 kg 干空气的湿空气由初状态 1 被冷却变为终状态 2 时的放热量 q_C [kJ/kg（干空气）] 的近似计算公式为

$$q_C = C_{pa}(t_1 - t_2) + C_{pw}(t_1 - t_2)d_m + r(d_1 - d_2) \tag{6-6-5}$$

简单估算时，可取干空气的定压比热容 C_{pa} 为 1.0 kJ/（kg·K），水蒸气的定压比热容 C_{pw} 为 1.9 kJ/（kg·K），水的汽化潜热 r 为 2 000 kJ/kg。

2. 地下水

地下水的年平均温度为 10 ℃左右，一年四季比较稳定，但根据抽吸地下水的井位和井深的不同，冬季地下水温度为 8~12 ℃，夏季地下水温为 10~14 ℃，特别适宜作为热泵热源。

地下水利用需得到管理部门的许可。在利用地下水作为热泵的低温热源时，通常在建抽水井的同时，也需建回灌井，将抽出的水吸热后，在保持其成分和化学性质不变的情况下，经回灌井注入原先抽水的地层，其结构如图 6-6-1 所示。

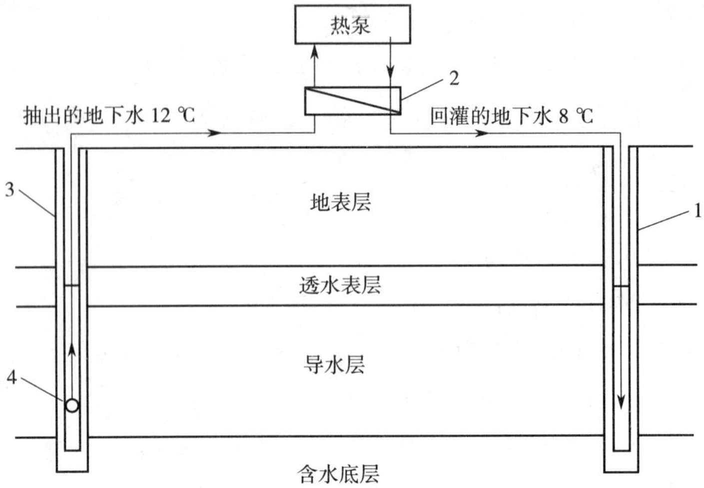

图 6-6-1　地下水热泵抽水井和回灌井的结构

1—回灌井；2—换热器；3—抽水井；4—抽水泵

3. 地表水

利用地表水作为热泵的低温热源，也需事先得到有关部门的许可。

地表水作为热泵的低温热源的优点是可省去利用地下水时建造和维护井的费用，且在近河、近湖等处容量充裕，缺点是水温变化大，尤其是冬季可能结冰，难以从中抽取热量；从水源处到热泵装置有一定的距离，需克服较大的流动阻力；地表水可能较脏，热泵与地表水之间的换热器宜采用易拆洗的换热器，如板式换热器等。

4. 海水

海水作为热泵的低温热源的优缺点与地表水相似，海水作为低温热源对近海企业或单位利用热泵制热特别适宜。

（1）海水的盐度、密度与温度：大洋中海水所含盐度一般为 3.3%~3.7%。

（2）海水的定压比热容：海水的定压比热容随温度、盐度的增大而降低，在同一温度和盐度下，压力增加，定压比热容的值减小。

5. 土壤

1）浅层土壤热能

当热泵附近的可用面积较宽裕时，可采用浅层土壤中蕴含的热能。一般在土壤的 1~2 m 深处，其温度全年变化不大，在这一深度埋设热交换器，即可吸收土壤的热能。

土壤换热器的埋设深度和通过土壤换热器可吸取的热量，随地区和气候条件的不同而变化，受土壤的比热容、导热性、含水量、渗水和水蒸气特性（扩散性）及太阳照射影响很大。

2）深层土壤热能

热泵所需的供热量较大时，应用浅层土壤热能往往需要过大的土壤面积，从成本到地面条件都不再适宜，此时可采用深层垂直埋管方式吸取土壤深处的热能，埋管深度可达 30~100 m。

6. 工业废热

在民用、工业领域均存在大量的余热或废热（如干燥装置的排风中所蕴含的显热和潜热，生产工艺中排放的温热废水，工业燃烧装置排出的烟气或固体废渣等），可作为热泵的低温热源进行升温后再利用，不仅可节能降耗，同时还可减少对环境的热污染，有利于实现企业的清洁生产。

7. 太阳能

太阳能作为热泵的低温热源的优点是随处可得，但缺点是强度随时间、季节的变化很大，能量密度小，即使在夏季的中午，能量密度也只有 1 000 W/m^2 左右，冬季则只有 50~200 W/m^2，其中能利用的能量一般低于 50%，因此太阳能通常只能作为热泵的一个辅助热源。

8. 地热能

地热能是蕴藏在地层深处的热能，其温度可达 30~100 ℃。我国有丰富的地热资源，并以 30~60 ℃的低温地热为主，可用作热泵的低温热源，制取生产、生活所需的高温热能，提高地热资源的经济效益和社会效益。

【任务实施】

根据项目任务书和项目任务完成报告进行任务实施，见表 6-6-2 和表 6-6-3。

表 6-6-2　项目任务书

任务名称	热泵低温热源的认识		
小组成员			
指导教师		计划用时	
实施时间		实施地点	
任务内容与目标			
1. 掌握热泵常用的低温热源； 2. 了解常用低温热源的基本特性； 3. 了解常用低温热源的含义及特点； 4. 掌握在不同环境情况下的空气中吸热或放热量的计算。			
考核项目	1. 热泵常用低温热源 2. 常用低温热源的含义及特点		
备注			

表 6-6-3　项目任务完成报告

任务名称	热泵低温热源的认识		
小组成员			
具体分工			
计划用时		实际用时	
备注			

1. 热泵常用低温热源有哪些？

2. 低温热源的种类有哪些？

3. 说出常用低温热源的含义及特点（详细说明）。

【任务评价】

根据项目任务综合评价表进行任务评价，见表 6-6-4。

表 6-6-4　项目任务综合评价表

任务名称：　　　　　　　　　　　　　　　测评时间：　　年　　月　　日

<table>
<tr><td colspan="2" rowspan="4">考核明细</td><td rowspan="4">标准分</td><td colspan="9">实训得分</td></tr>
<tr><td colspan="9">小组成员</td></tr>
<tr><td colspan="3"></td><td colspan="3"></td><td colspan="3"></td></tr>
<tr><td>小组自评</td><td>小组互评</td><td>教师评价</td><td>小组自评</td><td>小组互评</td><td>教师评价</td><td>小组自评</td><td>小组互评</td><td>教师评价</td></tr>
<tr><td rowspan="6">团队（60分）</td><td>小组成员是否能在总体上把握学习目标与进度</td><td>10</td><td></td><td></td><td></td><td></td><td></td><td></td><td></td><td></td><td></td></tr>
<tr><td>小组成员是否分工明确</td><td>10</td><td></td><td></td><td></td><td></td><td></td><td></td><td></td><td></td><td></td></tr>
<tr><td>小组成员是否有合作意识</td><td>10</td><td></td><td></td><td></td><td></td><td></td><td></td><td></td><td></td><td></td></tr>
<tr><td>小组成员是否有创新想（做）法</td><td>10</td><td></td><td></td><td></td><td></td><td></td><td></td><td></td><td></td><td></td></tr>
<tr><td>小组成员是否如实填写任务完成报告</td><td>10</td><td></td><td></td><td></td><td></td><td></td><td></td><td></td><td></td><td></td></tr>
<tr><td>小组成员是否存在问题和具有解决问题的方案</td><td>10</td><td></td><td></td><td></td><td></td><td></td><td></td><td></td><td></td><td></td></tr>
<tr><td rowspan="4">个人（40分）</td><td>个人是否服从团队安排</td><td>10</td><td></td><td></td><td></td><td></td><td></td><td></td><td></td><td></td><td></td></tr>
<tr><td>个人是否完成团队分配的任务</td><td>10</td><td></td><td></td><td></td><td></td><td></td><td></td><td></td><td></td><td></td></tr>
<tr><td>个人是否能与团队成员及时沟通和交流</td><td>10</td><td></td><td></td><td></td><td></td><td></td><td></td><td></td><td></td><td></td></tr>
<tr><td>个人是否能够认真描述困难、错误和修改的地方</td><td>10</td><td></td><td></td><td></td><td></td><td></td><td></td><td></td><td></td><td></td></tr>
<tr><td colspan="2">合计</td><td>100</td><td></td><td></td><td></td><td></td><td></td><td></td><td></td><td></td><td></td></tr>
</table>

【知识巩固】

1. 填空题

（1）环境空气是______和______的混合物。

（2）饱和湿空气中的水蒸气的分压力等于其温度下纯水的______。

2. 简答题

（1）简述地表水、海水作为热泵的低温热源的优点和缺点。

（2）简述土壤作为热泵的低温热源的特点。

项目七

吸收式热泵的探究

【项目描述】

吸收式热泵是一种利用低品位热源，可实现将热量从低温热源向高温热源泵送的循环系统，是回收利用低品位热能的有效装置，具有节约能源、保护环境的双重作用，能够切实有效地提升能源的使用效率，极大地减少 CO_2 以及一些其他有害气体的排放。因此，吸收式热泵有广阔的应用前景，除制冷空调领域外，还广泛应用于电力、冶金、石化等领域的余热回收。吸收式热泵的应用对我国实现碳中和起到积极的促进作用，以“双碳”工作为总牵引，全面加强资源节约和环境保护，加快推动形成绿色低碳的生产和生活方式，促进经济社会发展全面绿色转型，建设人与自然和谐共生的现代化。

本项目主要介绍吸收式热泵的工作原理及分类、特点和主要性能参数，了解溴化锂吸收式热泵的工作原理，熟悉溴化锂吸收式热泵装置的组成和性能，掌握溴化锂吸收式热泵的分类、特点和主要性能参数，同时对吸收式热泵用于中低温余热的回收利用给以适当的介绍。

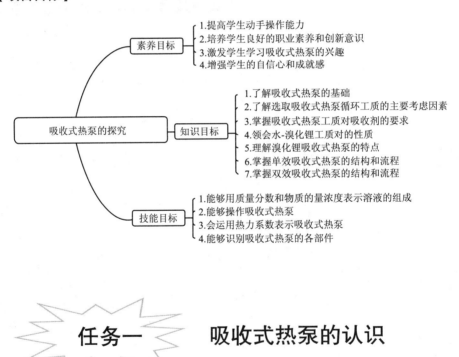

【项目目标】

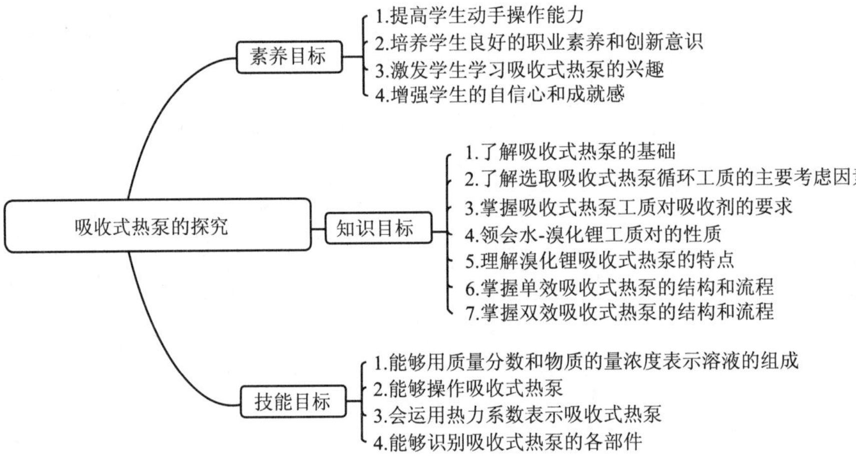

任务一　吸收式热泵的认识

【任务准备】

1. 吸收式热泵和蒸气压缩式热泵的比较

吸收式热泵和蒸气压缩式热泵一样，都是利用液态制冷剂在低温低压下汽化来达到制热的目的，但两者存在两个不同之处。

1）能量补偿方式不同

按照热力学第二定律，把低温物体的热量传递给高温物体需要消耗一定的外界能量来作为补偿。蒸气压缩式热泵依靠消耗电能转变为机械功来作为能量补偿；而吸收式热泵则是依靠消耗热能来完成这种非自发过程，并且吸收式热泵对热能的品位要求较低，它们可以是工业余热和废热，也可以是地热水、燃气或太阳能，可见吸收式热泵对能源的利用范围很宽广。因此，在热源价廉、取用方便，特别是有废热可利用的地方，吸收式热泵具有很大的优势。

2）使用工质不同

蒸气压缩式热泵是由工质的相变完成的，所使用的工质中除混合工质外，均属于单一物质，如R717、R744、R134a等。吸收式热泵的工质则不一样，其是由两种沸点不同的物质组成的二元混合物。在这种混合物中，低沸点的物质称为制冷剂，高沸点的物质称为吸收剂，因此称为制冷剂-吸收剂工质对。其中，吸收剂是对制冷剂具有极大吸收能力的物质，制冷剂则由汽化潜热较大的物质充当。最常用的工质对有以下两种。

（1）氨-水工质对：氨在1个大气压下的沸点是–33.4 ℃，为制冷剂；水在1个大气压下的沸点是100 ℃，为吸收剂。氨-水工质对适用于低温制冷。

（2）溴化锂-水工质对：水为制冷剂；溴化锂在1个大气压下的沸点高达1 265 ℃，为吸收剂。溴化锂-水工质对主要用于空调制冷。

2. 吸收式热泵的基本构成

可连续工作的吸收式热泵由发生器、吸收器、冷凝器、蒸发器、节流阀、溶液泵、溶液阀、溶液热交换器组成封闭环路，并内充以工质对（吸收剂和循环工质）溶液，如图7-1-1所示。

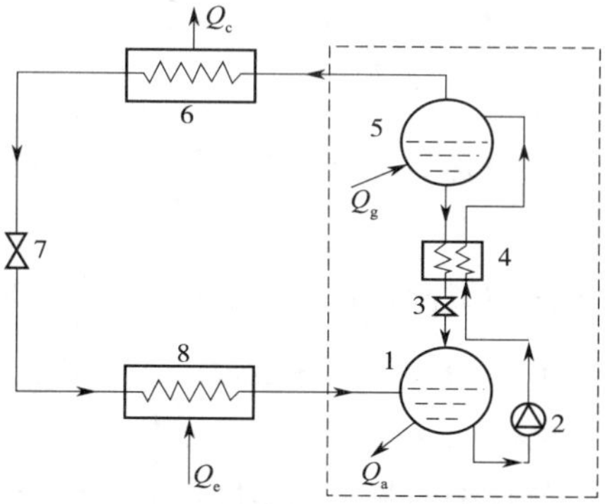

图7-1-1　吸收式热泵的基本构成

1—吸收器；2—溶液泵；3—溶液阀；4—溶液热交换器；5—发生器；6—冷凝器；7—节流阀；8—蒸发器

3. 吸收式热泵系统的工作过程

吸收式热泵利用高温热能加热发生器中的工质对浓溶液，产生高温高压的循环工质蒸气，进入冷凝器；在冷凝器中循环工质凝结放热变为高温高压的循环工质液体，进入节流阀；经节流阀后变为低温低压的循环工质饱和气与饱和液的混合物，进入蒸发器；在蒸发器中循环工质吸收低温热源的热量变为蒸气，进入吸收器；在吸收器中循环工质蒸气被工质对溶液吸收，吸收了循环工质蒸气的工质对稀溶液经热交换器升温后被不断泵送到发生器，同时产生了循环工质蒸气在发生器中的浓溶液经热交换器降温后被不断放入吸收器，维持发生器和吸收器中液位、浓度和温度的稳定，实现吸收式热泵的连续制热。

将图 7-1-1 所示的吸收式热泵与图 7-1-2 所示的蒸气压缩式热泵相对比可见，图 7-1-1 中吸收式热泵虚线框内的部分与图 7-1-2 中蒸气压缩式热泵的压缩机的功能相当，即发生器、吸收器、溶液泵、溶液阀、溶液热交换器的组合体起到了压缩机的作用，但其是由热能驱动的，故有时也简称为热压缩机。

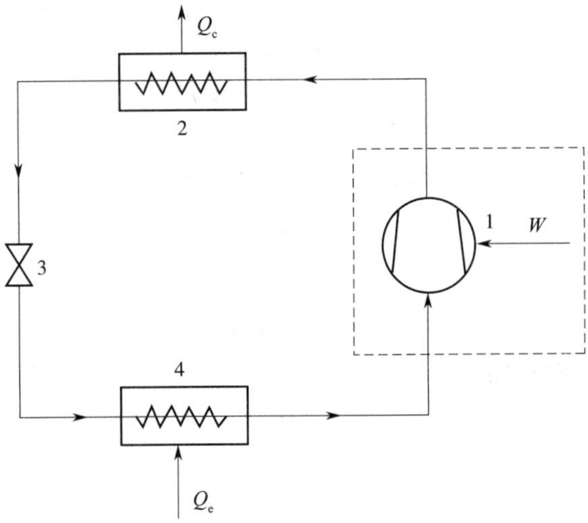

图 7-1-2　蒸气压缩式热泵的基本构成

1—压缩机；2—冷凝器；3—节流阀；4—蒸发器

4. 吸收式热泵的基本特点

（1）吸收式热泵的主要优点是运动部件少、噪声低、运转磨损小，但制造费用比蒸气压缩式热泵高。

（2）吸收式热泵的热力系数 ζ_H 通常低于蒸气压缩式热泵的制热系数 COP_H，但两者的分母项含义不同。吸收式热泵用热能来驱动，分母项为热能，热能中只有一部分是可用能（可用能与电能、机械功等价，热能中可用能的比率为 $1-t_a/t_r$，其中 t_a 为环境温度，t_r 为热能温度）；而蒸气压缩式热泵则是用电能或机械功来驱动，所消耗的电能、机械功全部是可用能。因此，吸收式热泵适宜于用废热或低成本燃料产生的热能来驱动。

（3）吸收式热泵的热力系数在冷凝温度和蒸发温度之差增大时，其变化幅度比蒸气压缩式热泵的制热系数小。因此，在环境温度下降或用户需热温度提高时，吸收式热泵的供热量变化不像蒸气压缩式热泵那样敏感。

【任务实施】

根据项目任务书和项目任务完成报告进行任务实施，见表 7-1-1 和 7-1-2。

表 7-1-1　项目任务书

任务名称	吸收式热泵的认识		
小组成员			
指导教师		计划用时	
实施时间		实施地点	
任务内容与目标			
1. 了解吸收式热泵的基础； 2. 能够操作吸收式热泵。			
考核项目	1. 吸收式热泵的基本构成 2. 吸收式热泵的工作过程		
备注			

表 7-1-2　项目任务完成报告

任务名称	吸收式热泵的认识		
小组成员			
具体分工			
计划用时		实际用时	
备注			
1. 简述吸收式热泵的基本构成。 2. 简述吸收式热泵的工作过程。			

【任务评价】

根据项目任务综合评价表进行任务评价，见表 7-1-3。

表 7-1-3 项目任务综合评价表

任务名称：　　　　　　　　　　　　　　　　测评时间：　　年　　月　　日

考核明细		标准分	实训得分								
			小组成员								
			小组自评	小组互评	教师评价	小组自评	小组互评	教师评价	小组自评	小组互评	教师评价
团队（60分）	小组成员是否能在总体上把握学习目标与进度	10									
	小组成员是否分工明确	10									
	小组成员是否有合作意识	10									
	小组成员是否有创新想（做）法	10									
	小组成员是否如实填写任务完成报告	10									
	小组成员是否存在问题和具有解决问题的方案	10									
个人（40分）	个人是否服从团队安排	10									
	个人是否完成团队分配任务	10									
	个人是否能与团队成员及时沟通和交流	10									
	个人是否能够认真描述困难、错误和修改的地方	10									
合计		100									

【知识巩固】

简述吸收式热泵的基本特点。

任务二　吸收式热泵工质对的认识

【任务准备】

吸收式热泵的工质一般是循环工质和吸收剂组成的二元非共沸混合物，其中循环工质（制冷剂）的沸点低，吸收剂的沸点高，而且这两种物质的沸点应该具有较大的差值，只有这样才能保证两组分能够分离。循环工质在吸收剂中应该具有较大的溶解度，相应的工质对溶液对循环工质的吸收能力比较强。目前，吸收式热泵使用的工质对为水-溴化锂工质对、氨-水工质对等，本任务主要介绍水-溴化锂工质对的性质及溴化锂吸收式热泵的特点。

1. 对循环工质的选取要求

吸收式热泵工质对两组分的沸点不同，而且要相差较大才能使制冷循环中的制冷剂纯度较高，提高制冷装置的制冷效率；吸收剂对制冷剂有强烈的吸收性能才能提高吸收循环的效率，如氨-水工质对，1 kg 的水可以吸收 700 kg 的氨，基本上可认为无限溶解。

选取吸收式热泵循环工质主要考虑如下。

（1）吸收式热泵工作时冷凝压力不能太高，以降低设备的制造成本，提高机组工作的安全性和可靠性。

（2）吸收式热泵工作时蒸发压力不能太低，以避免循环工质的比热容太大和发生泄漏时空气进入机组。

（3）蒸发和冷凝潜热大，以在制取同样热量的前提下，减少循环工质的循环量。

（4）比热容小，以便在必要的温度升降处减少吸放热量。

（5）热力系数高，以便在制取同样热量时减少蒸气或燃料消耗，提高机组运行的经济性。

（6）传热系数高，以便在传递同等热量时减少换热设备（包括发生器、吸收器）的体积和尺寸，降低机组的成本。

（7）液相和气相的黏度低，以便减小循环工质在管道和设备中的流动阻力，降低泵的功率消耗，提高机组的经济性。

（8）化学性质不活泼，与金属及机组中其他部件材料不发生反应，自身的稳定性好。

（9）无毒和无刺激性。

（10）无可燃和爆炸危险。

（11）泄漏时容易检出和处理。

（12）环境友好，如对臭氧层无危害、无温室效应、无光化学烟雾效应等。

（13）价格低，来源广，易获得。

2. 对吸收剂的选取要求

吸收剂应对循环工质具有较强的吸收性，且通过加热方法易于将两者分离。一般而言，选取吸收剂主要考虑如下因素。

（1）和循环工质的沸点相差较大，通过加热产生循环工质蒸气时夹带的吸收剂少，不必设置精馏器和分凝器等。

（2）和循环工质的溶解度高，吸收剂对循环工质的吸收能力强，避免出现结晶的危险。

（3）在发生器和吸收器中，吸收剂对循环工质的溶解度相差较大，以减少溶液的循环量，降低溶液泵的能耗。

（4）黏性小，以减小在管道和部件中的流动阻力。

（5）热导率大，以提高传热部件的传热能力，减小设备体积和成本。

（6）不易结晶，避免晶粒堵塞管道。

（7）工质潜热与溶液比热容之比大。

（8）化学性质不活泼，与金属及其他材料不反应，稳定性好。

（9）无毒性和刺激性。

（10）无可燃和爆炸危险。

（11）环境友好。

（12）价格便宜，来源广，容易获得。

综上，水-溴化锂工质对具有优良的综合性能，并已在实际中得到广泛的应用。其主要限制是低温热源的温度不宜低于 0 ℃，以免在蒸发器等部件中结冰，并在使用中注意设备防腐和溴化锂结晶。

3. 溴化锂吸收式热泵的特点

水-溴化锂工质对作为目前应用最广泛的工质对，具有优良的综合性能，但也有一些需注意的地方，以其作为工质对的吸收式热泵的基本特点如下。

（1）以水作为循环工质，无毒、无味、无臭，对人无害，但只能用于低温热源温度大于 5 ℃以上的场合。

（2）以溴化锂作为吸收剂，溴化锂水溶液对水的吸收能力强，循环工质和吸收剂的沸点相差较大，发生器产生循环工质蒸气后不再需精馏器等装置。

（3）对驱动热源的要求不高，一般的低压蒸气（0.12 MPa 以上）或 75 ℃以上的热水均可满足要求，可利用化工、冶金、轻工企业的废气、废水及地热、太阳能热水等。

（4）水蒸气比热容大，为避免流动时产生过大的压降，往往将发生器和冷凝器放在一个容器内，吸收器和蒸发器放在另一个容器内，也可将这四个主要设备放在一个壳体内，高压侧（发生器和冷凝器侧）和低压侧（吸收器和蒸发器侧）用隔板隔开。

（5）高压侧与低压侧的压差相对小，其节流部件一般采用 U 形管、节流短管、孔板或节流小孔。

（6）结构简单、制造方便，整台装置基本上是热交换器的组合体，除泵外没有其他运动部件，所以振动、噪声都很小，运转平稳，对基建的要求不高，可在露天甚至楼顶安装。

（7）装置处于真空下运行，无爆炸危险；操作简单，维护保养方便，易于实现自动化运行；其制热量可在 10%~100% 范围内实现无级调节，且在部分负荷时机组的热力系数无明显下降。

（8）溴化锂溶液对金属，尤其是黑色金属有腐蚀性，特别是在有空气存在的情况下更为严重，故机组需进行很好的密封。

（9）在某些工况状态下存在结晶堵塞管路的危险，在设计和操作时需注意距结晶点有一定的安全裕量。

【任务实施】

根据项目任务书和项目任务完成报告进行任务实施，见表 7-2-1 和 7-2-2。

表 7-2-1　项目任务书

任务名称	吸收式热泵工质对的认识		
小组成员			
指导教师		计划用时	
实施时间		实施地点	
任务内容与目标			
1. 了解选取吸收式热泵循环工质的主要考虑因素； 2. 掌握吸收式热泵循环工质对吸收剂的要求； 3. 理解溴化锂吸收式热泵的特点。			
考核项目	1. 吸收式热泵工质对的构成 2. 溴化锂吸收式热泵的特点		
备注			

表 7-2-2　项目任务完成报告

任务名称	吸收式热泵工质对的认识		
小组成员			
具体分工			
计划用时		实际用时	
备注			
1. 吸收式热泵工质对由什么组成？ 2. 简述溴化锂吸收式热泵的特点。			

【任务评价】

根据项目任务综合评价表进行任务评价，见表 7-2-3。

表 7-2-3　项目任务综合评价表

任务名称：　　　　　　　　　　　　　　　　测评时间：　　年　　月　　日

考核明细		标准分	实训得分								
			小组成员								
			小组自评	小组互评	教师评价	小组自评	小组互评	教师评价	小组自评	小组互评	教师评价
团队（60分）	小组成员是否能在总体上把握学习目标与进度	10									
	小组成员是否分工明确	10									
	小组成员是否有合作意识	10									
	小组成员是否有创新想（做）法	10									
	小组成员是否如实填写任务完成报告	10									
	小组成员是否存在问题和具有解决问题的方案	10									
个人（40分）	个人是否服从团队安排	10									
	个人是否完成团队分配的任务	10									
	个人是否能与团队成员及时沟通和交流	10									
	个人是否能够认真描述困难、错误和修改的地方	10									
合计		100									

【知识巩固】

溶液的组成一般用__________和__________表示。

任务三　吸收式热泵的构成

【任务准备】

吸收式热泵可分为单效吸收式热泵和双效吸收式热泵，它们具有不同的结构与流程。目前，性能较好的是单效溴化锂吸收式热泵和蒸气加热型溴化锂吸收式热泵。溴化锂吸收式热泵是一种以少量的高温驱动热能为补偿，实现能量从低温向高温输送的装置，其可用于生产工艺的加热、冬季采暖供热或提供生活热水等。

吸收式热泵按产出热水温位差异可分为输出热水温度低于机组驱动热源温度的第一类吸收式热泵，又称为增热型热泵；输出热水温度高于机组驱动热源温度的第二类吸收式热泵，又称为升温型热泵或者热变换器。第一类吸收式热泵机组的能效系数 *COP* 恒大于 1，一般为 1.5~2.5；而第二类吸收式热泵机组的能效系数 *COP* 恒小于 1，一般为 0.4~0.5。考虑集中供热一次网热水温度通常不超过 130 ℃的特点，本任务主要介绍第一类吸收式热泵机组。

1. 单效吸收式热泵的结构

单效溴化锂吸收式热泵主要由蒸发器、吸收器、发生器、冷凝器、溶液热交换器、溶液泵、工质泵、抽气装置、制热量控制装置、安全装置组成，对直燃式机组还有燃烧装置等。其中，蒸发器、吸收器、发生器、冷凝器有各种组合方式，实际产品大致有双筒型和单筒型两种，个别也有采用三筒结构。双筒型是将压力大致相同的发生器和冷凝器置于一个筒体内，而将蒸发器和吸收器置于另一个筒体内；单筒型则将这四部分置于一个筒体内。

双筒型吸收式热泵的设备布置方式有如图 7-3-1 所示四种。

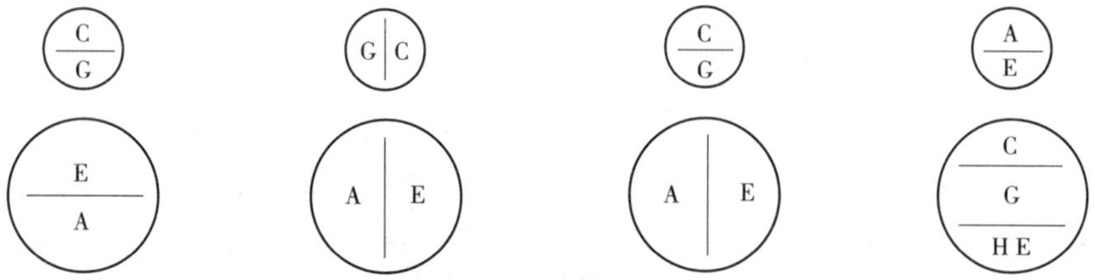

图 7-3-1　双筒型吸收式热泵的设备布置方式

C—冷凝器；G—发生器；A—吸收器；E—蒸发器；HE—溶液热交换器

单筒型吸收式热泵的设备布置方式有如图 7-3-2 所示四种。

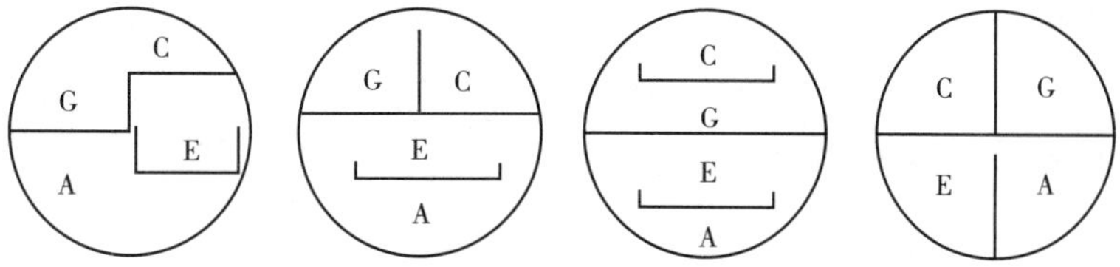

图 7-3-2　单筒型吸收式热泵的设备布置方式

C—冷凝器；G—发生器；A—吸收器；E—蒸发器

2. 双效吸收式热泵的结构

以蒸气加热型溴化锂吸收式热泵为例，双效吸收式热泵主要由蒸发器、吸收器、高压发生器、低压发生器、冷凝器、高温溶液热交换器、低温溶液热交换器、凝水换热器、溶液泵、工质泵、抽气装置、制热量控制装置、安全装置组成，对直燃机组还有燃烧器等。其中前八个部件为机组的主要换热器，通常为管壳式结构。

双效吸收式热泵的结构形式主要有三筒和双筒两种类型，大容量机组或第二类吸收式热泵机组还采用多筒结构。三筒型结构一般是高压发生器在上筒体内，低压发生器和冷凝器在中间筒体内，蒸发器和吸收器在下筒体内，中间筒体、下筒体内各部件的布置形式可参考单效吸收式热泵双筒结构时的部件布置；双筒型结构一般是高压发生器在上筒体内，低压发生器、冷凝器、蒸发器、吸收器在下筒体内，下筒体内各部件的布置形式可参考单效吸收式热泵单筒结构时的部件布置。

【任务实施】

根据项目任务书和项目任务完成报告进行任务实施，见表 7-3-1 和 7-3-2。

表 7-3-1　项目任务书

任务名称	吸收式热泵的构成		
小组成员			
指导教师		计划用时	
实施时间		实施地点	
任务内容与目标			
1. 掌握单效吸收式热泵的结构和流程； 2. 掌握双效吸收式热泵的结构和流程。			
考核项目	1. 单效吸收式热泵的结构和流程 2. 双效吸收式热泵的结构和流程		
备注			

表 7-3-2　项目任务完成报告

任务名称	吸收式热泵的构成		
小组成员			
具体分工			
计划用时		实际用时	
备注			
1. 简述单效吸收式热泵的结构和流程。 2. 简述双效吸收式热泵的结构和流程。			

【任务评价】

根据项目任务综合评价表进行任务评价，见表 7-2-3。

表 7-3-3　项目任务综合评价表

任务名称：　　　　　　　　　　　　　　　　测评时间：　　年　　月　　日

考核明细		标准分	实训得分								
			小组成员								
			小组自评	小组互评	教师评价	小组自评	小组互评	教师评价	小组自评	小组互评	教师评价
团队（60分）	小组成员是否能在总体上把握学习目标与进度	10									
	小组成员是否分工明确	10									
	小组成员是否有合作意识	10									
	小组成员是否有创新想（做）法	10									
	小组成员是否如实填写任务完成报告	10									
	小组成员是否存在问题和具有解决问题的方案	10									
个人（40分）	个人是否服从团队安排	10									
	个人是否完成团队分配的任务	10									
	个人是否能与团队成员及时沟通和交流	10									
	个人是否能够认真描述困难、错误和修改的地方	10									
合计		100									

【知识巩固】

（1）单筒型吸收式热泵的设备布置方式有________种。

（2）简述单筒型吸收式热泵结构的优点和缺点。

（3）简述双筒型吸收式热泵结构的优点和缺点。

任务四　吸收式热泵部件的认识

【任务准备】

吸收式热泵的主要部件包括发生器、吸收器、冷凝器、蒸发器、溶液热交换器、工质节流部件、凝水换热器、抽气装置、屏蔽泵、燃烧装置、安全装置等。通过学习吸收式热泵的主要部件，掌握不同驱动热源发生器、单效和双效机组发生器的区别，理解吸收器、冷凝器、蒸发器等的工作原理与构成，从而更好地使用和研究吸收式热泵。

1. 发生器

吸收式热泵发生器的驱动热源不同、发生器中的压力不同，发生器的结构也有所不同。

1）不同驱动热源的发生器

Ⅰ. 蒸气或热水型热泵的发生器

以热水或蒸气为驱动热源时，发生器通常为管壳式结构，管内通驱动热源介质（蒸气、热水等），加热管外的溴化锂溶液直至沸腾，产生工质蒸气，同时将稀溶液浓缩。

Ⅱ. 直燃型热泵的高压发生器

直燃型机组多采用双效机组，其低压发生器用高压发生器产生的蒸气驱动，但高压发生器则由燃料燃烧产生的高温烟气加热。

2）单效和双效机组的发生器

Ⅰ. 单效机组的发生器

单效吸收式热泵只有一个发生器，驱动热源温度较高时，可采用沉浸式结构；驱动热源温度相对低时，为防止沉浸式结构溶液浸没高度带来的不利影响，多采用喷淋式结构，可消除溶液浸没高度的影响，提高传热、传质效果。

Ⅱ. 双效机组的发生器

双效吸收式热泵中，通常高压发生器采用沉浸式结构，低压发生器采用沉浸式或喷淋式结构。

Ⅰ）高压发生器

以蒸气或热水为驱动热源时，高压发生器通常为一个单独的筒体，主要由筒体、传热管、挡液装置、液囊、浮动封头、端盖、管板及折流板等组成。

Ⅱ）低压发生器

双效机组中低压发生器通常和冷凝器放在一个筒体内，其结构有沉浸式和喷淋式两种。

2. 吸收器

吸收器一般是管式结构的喷淋式热交换器，将浓溶液喷淋在管子表面上，吸收工质蒸气，并放出吸收热。吸收器中浓溶液的喷淋方式一般有两种：一种是喷嘴喷淋，即使溶液在一定压力下经由喷嘴雾化，形成均匀的雾滴，喷淋在传热管上；另一种是采用浅水槽的淋激式喷淋。

3. 冷凝器

冷凝器一般为壳管式结构，传热管内为待加热的介质，工质蒸气在管外冷凝为工质水，工质水在管簇下部的水盘收集，经节流进入蒸发器。冷凝器可采用铜传热管（光管或双侧强化的高效管）和钢质管板，筒体也由钢板制造。

冷凝器和发生器压力相同，通常布置在一个筒体内，典型结构如图 7-4-1 所示。

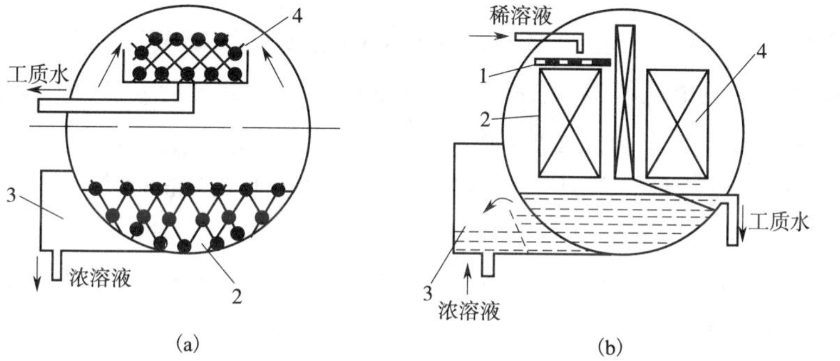

图 7-4-1　发生器 - 冷凝器筒体结构

（a）上下布置的发生器 - 冷凝器　（b）左右布置的发生器 - 冷凝器

1—布液水盘；2—发生器；3—液囊；4—冷凝器

4. 蒸发器

由于溴化锂吸收式热泵蒸发压力相对低，故要求工质在蒸发器内流动时阻力尽量小，因此，蒸发器一般采用管壳式的喷淋式热交换器，即传热管内为低温热源介质，加热管外的工质至蒸发。蒸发器的筒体和管板都用钢板制造，传热管采用紫铜管光管或高效传热管，如滚轧肋片管、C 形管、大波纹管等。

5. 溶液热交换器

溶液热交换器通常采用管壳式结构，一般呈方形或圆形，布置在主筒体外下方，外壳和管板用碳钢制作，传热管采用紫铜管或碳钢管，采用扩管或焊接方式将管子固定在管板上。溶液热交换器通常采用逆流或交错流的换热方式，稀溶液经溶液泵升压后在传热管内流动，浓溶液依靠发生器和吸收器之间的压力差和位能差在传热管外流动。

6. 工质节流部件

工质由冷凝器下部经节流部件达到蒸发器。工质节流部件通常有 U 形管（也有称为 J 形管）和节流孔板两种，如图 7-4-2 所示。

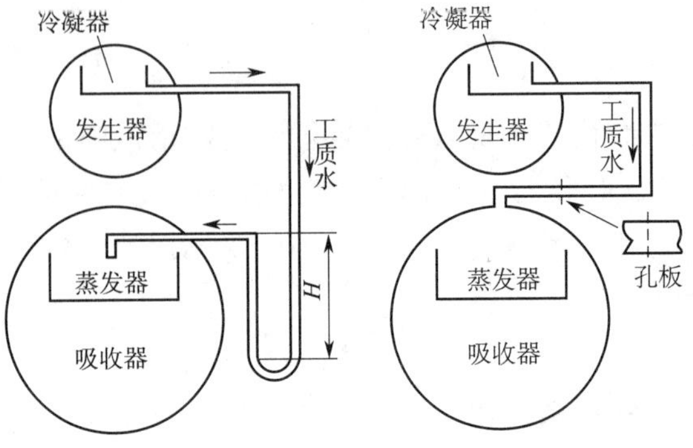

图 7-4-2　工质节流部件

（a）U 形管　（b）节流孔板

1）U 形管节流装置

如图 7-4-2（a）所示，将冷凝器和蒸发器的连接水管做成 U 形管，为防止低负荷工质水量减少时发生窜通现象（蒸气未经冷凝直接进入蒸发器），U 形管蒸发器一侧弯头部分的长度 H 必须大于某一定值，即

$$H > \text{最大负荷时的压力差}（mH_2O）+\text{余量}（0.1\sim0.3\ mH_2O）$$

2）孔板节流装置

如图 7-4-2（b）所示，在连接冷凝器和蒸发器的工质水管中，装设孔板或开节流小孔，以工质的流动阻力为液封（当低负荷使工质流量减少，而冷凝器水盘中液封被破坏时，工质蒸气有可能直接进入蒸发器）。

7. 凝水换热器

双效吸收式热泵的驱动热源采用蒸气时，往往需要凝水换热器。凝水换热器也是管壳式结构，传热管采用紫铜管或铜镍管。但由于凝水有一定的压力，并与高压发生器相通，凝水换热器应作为压力容器来考虑。

8. 抽气装置

溴化锂吸收式热泵通常在真空下运行，当因空气泄漏或缓蚀剂作用产生氢气时，在筒体内会积聚少量的不凝性气体，对传热过程、吸收和冷凝的传质过程均极为不利。因此，溴化锂吸收式热泵机组不但在开机前需将系统抽成真空，而且平时在运行中也要及时地抽除系统中存在的不凝性气体，即需要安装自动抽气装置。

自动抽气装置的形式很多，其基本原理都是利用溶液排出的高压液体作为液 - 气引射器的动力，在引射器出口端形成低压区，抽出不凝性气体，形成的两相流体进入气 - 液分离器进行分离，气体被排出机组外，溶液则流回吸收器。

9. 屏蔽泵

屏蔽泵是吸收式热泵中的重要运动部件，相当于机组的“心脏”，其中输送溶液的称为溶液泵，输送工质的称为工质泵。

屏蔽泵一般为单级离心式，电动机转子带动诱导轮和叶轮，将介质由屏蔽泵的进口输送至屏蔽泵的出口。屏蔽泵的润滑和冷却方式为流经泵室的高压液体通过过滤网，进入前轴承室、电动机的内腔以及后轴承室、轴中心小孔，直到叶轮吸入口低压区，组成一个润滑和冷却的内循环。这种内循环润滑和冷却方式可使屏蔽泵具有结构紧凑、密封性好等优点。

10. 燃烧装置

直燃式吸收式热泵应用较多的燃烧器有燃油式和燃气式两大类，其结构和工作原理有所不同。

1）燃油燃烧器

燃油燃烧器的工作原理：燃烧器中的齿轮油泵通常将燃油压力升高到 0.5~2.0 MPa，然后从喷嘴顶端的小孔喷出，并借助燃油的压力达到雾化；再通过点火变压器，将高压电加在点火电极间，放电产生火花使燃油点燃。

燃油燃烧器的外形结构为手枪式，其喷油量的调节方法有非回油式和回油式两种。非回油式燃油燃烧器油量调节范围极小，一般很少应用。回油式燃油燃烧器，当油量过剩时，可通过油量调节阀回流，从而在喷油压力变化不太大的情况下，根据负荷来调节燃烧的油量。同时，借助于驱动电动机，随着油量调节阀的开度自动调节风门，保证燃烧所需的风量。

2）燃气燃烧器

燃气燃烧器的外形结构主要有枪式和环式两种。燃气燃烧器设有主燃烧器和点火燃烧器。

主燃烧器由燃烧器头、燃烧器风道、风机、电动机、风门、燃气管以及点火用变压器等组成。主燃烧器中燃气从燃气管中的燃气孔喷向中间流动的空气，混合后燃烧形成主火焰；而燃气和空气混合气的一部分，经过阻焰孔进入主火焰周围的环状低速空间进行燃烧，提高主火焰的燃烧速度，在防止主火焰脱离燃烧器而被吹灭的同时，可达到及时完成高负荷燃烧的作用。

点火燃烧器中燃气经针阀引入，空气则由点火用空气引出口引入。引入的空气量可由孔板调整，也可在引入空气的管道上设置针阀加以控制。空气和燃气适量混合而形成混合气，经点火板喷出，并由火花塞引燃。火花塞位于点火板的中央，在点火板和火花塞之间加 6 000 V 的高压电，两者之间产生的火花引燃混合气。

11、安全装置

溴化锂吸收式热泵的安全装置主要用于防止工质水冻结、溶液结晶、机组压力过高导致破裂以及电动机绕组过流烧毁，保证直燃式机组的燃烧安全等，相关的检测点及监测内容如下。

（1）蒸发器：工质水温度与流量，防止水冻结。

（2）高压发生器：溶液温度、压力和液位，防止出现溶液结晶。

（3）低压发生器：熔晶管处温度，防止出现溶液结晶。

（4）吸收器和冷凝器：待加热水温度和流量，防止溶液结晶。

（5）屏蔽泵：液囊液位，防止屏蔽泵吸空；电动机电流或绕组温度，防止过流使绕组烧毁。

（6）直燃式机组燃烧部分：火焰情况，确保安全点火及熄火自动保护；燃气压力，确保燃气管道安全、燃烧安全（如压力过低时防止回火），防止燃烧波动过大；烟气温度，确保燃烧及烟气热量回收部分工作正常；风压及燃烧器风机电流，确保空气供应部分工作正常。

（7）机组内的真空度：确保机组的密封性。

溴化锂吸收式热泵的主要安全装置见表 7-4-1。

表 7-4-1 溴化锂吸收式热泵的主要安全装置

名称	用途
工质水流量控制器	工质水缺水保护，水量低于给定值一半时断开
工质水低温控制器	工质水防冻，一般低于 3 ℃时断开
工质水高位控制器	防止溶液结晶
工质水低位控制器	防止工质泵气蚀
溶液液位控制器	防止高压发生器（特别是直燃机组中的高压发生器）中液位变化
高压发生器压力继电器	防止高压发生器高温、高压
待加热水流量控制器	待加热水断水保护，一般水量低于给定值的 75% 时断开
稀释温度控制器及停机稀释装置	防止停机时结晶
工质泵过载继电器	保护工质泵
溶液泵过载继电器	保护溶液泵
溶液高温控制器	防止溶液结晶及高温
自动熔晶装置	结晶后自动熔晶
安全阀	防止压力异常时筒体破裂
排烟温度继电器	防止燃烧不充分及热回收部分故障，用于直燃机组
燃烧安全装置	安全点火装置，燃气压力保护系统，熄火自动保护系统，风压过低自动保护，燃烧器风机过流保护

【任务实施】

根据项目任务书和项目任务完成报告进行任务实施，见表 7-4-2 和表 7-4-3。

表 7-4-2　项目任务书

任务名称	吸收式热泵部件的认识		
小组成员			
指导教师		计划用时	
实施时间		实施地点	
任务内容与目标			
1. 掌握吸收式热泵的主要部件； 2. 能够识别吸收式热泵的各部件。			
考核项目	吸收式热泵的部件		
备注			

表 7-4-3　项目任务完成报告

任务名称	吸收式热泵部件的认识		
小组成员			
具体分工			
计划用时		实际用时	
备注			
1. 简述吸收式热泵的各个部件。			

【任务评价】

根据项目任务综合评价表进行任务评价，见表 7-4-4。

表 7-4-4　项目任务综合评价表

任务名称：　　　　　　　　　　　　　　　　测评时间：　　年　　月　　日

<table>
<tr><td colspan="2" rowspan="4">考核明细</td><td rowspan="4">标准分</td><td colspan="9">实训得分</td></tr>
<tr><td colspan="9">小组成员</td></tr>
<tr><td colspan="3"></td><td colspan="3"></td><td colspan="3"></td></tr>
<tr><td>小组自评</td><td>小组互评</td><td>教师评价</td><td>小组自评</td><td>小组互评</td><td>教师评价</td><td>小组自评</td><td>小组互评</td><td>教师评价</td></tr>
<tr><td rowspan="6">团队（60分）</td><td>小组成员是否能在总体上把握学习目标与进度</td><td>10</td><td></td><td></td><td></td><td></td><td></td><td></td><td></td><td></td><td></td></tr>
<tr><td>小组成员是否分工明确</td><td>10</td><td></td><td></td><td></td><td></td><td></td><td></td><td></td><td></td><td></td></tr>
<tr><td>小组成员是否有合作意识</td><td>10</td><td></td><td></td><td></td><td></td><td></td><td></td><td></td><td></td><td></td></tr>
<tr><td>小组成员是否有创新想（做）法</td><td>10</td><td></td><td></td><td></td><td></td><td></td><td></td><td></td><td></td><td></td></tr>
<tr><td>小组成员是否如实填写任务完成报告</td><td>10</td><td></td><td></td><td></td><td></td><td></td><td></td><td></td><td></td><td></td></tr>
<tr><td>小组成员是否存在问题和具有解决问题的方案</td><td>10</td><td></td><td></td><td></td><td></td><td></td><td></td><td></td><td></td><td></td></tr>
<tr><td rowspan="4">个人（40分）</td><td>个人是否服从团队安排</td><td>10</td><td></td><td></td><td></td><td></td><td></td><td></td><td></td><td></td><td></td></tr>
<tr><td>个人是否完成团队分配的任务</td><td>10</td><td></td><td></td><td></td><td></td><td></td><td></td><td></td><td></td><td></td></tr>
<tr><td>个人是否能与团队成员及时沟通和交流</td><td>10</td><td></td><td></td><td></td><td></td><td></td><td></td><td></td><td></td><td></td></tr>
<tr><td>个人是否能够认真描述困难、错误和修改的地方</td><td>10</td><td></td><td></td><td></td><td></td><td></td><td></td><td></td><td></td><td></td></tr>
<tr><td colspan="2">合计</td><td>100</td><td></td><td></td><td></td><td></td><td></td><td></td><td></td><td></td><td></td></tr>
</table>

【知识巩固】

（1）吸收式热泵的发生器包括____。

（2）吸收器中浓溶液的喷淋方式一般有两种：一种是______________________；另一种是______________________。

项目八

热泵工程典型案例

任务一　天津某港地热供热项目简介

多能源协同互补示范站

多能源协同互补示范站运行模式

1. 项目背景

1）某港地热供热

某港地热供热中心建设于原该港供热站内，该站位于天津市滨海新区，总占地面积为 2 169 m²。供热站内设置 2 台 14 MW 燃气热水锅炉（图 8-1-1）及 1 台 5.06 MW 高效燃气热泵（图 8-2-2），对外供热面积约 330 000 m²。供热站周围建有 4 座二级换热站。

2）项目地热井情况

该港地热供热中心有一组新近系馆陶组地热井，开采井井深约 2 000 m，出水温度为 61 ℃，流量为 80 t/h，回灌井井深为 2 130 m，回灌温度为 15 ℃。

2. 项目技术分析

在该港地热供热项目中，提高地热系统的利用效率是核心的技术路径。为了提高地热资源的利用效率，采用了地热侧串联的梯级利用模式，由一级板式换热器直接将高品质地热水换热，再由二级高效燃气热泵机组对较低品质的地热水热量进行提取。

图 8-1-1　燃气热水锅炉

图 8-1-2　高效燃气热泵

高效的地热利用系统离不开其核心设备，即高效溴化锂吸收式燃气热泵。该燃气热泵设计热功率为 5.06 MW（COP 值 2.4），最大耗气量为 224.6 m³/h，二次进出水温度为 45 ℃ /53 ℃。该机组使用溴化锂溶液作为介质，将较低品质的地热水中的热量再次提取，使地热水最终以 15 ℃的低温排放，充分吸取地热水中的热能，降低回灌温度。

该港地热供热中心对外供热面积约 330 000 m²，即在采暖季初、末期只有约 6.6 MW 的负荷需求。通过上述地热资源的高效利用方式，对 61 ℃的地热水进行梯级利用，地热系统的最大输出功率可达 6 MW，作为该供热区域的基础热源，能够保证全采暖季满负荷运行，使地热资源得到最大化利用。现状地热系统年输出热量可达 60 000 GJ 以上。

当地热系统热量无法满足供热需求时，使用 2 台燃气热水锅炉作为热源的补充，确保冬季供暖的稳定。同时，2 台燃气热水锅炉也与地热系统形成热源互补的供热模式，能够在其中一方出现问题时不出现大范围的停热现象。

3. 项目经济效果分析

该港地热供热项目中，利用高效吸热系统与燃气热水锅炉房联合供热模式，并采取多种节能降耗措施，大幅改善了集中供热的能源利用效率及其经济性。同时，互为补充的联合供热模式，进一步提高了遇到突发性事件的供热稳定性。

1）节能降耗成果

在 2016—2017 年及 2017—2018 年采暖季实际运行后，经过统计，该港地热系统年实现对外供热量 60 000 GJ，地热系统整体 COP 值 2.6 以上，日平均产热量达 500 GJ，较常规的地热供热方式增加对外供热量 75%，年节约天然气耗量约 1400 000 m^3，减少燃气费用 331.8 万元，减少粉尘排放 150 t，减少二氧化硫排放 95 t，减少氮氧化物排放 32 t。

2）保护地热资源及可持续开发

该港地热供热项目充分结合现有燃气供热系统，增加高效燃气热泵对地热资源的梯级利用，实现了全采暖季低温回灌，减少了直接排放造成的环境污染，节约了排污费用，真正做到了对地热资源的充分利用和可持续开发。

该港地热供热方案遵循“技术先进、环保节能、经济合理、安全可靠”的基本原则，在充分利用地热资源的同时，增加多种节能策略，将能源的综合利用率提高。某港地热供热项目还采用间接供热方式，避免了高温地热流体对系统、设备的腐蚀，延长了地热系统的整体使用寿命。

任务二　天津某小区地热 + 燃气锅炉房综合利用项目简介

1. 项目背景

天津某小区地热系统建设于该小区煤改燃锅炉房院内，该小区煤改燃供热中心位于天津中心城区南部，对外供热面积约为 300 000 m²。该地热系统装机 8.2 MW 为其锅炉房一次网回水提供基础负荷。

2. 地热井信息及井深结构

项目所在地构造位置属于Ⅲ级构造单元沧县隆起的次级构造单元双窑凸起内，该区域在垂向上分布有新近系明化镇组、奥陶系、蓟县系雾迷山组三个主要热储层，由于明化镇组和奥陶系热储层存在成井水量小且水温较低、热储层裂隙发育不均匀、开发风险相对较大等地质问题，最终选用水温高、水量大、开采效果较好的蓟县系雾迷山组热储层进行开采。根据勘探资料可以预测，该区域蓟县系雾迷山组资源条件良好，具备地热开发条件。

该地热井以蓟县系雾迷山组为目的层，为四开定向井，平均垂深为 3 000 m，斜深为 3 080 m，四开井直径为 152.4 mm，裸眼成井，出水温度为 73 ℃，回灌温度全采暖季可达 10 ℃以下。井下开孔情况如图 8-2-1 所示。

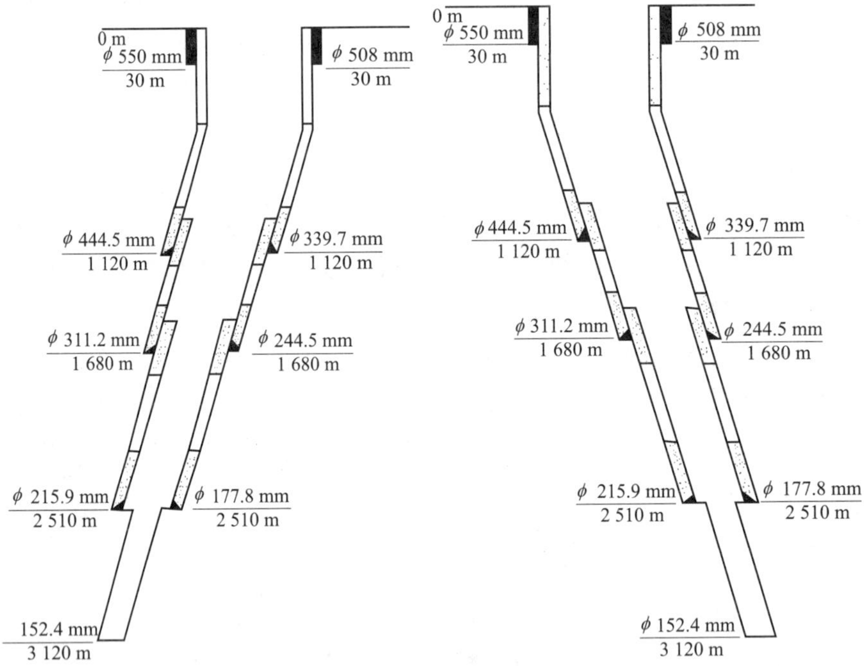

图 8-2-1　井下开孔图

3. 热泵机组原理及主要参数

通过对地热余热的回收再利用，可以进一步提高一次地热能源的利用效率。蒸发器内部介质被吸入压缩机，压缩机将这种低温低压气体压缩至高温高压并送入冷凝器，介质在冷凝器中冷却成液体，再经过膨胀阀节流降温后再次流入蒸发器进行下一次循环。热泵机组的主要参数见表 8-2-1。

表 8-2-1　热泵机组的主要参数

高温热泵机组	
额定电压 / 频率：380 V/50 Hz	蒸发器入口水温：37 ℃
热泵型号：TSC087M	蒸发器出口水温：29 ℃
功率：2 730 kW	冷凝器入口水温：45 ℃
COP 值：9.365	冷凝器出口水温：50 ℃
常规热泵机组	
额定电压 / 频率：380 V/50 Hz	蒸发器入口水温：18 ℃
热泵型号：TSC100M	蒸发器出口水温：10 ℃
功率：2 790 kW	冷凝器入口水温：45 ℃
COP 值：4.989	冷凝器出口水温：50 ℃

4. 地热井与水源热泵 + 燃气锅炉房耦合供热模式

该小区采用 1 台板式换热器与 2 台电热泵为热源，二次管网并入燃气锅炉房的一次回水管网作为基础负荷进行供热。

对地热资源采取梯级利用方式，首先由一级板式换热器对 73 ℃的地热水进行直接换热，然后由二级、三级板式换热器进行换热，并将中间侧水供给热泵使用，分别通过三级板式换热器换热后的最终回灌温度可达 10 ℃，充分利用了地热资源，日产热量达 650 GJ。

该小区供热系统流程如图 8-2-2 所示。

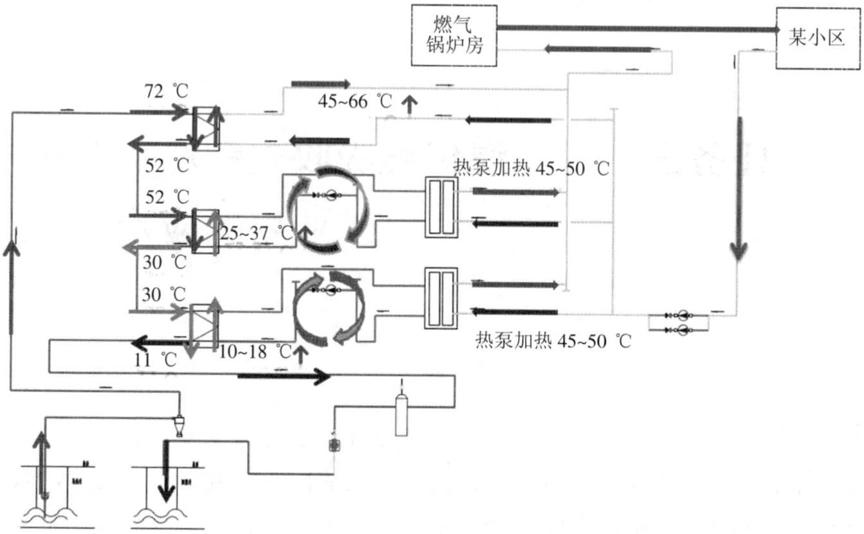

图 8-2-2　该小区供热系统流程

5. 节能减排情况

该系统对外年供热量可达到 85 000 GJ，较常规情况增加对外供热量 70%，年可节省天然气耗量 2 592 500 m^3。该项目在节能减排上每年可节约标煤 3 460 t，减少排放二氧化硫 259.5 t、氮氧化物 129.75 t、二氧化碳 8 625.78 t、粉尘 2 352.8 t。

该项目的实施有效地保护了生态环境，同时对优化生态能源结构提供了良好的基础环境，大大减少了对人们生活环境的污染，具有较高的经济效益、环境效益和社会效益。

6. 项目利用特色

（1）采取地热侧串联的模式，同时利用“地热井 + 高效热泵机组”梯级利用技术，高效热泵机组 COP 值可达 11，系统整体 COP 值达到 9，充分利用地热能，最终排放温度可达 10 ℃。

（2）针对高效热泵蒸发器进水温度高达 37 ℃而导致油槽温度不稳定，时常出现喘振而不能长期高效满负荷运行的情况，创新增设外置油冷系统，实现自动检测油槽温度，并进行外置冷却系统调节，确保油槽温度始终保持在正常参数范围内，大幅度提升设备性能和利用小时数。

（3）与锅炉房耦合互为补充的调控管理策略，同时将地热系统作为基础热源，保证全采暖季地热系统输出效率最高，100% 利用地热能。

（4）控制系统采用小型 DCS 系统来实现整个控制系统的功能，提高系统全自动调控能力，达到无人值守、有人巡视的运行方式，精准控制，确保设备处于安全、稳定且最佳的运行工况，从而高效输出。

（5）实现地热原水回灌，避免对地下水造成污染，同时减少地热流体直接排放而造成的环境污染，节约排污费用，实现地热资源的可持续开发。

任务三　溴化锂吸收式制冷机在玻璃工业中的应用

溴化锂吸收式制冷方式作为一种新型的制冷方式已越来越被人们重视。在玻璃工艺中尤其是浮法玻璃生产线中，为了保证仪器仪表的控制精度和安全运行，在控制室如窑头控制室、中央控制室、锡槽调功器室、退火窑调功器室、冷端控制室等，均设有空调系统来满足设备对环境温度的要求。在当前节能减排要求日益迫切的形式下，溴化锂吸收式制冷机是一种最佳选择，可以使空调系统更加节能、环保。

1. 溴化锂吸收式制冷原理

蒸发器中的冷剂水在传热管表面蒸发，带走管内冷水热量，降低冷水温度，产生冷量。蒸发器中蒸发形成的冷剂蒸气，被吸收器中的浓溶液吸收，溶液变成稀溶液。吸收器中的稀溶液，由溶液泵输送，经低温热交换器、凝水回热器、高温热交换器，送往高压发生器，被加热蒸气加热，产生一次冷剂蒸气并浓缩成中间溶液；中间溶液经高温热交换器换热降温后进入低压发生器；被高压发生器来的一次冷剂蒸气加热，产生二次冷剂蒸气并浓缩成浓溶液；浓溶液经低温热交换器放热后进入吸收器，吸收来自蒸发器的冷剂蒸气，浓溶液变成稀溶液，进入下一个循环。高压发生器、低压发生器产生的冷剂蒸气（水），在冷凝器中被冷却成冷剂水，经节流降压后，进入蒸发器蒸发制冷，以上循环如此反复进行，形成连续制冷的工艺过程。溴化锂吸收式制冷的工作原理如图 8-3-1 所示。

2. 溴化锂吸收式制冷的动力来源

由溴化锂吸收式制冷的工作原理可知，实现制冷的动力为热源。在玻璃生产线中，熔窑产生大量的废气，经余热锅炉热交换后生产出饱和蒸气，为生产和生活提供热源。因此，可以考虑由余热锅炉房提供溴化锂吸收式制冷的热源，即饱和蒸气热源。

在玻璃生产企业中，利用余热锅炉房提供蒸气，以蒸气型溴化锂吸收式制冷机组为空调主机，设置中央空调以满足各车间控制室、办公室及其他空调房间对环境温度的要求，这样做有明显的节能效果。玻璃工业以其自身的特点为空调系统提供了可供利用的废热热源，而溴化锂吸收式制冷机组以其显著的节电效果和环保效果极大地提高了企业的社会效益和经济效益。

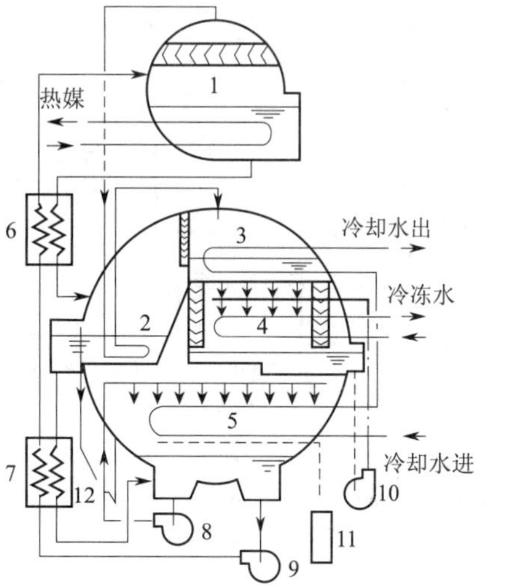

图 8-3-1　溴化锂吸收式制冷的工作原理

1—高压发生器；2—低压发生器；3—冷凝器；4—蒸发器；5—吸收器；6—高温热交换器；7—低温热交换器；8—吸收器泵；9—发生器泵；10—蒸发器泵；11—抽气装置；12—防晶管

任务四　氨 - 水吸收式制冷机在新能源中的应用

由于吸收式制冷机可以利用低品位能源作为动力，并且制冷剂不用氟利昂，因而可以节能降耗，减少温室气体和氟利昂对大气环境的污染。

太阳能氨 - 水吸收式制冷空调是用太阳能集热器提供的热能来驱动氨 - 水吸收式制冷机制冷，主要由太阳能集热器和氨 - 水吸收式制冷机两大部分构成。

太阳能氨 - 水吸收式制冷空调，实际上是将太阳能集热器与扩散 - 吸收式制冷机联合使用，利用太阳能集热器吸收太阳光的热量产生热水，给扩散 - 吸收式制冷机提供动力，驱动扩散 - 吸收式制冷机制冷，依靠消耗太阳能集热器提供的低位热能作为补偿来实现空调的制冷循环。太阳能氨 - 水吸收式制冷空调的构造如图 8-4-1 所示。

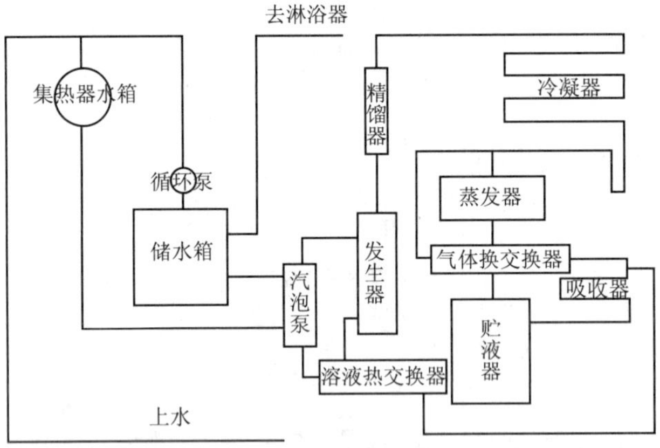

图 8-4-1　太阳能氨 - 水吸收式制冷空调的构造

1. 太阳能集热器

目前，太阳能集热器的制造技术已经成熟，太阳能热水器提供的热媒水可以满足氨 - 水吸收式制冷机的要求。下面以热管式真空管集热器为例，分析太阳能集热器的工作原理和结构特点。

热管式真空管集热器主要由热管式真空管和集管（水箱）组成，采用特殊的密封结构将热管式真空管的冷凝端与水箱相连接。集热器的工作原理是利用热管内工质的汽 - 液相变循环过程，连续不断地将吸收的太阳能传递到冷凝端加热水。当阳光照射在真空管内的吸热片上时，热管内的工质受热沸腾汽化，蒸气不断冲向顶部的冷凝端，在冷凝端放热冷凝变成液体，沿管壁流回热管的蒸发段，完成一个循环。由于热管具有优良的传热性能，能高效地吸收太阳的辐射能并直接将其转换为热能，通过热管内部工质的蒸发与冷凝，连续不停地将热量传送到冷凝端放热，从而使水箱中的水不断得到加热，其工作温度可达 70~120 ℃。在集热过程中，热管能迅速地将吸收的热量全部传导给水箱中的水，热量不倒流，即使在天气阴晴多变的情况下，也能把低密度散射光能转化为热能，与其他形式的热水器相比可产生更多的热水。

2. 吸收式制冷机

1）氨 - 水吸收式制冷

氨 - 水吸收式制冷是利用氨 - 水所组成的二元溶液作为工质来运行的，这两种物质在同一压强下有不同的沸点，其中高沸点的组分称为吸收剂，低沸点的组分称为制冷剂。氨 - 水吸收式制冷是以氨为制冷剂，稀氨水溶液为吸收剂，利用溶液的浓度随其温度和压力变化而变化这一物理性质，将制冷剂与溶液分离，通过制冷剂的蒸发而制冷，又通过溶液实现对制冷剂的吸收。由于这种制冷方式是利用吸收剂的质量分数变化来完成制冷剂循环，所以被称为吸收式制冷。

氨 - 水吸收式制冷系统由吸收器、溶液泵、发生器、冷凝器、蒸发器和节流阀组成。制冷剂的循环过程：自冷凝器引出的氨饱和液体，经减压调节阀节流减压降温后，进入蒸发器中定压吸热变为干饱和蒸气，然后氨蒸气进入吸收器，被从发生器来的稀氨水溶液所吸收，使氨水溶液的浓度提高，浓氨水溶液经溶液泵升压后进入发生器，被加热蒸发出氨蒸气，氨蒸气进入冷凝器中定压放热凝聚成氨饱和液体。吸收剂的循环过程：从发生器来的稀氨水溶液经节流阀进入吸收器中吸收氨蒸气后变成浓氨水溶液，浓氨水溶液再经溶液泵升压后进入发生器，被加热蒸发出氨蒸气而变成稀氨水溶液。

氨 - 水吸收式制冷循环的工作原理如图 8-4-2 所示。

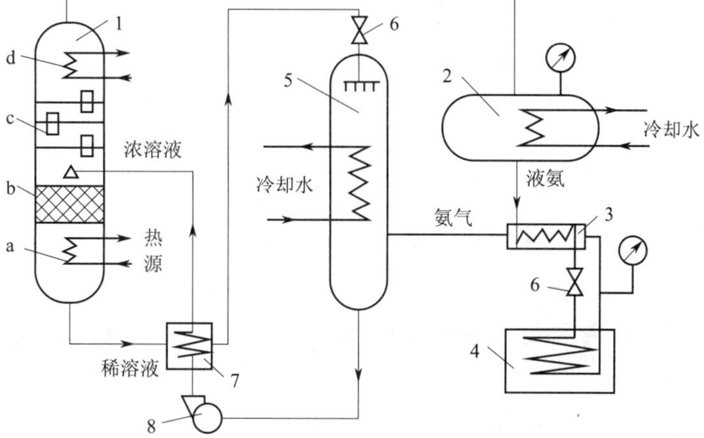

图 8-4-2 氨 - 水吸收式制冷循环的工作原理

1—精馏塔；2—冷凝器；3—回热器；4—蒸发器；5—吸收器；6—节流阀；7—溶液热交换器；8—溶液泵；
a—发生器；b—提馏段；c—精馏段；d—回流冷凝器

2）扩散 - 吸收式制冷

扩散 - 吸收式制冷采用的也是氨 - 水吸收式制冷原理，但循环工质为三组分，其中氨为制冷剂，稀氨水溶液为吸收剂，氢气为扩散剂。这种制冷方式由于在蒸发器和吸收器中产生氨和氢的扩散，故被称为扩散 - 吸收式制冷。扩散 - 吸收式制冷系统压力的平衡是通过向蒸发器和吸收器导进氢气实现的，系统中各部分的总压力几乎都是相等的，但由于氢气的存在，氨的分压力在各处并不相同，氨蒸气在蒸发器和吸收器（低压端）中的分压力就比没有氢气的发生器和冷凝器（高压端）中的分压力低，因而氨便在低温低压下在蒸发器内汽化，而在高温高压下在冷凝器中凝聚成液体。在蒸发器中，汽化后的氨蒸气与氢气形成氢氨混合气体，氨在氢氨混合气体中分压很小（2~3 bar），而氢的分压较大（12~13 bar），氨就从氨液中激烈地蒸发出来，而扩散到混合气体中，此过程相当于蒸气压缩式制冷中的节流过程，氨液从 14 bar 的高压降至 2 bar 左右的低压，故吸热汽化而产生制冷效应。在吸收器中，氢氨混合气体中的氨蒸气被稀氨水溶液所吸收，而氢气不溶于稀氨水，其密度小，可轻易向上活动进入蒸发器，从而促进制冷蒸气在系统内的循环。

吸收 - 扩散式制冷系统由贮液器、溶液热交换器、气泡泵、上升管、发生器、精馏器、冷凝器、液封、蒸发器、气体热交换器、吸收器组成。下面将扩散 - 吸收式制冷系统中氨水溶液、氢和氨三种物质的循环过程叙述如下。

Ⅰ. 氨水溶液的循环过程

从贮液器出来的浓氨水溶液，经溶液热交换器与来自发生器的稀氨水溶液预热后，进入气泡泵被太阳能集热器提供的热媒水（或其他热源）加热沸腾，产生气泡向上运动并将溶液沿上升管提升到发生器内继续蒸发，将氨蒸发出来，使浓氨水溶液变成稀氨水溶液，并从发生器底部流出，经溶液热交换器与来自贮液器的浓氨水溶液换热后，进入吸收器上部吸收从贮液器来的氢氨混合气中的氨气，从而变成浓氨水溶液并流回贮液器中。

Ⅱ. 氢氨混合气体的循环过程

从发生器出来的氨蒸气和水蒸气进入精馏器中，与外界环境进行换交热后使温度降低，将水蒸气分离出来流回发生器，氨蒸气进入冷凝器中冷凝成液氨，然后液氨进入蒸发器中吸收外界环境的热量并释放汽化潜热实现制冷。蒸发器中的氨气与从吸收器来的氢气相混合成为氢氨混合气，随着蒸发过程不断进行，氨蒸气的分压不断上升，含氨较多的低温氢氨混合气体经气体热交换器换热后进入贮液器中。从贮液器出来的氢氨混合气体进入吸收器自下向上活动，与来自溶液热交换器的稀氨水溶液接触，由于氢氨混合气体中的氨被稀氨水溶液吸收后，其分压力逐步下降，不但保证了蒸发器中的稳定低压，同时使氨在氢氨混合气体中所占分量越来越小，最后差不多全部为氢气，因氢气比较轻，从吸收器顶部释放出来，进入气体热交换器降温后，进入蒸发器中重新开始循环。

采用热管式真空管集热器与吸收式制冷机相结合的家用空调，为太阳能的应用开辟了一个新的领域，不仅可以大幅度降低空调的电耗，节省运行费用，而且还能大大减少常规能源的消耗，减少温室气体以及氟利昂对大气的污染，有利于节约资源、保护环境，具有明显的经济效益、社会效益和环境效益。

参考文献

[1] 黄翔. 空调工程 [M]. 北京：机械工业出版社，2017.

[2] 郑爱平. 空气调节工程 [M]. 北京：科学出版社，2016.

[3] 姚杨、暖通空调热泵技术 [M]. 北京：中国建筑工业出版社，2008.

[4] 石文星，王宝龙，邵双全. 小型空调热泵装置设计 [M]. 北京：中国建筑工业出版社，2013.

[5] 石文星，田长青，王宝龙. 空气调节用制冷技术 [M]. 北京：中国建筑工业出版社，2016.

[6] 贾永康. 建筑设备工程冷热源系统 [M]. 北京：机械工业出版社，2013.

[7] 张昌. 热泵技术与应用 [M]. 北京：机械工业出版社，2015.

[8] 钟晓晖，勾是君. 吸收式热泵技术及应用 [M]. 北京：冶金工业出版社，2014.

[9] 吴德明，蔡振东. 离心泵应用技术 [M]. 北京：中国石化出版社，2013.

[10] 陈东. 热泵技术手册 [M]. 北京：化学工业出版社，2012.

[11] 马最良，姚杨，姜益强，等. 热泵技术应用理论基础与实践 [M]. 北京：中国建筑工业出版社，2010.

[12] 钟晓晖，勾昱君. 吸收式热泵技术及应用 [M]. 北京：冶金工业出版社，2014.

[13] 吴延鹏. 制冷与热泵技术 [M]. 北京：科学出版社，2018.

[14] 李元哲，姜蓬勃，许杰. 太阳能与空气源热泵在建筑节能中的应用 [M]. 北京：化学工业出版社，2015.

[15] 贺俊杰. 制冷技术 [M]. 北京：机械工业出版社，2012.

[16] 吕悦. 地源热泵系统设计与应用 [M. 北京：机械工业出版社，2014.

[17] 陈晓. 地表水源热泵理论及应用 [M]. 北京：中国建筑工业出版社，2011.

[18] 濮伟. 制冷空调机器设备 [M 幻. 北京：机械工业出版社，2013.

[19] 陈福祥. 制冷空调装置操作安装与维修 [M 门. 北京：机械工业出版社，2009.

[20] 孙见君. 制冷空调自动化 [M]. 北京：机械工业出版社，2017.

[21] 党天伟. 制冷与热泵技术 [M]. 西安：西北工业大学出版社，2020.

ДВУЯЗЫЧНЫЕ УЧЕБНЫЕ МАТЕРИАЛЫ ДЛЯ
ПРОФЕССИОНАЛЬНО-ТЕХНИЧЕСКОГО ОБУЧЕНИЯ

Отопление, вентиляция и кондиционирование воздуха

Главные редакторы: Дан Тяньвэй, Вэй Сюйчунь

天津大学出版社

Данные каталогизации книг в публикации(CIP)

Технология отопления， вентиляции и кондиционирования/ главные редакторы： Дан Тяньвэй， Вэй Сюйчунь. — Тяньцзинь： Издательство Тяньцзиньского университета， сентябрь 2023 г.

Двуязычные учебные материалы для профессионально-технического обучения

ISBN 978-7-5618-7607-7

Ⅰ.①Отопление… Ⅱ.①Дан… ②Вэй… Ⅲ.① Отопительное оборудование — Двуязычное обучение — Высшее профессионально-техническое обучение — Учебно-методические материалы ②Вентиляционное оборудование — Двуязычное обучение — Высшее профессионально-техническое обучение — Учебно-методические материалы ③Оборудование для кондиционирования воздуха — Двуязычное обучение — Высшее профессионально-техническое обучение — Учебно-методические материалы Ⅳ.①TU83

Китайская библиотека с правом получения обязательного экземпляра, № CIP：（2023）187192

Издательство	Издательство Тяньцзиньского университета
Адрес	300072，г. Тяньцзинь，д.92，в Тяньцзиньском университете
Телефон	Отдел выпуска，022-27403647
URL-адрес	www.tjupress.com.cn
Печать	ООО «Пекинская научно-техническая компания по сетевому коммерческому печатанию «Шэньтун»»
Комиссионная продажа	Книжные магазины Синьхуа по всей стране
Формат книги	787мм × 1092 мм
Печ. л.	35.75
Количество слов	949 тыс.
Издание	Версия 9 сентябрь 2023г.
Версия печати	Первоочередная версия，сентябрь 2023 года
Цена	116，00 юаней

При наличии проблем с качеством， таких как отсутствие страниц， перевернутые страницы， неполные страницы и т.д.， пожалуйста обратитесь в отдел дистрибуции нашего издательства для обмена

Редакционная коллегия

Предисловие

Мастерская имени Лу Баня в Таджикистане построена Тяньцзиньским профессионально-техническим университетом управления городским строительством и Таджикским техническим университетом имени академика М. С. Осими с целью укрепления сотрудничества между Китаем и Таджикистаном в области прикладной технологии и профессионально-технического обучения, а также совместного использования высококачественных ресурсов китайского профессионально-технического обучения.

Данный учебник основан на потребностях в обучении и преподавании при мастерской имени Лу Баня в Таджикистане. С целью подготовки высококвалифицированных технических специалистов в области прикладной технологии теплоснабжения города, центр практического обучения технологиям зеленой энергетики при мастерской имени Лу Баня, используя тренажеры для обучения технологиям трубопроводов и отопления, ориентировано на распространение знаний о технологиях экологически чистой энергетики, представляет миру знания о экологически чистых системах холодоснабжения и теплоснабжения и технологиях Китая.

Материал разработан в соответствии с проектной моделью и концепцией профессионального образования, ориентированной на практические рабочие задачи, выделяет особенности связи профессионально-технического обучения и практического образования, делает акцент на сочетании теории и практики, интегрируя модульное обучение через теорию и практику. Пособие сопровождается информационными учебными ресурсами, которые можно просмотреть, отсканировав QR-код в книге с помощью мобильного телефона.

Данное учебное пособие объединяет в себе знания о тепловых насосах, центральном кондиционировании воздуха и примеры практического использования тепловых насосов, удовлетворяет требованиям воспитания способности специалистов в области прикладных технологий теплоснабжения городов,

теплогазоснабжения, вентиляции и кондиционирования воздуха, окружающей среды зданий и оборудования. Учебник состоит из 8 учебных проектов, 35 типичных задач и 22 видеоматериалов. Согласно нормам восприятия знаний учащимися, каждая задача состоит из таких разделов, как «Задача проекта», «Подготовка к задаче», «Выполнение задачи», «Обучение навыкам», «Размышление и тренировка». Проект I и проект II были подготовлены Дан Тяньвэй и Вэй Сюйчунь, проект III - Гао Юйли и Вэй Сюйчунь, проект IV - Лю Цзе и Гулизану Алиму, проект V - Ван Синьхуа, проект VI - Шань Юаньтай, проект VII - Ван Цзе, проект VIII обработан и предоставлен Ли Бо. В разработке учебных материалов принял и участие Т. Р. Холмуратов, П. С. Хужаев, Р. Г. Абдуллаев из кафедры теплогазоснабжения и вентиляции Таджикского технического университета имени академика М.С. Осими. Дан Тяньвэй и Вэй Сюйчунь выполнили планирование и заключительное редактирование всего учебника. У Хайюе участвовала в проверке перевода.

Данное пособие составлено на китайском и русском языках, подходит для обучения и профессиональной подготовки в различных учебных заведениях стран с китайской и русской языковой средой, может служить справочным пособием для конструкторов, строителей, инспекторов и других специалистов по специальности теплогазоснабжения, вентиляции и кондиционирования воздуха, окружающей среды зданий и оборудования.

Данный учебник был разработан при содействии и поддержке со стороны ООО «Тяньцзиньской энергетической инвестиционной корпорации», ООО «Тяньцзиньской теплоэнергетической компании», ООО «Тяньцзиньскому институту планирования и проектирования газового отопления», ООО «Тяньцзиньской компании по геотермальной разработке», ООО «Шаньдунской компании по производству технологического оборудования Дунлян» и ООО «Компании по управлению интеллектуальной энергией» с учетом соответствующих литературных материалов, в связи с чем мы выражаем искреннюю благодарность.

Из-за ограниченности объема знаний редакторов в данной области, книга может содержать некоторые ошибки и недочеты, поэтому критика и исправления от читателей приветствуется.

от Редактора

Июль 2023 года

Содержание

Проект I

Парокомпрессионный цикл охлаждения

【Описание проекта】

Охлаждение — это технология, которая позволяет снизить температуру определенного пространства или объекта до уровня ниже температуры окружающей среды и удерживать ее на заданном низком уровне. Данная технология развивается по мере повышения потребностей людей в низкотемпературных условиях и повышением общественной производительности. В настоящее время наиболее широко применяется паровое охлаждение, в котором используются парокомпрессионные охладительные установки. Данный проект позволяет читателю получить более полное представление о парокомпрессионном охлаждении и заложить основу для последующего изучения технологии охлаждения путем ознакомления с одноступенчатым, двухступенчатым и каскадным парокомпрессионным циклом охлаждения.

【Цель проекта】

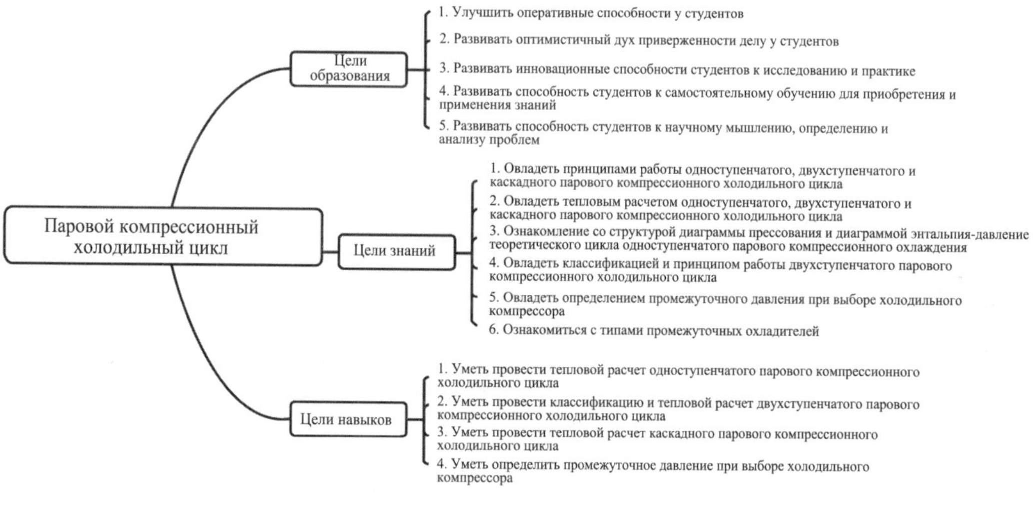

Задача I Одноступенчатый парокомпрессионный цикл охлаждения

【Подготовка к задаче】

В повседневной жизни все мы сталкивались с тем, что если нанести на кожу спиртовую жидкость, можно обнаружить, что спирт быстро высыхает и придает коже ощущение прохлады. В чем же причина? Это связано с тем, что спирт, превращаясь из жидкости в газ, поглощает тепло кожи. Парокомпрессионное охлаждение использует физическое свойство поглощения тепла при испарении жидкости для достижения цели охлаждения. В данной задаче в основном изучается одноступенчатый парокомпрессионной цикл охлаждения.

1. Теоретический цикл одноступенчатого парокомпрессионного охлаждения

Обратный цикл Карно состоит из двух изотермических процессов и двух адиабатических процессов, но практический применяемый теоретический цикл парокомпрессионного охлаждения состоит из двух изобарических процессов, одного процесса адиабатического сжатия и одного процесса адиабатического дросселирования. В отличие от обратного цикла Карно (идеального цикла охлаждения):

(1) Для сжатия пара применяется сухое сжатие вместо влажного, компрессор всасывает насыщенный пар вместо влажного;

(2) Использование расширительного клапана вместо расширителя. Понижение давления хладагента осуществляется адиабатическим дросселированием расширительного клапана;

(3) Процессы теплопередачи хладагента в конденсаторе и испарителе

являются изобарическими процессами, с разницей температур теплопередачи.

На рисунке 1-1-1 показана схема теоретического цикла парокомпрессионного охлаждения. Он состоит из четырех основных устройств, таких как компрессор, конденсатор, расширительный клапан и испаритель, которые последовательно соединяются между собой трубами, образуя замкнутую систему. Процесс работы заключается в следующем: компрессор всасывает пары хладагента низкого давления и низкой температуры, образующийся в испарителе, в цилиндр. После сжатия компрессором повышаются давление и температура паров хладагента, после чего хладагент высокого давления и высокой температуры сливается в конденсатор; в конденсаторе пары хладагента высокого давления и высокой температуры выполняют теплообмен с относительно низкотемпературной охлаждающей водой (или воздухом), передавая тепло охлаждающей воде (или воздуху), а сам хладагент выделяет тепло и конденсируется из газа в жидкость; такой жидкий хладагент, через расширительный клапан, под высоким давлением дросселируется и понижает давление и температуру, после чего поступает в испаритель; в испарителе жидкий хладагент низкого давления и низкой температуры поглощает тепло охлаждаемого объекта (например, продуктов питания или охлажденной воды для кондиционирования воздуха) и испаряется, в то время как охлаждаемый объект (например, продукты питания или охлажденная вода кондиционера) охлаждается, и пары хладагента низкого давления и низкой температуры, образующиеся в испарителе, поглощаются компрессором. Следовательно, хладагент проходит в системе четыре процесса, т.е. сжатие, конденсацию, дросселирование, парообразование (испарение), таким образом завершая цикл охлаждения.

Подводя итог, теоретический цикл парокомпрессионного охлаждения можно свести к следующим четырем этапам.

(1) Изобарический, парообразовательный и эндотермический процесс жидкости хладагента низкого давления и низкой температуры (с паром в небольшом количестве) в испарителе, т.е. взятие тепла от низкотемпературного предмета. Процесс заключается в парообразовании хладагента из жидкости в газ при неизменном давлении.

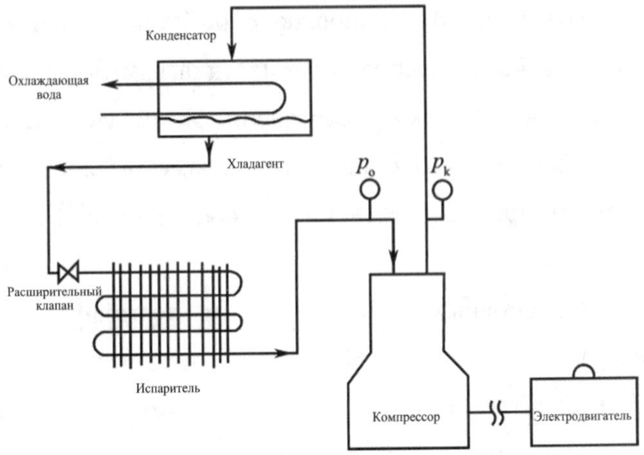

Знание испарителя и конденсатора

Рис. 1-1-1 Схема теоретического цикла парокомпрессионного охлаждения

(2) Процесс адиабатического сжатия пара хладагента при низком давлении и температуре в компрессоре. Этот процесс является компенсационным и потребляет внешнюю энергию (электроэнергию) для реализации цикла охлаждения.

(3) В процессе охлаждения и конденсации под постоянным давлением пара хладагента высокого давления и высокой температуры в конденсаторе, означает, что тепло, которое взято из охлаждаемого объекта (низкотемпературного объекта), вместе с теплом, преобразованным за счет работы, потребляемой компрессором, полностью отводится охлаждающей водой (высокотемпературным объектом), а сам хладагент конденсируется из газа в жидкость при постоянном давлении.

(4) Жидкий хладагент под высоким давлением дросселируется и давления сбрасывается через расширительный клапан, создавая условия для испарения жидкого хладагента в испарителе.

Таким образом, парокомпрессионный цикл охлаждения представляет собой процесс, в котором хладагент берет тепло из низкотемпературных объектов (продуктов питания или охлажденной воды для кондиционирования воздуха) в испарителе, и передается такое тепло высокотемпературным объектам (охлаждающей воде или воздуху) через конденсатор.

2. Диаграмма энтальпия-давление одноступенчатого парокомпрессионного теоретического цикла охлаждения

1) Структура диаграммы энтальпия-давление (диаграммы lg p-h)

В системе охлаждения, изменение термодинамического состояния

хладагента может быть проиллюстрировано с помощью таблицы и диаграммы термодинамических свойств. Использование диаграммы термодинамических свойств для изучения всего цикла охлаждения позволяет не только изучить каждый процесс в цикле и легко определить параметры состояния хладагента, но и визуально увидеть процесс изменения и характеристики каждого состояния в цикле.

Существует два основных типа диаграмм термодинамических свойств хладагентов: диаграмма энтропия-температура (диаграмма T-S) и диаграмма энтальпия-давление (диаграмма $\lg p$-h). В связи с тем, что теплопоглощение и парообразование хладагента в испарителе, а также тепловыделение и конденсация хладагента в конденсаторе осуществляются при постоянном давлении, теплообмен во время процесса постоянного давления и работа, потребляемая компрессором во время адиабатического процесса сжатия, могут быть рассчитаны по разности энтальпий, к тому же значение энтальпии не изменяется после адиабатического дресселирования хладагента через расширительный клапан, поэтому в инженерном отношении удобнее провести тепловой расчет цикла охлаждения с помощью диаграммы $\lg p$-h хладагента.

Структура диаграммы энтальпия-давление (диаграммы $\lg p$-h) показана на рисунке 1-1-2. Где, в качестве ординаты используется давление (для уменьшения диаграммы, обычно берется логарифмическая координата, но значение, полученное из диаграммы, все равно является абсолютным давлением, а не логарифмическим значением давления), а энтальпия используется в качестве абсциссы. На рисунке 1-1-2 показаны одна точка, две линии и три зоны: точка k — критическая точка; справа от точки k находится линия сухого насыщенного пара (верхняя граничная линия) с сухостью x=1, слева от точки k — линия насыщенной жидкости (нижняя граничная линия) с сухостью x=0. Две линии насыщенности делят диаграмму на три зоны: слева от нижней граничной линии — зона переохлажденной жидкости, справа от верхней граничной линии — зона перегретого пара, а между ними — зона влажного пара. На рисунке 1-1-2 также представлен ряд изопараметрических линий, таких как изобара p=c, изоэнтальпа h=c, изотерма t=c, изэнтропа S=c, линия изостерического объема v=c, линия изобарности x=c, где c — определенная постоянная.

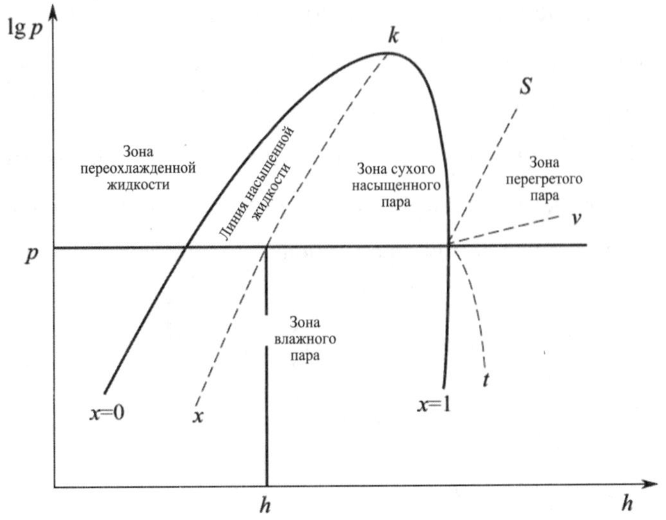

Рис. 1-1-2 Структура диаграммы lg *p-h*

(1) Изобара: горизонтальная линия.

(2) Изоэнтальпа: вертикальная линия.

(3) Изотерма: практически вертикальная в зоне переохлажденной жидкости; поскольку в зоне влажного пара происходит изменение состояния рабочего тела при изобарном и изотермическом режимах, изотерма совпадает с изобарой и является горизонтальной линией; в зоне перегретого пара — наклонная линия, изгибающаяся вниз вправо.

(4) Изэнтропа: пунктирная линия, наклоненная вверх вправо.

(5) Линия изостерического объема: пунктирная линия, имеющая наклон вверх вправо, но более плоская, чем изэнтропа.

(6) Линия изосухости: существует только в зоне влажного пара, и ее направление примерно аналогично линии насыщенной жидкости или линии сухого насыщенного пара, в зависимости от величины сухости.

Среди таких параметров, как давление, температура, удельный объем, удельная энтальпия, удельная энтропия, сухость и т. д., достаточно знать любые два из этих параметров состояния, чтобы на диаграмме lg *p-h* найти точку, представляющую это состояние, на такой точке также можно прочитать другие значения параметров. Для насыщенного пара и жидкости, если известен один параметр состояния, можно определить точку его состояния на диаграмме lg *p-h*.

Диаграмма энтальпия-давление является важным инструментом для анализа

и расчета цикла охлаждения, и следует хорошо владеть знаниями о ней.

2) Выражение теоретического цикла одноступенчатого парокомпрессионного охлаждения в диаграмме энтальпия-давление

Для дальнейшего понимания процесса изменения состояния хладагента в одноступенчатой парокомпрессионной охладительной установке, процесс ее теоретического цикла охлаждения представлен на диаграмме энтальпия-давление (рисунок 1-1-3) .

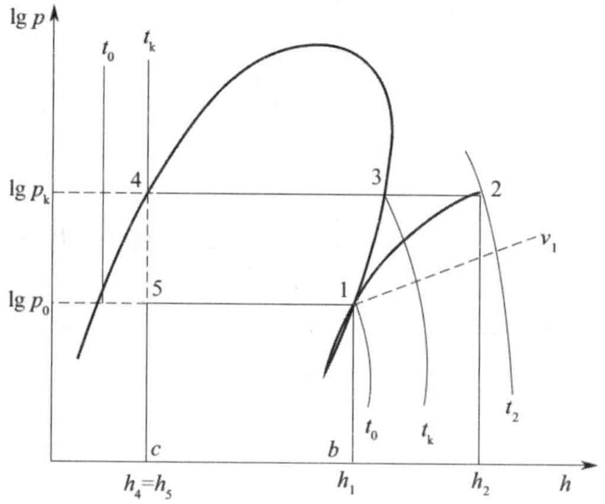

Рис. 1-1-3 Выражение теоретического цикла одноступенчатого парокомпрессионного охлаждения в диаграмме lg *p-h*

Точка 1: Состояние хладагента, выходящего из испарителя, также является его состоянием во время входа в компрессор; без учета перегрева, хладагент, поступающий в компрессор, представляет собой сухой насыщенный пар. Найдите соответствующую p_0 на основе известного t_0, а затем определите точку 1 исходя из пересечения изобары p_0 с линией сухого насыщенного пара x=1.

Точка 2: Состояние, при котором пар хладагента под высоким давлением выходит из компрессора и попадает в конденсатор. Энтропия в процессе адиабатического сжатия остается неизменной, т.е. S_1=S_2, поэтому точку 2 можно получить на пересечении линии с началом точки 1 по изэнтропе (S=c) вверх с изобарой p_k.

Процесс 1 → 2: Процесс адиабатического сжатия хладагента в компрессоре, требующий механической работы.

Точка 4: Хладагент конденсируется в конденсаторе до состояния насыщенной жидкости, т.е. до состояния его выхода из конденсатора. Точка 4

может быть получена путем пересечения изобары p_k с линией насыщенной жидкости ($x=0$) .

Процесс 2 → 3 → 4: Процесс, в котором пар хладагента подвергается изобарическому охлаждению (2 → 3) и изобарической конденсации (3 → 4) в конденсаторе; в этом процессе хладагент отдает тепло охлаждающей воде (или воздуху) .

Точка 5: Состояние хладагента, выходящего из расширительного клапана и поступающего в испаритель.

Процесс 4 → 5: Процесс дросселирования хладагента в расширительном клапане. Значение энтальпии до и после дросселирования не изменяется ($h_4=h_5$), давление уменьшается от p_k до p_0, а температура уменьшается от t_k до t0. Линия насыщенной жидкости входит в зону влажного пара, что свидетельствует о том, что жидкий хладагент производит небольшое количество газа после дросселирования жидкости. Поскольку процесс дросселирования является необратимым, такой процесс представлен пунктирной линией на диаграмме энтальпия-давление. Точка 5 может быть найдена путем пересечения точки 4 по линии изэнтальпии с изобарической линией p_0.

Процесс 5 → 1: Процесс испарения и поглощения тепла хладагента в испарителе под постоянным давлением, в котором p_0 и t_0 остаются неизменными; жидкость хладагента с низким давлением и низкой температурой поглощает тепло охлаждаемого предмета таким образом, что температура снижается для достижения цели охлаждения.

После того как хладагент проходит процесс 1 → 2 → 3 → 4 → 5 → 1, основной теоретический цикл охлаждения завершается.

3. Термодинамический расчет теоретического цикла одноступенчатого парокомпрессионного охлаждения

Термодинамический расчет теоретического цикла охлаждения выполняется на основе известных условий, таких как определенная холодопроизводительность охладительной установки, температуры испарения, конденсации и переохлаждения хладагента, а также температуры всасывания компрессора.

Целью термодинамического расчета теоретического цикла охлаждения является, в частности, расчет показателей характеристик цикла охлаждения, производительности и мощности компрессора, тепловой нагрузки теплообменного оборудования, для получения необходимых данных при выборе компрессора и

другого охладительного оборудования.

1) Определение известных условий

Перед проведением термодинамического расчета теоретического цикла одноступенчатого парокомпрессионного охлаждения, сначала необходимо определить следующие условия.

Ⅰ. Холодопроизводительность охладительной установки φ_0

Холодопроизводительность означает количество тепла, поглощаемого охладительной установкой от охлаждаемого предмета за единицу времени при определенной рабочей температуре. Эта холодопроизводительность является показателем охлаждающей способности охладительной установки в кВт, и, как правило, используется в системах кондиционирования воздуха, охлаждении пищевых продуктов и других процессах, использующих холод.

Ⅱ. Температура испарения хладагента t_0

Температура испарения — это температура, при которой жидкость хладагента испаряется в испарителе, и определяется в зависимости от используемого холодоносителя (охлаждающей среды), т.е. охлажденной, солевой воды и воздуха.

При использовании воздуха в качестве хладагента в холодильнике, температура испарения хладагента должна быть ниже требуемой температуры воздуха в холодильнике на 8-10 ℃, т.е.:

$$t_0 = t' - (8\sim10\ ℃) \qquad (1\text{-}1\text{-}1)$$

При использовании воды или солевой воды в качестве холодоносителя в кондиционировании воздуха или других процессах охлаждения, температура испарения хладагента определяется в зависимости от типа выбранного испарителя.

При выборе горизонтального кожухотрубного испарителя, температура испарения хладагента на 2-4 ℃ ниже температуры холодоносителя, т.е.

$$t_0 = t' - (2\sim4\ ℃) \qquad (1\text{-}1\text{-}2)$$

Если используется горизонтальный кожухотрубный испаритель, температура испарения хладагента должна быть ниже температуры холодоносителя на 4-6 ℃, т.е.:

$$t_0 = t' - (4\sim6\ ℃) \qquad (1\text{-}1\text{-}3)$$

Ⅲ. Температура конденсации хладагента t_h

Температура конденсации — это температура, при которой хладагент

сжижается в конденсаторе, и определяется в зависимости от формы конструкции конденсатора и используемой охлаждающей среды (например, охлаждающей воды или воздуха).

При использовании конденсатора с водяным охлаждением, температура конденсации хладагента должна превышать среднюю температуру охлаждающей воды на входе и выходе (t_{pj}, ℃) на 5-7 ℃, т.е.:

$$t_k=t_{pj}+(5\sim7\ ℃) \qquad (1\text{-}1\text{-}4)$$

Где: t_{pj}——средняя температура охлаждающей воды на входе и выходе конденсатора, ℃

При использовании конденсатора с воздушным охлаждением, температура конденсации хладагента должна быть на 15 ℃ выше расчетной температуры наружного воздуха по сухому термометру (t_g, ℃) при кондиционировании воздуха летом, т.е.:

$$t_k=t_g+15\ ℃ \qquad (1\text{-}1\text{-}5)$$

При использовании испарительного конденсатора, температура конденсации хладагента должна быть на 8-15 ℃ выше расчетной температуры наружного воздуха по влажному термометру (t_s, ℃) при кондиционировании воздуха летом, т.е.:

$$t_k=t_s+(8\sim15\ ℃) \qquad (1\text{-}1\text{-}6)$$

Разность температур между входом и выходом охлаждающей воды конденсатора с водяным охлаждением должна быть выбрана в соответствии со следующими значениями: 2-4 ℃ для вертикального кожухотрубного конденсатора, 4-8 ℃ для горизонтального кожухотрубного и двухтрубного конденсаторов; 2-3 ℃ для оросительного конденсатора. В том числе, при высокой температуре на входе охлаждающей воды, разница температур должна быть меньше; при низкой температуре на входе, разница температур должна быть больше.

Пример 1-1-1:

Если температура охлаждающей воды на входе в конденсатор составляет t_1=26 ℃, используется вертикальный кожухотрубный конденсатор. Повышение температуры воды в конденсаторе составляет Δt=2-4 ℃, а температура охлаждающей воды на выходе из конденсатора — t_2=26+3=29 ℃, тогда температура конденсации хладагента составляет:

$$t_k=t_{pj}+(5\sim7)=\frac{26+29}{2}+6=33.5\ ℃$$

Значение t_k может быть принято как 34 ℃.

Ⅳ. Температура переохлаждения хладагента t_{rc}

Температура переохлаждения означает температуру хладагента ниже температуры конденсации при давлении конденсации p_k. Температура переохлаждения на 3-5 ℃ ниже температуры конденсации, т.е.:

$$t_{rc}=t_k-(3\text{–}5\ ℃) \qquad (1\text{-}1\text{-}7)$$

Ⅴ. Температура всасывания компрессора t_1

Для аммиачного компрессора, температура всасывания на 5-8 ℃ выше температуры испарения, т.е. $t_1=t_0+(5\text{–}8\ ℃)$; для фреонового компрессора, температура всасывания составляет 15 ℃, если применяется регенеративный цикл.

2) Термодинамический расчет теоретического цикла одноступенчатого парокомпрессионного охлаждения

После того как определены вышеуказанные известные условия, на диаграмме lg p-h можно обозначить точки состояния цикла охлаждения, нарисовать рабочий процесс цикла и определить параметры состояния каждой точки на диаграмме, таким образом выполняя тепловой расчет. Рисунок 1-1-4 может быть использован для выполнения теплового расчета теоретического цикла одноступенчатого парокомпрессионного охлаждения.

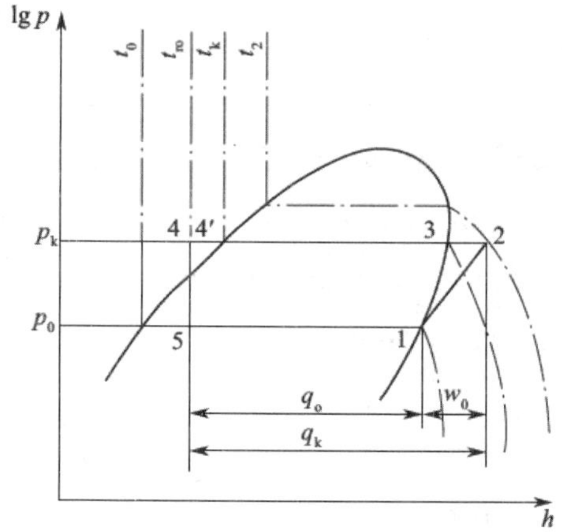

Рис. 1-1-4 Конкретное выражение одноступенчатого парокомпрессионного цикла охлаждения на диаграмме энтальпия-давление

Ⅰ. Холодопроизводительность на единицу массы q_0

Холодопроизводительность на единицу массы относится к теплу,

поглощенному 1кг хладагента в испарителе (кДж/кг) . На рисунке 1-1-4 холодопроизводительность на единицу массы может быть рассчитана по разнице энтальпии между точками 1 и 5, т.е.:

$$q_0=h_1-h_5 \qquad (1\text{-}1\text{-}8)$$

II . Холодопроизводительность на единицу объема q_v

Холодопроизводительность на единицу объема представляет собой тепло, поглощаемое компрессором в испарителе при всасывании 1м^3 паров хладагента, т.е.:

$$q_v = \frac{q_0}{v_1} = \frac{h_1 - h_5}{v_1} \ (\text{kg/m}^3) \qquad (1\text{-}1\text{-}9)$$

Где v_1——удельный объем паров хладагента, всасываемых компрессором, м^3/кг.

Среди них, v_1 связан со свойствами хладагента и сильно зависит от давления испарения p_0; как правило, чем ниже температура испарения хладагента, тем больше значение v_1, и тем меньше значение q_0.

III . Массовый расход хладагента в охлаждающей установке *MR*

Массовый расход хладагента в охлаждающей установке означает массу пара хладагента, всасываемого компрессором за секунду, т.е.:

$$M_R = \frac{\varphi_0}{q_0}(\text{kg/s}) \qquad (1\text{-}1\text{-}10)$$

Где φ_0——холодопроизводительность охлаждающей установки, кДж/с или кВт.

IV . Объемный расход хладагента в охлаждающей установке *VR*

Объемный расход хладагента в охлаждающей установке означает объем пара хладагента, всасываемого компрессором за секунду, т.е.:

$$V_R = M_R v_1 = \frac{\varphi_0}{q_0} v_1 \ (\text{m}^3/\text{s}) \qquad (1\text{-}1\text{-}11)$$

V . Тепловая нагрузка конденсатора φk

Тепловая нагрузка конденсатора — это тепло, отдаваемое хладагентом охлаждающей воде (или воздуху) в конденсаторе. Если переохлаждение жидкости хладагента происходит в конденсаторе, то тепловая нагрузка конденсатора рассчитывается согласно разнице энтальпией в точках 2 и 4 на диаграмме lg p-h, т.е.:

$$q_k=h_2-h_4 \ (\text{кВт}) \qquad (1\text{-}1\text{-}12)$$

$$\varphi_k = M_R q_k = MR\,(h_2 - h_4)\,(\text{кВт}) \quad (1\text{-}1\text{-}13)$$

Ⅵ. Теоретическая потребляемая мощность компрессора p_{th}

Теоретическая потребляемая мощность компрессора относится к теоретической работе, израсходованной на сжатие и транспортировку хладагента, т.е.:

$$W_0 = h_2 - h_1 \quad (1\text{-}1\text{-}14)$$

$$p_{th} = M_R W_0 = M_R\,(h_2 - h_1) \quad (1\text{-}1\text{-}15)$$

Ⅶ. Теоретический коэффициент охлаждения ε_{th}

$$\varepsilon_{th} = \frac{\varphi_0}{p_{th}} = \frac{q_0}{W_0} = \frac{h_1 - h_5}{h_2 - h_1} \quad (1\text{-}1\text{-}16)$$

Пример 1-1-2: Требуемая холодопроизводительность системы кондиционирования составляет 25кВт, в качестве хладагента применяется аммиак. Пользователю системы кондиционирования требуется подача охлажденной воды с температурой 10 ℃. В качестве охлаждающей воды можно использовать речную воду. Максимальная температура воды 32 ℃. В системе не предусмотрен специальный охладитель, переохлаждение жидкости проводится в конденсаторе, при этом производится термодинамический расчет охлаждающей установки.

Решение:

(1) Определить условия работы охлаждающей установки.

① При применении вертикально-трубного испарителя, температура испарения хладагента должна быть ниже температуры холодоносителя на 4-6 ℃, т.е.:

$$t_0 = t' - (4\text{-}6\ ℃) = 10 - 5 = 5\ ℃$$

Где $p0$, соответствует температуре испарения, = 0, 5158 МПа.

② Температура конденсации хладагента превышает среднюю температуру охлаждающей воды на входе и выходе на 5-7 ℃, т.е.:

$$t_k = t_{pj} + (5\text{-}7\ ℃)$$

При использовании вертикального кожухотрубного конденсатора, повышение температуры охлаждающей воды в конденсаторе составляет 3 ℃, а температура охлаждающей воды на выходе из конденсатора составляет $t_2 = t_1 + 3$ ℃ $= 32+3 = 35$ ℃, то $t_k =$ 32 + 35 +6=39.5 ℃, где $t_k = 40$ ℃. То p_k соответствует температуре испарения = 1,5549 МПа.

③ Температура переохлаждения ниже температуры конденсации на 3-5 ℃, а температура переохлаждения равна 5 ℃, то температура переохлаждения

составляет:

$$t_{rc}=t_k-5=40-5=35\ ℃$$

④ Температура всасывания компрессора выше температуры испарения на 5 ℃, т.е.:

$$t_1=t_0+5=5+5=10\ ℃$$

(2) Определить параметры каждой точки состояния.

В соответствии с вышеуказанными известными условиями, на диаграмме lg *p*-*h* для R717 нарисован процесс работы цикла охлаждения, как показано на рисунке 1-1-5, и по этому рисунку на диаграмме lg *p*-*h* определены следующие параметры точек состояния.

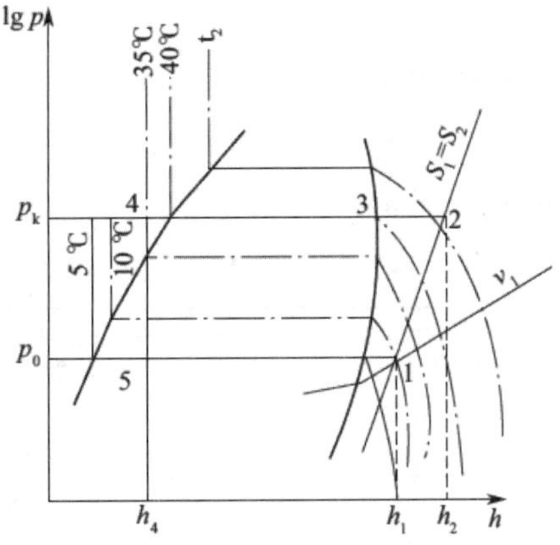

Рис. 1-1-5 Пример 1-1-2

Точка 1 определяется пересечением p_0 с t_1=10 ℃, h_1=1 779 кДж/кг, v_1=0, 25 м^3/кг. Точка 2 определяется путем пересечения линии с началом от точки 1 вверх по изэнтропе с p_k, и h_2=1 940 кДж/кг. Далее путем пересечения t_{rc}=35 ℃ и p_k определяется точка 4, и h_4=662 кДж/кг. Точка 5 определяется путем пересечения линии с началом от точки 4 по изоэнтальпе с p_0, так как $h_4=h_5$, h_5=662 кДж/кг.

(3) Тепловой расчет.

① Холодопроизводительность на единицу массы:

$$q_0=h_1-h_5=1\ 779-662=1\ 117\ кДж/кг$$

② Холодопроизводительность на единицу объема:

$$q_v=\frac{q_0}{v_1}=\frac{1\ 117}{0.25}=4\ 468\ \text{kJ/m}^3$$

③ Массовый и объемный расходы хладагента:

$$M_{\mathrm{R}} = \frac{\varphi_0}{q_0} = \frac{25}{1\,117} = 0.022\,4\ \mathrm{kg/s}$$

$$V_{\mathrm{R}} = M_{\mathrm{R}} v_1 = 0.022\ 4 \times 0.25 = 0.005\ 6\ \mathrm{м^3/s}$$

④ Тепловая нагрузка конденсатора:

$$\varphi_{\mathrm{k}} = M_{\mathrm{R}}(h_2 - h_4) = 0.022\ 4 \times (1\ 940 - 662) = 28.63\ \text{кВт}$$

⑤ Теоретическая потребляемая мощность компрессора:

$$p_{\mathrm{th}} = M_{\mathrm{R}}(h_2 - h_1) = 0.022\ 4 \times (1\ 940 - 1\ 779) = 3.61\ \text{кВт}$$

⑥ Теоретический коэффициент охлаждения:

$$\varepsilon_{\mathrm{th}} = \frac{\varphi_0}{p_{\mathrm{th}}} = \frac{25}{3.61} = 6.93$$

【Выполнение задачи】

Задача выполняется путем завершения отчета в соответствии с формулировкой и задачей проекта 1-1-1 и 1-1-2.

Табл. 1-1-1 Задача проекта

Название задачи	Одноступенчатый парокомпрессионный цикл охлаждения		
Члены группы			
Инструктор-преподаватель		Планируемое время	
Срок реализации		Место реализации	
Содержание и цель задачи			
1. Освоить теоретический цикл одноступенчатого парокомпрессионного охлаждения; 2. Овладеть структурой диаграммы энтальпия-давление (диаграммы lg *p-h*); 3. Ознакомиться с выражением теоретического цикла одноступенчатого парокомпрессионного охлаждения в диаграмме энтальпия-давление; 4. Возможность правильно провести термодинамический расчет теоретического цикла одноступенчатого парокомпрессионного охлаждения.			
Пункты аттестации	1. Теоретический цикл одноступенчатого парокомпрессионного охлаждения; 2. Структура диаграммы энтальпия-давление (диаграммы lg *p-h*); 3. Выражение теоретического цикла одноступенчатого парокомпрессионного охлаждения в диаграмме энтальпия-давление; 4. Термодинамический расчет теоретического цикла одноступенчатого парокомпрессионного охлаждения		
Примечание			

Табл. 1-1-2 Отчет о выполнении задачи проекта

<table>
<tr><td>Название задачи</td><td colspan="3">Одноступенчатый парокомпрессионный цикл охлаждения</td></tr>
<tr><td>Члены группы</td><td></td><td></td><td></td></tr>
<tr><td>Конкретное разделение труда</td><td></td><td></td><td></td></tr>
<tr><td>Планируемое время</td><td></td><td>Фактическое время реализации</td><td></td></tr>
<tr><td>Примечание</td><td colspan="3"></td></tr>
<tr><td colspan="4">1. Если температура охлаждающей воды на входе в конденсатор составляет t_1=22 ℃, используется вертикальный кожухотрубный конденсатор с повышением температуры воды в конденсаторе Δt=3-5 ℃. Какова температура конденсации? (Выполните расчет по примеру 1-1-1)

2. Холодопроизводительность определенной системы кондиционирования воздуха составляет 20 кВт, применяется хладагент R134a, в системе охлаждения применяется регенеративный цикл и известно, что t_0=0 ℃, t_k=40 ℃, хладагент на выходе испарителя и конденсатора находится в насыщенном состоянии, а температура всасывания составляет 15 ℃. Проведите термодинамический расчет теоретического цикла охлаждения. (Выполните расчет по примеру 1-1-2)</td></tr>
<tr><td colspan="4">3. При тепловом расчете одноступенчатого парокомпрессионного цикла охлаждения, почему часто применяется диаграмма lg p-h? Объясните диаграмму lg p-h.

4. Какие рабочие параметры необходимо определить в первую очередь при проведении термодинамического расчета теоретического цикла охлаждения? Что следует включать в термодинамический расчет цикла охлаждения?

5. Коротко опишите выражение теоретического цикла одноступенчатого парокомпрессионного охлаждения в диаграмме энтальпия-давление.</td></tr>
</table>

【Оценка задачи】

Оценка задачи осуществляется по форме комплексной оценки задачи проекта, приведенной в таблице 1-1-3.

Табл. 1-1-3 Форма комплексной оценки задачи проекта

Название задачи: Время оценки: «____»____ ____г.

Детали оценки		Стандартный балл	Полученный балл								
			Члены группы								
			Самооценка группы	Взаимная оценка между группами	Оценка преподавателя	Самооценка группы	Взаимная оценка между группами	Оценка преподавателя	Самооценка группы	Взаимная оценка между группами	Оценка преподавателя
Группа (60 баллов)	Может ли группа понять цели и прогресс обучения в целом	10									
	Существует ли четкое разделение труда между членами группы	10									
	Есть ли у группы сознание сотрудничества	10									
	Есть ли у группы инновационные идеи (методы)	10									
	Добросовестно ли группа заполнила отчет о завершении задачи	10									
	Есть ли у группы проблемы и пути их решения	10									

Детали оценки		Стандартный балл	Полученный балл								
			Члены группы								
			Самооценка группы	Взаимная оценка между группами	Оценка преподавателя	Самооценка группы	Взаимная оценка между группами	Оценка преподавателя	Самооценка группы	Взаимная оценка между группами	Оценка преподавателя
Отдельное лицо (40 баллов)	Подчиняется ли отдельное лицо постановке работы группы	10									
	Выполняет ли отдельное лицо задачи, поставленные группой	10									
	Может ли отдельное лицо своевременно общаться с членами группы	10									
	Может ли отдельное лицо тщательно описать трудности, ошибки и изменения	10									
Всего		100									

【Закрепление знаний】

1. Задание на заполнение пробелов

Структура диаграммы энтальпия-давление (диаграммы lg p-h) .

(1) ______________: горизонтальная линия.

(2) ______________: вертикальная линия.

(3) ______________: практически вертикальная в зоне переохлажденной жидкости; поскольку в зоне влажного пара происходит изменение состояния рабочего тела при изобарном и изотермическом режимах, изотерма совпадает с изобарой и является горизонтальной линией; в зоне перегретого пара—наклонная линия, изгибающаяся вниз вправо.

（4）______________：пунктирная линия，наклоненная вверх вправо.

（5）______________：пунктирная линия，имеющая наклон вверх вправо，но более плоская，чем изэнтропа.

（6）______________：существует только в зоне влажного пара，и ее направление примерно аналогично линии насыщенной жидкости или линии сухого насыщенного пара，в зависимости от величины сухости.

2. Арифметическое задание

（1）Известно，что используется хладагент R22，и производится изэнтропическое сжатие насыщенного пара при давлении 0.2 МПа до 1 МПа. Найдите удельную энтальпию h и температуру t после сжатия.

（2）Известно，что в качестве хладагента в некоторой охлаждающей установке используется R12，холодопроизводительность составляет 16,28кВт，температура испарения в цикле — t_0=−15 ℃，температура конденсации — t_k=30 ℃，температура переохлаждения — t_{rc}=25 ℃，и температура всасывания компрессора — t_1=15 ℃. ① Нарисуйте этот цикл на диаграмме lg p-h；② Определите значения соответствующих параметров（v，h，S，t，p）в каждом состоянии；③ Проведите термодинамический расчет теоретического цикла.

Задача Ⅱ Двухступенчатый парокомпрессионный цикл охлаждения

【Подготовка к задаче】

С широким использованием технологии охлаждения в различных отраслях промышленности，требуемая температура испарения становится все ниже и ниже，а минимальная температура испарения，которая может быть достигнута одноступенчатым парокомпрессионным циклом охлаждения，находится в диапазоне от -40 ℃ до -20 ℃. Когда пользователям нужна более низкая

температура, и ее трудно достичь одноступенчатым парокомпрессионным циклом охлаждения; должен быть использован двухступенчатый парокомпрессионный цикл охлаждения.

Как правило, в одноступенчатых парокомпрессионных циклах охлаждения обычно используются среднетемпературные хладагенты, а их температура испарения может достигать диапазона от -40 ℃ до -20 ℃. Поскольку температура конденсации и соответствующее ей давление конденсации ограничены условиями окружающей среды, коэффициент сжатия p_k/p_0 должен быть большим, для того чтобы получить более низкую температуру испарения при определенном давлении конденсации. Слишком большой коэффициент сжатия приводит к снижению объемной эффективности холодильного компрессора, уменьшению холодопроизводительности, слишком высокой температуре выхлопных газов и разжижению смазочного масла, что может повлиять на нормальную работу холодильного компрессора. Рациональный диапазон коэффициента сжатия одноступенчатого парокомпрессионного холодильного компрессора указан ниже: аммиак — $p_k/p_0 \leqslant 8$, фреон — $p_k/p_0 \leqslant 10$. Если коэффициент сжатия превышает вышеуказанные диапазоны, следует использовать двухступенчатый парокомпрессионный цикл охлаждения.

Главная особенность двухступенчатого парокомпрессионного цикла охлаждения заключается в том, что пар низкого давления из испарителя сначала сжимается холодильным компрессором ступени низкого давления до подходящего промежуточного давления, и охлаждается интеркулером, а затем поступает в холодильный компрессор степени высокого давления для повторного сжатия до давления конденсации. Это позволяет получить более низкую температуру испарения, а также контролировать коэффициент сжатия холодильного компрессора в разумных пределах, обеспечивая безопасную и надежную работу холодильного компрессора.

По принципу работы интеркулера, двухступенчатое сжатие можно разделить на двухступенчатое сжатие с полным промежуточным охлаждением и двухступенчатое сжатие с неполным промежуточным охлаждением. В проекте в аммиачной системе в основном применяется двухступенчатый компрессионный цикл охлаждения с однократным дросселированием и полным промежуточным охлаждением; в фреоновой системе применяется двухступенчатый компрессионный цикл охлаждения с однократным дросселированием и неполным промежуточным

охлаждением.

1. Двухступенчатый компрессионный цикл охлаждения с однократным дросселированием и полным промежуточным охлаждением

1) Принцип работы цикла охлаждения

Принцип работы двухступенчатого компрессионного цикла охлаждения с однократным дросселированием и полным промежуточным охлаждением показан на рисунке 1-2-1.

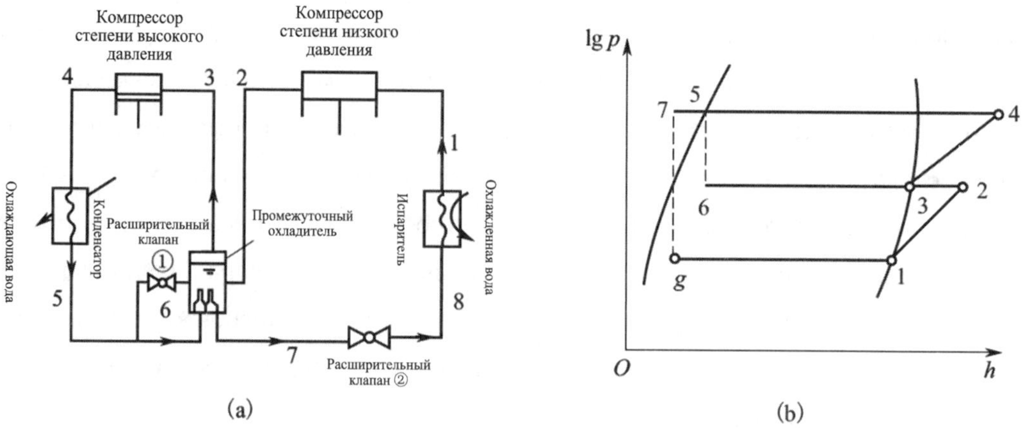

Рис. 1-2-1 Двухступенчатый компрессионный цикл охлаждения с однократным дросселированием и полным промежуточным охлаждением

(a) Рабочий процесс (b) Теоретический цикл

Принцип работы данного цикла охлаждения заключается в следующем: пар низкого давления, выходящий из испарителя, всасывается холодильным компрессором степени низкого давления и сжимается до промежуточного давления, после чего сжатый перегретый пар поступает в интеркулер, охлаждается жидким хладагентом из расширительного клапана до состояния насыщения, и еще раз подвергается сжатию холодильным компрессором степени высокого давления до давления конденсации, а затем входит в конденсатор для конденсации в жидкость высокого давления. Жидкость, выходящая из конденсатора, разделяется на две части: одна часть жидкости через расширительный клапан дросселируется до промежуточного давления и входит в интеркулер, ее испарение используется для охлаждения пара промежуточного давления, выходящего из холодильного компрессора ступени низкого давления, и пара высокого давления в змеевике интеркулера. Жидкость

и испаренный пар поступают в холодильный компрессор ступени высокого давления вместе с дросселируемым газом мгновенного испарения и охлажденным паром среднего давления. Другая часть жидкости после охлаждения в змеевике интеркулера входит в расширительный клапан, и после дросселирования входит в испаритель для испарения и поглощения тепла охлаждаемого предмета для достижения цели охлаждения.

На рисунке 1-2-1 (b), 1 → 2 обозначает процесс сжатия пара низкого давления в холодильном компрессоре степени низкого давления; 2 → 3 — процесс охлаждения перегретого пара среднего давления в интеркулере; 3 → 4 — процесс сжатия пара среднего давления в холодильном компрессоре степени высокого давления; 4 → 5 — процесс охлаждения и конденсации пара высокого давления в конденсаторе; 5 → 6 — процесс дросселирования жидкости высокого давления в расширительном клапане ①; 6 → 3 — процесс испарения и поглощения тепла жидкости среднего давления (с дроссельным газом в небольшом количестве) в интеркулере; 5 → 7 — процесс повторного охлаждения жидкости высокого давления в змеевике интеркулера; 7 → 8 — процесс дросселирования жидкого хладагента высокого давления в расширительном клапане ②; 8 → 1 — процесс испарения и поглощения тепла жидкости при низком давлении и низкой температуре (с дроссельным газом в небольшом количестве) в испарителе.

2) Двухступенчатая компрессионная аммиачная система охлаждения

На рисунке 1-2-2 показана схема двухступенчатой компрессионной аммиачной системы охлаждения. Технологический процесс: холодильный компрессор степени низкого давления → интеркулер → холодильный компрессор степени высокого давления → сепаратор аммиака и масла → конденсатор → резервуар для жидкости высокого давления → регулирующая станция → змеевик интеркулера → фильтр жидкого аммиака → поплавковый расширительный клапан → газожидкостный сепаратор → фильтр жидкого аммиака → аммиачный насос → станция регулирования подачи жидкости → труба отвода испарения → станция регулирования обратного газа → газожидкостный сепаратор → холодильный компрессор степени низкого давления.

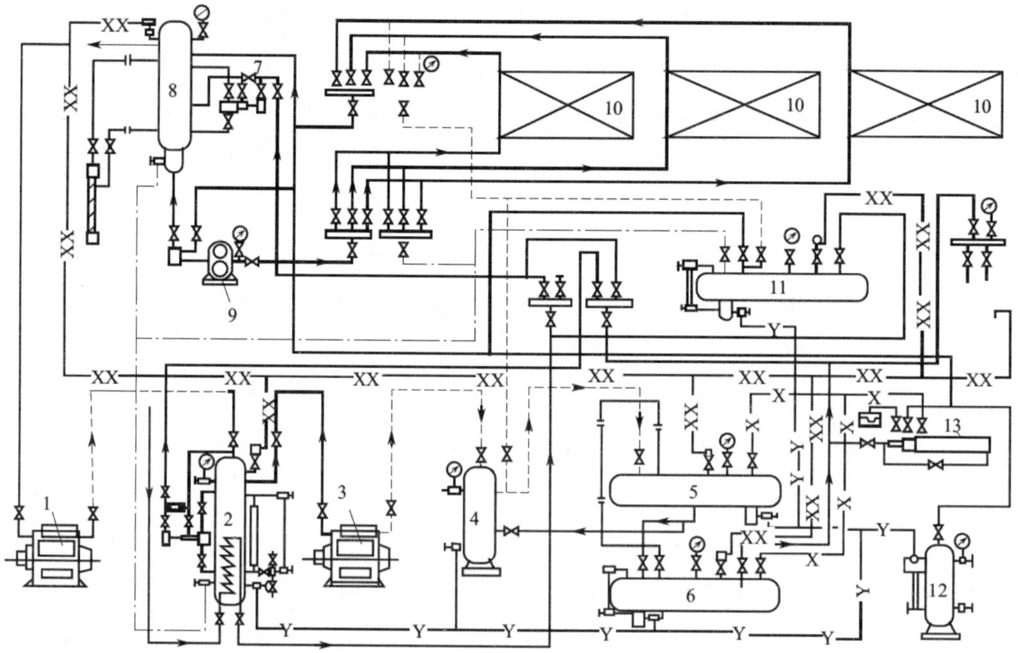

Рис. 1-2-2 Схема двухступенчатой компрессионной аммиачной системы охлаждения

1—Холодильный компрессор степени низкого давления; 2—Интеркулер; 3—Холодильный компрессор степени высокого давления; 4—Сепаратор аммиака и масла; 5—Конденсатор; 6—Резервуар для жидкости высокого давления; 7—Регулирующий клапан; 8—Газожидкостный сепаратор; 9—Аммиачный насос; 10—Труба отвода испарения; 11—Дренажный барабан; 12—Маслосборник; 13—Воздушный сепаратор

2. Двухступенчатый компрессионный цикл охлаждения с однократным дросселированием и неполным промежуточным охлаждением

1) Принцип работы цикла охлаждения

В фреоновой системе используется двухступенчатое сжатие с неполным промежуточным охлаждением, целью которого является увеличение перегрева холодильного компрессора. Таким образом, можно улучшить не только эксплуатационные характеристики холодильного компрессора, но и термодинамические характеристики цикла охлаждения.

Принцип работы двухступенчатого компрессионного цикла охлаждения с однократным дросселированием и неполным промежуточным охлаждением показан на рисунке 1-2-3.

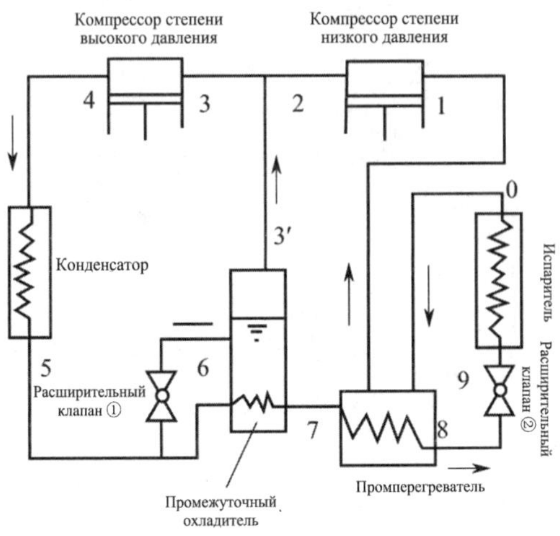

(a)

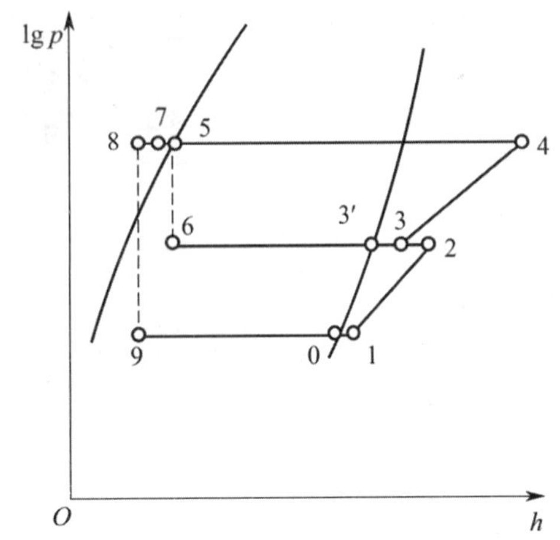

(b)

Рис. 1-2-3 Двухступенчатый компрессионный цикл охлаждения с однократным дросселированием и неполным промежуточным охлаждением

(a) Рабочий процесс (b) Теоретический цикл

Основное различие между двухступенчатым сжатием с неполным промежуточным охлаждением и двухступенчатым сжатием с полным промежуточным охлаждением заключается в том, что выпускной газ холодильного компрессора степени низкого давления не охлаждается в интеркулере, а смешивается с насыщенным паром, образующимся в интеркулере. После смешивания в он поступает в холодильный компрессор степени высокого давления, кроме того, в системе предусмотрен рекуператор, который выполняет теплообмен пара низкого давления с жидкостью высокого давления для обеспечения перегрева всасываемого воздуха холодильного компрессора степени низкого давления.

2) Двухступенчатая компрессионная фреоновая система охлаждения

На рисунке 1-2-4 показана схема двухступенчатой компрессионной фреоновой системы охлаждения. Технологический процесс: холодильный компрессор степени низкого напряжения → масляный сепаратор → (смешивание с паром из интеркулера) → холодильный компрессор степени высокого давления → масляный сепаратор → конденсатор → фильтр-осушитель → змеевик интеркулера → регенератор → электромагнитный клапан → тепловой расширительный клапан → воздухоохладитель (т.е. испаритель) → регенератор → холодильный компрессор степени низкого давления.

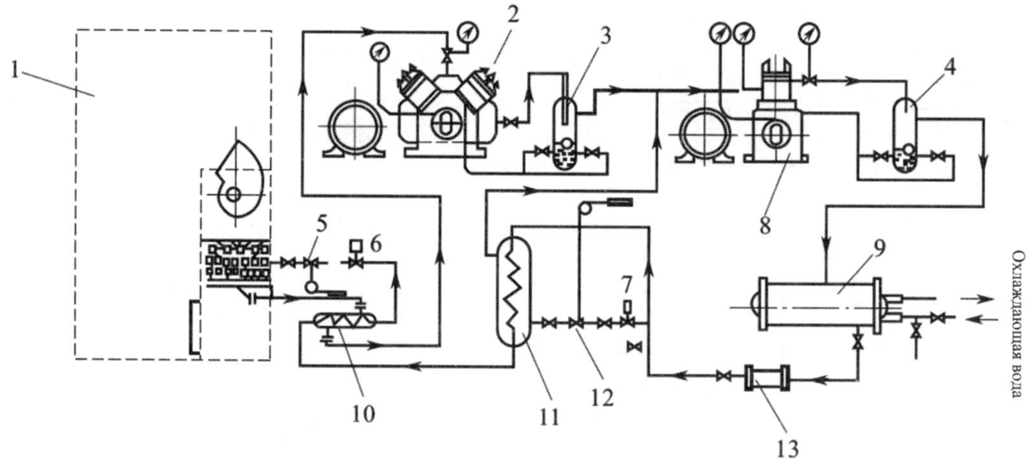

Рис. 1-2-4 Схема двухступенчатой компрессионной фреоновой системы охлаждения

1—воздухоохладитель; 2—холодильный компрессор степени низкого давления;
3, 4—масляный сепаратор; 5, 12—тепловые расширительные клапаны;
6, 7—электромагнитные клапаны; 8—холодильный компрессор степени высокого давления;
9—конденсатор; 10—регенератор; 11—интеркулер; 13—фильтр-осушитель

3. Определение промежуточного давления при выборе холодильного компрессора

При проектировании двухступенчатой компрессионной системы охлаждения, выбор подходящего промежуточного давления позволяет минимизировать общую мощность, потребляемую двухступенчатой компрессионной системой охлаждения. Это промежуточное давление называется оптимальным промежуточным давлением и рассчитывается по формуле:

$$p = \sqrt{p_0 p_k} \quad (\mathrm{Pa}) \qquad (1\text{-}2\text{-}1)$$

Однако, поскольку пар хладагента не является идеальным газом, а температура всасывания воздуха холодильных компрессоров степеней высокого и низкого давления, а также качество всасываемого пара не одинаковы, следует внести следующие поправки в формулу (1-2-1):

$$p = \phi\sqrt{p_0 p_k} \quad (\mathrm{Pa}) \qquad (1\text{-}2\text{-}2)$$

Где ϕ——коэффициент поправки, связанный со свойствами хладагента.

По результатам практических испытаний можно сделать вывод: при одинаковом коэффициенте сжатия объемная эффективность холодильного

компрессора степени низкого давления меньше, чем у холодильного компрессора степени высокого давления, а чем ниже температура испарения, и чем меньше давление всасывания, тем больше снижение объемной эффективности. Поэтому, для повышения объемной эффективности холодильного компрессора степени низкого давления и для получения большей холодопроизводительности, обычно принимают меньший коэффициент сжатия холодильного компрессора степени низкого давления. Фактическая ситуация показывает, что определение оптимального промежуточного давления связано со многими факторами, при этом не только общий объем цилиндров двухступенчатого холодильного компрессора должен быть минимальным, но и фактический коэффициент охлаждения двухступенчатого холодильного компрессора должен быть максимальным, что позволяет уменьшить конструктивные размеры холодильного компрессора и повысить экономичность. В то же время, температура выхлопных газов холодильного компрессора степени высокого давления должна быть ниже, чтобы улучшить смазывающее свойство холодильного компрессора. С учетом вышеизложенных требований рекомендуются следующие значения коэффициента поправки ϕ:

(1) Для R22, ϕ =0, 9–0, 95;

(2) Для R717, ϕ =0, 95–1, 0.

4. Интеркулер

Интеркулеры можно разделить на два типа: с полным и неполным промежуточным охлаждением, как показано на рисунке 1-2-5. Разрез корпуса промежуточного охладителя должен обеспечивать скорость потока воздуха не более 0, 5 м/с, и скорость потока жидкого хладагента в змеевиках 0, 4-0, 7 м/с. Коэффициент теплопередачи аммиачного интеркулера составляет 600-700 Вт/($м^2$ · ℃), а для фреонового интеркулера — 350-400 Вт/($м^2$ · ℃).

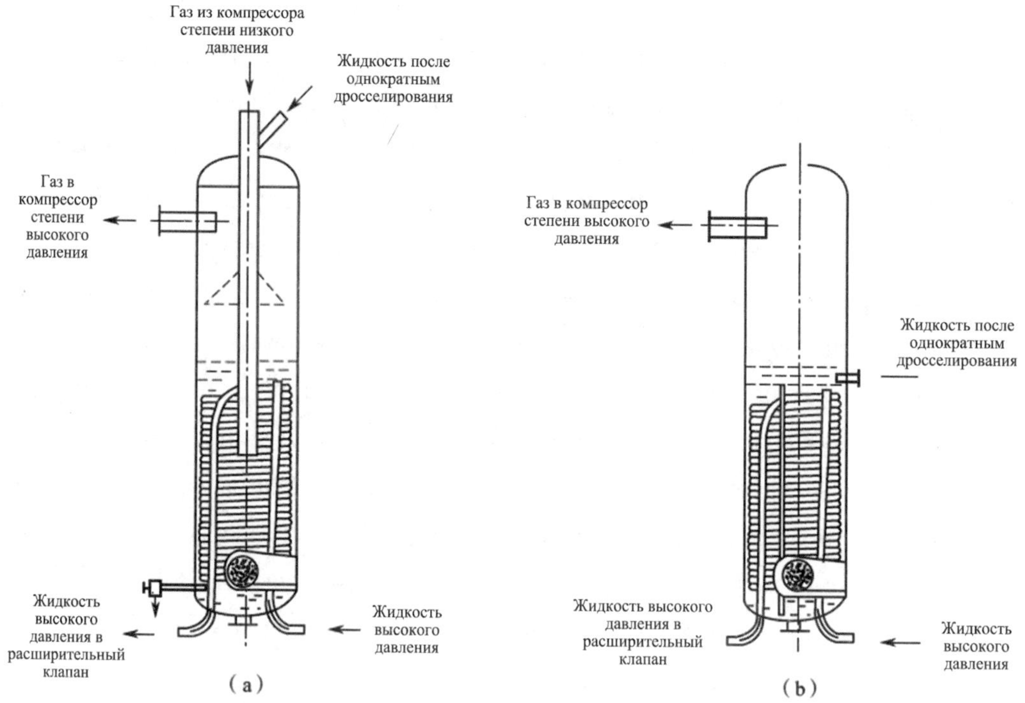

Рис. 1-2-5　Схема интеркулера

(a) Полный интеркулер　(b) Неполный интеркулер

【Выполнение задачи】

Задача выполняется путем завершения отчета в соответствии с формулировкой и задачей проекта, см. таблицу 1-2-1 и 1-2-2.

Табл. 1-2-1　Задача проекта

Название задачи	Двухступенчатый парокомпрессионный цикл охлаждения		
Члены группы			
Инструктор-преподаватель		Планируемое время	
Срок реализации		Место реализации	
Содержание и цель задачи			
1. Овладеть принципом работы и термодинамическим расчетом двухступенчатого компрессионного цикла охлаждения с однократным дросселированием и полным промежуточным охлаждением; 2. Овладеть принципом работы и термодинамическим расчетом двухступенчатого компрессионного цикла охлаждения с однократным дросселированием и неполным промежуточным охлаждением; 3. Определение промежуточного давления при выборе холодильного компрессора			

Пункты аттестации	1. Принцип работы двухступенчатого компрессионного цикла охлаждения с однократным дросселированием и полным промежуточным охлаждением; 2. Термодинамический расчет двухступенчатого компрессионного цикла охлаждения с однократным дросселированием и полным промежуточным охлаждением; 3. Принцип работы двухступенчатого компрессионного цикла охлаждения с однократным дросселированием и неполным промежуточным охлаждением; 4. Термодинамический расчет двухступенчатого компрессионного цикла охлаждения с однократным дросселированием и неполным промежуточным охлаждением; 5. Определение промежуточного давления при выборе холодильного компрессора
Примечание	

Табл. 1-2-2 Отчет о выполнении задачи проекта

Название задачи	Двухступенчатый парокомпрессионный цикл охлаждения		
Члены группы			
Конкретное разделение труда			
Планируемое время		Фактическое время реализации	
Примечание			

1. В зависимости от различного принципа работы промежуточного охладителя, на какие две формы можно разделить двухступенчатый компрессионный цикл охлаждения? Каковы принципы их работы? Какова разница между ними?

2. Опишите принцип работы двухступенчатой аммиачной и фреоновой систем охлаждения.

3. Опишите процесс термодинамического расчета двухступенчатого компрессионного цикла охлаждения с однократным дросселированием и полным промежуточным охлаждением.

4. Опишите процесс термодинамического расчета двухступенчатого компрессионного цикла охлаждения с однократным дросселированием и неполным промежуточным охлаждением.

【Оценка задачи】

Оценка задачи осуществляется по форме комплексной оценки задачи проекта, приведенной в таблице 1-2-3.

Табл. 1-2-3 Форма комплексной оценки задачи проекта

Название задачи:

Время оценки: «__»__ ___г.

Детали оценки		Стандартный балл	Полученный балл								
			Члены группы								
			Самооценка группы	Взаимная оценка между группами	Оценка преподавателя	Самооценка группы	Взаимная оценка между группами	Оценка преподавателя	Самооценка группы	Взаимная оценка между группами	Оценка преподавателя
Группа (60 баллов)	Может ли группа понять цели и прогресс обучения в целом	10									
	Существует ли четкое разделение труда между членами группы	10									
	Есть ли у группы сознание сотрудничества	10									
	Есть ли у группы инновационные идеи (методы)	10									
	Добросовестно ли группа заполнила отчет о завершении задачи	10									
	Есть ли у группы проблемы и пути их решения	10									

Детали оценки		Стандартный балл	Полученный балл								
			Члены группы								
			Самооценка группы	Взаимная оценка между группами	Оценка преподавателя	Самооценка группы	Взаимная оценка между группами	Оценка преподавателя	Самооценка группы	Взаимная оценка между группами	Оценка преподавателя
Отдельное лицо (40 баллов)	Подчиняется ли отдельное лицо постановке работы группы	10									
	Выполняет ли отдельное лицо задачи, поставленные группой	10									
	Может ли отдельное лицо своевременно общаться с членами группы	10									
	Может ли отдельное лицо тщательно описать трудности, ошибки и изменения	10									
Всего		100									

【Закрепление знаний】

1. Задание на заполнение пробелов

Принцип работы двухступенчатого компрессионного цикла охлаждения с однократным дросселированием и полным промежуточным охлаждением заключается в следующем: ____________________, выходящий из испарителя, всасывается холодильным компрессором степени низкого давления и сжимается до промежуточного давления, после чего сжатый ____________________ поступает в ____________________, охлаждается ____________________ из расширительного клапана до состояния насыщения, и еще раз подвергается сжатию ____________________ до давления конденсации, а затем входит в конденсатор для конденсации в ____________________. Жидкость, выходящая

из конденсатора, разделяется на две части: одна часть жидкости через расширительный клапан дросселируется до промежуточного давления и входит в ____________________, ее испарение используется для охлаждения пара промежуточного давления, выходящего из холодильного компрессора ступени низкого давления, и ____________________ в змеевике промежуточного охладителя, а парообразовательный пар вместе с ____________________ после дросселирования и паром среднего давления после охлаждения входит в холодильный компрессор степени высокого давления; другая часть жидкости после охлаждения в змеевике интеркулера. Жидкость и испаренный пар поступают в холодильный компрессор ступени высокого давления вместе с дросселируемым газом мгновенного испарения и охлажденным паром среднего давления. Другая часть жидкости после охлаждения в змеевике интеркулера входит в расширительный клапан, и после дросселирования входит в испаритель для испарения и поглощения тепла охлаждаемого предмета для достижения цели охлаждения.

2. Вопросы с кратким ответом

(1) Кратко опишите основные различия между двухступенчатым сжатием с неполным и полным промежуточным охлаждением.

(2) Кратко опишите технологический процесс двухступенчатой компрессионной фреоновой системы охлаждения.

(3) Имеется двухступенчатая компрессионная система охлаждения с хладагентом R717, причем известно, что p_0=0, 717 МПа и p_k=1, 167 МПа, определите ее оптимальное промежуточное давление.

(4) Можно ли применять двухступенчатый компрессионный цикл охлаждения при температуре испарения -80 ℃? Почему?

Задача Ⅲ Каскадный парокомпрессионный цикл охлаждения

【Подготовка к задаче】

Из-за ограниченных физических свойств самого хладагента, минимальная температура испарения, которой может достичь двухступенчатый компрессионный цикл охлаждения, также ограничена следующим образом.

(1) По мере снижения температуры испарения, увеличивается удельный объем хладагента, охладительная способность на единичный объем значительно снижается, поэтому размеры цилиндра низкого давления значительно увеличиваются.

(2) Если температура испарения слишком низкая, соответствующее давление испарения также очень низкое, что приводит к тому, что всасывающий клапан цилиндра компрессора не работает нормально, в то же время неизбежно происходит проникновение воздуха в систему охлаждения.

(3) Температура испарения должна быть выше точки застывания хладагента, в противном случае хладагент не сможет циркулировать.

Из приведенного выше анализа видно, что для получения температуры испарения ниже -70 ℃ — -60 ℃, не следует использовать аммиак в качестве хладагента, необходимо использовать другие хладагенты. Однако критическая температура хладагента с низкой точкой застывания также очень низка, что не способствует конденсации обычной охлаждающей водой или воздухом, при этом необходимо применять каскадный парокомпрессионный цикл охлаждения.

1) Принцип работы каскадного парокомпрессионного цикла охлаждения

На рисунке 1-3-1 показан принцип работы каскадного парокомпрессионного цикла охлаждения. Он состоит из двух независимых одноступенчатых парокомпрессионных циклов охлаждения, с циклом охлаждения степени

высокой температуры и хладагентом R22 в левой стороне, а также циклом охлаждения степени низкой температуры и хладагентом R13 в правой стороне. Испарительный конденсатор представляет собой как испаритель цикла охлаждения степени высокой температуры, так и конденсатор цикла охлаждения степени низкой температуры. Он поглощает тепло конденсации хладагента в цикле охлаждения степени низкой температуры за счет испарения хладагента в цикле охлаждения степени высокой температуры.

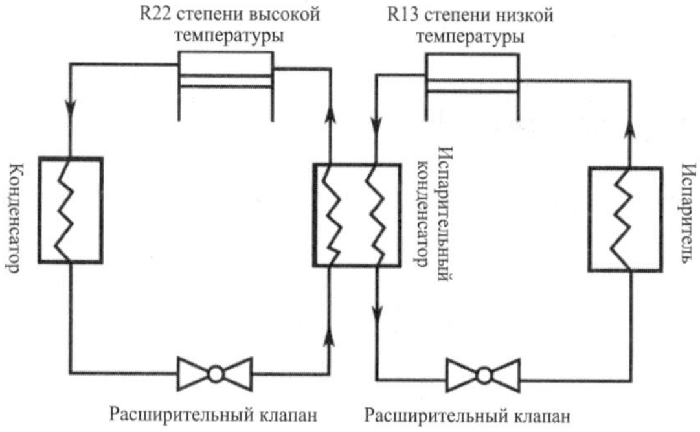

Рис. 1-3-1 Принцип работы каскадного парокомпрессионного цикла охлаждения

В каскадном парокомпрессионном цикле охлаждения, для обеспечения конденсации хладагента в цикле охлаждения степени низкой температуры, температура испарения в цикле охлаждения степени высокой температуры должна быть ниже температуры конденсации в цикле охлаждения степени низкой температуры, как правило, на 3 ℃ -5 ℃.

Для каскадного парокомпрессионного цикла охлаждения, диапазон температур охлаждения приведен в таблице 1-3-1. При температуре испарения в диапазоне от -80 ℃ до -60 ℃, для цикла охлаждения степени высокой температуры и цикла охлаждения степени низкой температуры применяется одноступенчатый цикл; при температуре испарения в диапазоне от -100 ℃ до -80 ℃, следует применять двухступенчатый цикл охлаждения степени высокой температуры, и одноступенчатый цикл охлаждения степени низкой температуры; при температуре испарения ниже -100 ℃, следует применять одноступенчатый цикл охлаждения степени высокой температуры, и двухступенчатый цикл охлаждения степени низкой температуры.

Табл.1-3-1 Диапазон температур охлаждения каскадного парокомпрессионного цикла охлаждения

Диапазон температур, ℃	Применяемый хладагент и цикл охлаждения
От -80 до -60	R22, одноступенчатый; R13, одноступенчатый каскадный
От -100 до -80	R22, двухступенчатый; R13, одноступенчатый каскадный
От -130 до -100	R22, одноступенчатый; R13, двухступенчатый каскадный

2. Схема каскадной парокомпрессионной системы охлаждения

На рисунке 1-3-2 показана схема каскадной парокомпрессионной системы охлаждения. Между секциями высокого и низкого давлений цикла охлаждения степени низкой температуры расположен расширительный бак, функция которого заключается в предотвращении завышения давления в системе ступени низкого давления после остановки охлаждающего оборудования, для обеспечения безопасности.

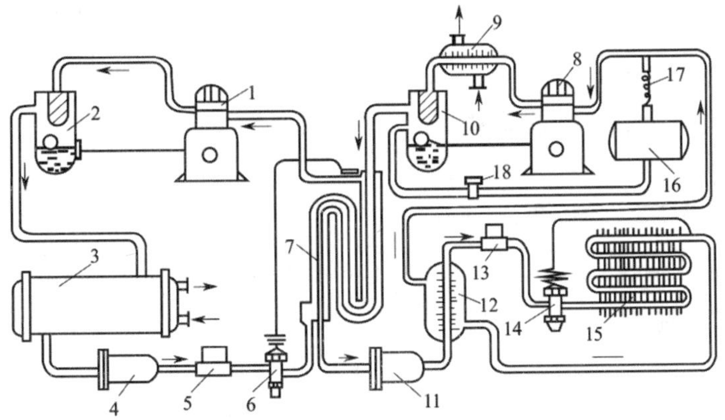

Рис. 1-3-2 Схема каскадной парокомпрессионной системы охлаждения

1—холодильный компрессор R22; 2, 10—масляные сепараторы; 3—конденсатор; 4, 11—фильтры; 5, 13—электромагнитные клапаны; 6, 14—тепловые расширительные клапаны; 7—испарительный конденсатор; 8—холодильный компрессор R13; 9—предохладитель; 12—регенератор; 15—испаритель; 16—расширительный бак; 17—капиллярная труба; 18—обратный клапан

【Выполнение задачи】

Задача выполняется путем завершения отчета в соответствии с формулировкой и задачей проекта, см. таблицу 1-3-2 и 1-3-3.

Табл. 1-3-2 Задача проекта

Название задачи	Каскадный парокомпрессионный цикл охлаждения		
Члены группы			
Инструктор-преподаватель		Планируемое время	
Срок реализации		Место реализации	
Содержание и цель задачи			
Освоить принцип работы каскадного парокомпрессионного цикла охлаждения			
Пункты аттестации	Принцип работы каскадного парокомпрессионного цикла охлаждения		
Примечание			

Табл. 1-3-3 Отчет о выполнении задачи проекта

Название задачи	Каскадный парокомпрессионный цикл охлаждения		
Члены группы			
Конкретное разделение труда			
Планируемое время		Фактическое время реализации	
Примечание			

1. Опишите роль испарительного конденсатора в каскадном парокомпрессионном цикле охлаждения.

2. Коротко опишите принцип работы каскадного парокомпрессионного цикла охлаждения.

3. При температуре испарения -100 ℃, и использовании каскадного парокомпрессионного охлаждения, используется одноступенчатый или двухступенчатый цикл охлаждения степени высокой температуры? Для цикла охлаждения степени низкой температуры используется одноступенчатый или двухступенчатый цикл?

【Оценка задачи】

Оценка задачи осуществляется по форме комплексной оценки задачи проекта, приведенной в таблице 1-3-4.

Табл. 1-3-4 Форма комплексной оценки задачи проекта

Название задачи: Время оценки: «__»__ ___г.

Детали оценки		Стандартный балл	Полученный балл								
			Члены группы								
			Самооценка группы	Взаимная оценка между группами	Оценка преподавателя	Самооценка группы	Взаимная оценка между группами	Оценка преподавателя	Самооценка группы	Взаимная оценка между группами	Оценка преподавателя
Группа (60 баллов)	Может ли группа понять цели и прогресс обучения в целом	10									
	Существует ли четкое разделение труда между членами группы	10									
	Есть ли у группы сознание сотрудничества	10									
	Есть ли у группы инновационные идеи (методы)	10									
	Добросовестно ли группа заполнила отчет о завершении задачи	10									
	Есть ли у группы проблемы и пути их решения	10									

Детали оценки		Стандартный балл	Полученный балл								
			Члены группы								
			Самооценка группы	Взаимная оценка между группами	Оценка преподавателя	Самооценка группы	Взаимная оценка между группами	Оценка преподавателя	Самооценка группы	Взаимная оценка между группами	Оценка преподавателя
Отдельное лицо (40 баллов)	Подчиняется ли отдельное лицо постановке работы группы	10									
	Выполняет ли отдельное лицо задачи, поставленные группой	10									
	Может ли отдельное лицо своевременно общаться с членами группы	10									
	Может ли отдельное лицо тщательно описать трудности, ошибки и изменения	10									
Всего		100									

【Закрепление знаний】

1. Задание на заполнение пробелов

Диапазон температур охлаждения каскадного парокомпрессионного цикла охлаждения: при температуре испарения в диапазоне ____________, для цикла охлаждения степени высокой температуры и цикле охлаждения степени низкой температуры применяется ____________; при температуре испарения в диапазоне ____________, следует применять ____________ цикл охлаждения степени высокой температуры, и одноступенчатый цикл охлаждения степени низкой температуры; при температуре испарения ниже ____________, следует применять одноступенчатый цикл охлаждения степени высокой температуры, и двухступенчатый цикл охлаждения степени низкой температуры.

2. Вопросы с кратким ответом

Коротко опишите принцип работы каскадного парокомпрессионного цикла охлаждения.

Проект II

Рабочее тело холодильных и тепловых насосов

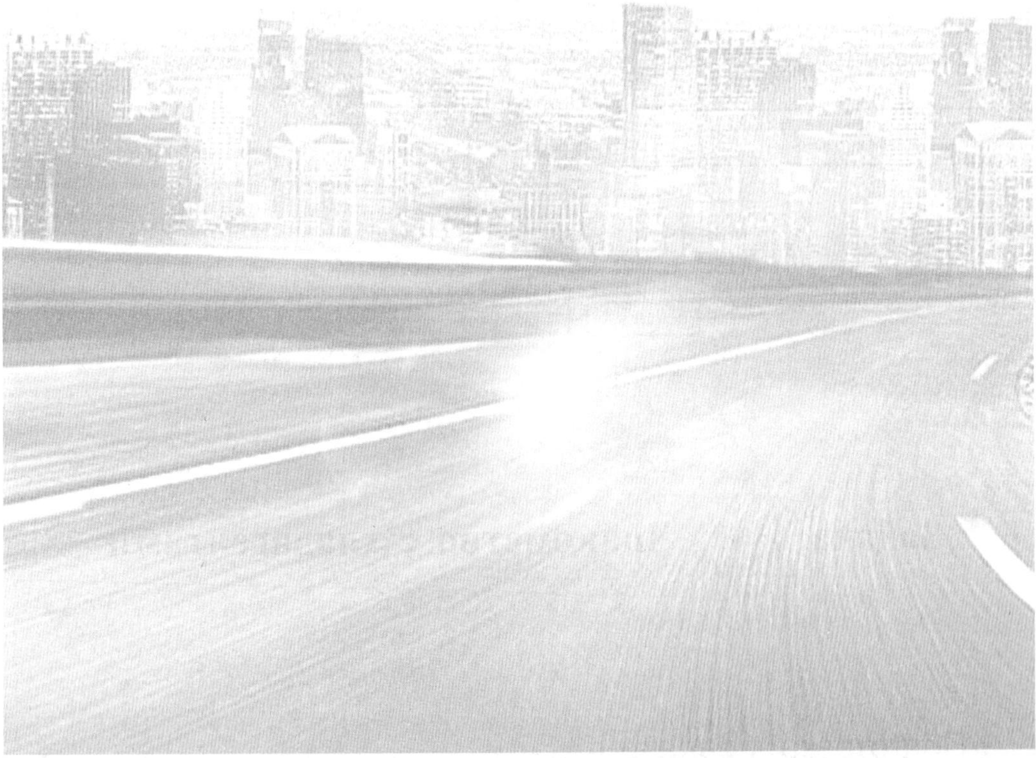

【Описание проекта】

Хладагент — это рабочее вещество, используемое в охлаждающей установке для циркуляционного охлаждения, также известное как «рабочая жидкость».

Холодоноситель — это промежуточное вещество, используемой в технике кондиционирования воздуха, промышленном производстве и научных экспериментах, для косвенного охлаждения объектов или для транспортировки энергии холода, генерируемой охлаждающим устройством, на большие расстояния.

Смазочное масло находится между двумя движущимися объектами относительно друг друга и имеет функцию уменьшения трения между этими объектами.

Наиболее часто используемыми холодоаккумулирующими средами являются вода, лед и другие материалы с фазовым переходом.

В данном проекте в основном рассматриваются хладагент, холодоноситель, смазочное масло и холодоаккумулирующая среда.

【Цель проекта】

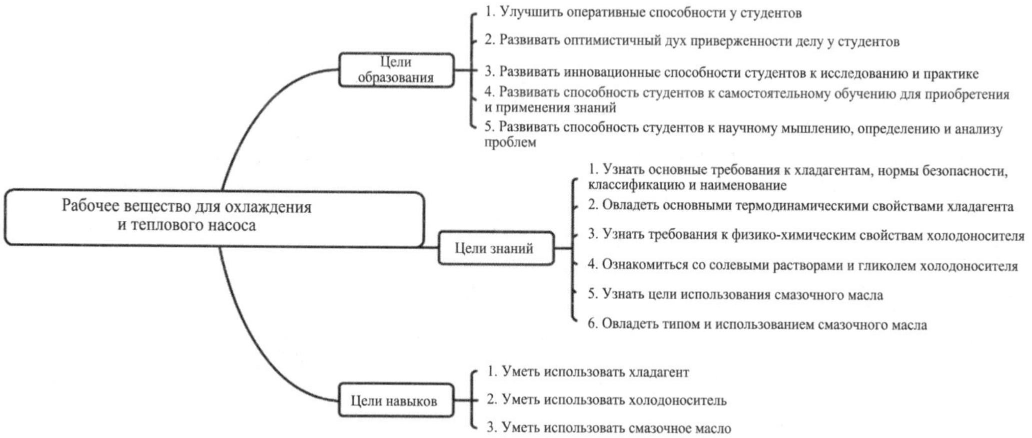

Задача | Знакомство с хладагентами

【Подготовка к задаче】

Хладагент — это рабочее вещество, используемое в охлаждающей

установке для циркуляционного охлаждения, также известное как «рабочая жидкость». С тех пор как Якоб Перкинс использовал диэтиловый эфир для производства парокомпрессионной охлаждающей установки в 1834г., люди пытались использовать CO_2, NH_3 и SO_2 в качестве хладагентов, а к началу 20-го века в качестве хладагентов также использовались некоторые углеводороды, такие как этан, пропан, фторметан, дихлорэтилен и изобутан. Только когда Томас Миджли-младший и Альберт Леон Хенн производили R12 в 1928 году, фреоновые хладагенты стали настоящей инновацией в технологии охлаждения. Человечество начало переходить от использования природных хладагентов к эпохе синтетических хладагентов. В 1950-х годах появились азеотропические смешанные рабочие вещества, такие как R502 и т.д; в 1960-х годах начались исследования и испытания неазеотропных смешанных рабочие веществ. Однако в 1970-х годах было обнаружено, что синтетические хладагенты, содержащие хлор или бром, оказывают разрушительное воздействие на озоновый слой атмосферы и вызывают очень серьезный парниковый эффект. Поэтому учет охраны окружающей среды является важным вопросом при выборе хладагента.

1. Основные требования к хладагентам

1) Термодинамические свойства

Ⅰ. Высокая эффективность охлаждения

Влияние термодинамических свойств хладагента на коэффициент охлаждения выражается эффективностью охлаждения η_R; выбор хладагента с высокой эффективностью охлаждения может повысить экономичность охлаждения.

Ⅱ. Умеренное давление

Желательно, чтобы давление насыщения хладагента при низких температурах приближалось к атмосферному давлению или даже превышало его. Потому что, если давление испарения ниже атмосферного давления, воздух будет легко проникать и его будет трудно удалить, что не только повлияет на теплопередачу испарителя и конденсатора, но и увеличит величину затраченной работы компрессора; в то же время, поскольку в охлаждающей системе обычно используется вода или воздух в качестве охлаждающей среды для конденсации хладагента в жидкое состояние, давление конденсации хладагента должно быть не слишком высоким, желательно не более 2МПа, что

может уменьшить нагрузку на охлаждающую установку, а также уменьшить вероятность утечки хладагента.

Ⅲ. Большая охлаждающая способность на единицу объема

Чем больше охладительная способность на единицу объема хладагента, тем меньше циркуляционный объем требуемого хладагента для получения определенной холодопроизводительности, что помогает уменьшить размеры компрессора. В целом, чем ниже температура кипения при стандартном атмосферном давлении, тем больше охлаждающая способность на единицу объема. Например, при температуре испарения t_0=0 ℃, температуре конденсации t_k=50 ℃, степени вторичного охлаждения хладагента перед расширительным клапаном $\Delta t_{s.c}$=0 ℃, и степени перегрева всасывания $\Delta t_{s.h}$=0 ℃, взаимосвязь между холодопроизводительностью на единицу объема и температурой кипения обычно используемых хладагентов показана на рисунке 2-1-1.

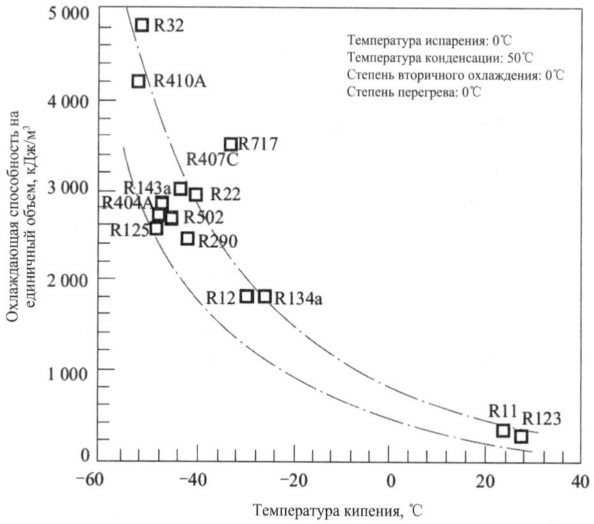

Рис. 2-1-1 Взаимосвязь между холодопроизводительностью на единицу объема и температурой кипения обычно используемых хладагентов

Ⅳ. Высокая критическая температура

Критическая температура хладагента высока, что удобно для охлаждения и конденсации хладагента обычной охлаждающей водой или воздухом. Кроме того, чем дальше рабочая зона цикла охлаждения от критической точки, тем ближе цикл охлаждения, как правило, к обратному циклу Карно, с

небольшими потерями при дросселировании и более высоким коэффициентом охлаждения.

2) Физико-химические свойства

Ⅰ. Взаиморастворимость со смазочным маслом

Соответствие хладагента и смазочного масла является важной характеристикой хладагента. В парокомпрессионной охлаждающей установке, за исключением центробежного холодильного компрессора, хладагент, как правило, контактирует со смазочным маслом, в результате чего они смешиваются друг с другом или абсорбируются, образуя раствор хладагента и смазочного масла. По растворимости хладагента в смазочном масле его можно классифицировать на хладагент с ограниченным и неограниченным растворением в смазочном масле.

Растворимость (массовый процент) хладагентов с ограниченным растворением в смазочном масле (например, NH_3) обычно не превышает 1%. При добавлении большого количества смазочного масла, два вещества разделятся на два слоя: один — смазочное масло, другой — хладагент с небольшим содержанием смазочного масла, поэтому в системе охлаждения следует предусмотреть масляный сепаратор и маслосборник, а также принять меры для возврата смазочного масла в компрессор.

Хладагент с неограниченным растворением в смазочном масле, может образовывать раствор с любой пропорцией смазочного масла в повторно охлажденном состоянии; в насыщенном состоянии концентрация раствора зависит от давления и температуры. Такой раствор может быть превращен в хладагент с ограниченным растворением в смазочном масле. При проектировании системы охлаждения с использованием хладагента с неограниченным растворением в смазочном масле, желательно принять меры для того, чтобы смазочное масло, поступающее в систему охлаждения, возвращалось в компрессор вместе с хладагентом.

Ⅱ. Высокая теплопроводность и коэффициент тепловыделения

Коэффициенты теплопроводности и тепловыделения хладагента должны быть высокими, что позволяет уменьшить площадь теплопередачи испарителей, конденсаторов и другого теплообменного оборудования, а также уменьшить габариты оборудования.

Ⅲ. Низкая плотность и вязкость

Плотность и вязкость хладагента небольшая, что позволяет уменьшить диаметр трубы хладагента и гидравлическое сопротивление потоку.

Ⅳ. Хорошая совместимость

Хладагент не должен оказывать коррозионного и агрессивного воздействия на металлы и другие материалы (например, резину, пластмассу и т.д.).

3) Экологичность

Параметры, отражающие экологически чистые характеристики хладагента, включают озоноразрушающий потенциал (Ozone Depletion Potential, ODP), потенциал глобального потепления (Global Warming Potential, GWP), продолжительность существования в атмосфере (время, необходимое для разложения половины хладагента, выброшенного в атмосферу, Atmospheric Life. AL) и т.д. Для того чтобы получить полное представление о воздействии хладагентов на глобальное потепление, был дополнительно предложен такой показатель как Общий Коэффициент Эквивалентного Потепления (Total Equivalent Warming Impact, TEWI), который сочетает в себе Прямой Эффект (Direct Effeet, DE) хладагентов на глобальное потепление и Косвенный Эффект (Indirect Effect, IE) выбросов CO_2 в результате потребления энергии охлаждающим оборудованием на глобальное потепление.

$$TEWI=DE+IE \quad (2\text{-}1\text{-}1)$$

В том числе:

$$DE=GWP\cdot(L\cdot N+M\cdot a)$$

$$IE=N\cdot E\cdot b$$

Где GWP——потенциал глобального потепления хладагента на уровне 100 лет, кгCO_2/кг;

L——годовой объем утечки хладагента в охлаждающем оборудовании, кг/г;

N——срок службы охлаждающего оборудования (срок эксплуатации), лет;

M——количество хладагента охлаждающего оборудования, кг;

a——коэффициент потери хладагента при непригодности охлаждающего оборудования;

E——годовое потребление электроэнергии охлаждающим оборудованием, кВт·ч/г;

b——масса CO_2, выделяемая при выработке электроэнергии мощностью 1 кВт・ч, кгCO_2/(кВт・ч).

Как видно из формулы (2-1-1), для снижения парникового эффекта, помимо снижения GWP хладагента, необходимо также уменьшить утечку, увеличить скорость восстановления и повысить энергоэффективность охлаждающего оборудования.

Хладагенты считаются экологически безопасными, если их воздействие на окружающую среду после выброса в атмосферу соответствует международно признанным стандартам, учитывая их ODP, GWP и продолжительность существования в атмосфере. При оценке экологически безопасных свойств хладагентов, используемых в охлаждающем оборудовании, международно признанными стандартами являются следующие:

$$LCGWP+LCODP \times 10^5 \leqslant 100 \quad (2\text{-}1\text{-}2)$$

В том числе:

$$LCGWP=[GWP \cdot (Lr \cdot N+a) \cdot Rc]/N$$

$$LCODP=[ODP \cdot (Lr \cdot N+a) \cdot Rc]/N$$

Заполнение и рекуперация хладагента

Где LCGWP——прямой потенциал глобального потепления в течение жизненного цикла, lbCO_2/(Rt・a);

LCODP——озоноразрушающий потенциал в течение жизненного цикла, lbR11/(Rt・a);

GWP——потенциал глобального потепления хладагента, lbCO_2/lb хладагента;

ODP——озоноразрушающий потенциал хладагента, lbR11/lb хладагента;

$L_г$——годовая скорость утечки хладагента в охлаждающем оборудовании (в процентах от количества наполнения хладагента, 2%/г по умолчанию);

a——коэффициент потери хладагента при непригодности охлаждающего оборудования (в процентах от количества наполнения хладагента, 10% по умолчанию);

R_c——количество наполнения хладагента при 1 тонне охлаждения (Rt) холодопроизводительности (2, 5 фунта хладагента/Rt по умолчанию);

N——Срок службы оборудования (10 лет по умолчанию).

4) Прочие

Хладагент должен быть нетоксичным, негорючим, невзрывоопасным, а также простым в покупке и дешевым.

2. Нормы безопасности, классификация и наименование

В настоящее время международная классификация безопасности и номенклатура хладагентов обычно соответствуют стандартам Американского национального института стандартов и Американского общества инженеров по отоплению, охлаждению и кондиционированию воздуха «Наименование и классификация безопасности хладагентов» (ANSI/ASHRAE 34-1992). В государственном стандарте Китая «Метод нумерации и классификация безопасности хладагентов» (GB/T 7778-2017), на основе ANSI/ ASHRAE 34-1992 добавлены показатели острой токсичности и экологически безопасные методы оценки производительности.

1) Классификация безопасности

Ⅰ. Однокомпонентный хладагент

Классификация безопасности хладагента включает токсичность и воспламеняемость, состоит из одной заглавной буквы и цифры, в GB/T 7778-2017 хладагенты подразделяются на 9 классов A1-C3, см. таблицу 2-1-1.

Табл. 2-1-1 Классификация хладагентов по степени безопасности

Воспламеняемость		Токсичность		
		A	B	C
		Низкая токсичность	Средняя токсичность	Высокая токсичность
3	Взрывоопасный	A3	B3	C3
2	Воспламеняемый	A2	B2	C2
1	Невоспламеняющийся	A1	B1	C2

В таблице 2-1-2 приведена категоризация токсичности хладагентов на три категории: A, B и C в зависимости от допустимых уровней воздействия при острой и хронической токсичности. При этом острая опасность характеризуется смертельной концентрацией LC50 (Lethal Concentration), а хроническая опасность — средневзвешенной по времени величиной предельно допустимой концентрации TLV-TWA (Threshold Limit Value-Time Weighted Average).

Табл. 2-1-2 Классификация хладагентов по степени токсичности

Классификация	Методы классификации		Примечание
	LC_{50} (4-hr)	TLV-TWA	
Категория A	⩾ 0.1% (V/V)	⩾ 0.04% (V/V)	LC_{50} (4-hr): объемная концентрация вещества в воздухе, непрерывное воздействие которой в течение 4 часов может привести к гибели 50% подопытных животных. TLV-TWA: при средневзвешенной по времени ПДК в течение обычных 8ч-рабочих дней и 40ч-рабочих недель, практически все работники могут подвергаться многократному воздействию данной концентрации ежедневно без вредных последствий для здоровья.
Категория B	⩾ 0.1% (V/V)	<0, 04% (V/V)	
Категория C	<0, 1% (V/V)	<0, 04% (V/V)	

Горючесть подразделяется на категории 1, 2 и 3 по нижнему пределу воспламеняемости (Lower Flammability Limit, LFL) и величине тепла, выделяемого при горении, как показано в таблице 2-1-3.

Табл. 2-1-3 Классификация хладагентов по степени горючести

Классификация	Методы классификации
Категория 1	При испытании в атмосфере 101 кПа и температуре 18 ℃, хладагент который не распространяет пламя является негорючим.
Категория 2	В условиях 101 кПа, 21 ℃ и относительной влажности 50%, если LFL хладагента составляет ⩽ 0, 1кг/м^3 и выделяемая при сгорании теплота больше или равна 19000 кДж/кг, такой хладагент обладает высокой горючестью, т.е. взрывоопасен.
Категория 3	В условиях 101 кПа, 21 ℃ и относительной влажности 50%, если LFL хладагента составляет ⩽ 0, 1кг/м^3 и выделяемая при сгорании теплота больше или равна 19000 кДж/кг, такой хладагент обладает высокой горючестью, т.е. взрывоопасен.

LFL означает минимальную концентрацию хладагента, достаточную для начала распространения пламени в однородной смеси хладагента и воздуха при таких условиях испытания как: атмосферное давление 101 кПа, температура по сухому термометру 21 ℃, относительная влажность 50% и воспламенение спичечной головки электрической искрой в качестве источника зажигания в стеклянной бутылке объемом 0, 012м^3. LFL обычно выражается как объемный процент хладагента; при условиях 25 ℃ и 101кПа, объемный процент хладагента x 0, 000 4141 x молекулярная масса может быть получена в кг/м^3.

Ⅱ. Смешанные хладагенты

В смеси хладагента изменение концентрации газожидкостного компонента называется скольжением концентрации (Concentration Glide) в связи с тем, что легко летучие компоненты в смеси хладагента испаряются первыми, а нелегко летучие компоненты конденсируются. При скольжении концентрации смеси, концентрация ее компонентов меняется, ее горючесть и токсичность также

могут изменяться. Таким образом, смесь имеет два типа группировки безопасности, которые разделяются с помощью косой черты (/). Каждый тип классифицируется как однокомпонентный хладагент по одним и тем же принципам классификации. В первом типе смеси классифицируются по определенным концентрациям компонентов, а во втором типе смеси классифицируются по концентрациям компонентов с максимальным скольжением концентрации.

«Процент максимальной концентрации» воспламеняемости относится к процентному содержанию компонентов, при котором концентрация горючего компонента в газовой или жидкой фазе является самой высокой. «Процент максимальной концентрации» представляет собой процент компонента с самой высокой объемной концентрацией LC_{50} (4-hr) и TLV-TWA менее 0, 1% и 0, 04%, соответственно, в газовой и жидкой фазах. LC_{50} (4-hr) и TLV-TWA для одной смеси рассчитываются на основе LC_{50} (4-hr) и TLV-TWA для каждого компонента по процентам от концентрации компонентов.

2) Наименование классификации

В настоящее время используется большое количество хладагентов, которые можно разделить на четыре класса, т.е. неорганические соединения, углеводороды, фреоны и смешанные растворы. Целью классификации хладагентов является установление простого метода представления различных хладагентов общего назначения вместо использования их химических названий. Для наименования хладагентов используются как технические, так и нетехнические префиксы (т.е. префиксы идентификации компонентов). Технический префикс — «R» (первая буква английского слова хладагента refrigeration), например, $CHClF_2$, обозначаемый R22, в основном используется в технических публикациях, паспортных таблицах, образцах и инструкциях по эксплуатации и техническому обслуживанию; нетехнические префиксы — это символы, которые отражают химический состав хладагента, например углерод, фтор, хлор и водород представлены как C, F, Cl и H соответственно; R22, обозначаемый как HCFC22, в основном используется в нетехнических, научно-популярных книгах и соответствующих публикациях по защите озонового слоя и замене хладагентов.

Правила наименования хладагентов указаны ниже.

(1) Для насыщенных углеводородов, таких как метан, этан и их

галоидных производных (т.е. фреонов), поскольку химическая молекулярная формула насыщенных углеводородов составляет $CmH2\ m+2$, химическая молекулярная формула фреона может быть представлена как $CmHnFxClyBrz$, со следующим отношением между их атомностью:

$$2\ m+2=n+x+y+z$$

Номер хладагента данного класса — «R× ×B×», где первое число — m-1, если значение равно нулю, оно опускается и не записывается; второе число — n+1; третье число — x; четвертое число — z, если значение равно нулю, оно опускается вместе с буквой «B». Согласно приведенным выше правилам наименования, можно сделать выводы:

① Галогениды метана относятся к серии «R0× ×». Например, молекулярная формула монохлордифторметана — CHF_2Cl; поскольку m-1=0, n+1=2, x=2, z=0, он пронумерован R22, и называется фреоном 22;

② Галогениды этана относятся к серии «R1× ×». Например, молекулярная формула дихлортрифторэтана — $CHCl_2CF_3$; поскольку m−1=1, n+1=2, x=3, он пронумерован R123, и называется фреоном 123;

③ Галогениды пропана относятся к серии «R2× ×». Например, молекулярная формула пропана — C_3H_8; поскольку m-1=2, n+1=9, x=0, он пронумерован R290;

④ Циклобутангалогениды относятся к серии «R3× ×». Например, молекулярная формула октафторциклобутана — C_4F_8; поскольку m-1=3, n+1=1, x=8, он пронумерован R318;

(2) Коммерциалированные неазеотропные смеси относятся к серии «R4× × ×». Последние две цифры номера этой серии не имеют особого значения, например, R407 C состоит из R32, R125/R134a, а массовое процентное содержание составляет 23%, 25% и 52%, соответственно.

(3) Коммерциалированные азеотропные смеси относятся к серии «R5× × ×». Последние две цифры номера этой серии не имеют особого значения, например, R507 A состоит из R125 и R143a, а массовое процентное содержание составляет 50%.

(4) Различные органические соединения относятся к серии «R6× ×». Последние две цифры номера этой серии не имеют особого значения, например, бутан имеет номер R600, а диэтиловый эфир — R610.

(5) Различные неорганические соединения относятся к серии «R7× ×».

Последние две цифры номера этой серии означают молекулярный вес данного соединения, например молекулярный вес аммиака (NH_3) составляет 17, поэтому он имеет номер R717; а молекулярный вес диоксида углерода (CO_2) составляет 44, поэтому номер — R744.

(6) Ненасыщенные углеводороды относятся к серии «R × × ×». Среди них, первая цифра представляет собой количество ненасыщенных углеродных связей, а вторая, третья и четвертая цифры соответствуют номерам насыщенных углеводородов, таких как метан, которые представляют собой количество атомов углерода (C) минус 1, количество атомов водорода (H) плюс 1 и количество атомов фтора (F), соответственно. Например, этилен (C_2H_4) имеет номер R1150, а фторэтилен (C_2H_3F) — номер R1141.

3. Основные термодинамические свойства хладагента

Температура насыщения хладагента при стандартном атмосферном давлении (101, 32 кПа), обычно, называется температурой кипения. Температура кипения различных хладагентов связана с их молекулярным составом, критической температурой и т.д. При заданных температурах испарения и конденсации, существует определенная зависимость между давлением испарения, давлением конденсации и охлаждающей способностью на единицу объема q_v различных хладагентов, а также их температурами кипения, т.е. как правило, чем ниже температура кипения, тем выше давление испарения и конденсации, и тем больше охлаждающая способность на единицу объема. Таким образом, в зависимости от температуры кипения, хладагенты могут быть классифицированы на высокотемпературные, среднетемпературные и низкотемпературные хладагенты; среди них, высокотемпературные хладагенты имеют температуру кипения выше 0 ℃, а низкотемпературные хладагенты имеют температуру кипения ниже -60 ℃. Кроме того, чем ниже температура кипения хладагента, тем выше давление фазового перехода при нормальной температуре, поэтому хладагенты могут быть классифицированы на хладагенты высокого, среднего и низкого давления, в зависимости от давления фазового перехода хладагент при нормальной температуре. Можно заметить, что высокотемпературный хладагент представляет собой хладагент низкого давления, а низкотемпературный хладагент — хладагент высокого давления. В охлаждающем оборудовании для кондиционирования воздуха обычно применяется среднетемпературный и высокотемпературный хладагенты.

В таблице 2-1-4 представлены термодинамические свойства некоторых часто используемых хладагентов.

Табл. 2-1-4 Термодинамические свойства некоторых часто используемых хладагентов

Хладагент	Категория	Неорганическое вещество	Галоидзамещенный углеводород (фреон)				Неазеотропный смешанный раствор	
	Номер	R717	R123	R134a	R22	R32	R407 C	R410 A
Химическая формула		NH_3	$CHCl_2CF_3$	CF_3CH_2F	$CHCLF_2$	CH_2F_2	R32/125/134a (23/25/52)	R32/125 (50/50)
Молекулярный вес		17.03	152.93	102.03	86.48	52.02	95.03	86.03
Температура кипения, ℃		-33.3	27.87	-26.16	-40.76	051.8	Температура начала кипения: -43, 77 Температура росы: -36, 70	Температура начала кипения: -51, 56 Температура росы: -51, 50
Температура застывания, ℃		-77.7	-107.15	-96.6	-160.0	-136.0	—	—
Критическая температура, ℃		133.0	183.79	101.1	96.0	78.4	—	—
Критическое давление, МПа		11.417	3.674	4.067	4.974	5.830	—	—

Хладагент	Категория	Неорганическое вещество	Галоидзамещенный углеводород (фреон)				Неазеотропный смешанный раствор	
	Номер	R717	R123	R134a	R22	R32	R407 C	R410 A
Плотность	Жидкость при 30 ℃ / (кг/м³)	595.4	1 450,5	1 187,2	1 170,7	938.9	Температура начала кипения: 1 115, 40	Температура начала кипения: 1 034, 5
	Насыщенный газ при 0 ℃ / (кг/м³)	3,456 7	2, 249 6	14, 419 6	21.26	21.96	Температура начала кипения: 24, 15	Температура начала кипения: 30, 481
Удельная теплота	Жидкость при 30 ℃ / [кДж/ (кг · ℃)]	4.843	1.009	1.447	1.282	—	Температура начала кипения: 1, 564	Температура начала кипения: 1, 751
	Насыщенный газ при 0 ℃ / [кДж/ (кг · ℃)]	2.660	0.667	0.883	0.744	1.121	Температура начала кипения: 0, 955 9	Температура начала кипения: 1, 012 4

Хладагент	Категория	Неорганическое вещество	Галоидзамещенный углеводород (фреон)				Неазеотропный смешанный раствор	
	Номер	R717	R123	R134a	R22	R32	R407 C	R410 A
Показатель адиабаты насыщенного газа при 0° C/ (C_p/C_v)		1.400	1.104	1.178	1.294	1.753	Температура начала кипения: 1,252 6	Температура начала кипения: 1,361
Удельная скрытая теплота при 0 ℃ / (кДж/кг)		1 261,81	179.75	198.68	204.87	316.77	Температура начала кипения: 212,15	Температура начала кипения: 221,80
Коэффициент теплопроводности	Жидкость при 0 ℃ / [Вт/ (м · K)]	0,175 8	0,083 9	0,093 4	0,096 2	0,147 4	—	—
	Насыщенный газ при 0 ℃ / [Вт/ (м · K)]	0,009 09	—	0, 011 79	0,009 5	—	—	—
Вязкость $\times 10^3$	Жидкость при 0 ℃ / (Па · с)	0,520 2	0,569 6	0,287 4	0,210 1	0,193 2	—	—
	Насыщенный газ при 0 ℃ / (Па · с)	0,021 84	—	0,010 94	0,011 80	—	—	—
Относительная прочность изоляции при 23 ℃ (1 для азота)		0.83	—	—	1.3	—	—	—
Класс безопасности		B2	B1	A1	A1	A2	A1/A1	A1/A1

1) Фреон

Фреон — общее название галоидных производных насыщенных углеводородов, представляет собой разновидность синтетического хладагента, появившегося в 1930-х годах. Его появление решило проблему «желательного» хладагента в мире кондиционирования воздуха того времени.

Существует три основные группы фреонов: метан, этан и пропан. Среди них большое влияние на их свойства оказывает количество атомов водорода, фтора и хлора. С уменьшением числа атомов водорода снижается и воспламеняемость; чем больше число атомов фтора, тем он безвреднее для организма человека и менее агрессивен по отношению к металлам; увеличение числа атомов хлора может повысить температуру кипения хладагента, однако чем больше атомов хлора, тем вреднее он для озонового слоя атмосферы.

Большинство фреонов сами по себе нетоксичны, не имеют запаха, негорючие и не взрываются при смешивании с воздухом в случае пожара, поэтому подходят для кондиционеров и охлаждающих устройств в общественных зданиях или лабораториях. Если фреон не содержит влаги, он не оказывает коррозионного воздействия на металл; когда фреон содержит влагу, он может разлагаться с образованием хлористого и фтористого водорода, которые не только разъедают металл, но также могут образовывать «медный налет» на железных поверхностях.

Фреон имеет низкий коэффициент выделения тепла и плохую впитываемость воды, высокую цену и очень легко протекает, что тяжело обнаружить, также фреон имеет плохое водопоглощение. Во избежание «медного налета» и «ледяного затора» в системе следует установить осушитель. Кроме того, когда галогениды подвергаются воздействию горячих медных поверхностей, они приобретают очень яркий зеленый цвет, поэтому для обнаружения утечек можно использовать галогенную паяльную лампу.

Из-за различного воздействия на озоновый слой фреоны можно разделить на полностью галогенированные хлорфторуглероды (CFCs), неполногалогенированные хлорфторуглероды (HCFCs) и неполногалогенированные хлорфторуглероды (HFC) по составу водорода, фтора и хлора. Среди них, полностью галогенированные хлорфторуглероды (CFCs), такие, как R11 и R12, серьезно повреждают атмосферный озоновый слой.

Ⅰ. Фреон 22 (R22 или HCFC22)

R22 химически стабилен, нетоксичен, не коррозиен и не горюч, широко используется в охлаждающих установках для кондиционирования воздуха; в частности, этот хладагент используется почти во всех комнатных и автономных кондиционерах, а тоже в тех случаях, когда требуется низкая температура испарения ниже -15° C.

R22 является хорошим органическим растворителем, и легко растворяет натуральный каучук и смолу; хотя он оказывает незначительное растворяющее действие на общие полимерные соединения, он может размягчаться, расширяться и пениться, поэтому он используется в качестве уплотнительных материалов холодильного компрессора и электроизоляционных материалов двигателей с применением хладагента; для охлаждения следует применять коррозионно-стойкие неопрен, нейлон, фторопласт и т.д. Кроме того, при

низкой температуре R22 ограниченно растворяется со смазочным маслом и тяжелее масла, поэтому следует принять специальные меры по возврату масла.

Поскольку R22 относится к хладагентам класса HCFC и оказывает незначительное разрушительное воздействие на атмосферный озоновый слой, его ODP=0,034, и GWP=1 900, при этом Китай планирует постепенно отказаться от R22 к 2030 году.

Ⅱ. Фреон 123 (R123 или HCFC123)

R123 имеет температуру кипения 27,87° C, ODP=0,02 и GWP=93, в настоящее время является лучшей альтернативой хладагенту R11 (CFC11), и уже успешно применяется в центробежном охлаждающем оборудовании. Однако R123 токсичен, и класс безопасности указан как B1.

Ⅲ. Фреон 134a (R134a, часто называемый HFC134a)

Термодинамические свойства R134a близки к R12 (CFC12), ODP= 0 и GWP=1 300. Коэффициент теплопроводности жидкостей и газов R134a значительно выше, чем R12, а коэффициенты теплопередачи в конденсаторе и испарителе выше, чем R12 на 35%-40% и 25%-35% соответственно.

R134a является малотоксичным, негорючим хладагентом. Он не совместим с минеральным маслом, но может быть полностью растворен в синтетических маслах полиолэфиров (POE); R134a обладает хорошей химической стабильностью, но обладает сильным водопоглощением, если имеется небольшое количество влаги, под действием смазочного масла и других факторов будет выделяться кислота, CO или CO_2, таким образом, оказывая коррозионное воздействие на металл или вызывая явление «медного налета»; поэтому R134a требует более высокой степени сухости и чистоты в системе, необходимо использовать соответствующий сушитель.

2) Неорганические соединения

Ⅰ. Аммиак (R717)

Наряду с высокой токсичностью, аммиак (NH_3) также является хорошим хладагентом и широко используется с 1870-х годов и по сей день. Наибольшими преимуществами аммиака являются большая охлаждающая способность на единицу объема, умеренное давление испарения и конденсации, а также высокая эффективность охлаждения, к тому же ODP и GWP равны 0. Самым большим недостатком аммиака является его сильная раздражимость, и опасность для организма человека. В настоящее время установлено, что

концентрация аммиака в воздухе не должна превышать 20 $мг/м^3$. Аммиак является легковоспламеняющимся веществом, при достижении объемного процента аммиака в воздухе 16%-25% возникает опасность взрыва при воздействии открытого огня.

Аммиак обладает сильным водопоглощением, однако содержание воды в жидком аммиаке не должно превышать 0,12%, в целях обеспечения охлаждающей способности системы. Аммиак практически нерастворим в смазочных маслах. Аммиак не оказывает коррозионного воздействия на черные металлы, однако оказывает коррозионное воздействие на медь и медные сплавы (кроме фосфористой бронзы), если в аммиаке содержится влага. Однако аммиак дешев и широко используется производственными предприятиями.

Ⅱ. Углекислый газ (R744)

Углекислый газ является одним из компонентов биосферы Земли, он не токсичен, не имеет запаха, не загрязняет окружающую среду, невзрывоопасен, не горюч и неагрессивен, его ODP=0 и GWP=1. Помимо того, что он экологически безопасен, он обладает отличными теплофизическими свойствами. Например, охлаждающая способность CO_2 на единицу объема в 5 раз выше, чем у R22, что позволяет сделать компрессор еще более миниатюрным; вязкость CO_2 низкая, а при -40 ℃ вязкость его жидкости составляет 1/8 воды 5 ℃; даже при относительно низкой скорости потока, углекислый газ может также формировать турбулентное течение, с очень хорошим эффектом теплопередачи; циклы охлаждения, использующие CO_2 имеют более низкую степень сжатия, что повышает адиабатический КПД. Кроме того, CO_2 широко доступен, дешев и хорошо совместим с обычно используемыми в настоящее время материалами. Основываясь на вышеупомянутых преимуществах использования CO_2 в качестве хладагента, исследователи постоянно пытаются применять его в различных системах охлаждения, кондиционирования воздуха и тепловых насосов.

Однако из-за низкой критической температуры CO_2, всего 31, 1 ℃, когда в качестве охлаждающей среды используется охлаждающая вода или наружный воздух, цикл охлаждения для получения обычной низкой температуры является транскритическим циклом; только при температуре конденсации ниже 30 ℃, для CO_2 может быть использован докритический цикл, аналогичный обычному хладагенту. Из-за высокого критического давления CO_2 (73, 75 бар), в

транскритическом или докритическом циклах охлаждения рабочее давление очень высоко, поэтому предъявляются высокие требования к механической прочности компрессоров, теплообменников и других компонентов.

3）Смешанный раствор

Большое внимание уделяется применению смешанных растворов в качестве хладагентов. Однако для бинарных смешанных растворов, степень свободы равна 2, поэтому необходимо знать два параметра, чтобы определить состояние смешанного раствора, обычно выбираются комбинации такие, как температура-концентрация, давление-концентрация, энтальпия-концентрация и т.д., затем составляется соответствующая диаграмма фазового равновесия для использования.

Характеристики бинарных смешанных растворов можно увидеть на диаграмме фазового равновесия; на рисунке 2-1-2 показана диаграмма «температура-концентрация» компонентов A и B при определенном давлении. Где, сплошная кривая — линия насыщенной жидкости, пунктирная кривая — линия сухого насыщенного пара; две кривые разделяют фазовую диаграмму на три зоны, ниже сплошной линии — зона жидкой фазы, выше пунктирной линии — зона перегретого пара, а между двумя кривыми — зона влажного пара.

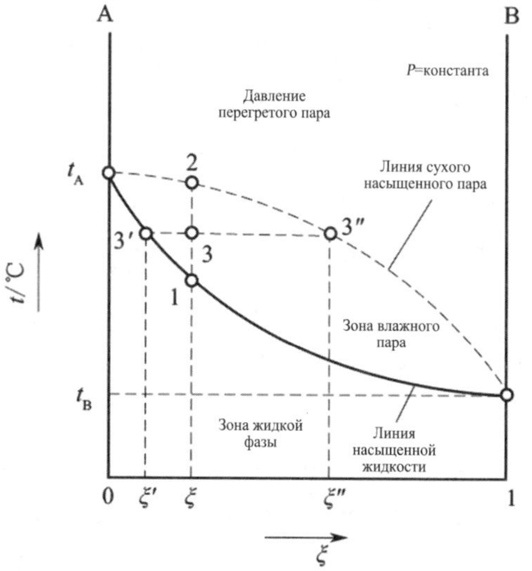

Рис. 2-1-2 Диаграмма «температура-концентрация» бинарного смешанного раствора

R502 представляет собой бинарное смешанное рабочее вещество с

наименьшей температурой кипения, состоящее из 48, 8% R22 и 51, 2% R115 по массе. По сравнению с R22 его давление немного выше, а холодопроизводительность на единицу массы при более низких температурах увеличивается примерно на 13%. Кроме того, при одинаковых температурах испарения и конденсации, коэффициент сжатия невелик, а температура выхлопных газов после сжатия низка, поэтому при использовании одноступенчатого парокомпрессионного охлаждения температура испарения может достигать -55 ℃.

Ⅰ. R407 C

R407 C представляет собой тройное неазеотропное смешанное рабочее вещество, состоящее из 23% R32, 25% R125 и 52% R134a, по массе. Его стандартная температура кипения составляет -43,77 ℃, с высоким сдвигом температуры, как правило, 4-6 ℃. По сравнению с R22, его температура испарения примерно на 10% выше, холодопроизводительность немного ниже, эффект теплопередачи хуже, а эффективность охлаждения примерно на 5% ниже. Кроме того, из-за больших скачков температуры R407 C, следует усовершенствовать проектирование испарителя и конденсатора. В настоящее время, в качестве альтернативы хладагенту R22 в комнатных кондиционерах, автономных кондиционерах и небольшом охлаждающем оборудовании используется R407 C.

Ⅱ. R410 A

R410 A представляет собой бинарное почти-азеотропное смешанное рабочее вещество, состоящее из R32 и R125 с массовой долей 50% каждого. Его стандартная температура кипения составляет -51, 56 ℃ (температура начала кипения), -51, 5 ℃ (температура росы), а скачок температуры составляет всего около 0, 1 ℃. По сравнению с R22 его давление в системе в 1, 5-1, 6 раза выше, а холодопроизводительность на 40-50% больше. R410 A обладает хорошими характеристиками теплопередачи и потока, более высокой эффективностью охлаждения, и в настоящее время является альтернативным хладагентом для небольших устройств кондиционирования воздуха, таких как комнатные кондиционеры и многоподключаемые кондиционеры.

4) Не полностью галоидированные гидрофлороэфирные соединения (HFEs)

В последние годы большое внимание привлекли неполные галогениды метилового эфира (C_2H_6O), этилметилового эфира (C_3H_8O) и диэтилового

эфира ($C_4H_{10}O$) . Исследования показали, что:

(1) HFE143 m (CF_3OCH_3) может заменить R12 и R134a, с термодинамическими свойствами, близкими к R12, ODP=0, а GWP=750;

(2) HFE245mc ($CF_3CF_2OCH_3$) может заменить R114 для высокотемпературного теплового насоса, а также имеет ODP=0 и GWP=622;

(3) HFE347mcc ($CF_3CF_2CF_2OCH_3$) и HFE347mmy ($CH_3OCF(CF_3)_2$) могут заменить R11, хотя их термодинамические свойства ниже R11, но ODP=0.

Хладагенты, как правило, хранятся в специальных стальных баллонах, которые следует регулярно проверять на устойчивость к давлению. Баллоны с разными хладагентами нельзя менять, а также размещать под солнцем или вблизи высоких температур, во избежание взрыва. Как правило, баллон с аммиаком окрашивается желтым цветом, а баллон с фреоном — серебристо-серым, и на поверхности баллона указывается название хранящегося хладагента.

【Выполнение задачи】

Табл. 2-1-5 Задача проекта

Название задачи	Знакомство с хладагентами		
Члены группы			
Инструктор-преподаватель		Планируемое время	
Срок реализации		Место реализации	
Содержание и цель задачи			
1. Освоить основные требования к хладагентам; 2. Ознакомиться с классификацией и основными термодинамическими свойствами хладагентов.			
Пункты аттестации	1. Классификация хладагентов 2. Основные термодинамические свойства хладагента 3. Основные требования к хладагентам		
Примечание			

Табл. 2-1-6 Отчет о выполнении задачи проекта

Название задачи	Знакомство с хладагентами		
Члены группы			
Конкретное разделение труда			
Планируемое время		Фактическое время реализации	
Примечание			

1. Что такое хладагент? Каковы требования к хладагентам? Какие факторы следует учитывать при выборе хладагента?

2. Как регламентируется безопасность хладагента?

3. Верно ли утверждение, что «экологически чистые хладагенты — это безфторные хладагенты»? Пожалуйста, кратко объясните как оценить экологичность хладагентов?

【Оценка задачи】

Табл. 2-1-7 Форма комплексной оценки задачи проекта

Название задачи:　　　　Время оценки: «__»__ ___г.

Детали оценки		Стандартный балл	Полученный балл								
			Члены группы								
			Самооценка группы	Взаимная оценка между группами	Оценка преподавателя	Самооценка группы	Взаимная оценка между группами	Оценка преподавателя	Самооценка группы	Взаимная оценка между группами	Оценка преподавателя
Группа (60 баллов)	Может ли группа понять цели и прогресс обучения в целом	10									
	Есть ли у группы сознание сотрудничества	10									
	Есть ли у группы сознание сотрудничества	10									
	Есть ли у группы инновационные идеи (методы)	10									
	Добросовестно ли группа заполнила отчет о завершении задачи	10									
	Есть ли у группы проблемы и пути их решения	10									

Детали оценки		Стандартный балл	Полученный балл								
			Члены группы								
			Самооценка группы	Взаимная оценка между группами	Оценка преподавателя	Самооценка группы	Взаимная оценка между группами	Оценка преподавателя	Самооценка группы	Взаимная оценка между группами	Оценка преподавателя
Отдельное лицо (40 баллов)	Подчиняется ли отдельное лицо постановке работы группы	10									
	Выполняет ли отдельное лицо задачи, поставленные группой	10									
	Может ли отдельное лицо своевременно общаться с членами группы	10									
	Может ли отдельное лицо тщательно описать трудности, ошибки и изменения	10									
Всего		100									

【Закрепление знаний】

(1) Хладагенты R22 и R343a помещены в два одинаковых баллона. Как их идентифицировать простейшим методом？

(2) Какова взаимосвязь между высокотемпературными, среднетемпературными и низкотемпературными хладагентами и хладагентами высокого, среднего и низкого давления？ Какие высокотемпературные, среднетемпературные и низкотемпературные хладагенты обычно используются？ Для каких систем подходят эти хладагенты？

(3) В одноступенчатом парокомпрессионном цикле охлаждения, при температуре конденсации 40 ℃ и температуре испарения 0 ℃, какие хладагенты (R717, R22, R134a, R123 или R410 A) подходят для рекуперации тепла в цикле?

Задача Ⅱ Знакомство с холодоносителями

【Подготовка к задаче】

В технике кондиционирования воздуха, промышленном производстве и научных испытаниях, часто применяется охлаждающая установка для косвенного охлаждения охлаждаемых объектов или для транспортировки энергии холода, генерируемой охлаждающим устройством, на большие расстояния. В таком случае требуется промежуточное вещество, которое охлаждается в испарителе для снижения температуры, а затем используется для охлаждения охлаждаемого вещества, данное промежуточное вещество называется холодоносителем. Данная задача заключается в знакомстве с холодоносителями.

1. Требования к физико-химическим свойствам холодоносителя

Физико-химические свойства холодоносителя должны соответствовать следующим требованиям:

(1) Не затвердевает и испаряется в диапазоне рабочих температур;

(2) Нетоксичен, имеет хорошую химическую стабильность, и не оказывает коррозионное воздействие на металл;

(3) Удельная теплоемкость велика, а поток, необходимый для транспортировки определенного количества холодной энергии, невелик;

(4) Низкая плотность и низкая вязкость позволяют снизить сопротивление потоку, также энергопотребление циркуляционного насоса;

(5) Высокий коэффициент теплопроводности, что помогает умсньшить площадь теплопередачи теплообменного оборудования;

(6) Источников много, а цена низкая.

Часто используемым холодоносителем является вода, но она может использоваться только при температуре выше 0 ℃. При требуемой температуре ниже 0 ℃, обычно используется солевая вода, например, солевые растворы хлорида натрия или хлорида кальция, или водные растворы органических соединений, таких как гликоля или глицерина.

2. Солевой раствор

Солевой раствор представляет собой раствор соли и воды, свойства которого зависят от концентрации соли в растворе, как показано на рисунке 2-2-1 и 2-2-2. Кривая на рисунках представляет собой кривую температуры застывания солевых растворов с различными концентрациями, при низкой концентрации соли в растворе температура застывания снижается по мере увеличения концентрации. Когда концентрация соли превышает определенное значение, температура застывания повышается по мере увеличения концентрации. Этот поворотный момент является криогидратной точкой. Кривая делит фазовую диаграмму на четыре зоны, причем состояние соленой воды на каждом участке варьируется. Верхняя часть кривой — зона раствора; левая часть кривой (выше пунктирной линии) — зона раствора льда-соли, т.е. когда концентрация солевого раствора ниже концентрации в криогидратной точке, а температура ниже, чем температура осаждения соли этой концентрации, и выше, чем температура точки кристаллизации, лед выпадает в осадок и концентрация раствора увеличивается, левую кривую еще называют линией выпадения льда; правая часть кривой (выше пунктирной линии) — зона растворов соли-солевой воды, т.е. когда концентрация соленой воды выше концентрации точки кристаллизации, а температура ниже температуры осаждения соли этой концентрации и выше температуры точки кристаллизации, соль выпадает в осадок и концентрация раствора уменьшается, поэтому кривую справа еще называют линией осаждения солей; часть с температурой ниже температуры в криогидратной точке (ниже пунктирной линии) — зона твердого состояния.

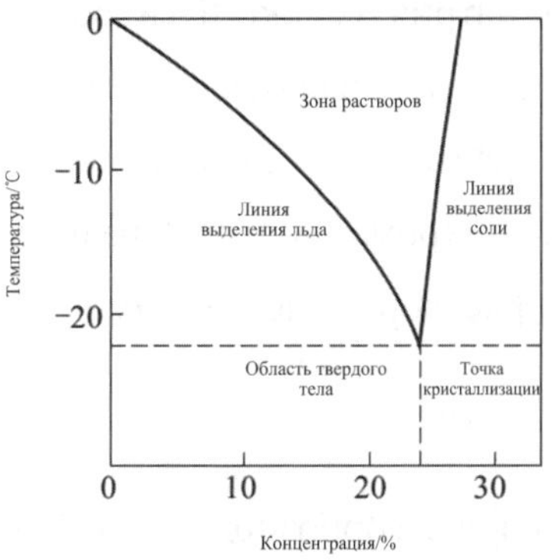

Рис. 2-2-1 Солевой раствор хлорида натрия

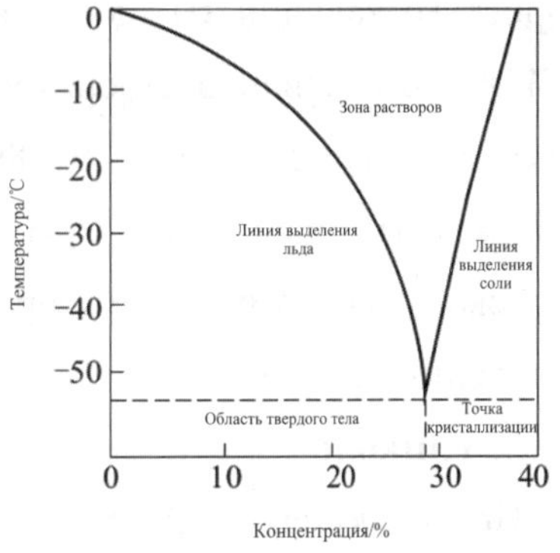

Рис. 2-2-2 Солевой раствор хлорида кальция

При выборе концентрации солевого раствора следует отметить, что чем больше концентрация солевого раствора, тем больше его плотность, и тем больше сопротивление потоку, а также снижается удельная теплоемкость; при передаче одинакового количества холода, следует повысить расход солевого раствора. Поэтому необходимо следить за тем, чтобы солевой раствор в испарителе не замерз, температура застывания не должна быть слишком низкой, обычно ниже температуры испарения на 4-5 ℃ (открытый испаритель) или 8-10 ℃ (закрытый испаритель), концентрация не должна превышать концентрацию в криогидратной точке.

При работе в охлаждающей системе, солевой раствор может постоянно поглощать влагу из воздуха, что приводит к снижению его концентрации и повышению температуры застывания, поэтому следует периодически добавлять соль в солевой раствор для поддержания требуемой концентрации.

Самым большим недостатком соляных растворов, таких как раствор хлорида натрия, заключается в том, что они очень агрессивны по отношению к металлам, поэтому предотвращение коррозии систем соляных растворов является актуальной проблемой. Практика показывает, что коррозия металла связана с содержанием кислорода в солевом растворе, чем больше содержание кислорода, тем сильнее коррозионная активность; поэтому желательно использовать закрытую систему для уменьшения контакта с воздухом. Кроме того, для уменьшения коррозионного воздействия, в солевой раствор может быть добавлен ингибитор коррозии. Ингибиторами коррозии могут быть гидроксид натрия (NaOH) и бихромат натрия ($NaCrO_7$). В солевой раствор

хлористого кальция 1м^3 добавляют бихромат натрия 1, 6кг и гидроксид натрия 0, 45кг; в солевой раствор хлорида натрия 1м^3 добавляют бихромат натрия 3, 2кг и гидроксид натрия 0, 89кг. Солевой раствор с ингибитором коррозии должен быть щелочным（pH 7, 5-8, 5）. Бихромат натрия разъедает кожу человека, поэтому при приготовлении раствора необходимо соблюдать осторожность.

3. Гликоль

Поскольку солевой раствор оказывает сильное коррозионное воздействие на металлы, в некоторых случаях часто используются менее коррозионные органические соединения, такие как метанол и гликоль. Гликоль делится на этиленгликоль и пропиленгликоль. Поскольку вязкость этиленгликоля намного ниже, чем у пропиленгликоля, в качестве холодоносителя используется этиленгликоль.

Этиленгликоль представляет собой бесцветную и безвкусную жидкость, имеет низкую летучесть и низкую коррозионную активность, легко смешивается с водой и многими органическими соединениями; хотя этиленгликоль немного токсичен, он не вреден, и широко используется в промышленных охлаждающих системах и системах кондиционирования воздуха для хранения льда.

Хотя этиленгликоль менее агрессивен к обычным металлам, чем вода, водные растворы этиленгликоля обладают высокой коррозионной активностью. В процессе использования этиленгликоль окисляется, поэтому в водный раствор этиленгликоля следует добавлять добавки. К добавкам относятся антисептики, образующие на металлических поверхностях слой ингибирования коррозии, и стабилизаторы, в качестве которых может быть применен щелочной буфер — бура, в целях поддержания щелочности раствора（pH>7）. Количество добавки, вводимой в водный раствор этиленгликоля, составляет от 0, 08% до 0, 12%.

Выбор концентрации этиленгликоля зависит от потребностей применения. Как правило, концентрацию раствора целесообразно определить с учетом того, что температура застывания ниже температуры испарения на 5-6 ℃; слишком высокая концентрация не только может оказывать негативное влияние на физические свойства раствора, но и быть материально затратной. Во избежание замерзания и разрушения кондиционера в зимнее время применяется водный

раствор этиленгликоля 30%.

【Выполнение задачи】

Задача выполняется путем завершения отчета в соответствии с формулировкой и задачей проекта, см. таблицу 2-2-1 и 2-2-2.

Табл. 2-2-1 Задача проекта

Название задачи	Знакомство с холодоносителями		
Члены группы			
Инструктор-преподаватель		Планируемое время	
Срок реализации		Место реализации	
Содержание и цель задачи			
1. Освоить требования к физико-химическим свойствам холодоносителя; 2. Овладеть применением солевых растворов и гликоля холодоносителя;			
Пункты аттестации	1. Требования к физико-химическим свойствам холодоносителя; 2. Выбор солевых растворов холодоносителя; 3. Выбор гликоля холодоносителя.		
Примечание			

Табл. 2-2-2 Отчет о выполнении задачи проекта

Название задачи	Знакомство с холодоносителями		
Члены группы			
Конкретное разделение труда			
Планируемое время		Фактическое время реализации	
Примечание			
1. Что такое холодоноситель? Каковы требования к холодоносителям? Какие факторы и меры предосторожности следует учитывать при выборе холодоносителя? 2. Что такое солевой раствор? Как следует применять солевой раствор? 3. Что такое гликоль? Как следует применять гликоль?			

【Оценка задачи】

Оценка задачи осуществляется по форме комплексной оценки задачи проекта, приведенной в таблице 2-2-3.

Табл. 2-2-3 Форма комплексной оценки задачи проекта

Название задачи: Время оценки: «__»__ ___г.

Детали оценки		Стандартный балл	Полученный балл								
			Члены группы								
			Самооценка группы	Взаимная оценка между группами	Оценка преподавателя	Самооценка группы	Взаимная оценка между группами	Оценка преподавателя	Самооценка группы	Взаимная оценка между группами	Оценка преподавателя
Группа (60 баллов)	Может ли группа понять цели и прогресс обучения в целом	10									
	Существует ли четкое разделение труда между членами группы	10									
	Есть ли у группы сознание сотрудничества	10									
	Есть ли у группы инновационные идеи (методы)	10									
	Добросовестно ли группа заполнила отчет о завершении задачи	10									
	Есть ли у группы проблемы и пути их решения	10									

Детали оценки		Стандартный балл	Полученный балл								
			Члены группы								
			Самооценка группы	Взаимная оценка между группами	Оценка преподавателя	Самооценка группы	Взаимная оценка между группами	Оценка преподавателя	Самооценка группы	Взаимная оценка между группами	Оценка преподавателя
Отдельное лицо (40 баллов)	Подчиняется ли отдельное лицо постановке работы группы	10									
	Выполняет ли отдельное лицо задачи, поставленные группой	10									
	Может ли отдельное лицо своевременно общаться с членами группы	10									
	Может ли отдельное лицо тщательно описать трудности, ошибки и изменения	10									
Всего		100									

【Закрепление знаний】

1. Задание на заполнение пробелов

(1) При выборе концентрации солевого раствора следует отметить, что чем больше _______ солевого раствора, тем больше его _______, и тем больше _______________, а _________ уменьшается; при передаче одинакового количества холода, следует повышать расход солевого раствора.

(2) Добавки гликоля включают _________ и _________. Антисептики могут образовать на металлических поверхностях _____________; а в качестве стабилизатора может быть применен щелочной буфер — ______, в целях поддержания щелочности раствора (pH>_____). Количество добавки, вводимой в водный раствор этиленгликоля, составляет от _____ до _____%.

2. Вопросы с кратким ответом

Известно, что температура испарения охлаждающей установки системы кондиционирования воздуха с аккумулированием холода и внутренним змеевиком для таяния льда составляет -12 ℃, если в качестве холодоносителя применяются водный раствор этиленгликоля, NaCl и CaCl2, какова по меньшей мере массовая концентрация каждого холодоносителя ?

Задача Ⅲ Знакомство со смазочными материалами

【Подготовка к задаче】

Смазочное масло находится между двумя движущимися объектами и имеет функцию уменьшения трения, вызванного контактом между данными двумя объектами; это технологически емкий продукт, представляющий собой сложную смесь углеводородов, а его реальные эксплуатационные свойства обусловлены комплексным действием сложных процессов физических или химических преобразований. Данная задача заключается в основном в знакомстве со смазочными материалами.

1. Назначение смазочного масла

Для холодильного компрессора смазочное масло играет важную роль в обеспечении эксплуатационной надежности и срока службы холодильного компрессора, его роль проявляется в следующих трех аспектах.

(1) Уменьшение трения. Холодильный компрессор имеет различные ют различные движущиеся пары трения; трение, с одной стороны, потребляет больше энергии, с другой стороны, приводит к износу поверхности, что влияет на нормальную работу компрессора. Заливка смазочным маслом позволяет образовать масляную пленку на поверхности трения, что уменьшает как трение, так и расход энергии.

(2) Отвод тепла от трения. Трение генерирует тепло, что приводит к повышению температуры компонентов, влияет на нормальную работу компрессора и даже вызывает «заедание» кинематической пары. Заливка смазочным маслом позволяет отводить теплоту трения, чтобы температура кинематической пары поддерживалась в подходящем диапазоне, а также можно устранить различные механические примеси, предотвращая появление ржавчины и обеспечивая чистоту.

(3) Уменьшение утечки. Поверхность трения холодильного компрессора имеет определенный зазор, который является основным каналом утечки газообразного хладагента. В зазор поверхности трения заливается смазочное масло, которое выполняет функцию уплотнения.

Кроме того, смазочное масло выполняет функцию шумоподавления (уменьшения механического шума, возникающего при запуске и эксплуатации оборудования); в некоторых компрессорах смазочное масло также является маслом для работы под давлением некоторых механизмов, например, в поршневом компрессоре смазочное масло обеспечивает гидравлическую силу разгрузочного механизма, контролирует количество вводимых в эксплуатацию цилиндров для регулирования расхода газа компрессора.

2. Виды смазочного масла

При выборе смазочного масла следует обратить внимание на его свойства. Основными факторами оценки свойств смазочного масла являются вязкость, совместимость с хладагентами, температура застывания (ликвидность), температура вспышки, температура замерзания, кислотное число, химическая стабильность, совместимость с материалами, содержание воды, содержание примесей, электрическая мощность и т. д.

Смазочные масла для холодильных компрессоров подразделяются на природные минеральные и синтетические масла.

(1) Природное минеральное масло, с кратким названием «минеральное масло» (Mineral Oil, MO), является смазочным маслом, извлеченным из нефти, и обычно состоит из алканов, циклопарафинов и ароматических углеводородов, совместимо только со слабополярным или неполярным хладагентом. В государственном стандарте Китая «Масло для охлаждающего оборудования» (GB/T 16630-2012) указано, что минеральное масло разделяется на 4 сорта, а именно L-DRA/A, L-DRA/B, L-DRB/A и L-DRB/B, сфера

применения которых приведена в таблице 2-3-1.

Табл. 2-3-1 Сорта минеральных масел

Сорт государственного стандарта	Сорт ISO	Основной состав	Рабочая температура	Хладагент	Применение
L-DRA/A	L-DRA	Синтетические углеводородные масла из глубоко очищенных минеральных масел (нафтеновое масло, парафиновое масло или белое масло)	Выше -40° C	Аммиак	Открытый тип; Обычное охлаждающее оборудование
L-DRA/B				Аммиак, CFCs, HCFCs и их основные смеси	Полузакрытый; Обычное охлаждающее оборудование, морозильное оборудование, охлаждающее оборудование, кондиционеры
L-DRB/A	L-DRB	Синтетические углеводородные масла из глубоко очищенных минеральных масел	Ниже -40° C	CFCs, HCFCs и их основные смеси	Герметичный; Морозильное оборудование, охлаждающее оборудование, холодильники
L-DRB/B		Синтетическое углеводородное масло			

(2) Искусственные синтетические масла, с кратким названием «синтетические масла», компенсируют недостатки минеральных масел, обычно имеют сильную полярность и могут растворяться в хладагентах с довольно сильной полярностью, таких как R134a. Часто используются такие синтетические масла, как полиалкиленгликолевые масла (Poly-alkylene glycol, PAG), алкилбензольные масла (Alkyl Benzene, AB), полиол-эстеровые масла (Polyol Ester, POE) и поливинилэфирные масла (Polyvinyl Ester, PVE) .

В таблице 2-3-2 приведены области применения нескольких основных типов холодильных смазочных масел. Как правило, при выборе холодильных смазочных материалов несколько больше учитывается хладагент, а не тип компрессора. Смазочные масла класса MO могут использоваться в системах с такими хладагентами, как CFCs, HCFCs, аммиак, HCs и другими. Масла PAG чаще всего используются в автомобильных кондиционерах, а масла POE и PVE используются в сочетании с хладагентами HFCs и их смесями. Несмотря на то, что в настоящее время в системе с хладагентом HFCs применяется в основном масло POE, свойства масла PVE по многим параметрам превосходят свойства масла POE, поэтому масло PVE будет постепенно распространяться и применяться в будущем.

Табл. 2-3-2 Сфера применения нескольких видов основных холодильных смазочных масел

Пункт	MO	PAG	AB	POE	PVE
Применяемый компрессор	Возвратно-поступательный, ротационный, спиральный, винтовой, центробежный	Возвратно-поступательный, с качающейся шайбой, спиральный, винтовой, центробежный	Возвратно-поступательный, ротационный	Возвратно-поступательный, ротационный, спиральный, винтовой, центробежный	Возвратно-поступательный, ротационный, спиральный, винтовой, центробежный
Применяемый хладагент	CFCs, HCFCs аммиак, HCs	HFC-134a, HCs, аммиак	CFCs, HCFCs, аммиак, HFC-407 C	HCFCs и их смеси	HCFCs и их смеси
Типичное применение	Бытовые кондиционеры, холодильники, морозильное и охлаждающее оборудование, водоохладительный агрегат центрального кондиционера, автомобильные кондиционеры	Автомобильные кондиционеры, бытовые кондиционеры, холодильники	Кондиционеры, морозильное и охлаждающее оборудование	Морозильное и охлаждающее оборудование, кондиционеры	Автомобильные кондиционеры, бытовые кондиционеры, водоохладительный агрегат центрального кондиционера

3. Использование смазочного масла

Выбор и применение смазочного масла в основном зависит от вида хладагента, типа компрессора, условий эксплуатации (температуры испарения, температуры конденсации) и т.д., как правило, следует использовать марки, рекомендованные заводом-изготовителем. При выборе смазочного масла в первую очередь необходимо учитывать его низкотемпературные свойства и совместимость с хладагентом.

1) Низкотемпературные свойства

Низкотемпературные свойства смазочного масла включают в себя в основном вязкость и ликвидность.

Ⅰ. Вязкость

Низкотемпературные свойства смазочного масла в основном заключаются в его вязкости, при слишком высокой вязкости несущая способность масляной пленки будет большой, что позволит легко поддерживать жидкую смазку, но при этом сопротивление потоку также будет больше, мощность трения и пусковое сопротивление компрессора также увеличатся; при слишком низкой вязкости, сопротивление потоку будет невелико и теплота трения уменьшится,

однако будет нелегко сформировать масляную пленку с определенной несущей способностью между поверхностями трения движущихся частей, таким образом масло будет иметь плохую герметичность. Поэтому при снижении вязкости на 15% следует заменить смазочное масло.

Смазочные масла для холодильных компрессоров можно разделить на пять классов вязкости: N15, N22, N32, N46 и N68 в зависимости от кинематической вязкости при 40 ℃. В связи с разной взаимной растворимостью хладагента и смазочного масла, для разных хладагентов требуется различная вязкость смазочного масла, для холодильного компрессора R22 обычно применяется смазочное масло класса вязкости N32 или N46.

Ⅱ. Ликвидность

Температура замерзания смазочного масла должна быть низкой, желательно ниже температуры испарения на 5-10 ℃, при низкотемпературном режиме масло должно иметь хорошую ликвидность. При плохой низкотемпературной ликвидности смазочное масло осаждается в испарителе, что влияет на холодопроизводительность или конденсируется на дне компрессора, теряя свой смазочный эффект и повреждая движущиеся части.

2) Взаимная растворимость с хладагентом

Как упоминалось выше, хладагенты можно разделить на две основные категории: хладагенты, ограниченно растворимые в смазочном масле, и хладагенты, неограниченно растворимые в смазочном масле. Однако ограниченное и неограниченное растворение условно, и из-за различности видов смазочных масел по мере снижения температуры неограниченное растворение может трансформироваться в ограниченное.

На рисунке 2-3-1 показана кривая критической температуры нескольких смесей фреона и смазочного масла, в зоне над кривой хладагент может неограниченно растворяться в смазочном масле, а зона под кривой является зоной ограниченного растворения. Например, как показано на рисунке, концентрация масла в точке *A* составляет 20%, при этом смазочное масло может полностью растворяться в хладагенте; при *постоянной концентрации масла*, *но пониженной температуре*, *как показано в пункте* B, R114 и R12 все еще находятся в полностью растворенном состоянии, а R22 — *в ограниченном растворенном состоянии*, *в это время раствор разделяется на* 2 *слоя. Чем меньше слой масла находится в состоянии* B', *тем больше слоя*

масла находится в состоянии B″, *в связи с малой плотностью смазочного масла по сравнению с* R22, *масляный слой находится в верхнем слое*; *когда температура продолжает снижаться до точки C*, R12 также переходит в ограниченное растворение, одна часть которого находится в состоянии C›, а другая является почти чистым смазочным маслом C″.

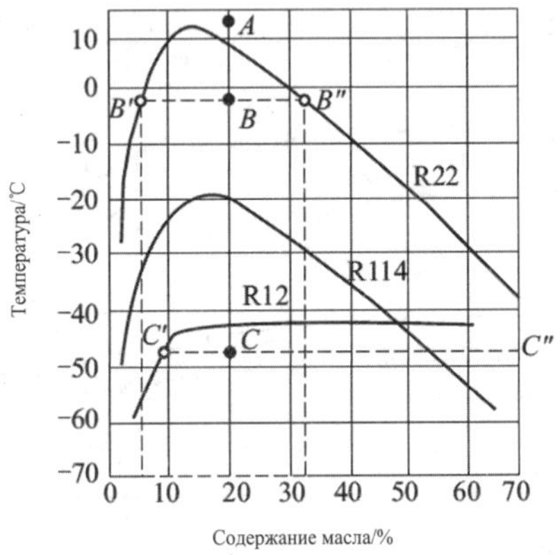

Рис. 2-3-1 Кривая критической температуры смесей фреона и смазочного масла

Хладагент полностью растворяется в смазочном масле. Смазочное масло проникает во все части компрессора вместе с хладагентом, создавая благоприятные условия смазки компрессора, и не образует масляной пленки на теплообменных поверхностях, таких как конденсатор, испаритель и т.д., что препятствует теплообмену. Однако из диаграммы давления-концентрации R22 и насыщенного раствора смазочного масла, приведенной на рисунке 2-3-2, известно, что при определенном давлении испарения температура испарения в системе охлаждения повышается по мере увеличения содержания масла, что приводит к уменьшению холодопроизводительности. Еще одна причина уменьшения холодопроизводительности заключается в том, что газообразный хладагент вместе с маслом поступает из испарителя в компрессор, после попадания в цилиндр с более высокой температурой хладагент, растворенный в смазочном масле, испаряется из него, поэтому часть хладагента не только не производит эффективную холодопроизводительность, но и приводит к снижению полезного впуска газа в компрессор. Для уменьшения данной потери можно применять регенеративный цикл, при котором смесь газообразного хладагента и смазочного масла, выходящая из испарителя, сначала поступает в

рекуператор и нагревается жидким хладагентом из конденсатора, таким образом растворенный в смазочном масле жидкий хладагент испаряется, при этом жидкий хладагент высокого давления дополнительно охлаждается, чтобы уменьшить потери на дросселирование.

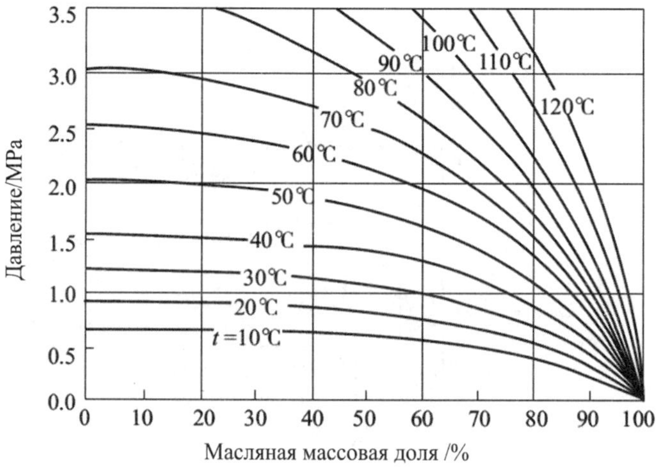

Рис. 2-3-2 Диаграмма давления-концентрации R22 и насыщенного раствора смазочного масла

В системе охлаждения с применением хладагента, неограниченно растворимого в смазочном масле, в связи со содержанием хладагента в смазочном масле при запуске компрессора происходит внезапное снижение давления в картере коленчатого вала (но при этом температура еще не успевает снизиться), как видно на рисунке 2-3-2, концентрация насыщения смазочного масла увеличивается, растворенный в нем хладагент испаряется, в результате чего смазочное масло «пенится»; в частности, когда компрессор помещен в низкотемпературную среду, из кривой критической температуры на рисунке 2-3-1 видно, что масло в картере компрессора будет расслаиваться, поскольку нижний слой является маломасляным, насос откачивает масло из маломасляного слоя на дне картера, что неизбежно приведет к плохой смазке и опасности сжигания компрессора. Во избежание «вспенивания» перед запуском компрессора можно нагреть смазочное масло с помощью масляного нагревателя, чтобы уменьшить растворение хладагента в масле и защитить компрессор.

【Выполнение задачи】

Задача выполняется путем завершения отчета в соответствии с формулировкой и задачей проекта, см. таблицу 2-3-3 и 2-3-4.

Табл. 2-3-3 Задача проекта

Название задачи	Знакомство со смазочными материалами		
Члены группы			
Инструктор-преподаватель		Планируемое время	
Срок реализации		Место реализации	
Содержание и цель задачи			
1. Ознакомиться с целью использования смазочного масла 2. Ознакомиться с видами смазочного масла 3. Овладеть навыками использования смазочного масла			
Пункты аттестации	1. Цель использования смазочного масла; 2. Вид смазочного масла; 3. Факторы, которые следует учитывать при использовании смазочного масла		
Примечание			

Табл. 2-3-4 Отчет о выполнении задачи проекта

Название задачи	Познание смазочного масла		
Члены группы			
Конкретное разделение труда			
Планируемое время		Фактическое время реализации	
Примечание			
1. Что такое смазочное масло? Какова цель использования смазочного масла? Какие факторы и меры предосторожности следует учитывать при выборе смазочного масла? 2. Какие есть виды смазочного масла?			

【Оценка задачи】

Оценка задачи осуществляется по форме комплексной оценки задачи проекта, приведенной в таблице 2-3-5.

Табл. 2-3-5 Форма комплексной оценки задачи проекта

Название задачи: Время оценки: «__»__ ___г.

<table>
<tr><th colspan="2" rowspan="4">Детали оценки</th><th rowspan="4">Стандартный балл</th><th colspan="9">Полученный балл</th></tr>
<tr><th colspan="9">Члены группы</th></tr>
<tr><th colspan="3"></th><th colspan="3"></th><th colspan="3"></th></tr>
<tr><th>Самооценка группы</th><th>Взаимная оценка между группами</th><th>Оценка преподавателя</th><th>Самооценка группы</th><th>Взаимная оценка между группами</th><th>Оценка преподавателя</th><th>Самооценка группы</th><th>Взаимная оценка между группами</th><th>Оценка преподавателя</th></tr>
<tr><td rowspan="6">Группа (60 баллов)</td><td>Может ли группа понять цели и прогресс обучения в целом</td><td>10</td><td></td><td></td><td></td><td></td><td></td><td></td><td></td><td></td><td></td></tr>
<tr><td>Существует ли четкое разделение труда между членами группы</td><td>10</td><td></td><td></td><td></td><td></td><td></td><td></td><td></td><td></td><td></td></tr>
<tr><td>Есть ли у группы сознание сотрудничества</td><td>10</td><td></td><td></td><td></td><td></td><td></td><td></td><td></td><td></td><td></td></tr>
<tr><td>Есть ли у группы инновационные идеи (методы)</td><td>10</td><td></td><td></td><td></td><td></td><td></td><td></td><td></td><td></td><td></td></tr>
<tr><td>Добросовестно ли группа заполнила отчет о завершении задачи</td><td>10</td><td></td><td></td><td></td><td></td><td></td><td></td><td></td><td></td><td></td></tr>
<tr><td>Есть ли у группы проблемы и пути их решения</td><td>10</td><td></td><td></td><td></td><td></td><td></td><td></td><td></td><td></td><td></td></tr>
</table>

Детали оценки		Стандартный балл	Полученный балл								
			Члены группы								
			Самооценка группы	Взаимная оценка между группами	Оценка преподавателя	Самооценка группы	Взаимная оценка между группами	Оценка преподавателя	Самооценка группы	Взаимная оценка между группами	Оценка преподавателя
Отдельное лицо (40 баллов)	Подчиняется ли отдельное лицо постановке работы группы	10									
	Выполняет ли отдельное лицо задачи, поставленные группой	10									
	Может ли отдельное лицо своевременно общаться с членами группы	10									
	Может ли отдельное лицо тщательно описать трудности, ошибки и изменения	10									
Всего		100									

【Закрепление знаний】

(1) Смазочное масло играет важную роль в обеспечении эксплуатационной надежности и срока службы холодильного компрессора, и его основные функции включают: ________________, ________________, ________________.

(2) Смазочное масло для холодильных компрессоров делятся на две категории: ________________ и ________________.

(3) Низкотемпературные свойства смазочного масла в основном включают: ________________ и ________________.

Задача Ⅳ Знакомство со средой аккумулирования холода

【Подготовка к задаче】

Система кондиционирования воздуха, в которой холодная энергия хранится в определенном холодном носителе в форме явного или скрытого тепла и может высвобождать холодную энергию при необходимости, называется системой кондиционирования воздуха с холодным хранилищем. Обычно используемые охлаждающие среды хранения включают воду, лед и эвтектическую соль. В последние годы в целях повышения энергоэффективности и сокращения первоначальных инвестиций были разработаны некоторые высокотемпературные материалы аккумулирования холода с фазовым переходом, такие как эвтектическая смесь солей, газовые гидраты, водяные/масляные материалы аккумулирования холода, функциональные термальные жидкости и т.д.

1. Вода

Удельная теплоемкость воды составляет 4,184 кДж/(кг·℃), применяется аккумулирование холода в виде физического тепла, температура аккумулирования холода составляет 4-6 ℃, разница температуры аккумулирования холода обычно 6-10 ℃. Удельная способность аккумулирования водой холода низка, поэтому оборудование имеет большой объем.

2. Лед

Принцип аккумулирования холода льдом заключается в аккумулировании холода в виде скрытого тепла с использованием растворения льда. Поскольку температура застывания льда составляет 0 ℃, температура испарения в холодильнике во время процесса хранения льда низкая (-10 — -3 ℃), а энергоэффективность низкая. В связи с тем, что рабочий режим аккумулирования холода для производства льда сильно отличается от режима

прямого холодоснабжения, как правило, необходимо использовать двухрежимную охлаждающую установку. Скрытое тепло растворения льда составляет 335кДж/кг, а удельная способность аккумулирования холода — 40-50кВт・ч/$м^3$, объем аккумулятора холода с применением льда меньше, чем с применением воды.

3. Эвтектическая соль

Эвтектические соли представляют собой смесь неорганических солей с водой. Аккумулирование холода солевыми эвтектиками осуществляется в виде скрытого тепла, солевой раствор с содержанием эвтектики выделяет скрытое тепло при температуре эвтектики. Температура фазового перехода обычно используемых эвтектических солей составляет 5-7 ℃, а удельная способность аккумулирования холода — 20.8кВт・ч/$м^3$.

4. Эвтектическая смесь солей

Эвтектическая смесь солей является одним из традиционных материалов с фазовым переходом. В зависимости от состава, температура фазового перехода эвтектической смеси солей может регулироваться в пределах -114 — 164 ℃, что удовлетворяет требования к аккумулированию холода и тепла в различных диапазонах. Эвтектическая смесь солей, используемая в обычной системе кондиционирования, обычно имеет температуру фазового перехода 6-10 ℃. Основным компонентом часто используемой эвтектической смеси солей является декагидрат сульфата натрия, а вспомогательными компонентами являются NH_4Cl、NH_4Br, NaCl и др. Около 3% проектов по хранению тепла в США используют эвтектическую смесь солей для аккумулирования холода, в Китае случаев практического применения меньше. Кроме того, новые типы средств аккумулирования холода включают газовые гидраты, водо-масляные материалы аккумулирования холода, функциональные термальные жидкости и т.д. В практических проектах аккумулирование водой и льдом холода по-прежнему составляют подавляющее большинство систем аккумулирования холода кондиционирования воздуха.

【Выполнение задачи】

Табл. 2-4-1 Задача проекта

Название задачи	Знакомство со средой аккумулирования холода		
Члены группы			
Инструктор-преподаватель		Планируемое время	
Срок реализации		Место реализации	
Содержание и цель задачи			
1. Освоить действие среды аккумулирования холода; 2. Ознакомиться с обычными средами аккумулирования холода.			
Пункты аттестации	1. Роль аккумулирования холода 2. Какие обычно используются среды аккумулирования холода		
Примечание			

Табл. 2-4-2 Отчет о выполнении задачи проекта

Название задачи	Познание среды аккумулирования холода		
Члены группы			
Конкретное разделение труда			
Планируемое время		Фактическое время реализации	
Примечание			
1. Что такое среда аккумулирования холода? Какова функция среды аккумулирования холода? 2. Какие обычно используются среды аккумулирования холода?			

【Оценка задачи】

Табл. 2-4-3 Форма комплексной оценки задачи проекта

Название задачи:　　　　Время оценки: «__»__ ___г.

Детали оценки		Стандартный балл	Полученный балл								
			Члены группы								
			Самооценка группы	Взаимная оценка между группами	Оценка преподавателя	Самооценка группы	Взаимная оценка между группами	Оценка преподавателя	Самооценка группы	Взаимная оценка между группами	Оценка преподавателя
Группа (60 баллов)	Может ли группа понять цели и прогресс обучения в целом	10									
	Существует ли четкое разделение труда между членами группы	10									
	Есть ли у группы сознание сотрудничества	10									
	Есть ли у группы инновационные идеи (методы)	10									
	Добросовестно ли группа заполнила отчет о завершении задачи	10									
	Есть ли у группы проблемы и пути их решения	10									

Детали оценки		Стандартный балл	Полученный балл								
			Члены группы								
			Самооценка группы	Взаимная оценка между группами	Оценка преподавателя	Самооценка группы	Взаимная оценка между группами	Оценка преподавателя	Самооценка группы	Взаимная оценка между группами	Оценка преподавателя
Отдельное лицо (40 баллов)	Подчиняется ли отдельное лицо постановке работы группы	10									
	Выполняет ли отдельное лицо задачи, поставленные группой	10									
	Может ли отдельное лицо своевременно общаться с членами группы	10									
	Может ли отдельное лицо тщательно описать трудности, ошибки и изменения	10									
Всего		100									

【Закрепление знаний】

1. Существует три типа среды аккумулирования холода, они как правило, включают _______, __________ и _________.

2. Принцип аккумулирования холода льдом: ______________________.

Проект III

Компрессоры для холодильных и тепловых насосов

【Описание проекта】

Большинство систем кондиционирования воздуха представляют собой компрессионное охлаждение, которое обычно включает в себя четыре основных компонента: компрессор, конденсатор, дросселирующее устройство (расширительный клапан, капиллярная труба) и испаритель. Компрессор потребляет электрическую энергию для работы, поэтому он обычно называется электрическим холодильником.

ДФункции охлаждения и обогрева кондиционера с тепловым насосом обычно реализуются через реверсивный клапан внутри устройства. Реверсивный клапан изменяет направление потока хладагента и переключает функции двух теплообменников так, что теплообменник на стороне потребителя используется летом в качестве испарителя для охлаждения, а зимой — в качестве конденсатора для производства тепла.

В докладе XX съезда КПК отмечаются «ускорение экологической трансформации методов развития» «ускорение разработки и распространения передовых технологий энергосбережения и снижения выбросов углерода, продвижение экологически чистого потребления, содействие формированию зеленых и низкоуглеродных методов производства и образа жизни».

【Цель проекта】

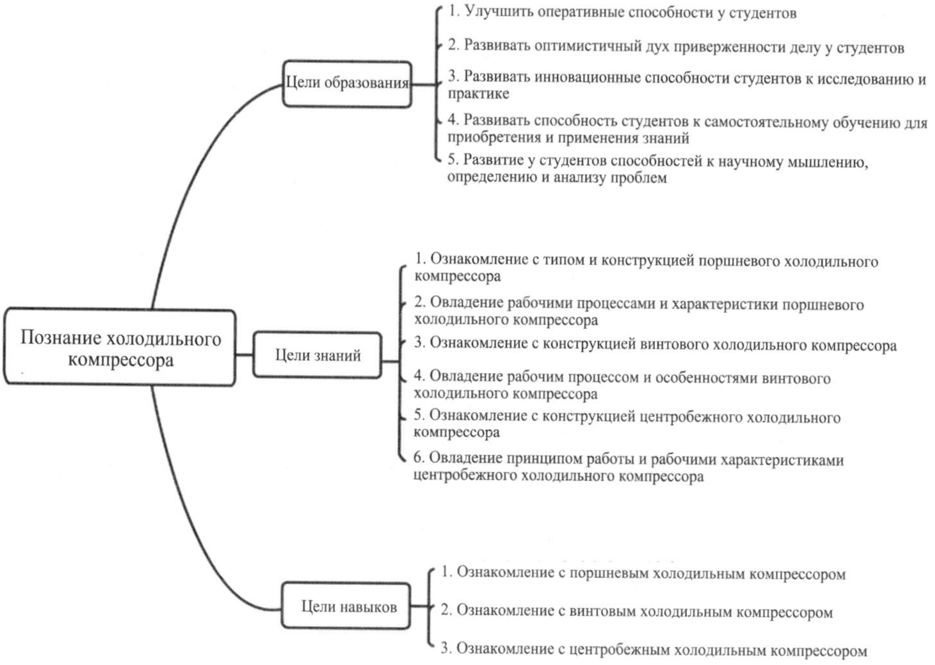

Задача Ⅰ Общие сведения о поршневых холодильных компрессорах

Конструкция поршневого компрессора

【Подготовка к задаче】

Сердцем системы охлаждения является поршневой холодильный компрессор, который всасывает газообразный хладагент с низкой температурой и низким давлением из всасывающего отверстия. После того как двигатель приводит поршень в действие для его сжатия, он выпускает газ хладагента с высокой температурой и высоким давлением в выпускное отверстие для энергообеспечения цикла охлаждения: сжатие → конденсация → расширение → испарение (поглощения тепла). Настоящая задача в основном заключается в знакомстве с поршневым холодильным компрессором.

1. Типы поршневых холодильных компрессоров

Возвратно-поступательный поршневой холодильный компрессор обычно кратко именуется поршневым холодильным компрессором, и широко применяется, однако из-за большой силы инерции поршня и шатуна увеличение скорости движения поршня и объема цилиндра ограничено, поэтому его рабочий объем не велик. В настоящее время в основном применяются поршневые холодильные компрессоры малой и средней мощности, а холодопроизводительность кондиционера в обычных условиях работы составляет менее 300кВт. Ниже приведены различные классификации поршневых холодильных компрессоров.

(1) В зависимости от потока газа в цилиндре его можно разделить на прямоточный и противоточный.

(2) В зависимости от расположения и количества цилиндров, его можно разделить на горизонтальный, вертикальный и многоцилиндровый.

(3) В зависимости от конструкции его можно разделить на открытый и закрытый.

2. Конструкция поршневого холодильного компрессора

1) Открытый поршневой холодильный компрессор

Конструкция открытого поршневого холодильного компрессора относительно сложна, ее можно разделить на пять частей: корпус компрессора, поршень и шатунный механизм коленчатого вала, гильза цилиндра и группа впускного и выпускного клапанов (некоторые компрессоры не имеют гильзы цилиндра), разгрузочное устройство и система смазки, как показано на рисунке 3-1-1.

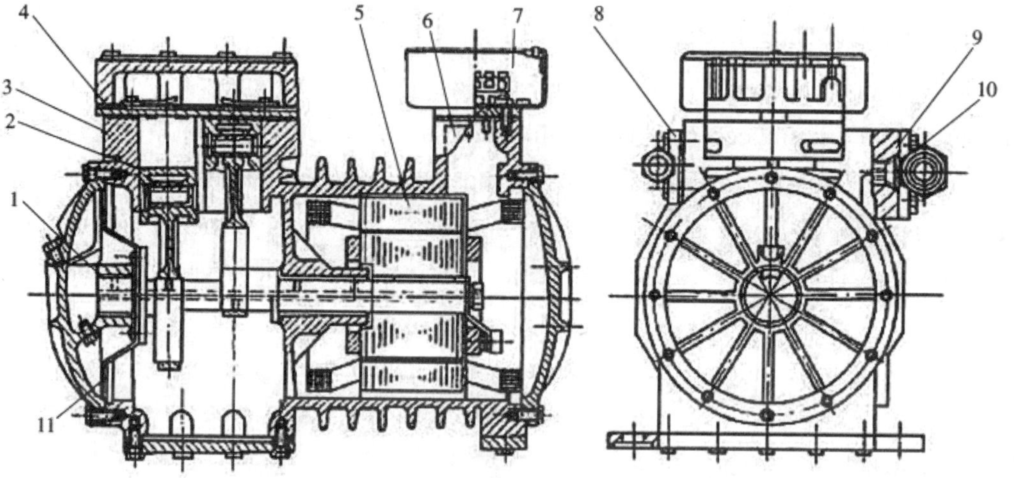

Рис. 3-1-1 Полузакрытый поршневой холодильный компрессор

1—эксцентриковый вал; 2—шатунно-поршневая группа; 3—блок цилиндров; 4—группа клапанов; 5—встроенный электродвигатель; 6—клеммная колодка; 7—распределительная коробка; 8—выпускной стопорный клапан; 9—впускная сетка фильтра; 10—впускной стопорный клапан; 11—маслосборник

2) Закрытый поршневой холодильный компрессор

Закрытый поршневой холодильный компрессор можно разделить на полузакрытый и полностью закрытый.

Полузакрытый поршневой холодильный компрессор по конструкции аналогичен противоточному открытому поршневому холодильному компрессору, за исключением того, что корпус компрессора вместе с корпусом электродвигателя образует замкнутое пространство, о, что исключает необходимость использования устройства уплотнения вала, размеры целого компрессора компактны. Для водоохладительного агрегата кондиционера применяется данный холодильный

компрессор, конструкция которого показана на рисунке 3-1-2.

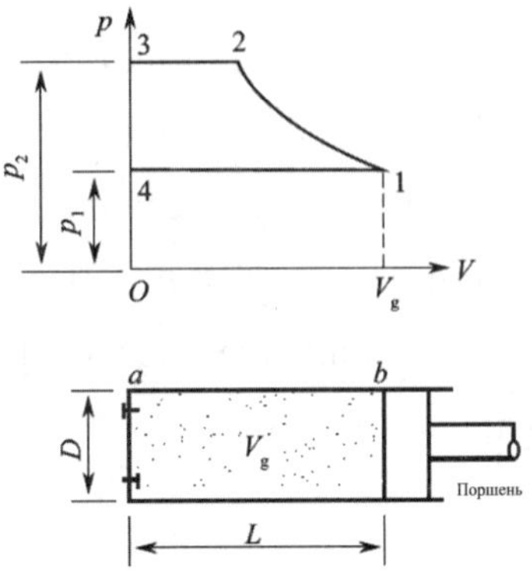

Рис. 3-1-2 Идеальный рабочий процесс поршневого холодильного компрессора

3. Рабочий процесс поршневого холодильного компрессора

1) Теоретический расход газа поршневого холодильного компрессора

Идеальный рабочий процесс поршневого холодильного компрессора включает в себя три процесса, а именно: всасывание, сжатие и выпуск газа, как показано на рисунке 3-1-3.

(1) Всасывание газа: когда поршень перемещается вправо от верхней конечной точки a, резко снижается давление в цилиндре, которое ниже давления на всасывающем отверстии p_1, при открытии впускного клапана, газообразный хладагент низкого давления всасывается в цилиндр под постоянным давлением до тех пор, пока поршень не достигнет положения нижней конечной точки b, т.е. линия процессов 4 → 1 на рисунке p-V.

(2) Сжатие: когда поршень перемещается влево от нижней конечной точки b, давление в цилиндре немного выше давления на всасывающем отверстии, впускной клапан закрывается с помощью перепада давления в цилиндре и всасывающем отверстии, газ в цилиндре сжимается адиабатически до тех пор, пока давление газа в цилиндре не станет немного выше давления на выпускном отверстии, и выпускной клапан откроется, т.е. линия процессов 1 → 2 на рисунке p-V.

(3) Выпуск газа: после открытия выпускного клапана поршень продолжает двигаться влево, чтобы выпустить газ высокого давления из цилиндра под постоянным давлением до тех пор, пока поршень не достигнет верхней конечной точки a, т. е. линии процессов 2 → 3 на рисунке p-V.

2) Объемный КПД поршневого холодильного компрессора

Фактический рабочий процесс поршневого холодильного компрессора относительно сложен. Существует множество факторов, влияющих на фактический расхода газа V_r компрессора, поэтому фактический расход газа компрессора (газ, выпускаемый из компрессора, преобразуется в фактический объемный расход в состоянии всасывания) всегда меньше теоретического расхода газа компрессора. Соотношение между ними называется объемным КПД компрессора и выражается в z, т.е.:

$$\eta_V = \frac{V_r}{V_h} \tag{3-1-1}$$

К основным факторам, влияющим на фактический рабочий процесс поршневого холодильного компрессора, относятся четыре аспекта: объем цилиндра, сопротивление впускного и выпускного клапана, степень нагрева газа в процессе всасывания и утечка воздуха. Таким образом, можно считать, что объемный КПД η_v равен произведению четырех коэффициентов, т.е.:

$$\eta_V = \lambda_V \lambda_p \lambda_t \lambda_l$$

Где λ_v — коэффициент подачи (или объемный КПД);

λ_p — коэффициент дросселирования (или коэффициент давления);

λ_t — коэффициент предварительного подогрева (или коэффициент температуры);

λ_l — коэффициент воздухонепроницаемости (или коэффициент герметизации).

4. Рабочие характеристики поршневого холодильного компрессора

Существует две основные рабочие характеристики поршневых холодильных компрессоров: одна — холодопроизводительность компрессора; другая — потребляемая мощность компрессора. Эти рабочие характеристики связаны не только с типом, конструкцией, размером и качеством обработки холодильного компрессора, но также в основном зависят от условий эксплуатации.

1) Холодопроизводительность поршневого холодильного компрессора

Фактический расход газа V_r поршневого холодильного компрессора определяется формулой:

$$V_r = \eta_V V_h \ (m^3/s)$$

Если холодопроизводительность единицы объема хладагента q_v (кДж/м3),

то холодопроизводительность поршневого холодильного компрессора равна:

$$\varphi_0 = V_r q_V = \eta_V V_h q_V = \eta_V V_h \frac{q_0}{v_1} \text{ (kW)} \quad (3\text{-}1\text{-}2)$$

2) Потребляемая мощность поршневого холодильного компрессора

Потребляемая мощность компрессора относится к мощности, передаваемой электродвигателем на главный вал компрессора, также называется мощностью на валу компрессора P_e. *Потребляемая мощность на валу компрессора состоит из двух аспектов: одна часть непосредственно используется для сжатия газообразного хладагента* и *называется индикаторной мощностью* P_i; *другая часть используется для преодоления сопротивления трения движения механизма и привода масляного насоса в действие* и *называется мощностью* трения P_m. Таким образом, мощность на валу компрессора составляет:

$$P_e = P_i + P_m \text{ (kW)} \quad (3\text{-}1\text{-}3)$$

В настоящее время в Китае действуют следующие государственные стандарты по холодильным компрессорам (не только для поршневых компрессоров):

(1) «Поршневой одноступенчатый холодильный компрессор (агрегат)» (GB/T 10079-2018);

(2) «Полностью закрытый спиральный холодильный компрессор» (GB/T 18429-2018);

(3) «Винтовой холодильный компрессор» (GB/T 19410-2008);

(4) «Полностью закрытый электродвигатель для кондиционирования воздуха в помещении — компрессор» (GB/T 15765-2021);

(5) «Полностью закрытый электродвигатель для холодильников-компрессоров» (GB/T 9098 — 2021);

(6) «Холодильный компрессор для автомобильного кондиционирования» (GB/T 21360-2018).

Номинальные условия эксплуатации холодильных компрессоров в различных стандартах приведены в таблице 3-1-1. Кривая производительности компрессора обычно строится при условиях температуры всасывания (или перегрева) и температуры обратного охлаждения жидкости (или обратного охлаждения), заданных номинальными условиями эксплуатации.

Табл. 3-1-1 Номинальные условия эксплуатации холодильных компрессоров в различных стандартах

Тип	Температура насыщения (испарения) всасываемого газа/° C	Температура всасываемого газа/° C	Степень перегрева всасываемого газа/° C	Температура насыщения (испарения) выхлопного газа/° C	Температура обратного охлажденияжидкости/℃	Степень обратного охлаждения жидкости/℃	Температура окружающей среды/℃	Обозначение стандарта	Примечание
Высокая температура	7.2	18.3	—	54.4	—	0	35	GB/T 10079—2018	Органический хладагент, условия высокого давления конденсации
	7.2	18.3	—	48.9	—	0	35		Органический хладагент, условиянизкого давления конденсации
	5	20 ①	—	50	—	0	—	GB/T 19410—2008	Условия высокого давления конденсации
	5	20 ①	—	40	—	0	—		Условия низкого давления конденсации
	7.2	18.3	—	54.4	46.1	—	35	GB/T 18429—2018	—
	7.2	35	—	54.4	—	8.3	35	GB/T 15765—2021	Условия большой степени перегрева
	7.2	18.3	—	54.4	—	8.3	35		Условия малой степени перегрева
	-6.7	18.3	—	48.9	—	0	35	GB/T 10079—2018	Органический хладагент
	-6.7	4.4	—	48.9	48.9	—	35		—

Тип	Температура насыщения (испарения) всасываемого газа/° C	Температура всасываемого газа/° C	Степень перегрева всасываемого газа/° C	Температура насыщения (испарения) выхлопного газа/° C	Температура обратного охлажденияжидкости/℃	Степень обратного охлаждения жидкости/℃	Температура окружающей среды/℃	Обозначение стандарта	Примечание
Средняя температура	-10	—	10 или 5②	45	—	0	—	GB/T 19410—2008	Условия высокого давления конденсации
	-10	—	10 или 5②	40	—	0	—		Условия низкого давления конденсации
Средняя и низкая температура	-15	-10	—	30	25	—	32	GB/T 10079—2018	Неорганический хладагент
Низкая температура	-31.7	18.3	—	40.6	—	0	35	GB/T 10079—2018	Органический хладагент
	-35	—	10 или 5②	40	—	0	—	GB/T 19410—2008	—
	-31.7	4.4	—	40.6	40.6	—	35	GB/T 18429—2018	—
	-23.3	32.2	—	54.4	32.2	—	32.2	GB/T 9098—2021	—
Автомобильный кондиционер	-1.0 ③	9	—	63	63	—	≥ 65	GB/T 21360—2018	Скорость вращения спирального компрессора составляет 3000об/мин, а скорость вращения других компрессоров — 1800 об/мин.

Примечание: 1. В стандарте GB/T 19410-2008, ① обозначает, что температура всасываемого газа применяется к номинальному режиму высокой температуры, степень перегрева всасываемого газа применяется к режимам средней и низкой температуры; ② для R717.

2. В стандарте GB/T 21360—2018 ③ обозначает, что для компрессора переменного объема заданное давление регулирующего клапана компрессора равно давлению насыщения при -1.0 ℃.

3. «-» обозначает, что данный пункт не предусмотрен соответствующими стандартами.

【Выполнение задачи】

Табл. 3-1-2　Задача проекта

Название задачи	Общие сведения о поршневых холодильных компрессорах		
Члены группы			
Инструктор-преподаватель		Планируемое время	
Срок реализации		Место реализации	
Содержание и цель задачи			
1. Освоить конструкцию поршневого холодильного компрессора; 2. Ознакомиться с рабочими процессами и характеристиками поршневого холодильного компрессора.			
Пункты аттестации	1. Конструкция поршневого холодильного компрессора 2. Рабочие процессы поршневого холодильного компрессора 3. Рабочие характеристики поршневого холодильного компрессора		
Примечание			

Табл. 3-1-3　Отчет о выполнении задачи проекта

Название задачи	Общие сведения о поршневых холодильных компрессорах		
Члены группы			
Конкретное разделение труда			
Планируемое время		Фактическое время реализации	
Примечание			
1. Какие существуют типы поршневых холодильных компрессоров？ Из чего они состоят，соответственно？ 2. Каков идеальный рабочий процесс поршневого холодильного компрессора？ Каков фактический процесс？			

【Оценка задачи】

Табл. 3-1-4 Форма комплексной оценки задачи проекта

Название задачи: Время оценки: «__»__ ___г.

Детали оценки		Стандартный балл	Полученный балл								
			Члены группы								
			Самооценка группы	Взаимная оценка между группами	Оценка преподавателя	Самооценка группы	Взаимная оценка между группами	Оценка преподавателя	Самооценка группы	Взаимная оценка между группами	Оценка преподавателя
Группа (60 баллов)	Может ли группа понять цели и прогресс обучения в целом	10									
	Существует ли четкое разделение труда между членами группы	10									
	Есть ли у группы сознание сотрудничества	10									
	Есть ли у группы инновационные идеи (методы)	10									
	Добросовестно ли группа заполнила отчет о завершении задачи	10									
	Есть ли у группы проблемы и пути их решения	10									

Детали оценки		Стандартный балл	Полученный балл								
			Члены группы								
			Самооценка группы	Взаимная оценка между группами	Оценка преподавателя	Самооценка группы	Взаимная оценка между группами	Оценка преподавателя	Самооценка группы	Взаимная оценка между группами	Оценка преподавателя
Отдельное лицо (40 баллов)	Подчиняется ли отдельное лицо постановке работы группы	10									
	Выполняет ли отдельное лицо задачи, поставленные группой	10									
	Может ли отдельное лицо своевременно общаться с членами группы	10									
	Может ли отдельное лицо тщательно описать трудности, ошибки и изменения	10									
Всего		100									

【Закрепление знаний】

1. Идеальные рабочие процессы поршневых холодильных компрессоров включают три процесса, а именно: __________, ___________ и __________.

2. Объемный КПД поршневого холодильного компрессора равен произведению __________, __________, __________ и ___________.

3. Определение фактического расхода газа $V_г$ поршневого холодильного компрессора: $V_г$ =__________.

4. В зависимости от расположения и количества цилиндров поршневые

холодильные компрессоры подразделяются на __________, __________ и _________.

5. Конструкция открытого поршневого холодильного компрессора является сложной, но в общем включает следующие пять частей, а именно: _________, _________ и _________, _________, _________.

6. Закрытые холодильные компрессоры подразделяются на _________ и __________.

Задача Ⅱ Общие сведения о винтовых холодильных компрессорах

【Подготовка к задаче】

Винтовой холодильный компрессор представляет собой объемный ротационный холодильный компрессор. Этот тип компрессора может изменять объем и положение зубчатого лотка путем вращения с зацеплением пары спиральных ведущего и ведомого роторов (винтов), установленных в корпусе, для завершения процесса всасывания, сжатия и выпуска пара. Данная задача в основном заключается в знакомстве с винтовым холодильным компрессором.

Конструкция винтового компрессора

1. Конструкция винтового холодильного компрессора

Конструкция винтового холодильного компрессора показана на рисунке 3-2-1, основные части которого включают в себя ведущий и ведомый ротор, корпус (включая блок цилиндров, основания впускного и выпускного концов), подшипник, уплотнение вала, уравновешивающий поршень, регулятор мощности и т.д.

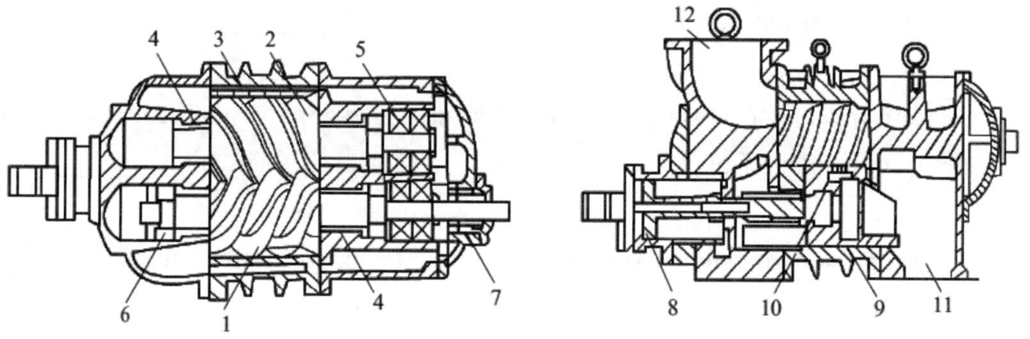

Рис. 3-2-1 Схема винтового холодильного компрессора

1—ведущий ротор; 2—ведомый ротор; 3—корпус; 4—подшипник скольжения; 5—упорный подшипник; 6—уравновешивающий поршень; 7—уплотнение вала; 8—разгрузочный поршень для регулирования мощности; 9—разгрузочный золотник; 10—отверстие для добавления масла; 11—выпускное отверстие; 12—впускное отверстие

На одной стороне по направлению оси блока цилиндра винтового холодильного компрессора предусмотрено впускное отверстие, а на другой стороне — выпускное, в отличие от поршневого холодильного компрессора тут не предусмотрены впускные и выпускные клапаны; следует добавлять смазочное масло между ведущим и ведомым роторами, а также между роторами и стенкой цилиндра для охлаждения стенки цилиндра, снижения температуры выхлопных газов, смазывания ротора и создания уплотнения между роторами и стенкой цилиндра, таким образом можно уменьшить механический шум. При работе винтового холодильного компрессора на роторе создается большая осевая сила, поэтому необходимо принять меры по балансировке, обычно путем установки упорных подшипников на валы двух роторов. Кроме того, осевая сила на ведущем роторе относительно велика, поэтому необходимо дополнительно установить уравновешивающий поршень для балансировки.

2. Рабочий процесс винтового холодильного компрессора

Цилиндрический корпус винтового холодильного компрессора оснащен парой находящихся в зацеплении спиральных роторов — ведущего и ведомого роторов. В частности, ведущий ротор имеет 4 выпуклых зуба, а ведомый ротор имеет 6 вогнутых зубьев, оба ротора зацепляются и вращаются в обратном направлении с определенным коэффициентом скорости. Как правило, ведущий ротор напрямую соединен с первичным двигателем, и тем самым он приводится в движение.

Объем зубчатого пространства, состоящего из блока цилиндра, зацепленного винта и основания выпускного конца, уменьшается, и прорезь перемещается к выпускному концу, чтобы выполнить сжатие и подачу пара, как показано на рисунке 3-2-2 (b) . Когда зубчатая прорезь связана с выпускным отверстием, сжатие заканчивается, и пар выпускается, как показано на рисунке 3-2-2 (c) . В каждом пространстве зубчатой прорези проходит три процесса: всасывание, сжатия и выпуск.

В одно и то же время может одновременно происходить три процесса: всасывание, сжатие и выпуск, но они происходят в разных пространствах зубчатой прорези или разных местах одного пространства зубчатой прорези.

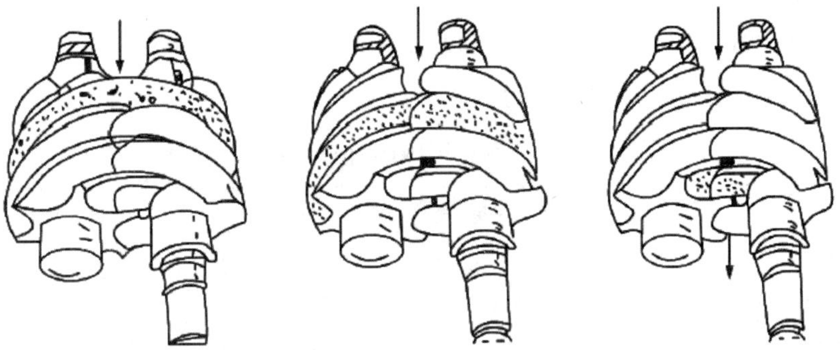
(a) (b) (c)

Рис. 3-2-2 Рабочий процесс винтового холодильного компрессора

(a) Всасывание (b) Сжатие (c) Выпуск

3. Характеристики винтового холодильного компрессора

Винтовой холодильный компрессор имеет следующие преимущества:

(1) Винтовой холодильный компрессор выполняет только вращательные движения, а не возвратно-поступательные, поэтому винтовой холодильный компрессор имеет хорошую уравновешенность и небольшое колебание, что позволяет повысить скорость вращения холодильного компрессора;

(2) Винтовой холодильный компрессор имеет простую и компактную конструкцию, легкую массу, не имеет впускного и выпускного клапанов, а также имеет малое количество быстроизнашивающихся деталей, отличается высокой надежностью и длительным циклом технического обслуживания;

(3) Винтовой холодильный компрессор не имеет зазора, а также всасывающих и выпускных клапанов, поэтому объемный КПД компрессора высокий при режимах низкой температуры испарения или высокой степени

сжатия, кроме того, благодаря охлаждению впрыска масла в цилиндре температура выхлопных газов низкая.

(4) Винтовой холодильный компрессор не чувствителен к влажному сжатию;

(5) Холодопроизводительность винтового холодильного компрессора можно плавно регулировать.

Винтовой холодильный компрессор имеет следующие недостатки:

(1) Винтовой холодильный компрессор издает громкий шум во время работы;

(2) Винтовые холодильные компрессоры потребляют большое количество энергии;

(3) Винтовые холодильные компрессоры требуют впрыска масла в цилиндр, поэтому относительно сложна, а агрегат громоздок.

【Выполнение задачи】

Табл. 3-2-1 Задача проекта

Название задачи	Общие сведения о винтовых холодильных компрессорах		
Члены группы			
Инструктор-преподаватель		Планируемое время	
Срок реализации		Место реализации	
Содержание и цель задачи			
1. Освоить конструкцию винтового холодильного компрессора; 2. Овладеть рабочими процессами винтового холодильного компрессора; 3. Ознакомиться с характеристиками винтового холодильного компрессора.			
Пункты аттестации	1. Конструкция винтового холодильного компрессора 2. Рабочие процессы винтового холодильного компрессора 3. Характеристики винтового холодильного компрессора		
Примечание			

Табл. 3-2-2 Отчет о выполнении задачи проекта

Название задачи	Общие сведения о винтовых холодильных компрессорах		
Члены группы			
Конкретное разделение труда			
Планируемое время		Фактическое время реализации	
Примечание			

1. Кратко опишите конструкцию винтового холодильного компрессора.

2. Опишите рабочие процессы винтового холодильного компрессора.

3. Каковы преимущества и недостатки винтового холодильного компрессора？

【Оценка задачи】

Табл. 3-2-3 Форма комплексной оценки задачи проекта

Название задачи：　　　　Время оценки：«__»__ ___г.

Детали оценки		Стандартный балл	Полученный балл								
			Члены группы								
			Самооценка группы	Взаимная оценка между группами	Оценка преподавателя	Самооценка группы	Взаимная оценка между группами	Оценка преподавателя	Самооценка группы	Взаимная оценка между группами	Оценка преподавателя
Группа（60 баллов）	Может ли группа понять цели и прогресс обучения в целом	10									
	Существует ли четкое разделение труда между членами группы	10									
	Есть ли у группы сознание сотрудничества	10									
	Есть ли у группы инновационные идеи（методы）	10									
	Добросовестно ли группа заполнила отчет о завершении задачи	10									
	Есть ли у группы проблемы и пути их решения	10									

Детали оценки		Стандартный балл	Полученный балл								
			Члены группы								
			Самооценка группы	Взаимная оценка между группами	Оценка преподавателя	Самооценка группы	Взаимная оценка между группами	Оценка преподавателя	Самооценка группы	Взаимная оценка между группами	Оценка преподавателя
Отдельное лицо (40 баллов)	Подчиняется ли отдельное лицо постановке работы группы	10									
	Выполняет ли отдельное лицо задачи, поставленные группой	10									
	Может ли отдельное лицо своевременно общаться с членами группы	10									
	Может ли отдельное лицо тщательно описать трудности, ошибки и изменения	10									
Всего		100									

【Закрепление знаний】

1. Основные части винтового холодильного компрессора включают в себя ________________, ________________ (включая ________________ и ________________), ________________, ________________, ________________ и ________________.

2. Цилиндрический корпус винтового холодильного компрессора оснащен парой находящихся в зацеплении спиральных роторов —________________ и ________________. В частности, ведущий ротор имеет 4 ________________, а ведомый ротор имеет 6 ________________, оба ротора зацепляются и вращаются в обратном направлении с определенным коэффициентом скорости. Как правило, ________________ напрямую соединен с первичным двигателем, и________________.

3. Каковы преимущества и недостатки винтового холодильного компрессора ?

Задача Ⅲ Общие сведения о спиральных холодильных компрессорах

【Подготовка к задаче】

В начале XX века французский инженер Леон Крё изобрел спиральный компрессор и запатентовал его в США, но в связи с ограничением высокоточного оборудования для обработки спиральных линий того времени, спиральный компрессор не получил быстрого развития. Лишь в 1970-х годах энергетический кризис и изобретение высокоточных фрезерных станков с ЧПУ дали мощный толчок развитию спиральных компрессоров.

Спиральный компрессор представляет собой объемный компрессор, в котором компонент сжатия состоит из динамического и статического спиральных дисков, относительное движение вращения которых используются для создания непрерывного изменения замкнутого объема, что позволяет достичь цели сжатия газа. Спиральные компрессоры в основном используются для кондиционирования воздуха, охлаждения, сжатия общего газа, а также для нагнетателей автомобильных двигателей и вакуумных насосов, и могут в значительной степени заменить традиционные возвратно-поступательные компрессоры малой и средней мощности.

Данная задача в основном заключается в знакомстве со спиральным холодильным компрессором.

1. Основная конструкция спирального холодильного компрессора

Спиральный холодильный компрессор имеет две подвижные и фиксированные спирали с бифункциональными линиями в форме уравнения, которые смещены на 180° и зацеплены друг с другом. Динамический

спиральный диск приводится в действие коленчатым валом с небольшим эксцентриковым расстоянием и удерживается антиротационным механизмом для осуществления плоского движения вокруг статического спирального диска с небольшим радиусом, таким образом, вместе с торцевой плитой образуется ряд рабочих объемов цилиндрического тела в форме полумесяца, как показано на рисунке 3-3-1.

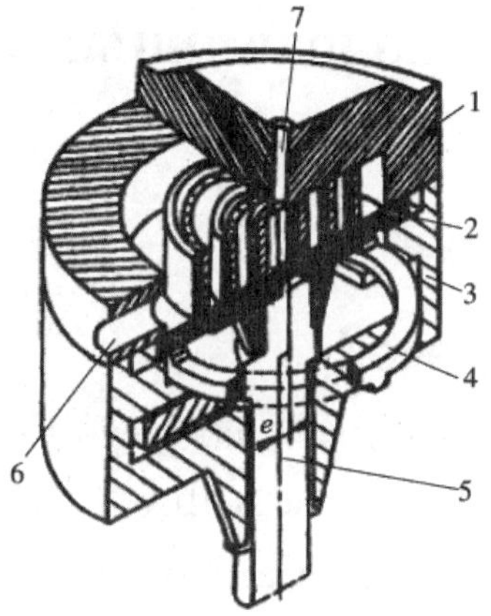

Рис. 3-3-1 Конструкция спирального холодильного компрессора

1—статический спиральный диск; 2—динамический спиральный диск; 3—корпус; 4—крестовидное соединительное кольцо; 5—коленчатый вал; 6—всасывающее отверстие; 7—выпускное отверстие

2. Принцип работы спирального холодильного компрессора

1) Принцип работы

Во время рабочих процессов всасывания, сжатия и выпуска статический спиральный диск закрепляется на раме, а динамический спиральный диск приводится в действие эксцентрическим коленчатым валом и удерживается антиротационным механизмом для осуществления плоского движения вокруг центра основной окружности статического спирального диска с небольшим радиусом. Газ всасывается по периферии статического спирального диска через воздушный фильтр, по мере вращения эксцентрикового коленчатого вала газ постепенно сжимается в нескольких серповидных компрессионных камерах, образованных при зацеплении динамического и статического спиральных дисков, а затем непрерывно выпускается из осевого отверстия в центральной части статического спирального диска.

2) Особенности

(1) Охлаждение электродвигателя осуществляется с использованием выхлопных газов, в то же время применяется конструкция камеры противодавления для уравновешивания осевой силы газов на динамическом спиральном диске.

(2) В корпусе находится выхлопной газ высокого давления, что делает пульсацию давления выхлопа небольшой, поэтому вибрация и шум очень малы.

3) Достижение баланса осевых сил в камере противодавления

На динамическом спиральном диске имеется отверстие противодавления, которое соединено с камерой промежуточного давления. Через отверстие противодавления газ вводится в камеру противодавления, чтобы она находилась в промежуточном давлении между давлением всасывания и выпуска. Газ в камере противодавления воздействует на нижнюю часть спирального диска, чтобы уравновесить несбалансированную осевую силу, как показано на рисунке 3-3-2.

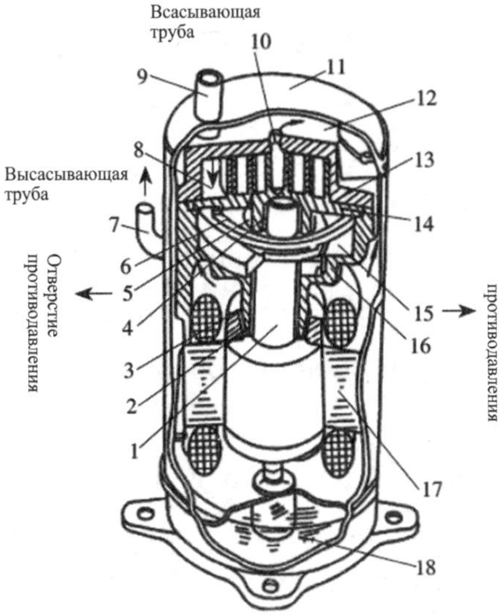

Рис. 3-3-2 Конструкция вертикальной камеры противодавления

3. Характеристика корпуса спирального холодильного компрессора

1) Преимущества

(1) Разница давлений между двумя соседними камерами сжатия невелика, что позволяет уменьшить утечку газа.

(2) В связи с тем, что процессы всасывания, сжатия и выпуска происходят одновременно и непрерывно, давление повышается медленно, поэтому диапазон изменения крутящего момента невелик, колебание малое, а зазор отсутствует, поэтому нет расширения, которое помогло бы снизить объемный КПД.

(3) Отсутствие впускного и выпускного клапанов, высокая эффективность, высокая надежность, низкий уровень шума.

(4) Благодаря гибкой конструкции он обладает высокой стойкостью к загрязнениям и гидравлическому воздействию, если давление в камере становится слишком высоким, можно отделить динамический спиральный диск от торцевой поверхности статического спирального диска, и давление немедленно сбрасывается.

(5) Внутренняя часть корпуса представляет собой выхлопную камеру, что позволяет уменьшить подогрев всасываемого газа и повысить объемный КПД компрессора.

(6) Поскольку сжатый газ движется снаружи внутрь, можно проводить охлаждение распылением и промежуточную подачу воздуха, чтобы обеспечить работу экономайзера.

2) Недостатки

(1) Точность обработки теоретической линии спирального тела очень высока, ровность и перпендикулярность плоскости торцовой плиты к боковым стенкам спирального тела должны контролироваться на микронном уровне, необходимо использовать специальное прецизионное оборудование, а также точную технологию централизации и сборки.

(2) Область применения ограничивается тем, что в настоящее время он используется только в кондиционерах мощностью 1-15 кВт. Требования к уплотнению высокие, а механизм уплотнения сложен. Из-за отсутствия воздушного клапана внутри компрессорной камеры могут возникать избыточное или недостаточное сжатие.

4. Цифровой спиральный холодильный компрессор

1) Принцип работы

С помощью технологии «аксиальной гибкости» плавающего уплотнения один поршень устанавливается на верхнем статическом спиральном диске, на верхней части поршня имеется регулировочная камера, которая связана с

давлением выпуска через выпускное отверстие диаметром 0.6 мм, а внешний клапан PWM (клапан модуляции по длительности импульсов) соединяется с уравнительной камерой и давлением всасывания. Когда клапан PWM находится в нормальном закрытом положении, давление на верхней и нижней сторонах поршня является давлением выпуска, а сила пружины обеспечивает совместную нагрузку двух спиральных дисков. При включении клапана PWM выхлопные газы из регулирующей камеры выпускаются во всасывающую трубу низкого давления, что приводит к перемещению поршня и верхнего статического спирального диска вверх, это действие разделяет динамический и статический спиральные диски, в результате чего при прохождении через спираль отсутствует хладагент. Диапазон модуляции составляет 10%-100%, а холодопроизводительность модулируется путем разделения подвижных и неподвижных спиралей на 1 мм. Принцип работы цифрового спирального холодильного компрессора показан на рисунке 3-3-3.

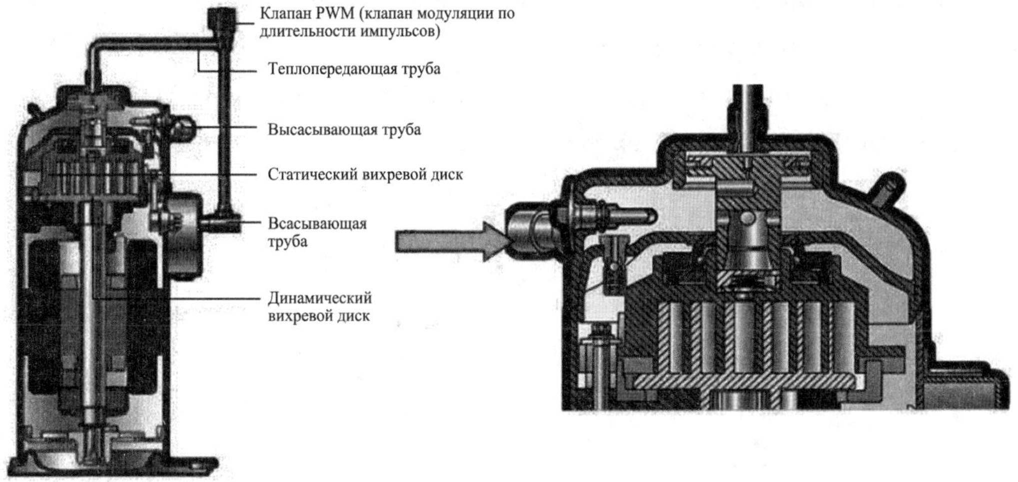

Рис. 3-3-3 Принцип работы цифрового спирального холодильного компрессора

2. Механизм регулировки цифрового спирального холодильного компрессора

Механизм регулировки цифрового спирального холодильного компрессора показан на рисунке 3-3-4.

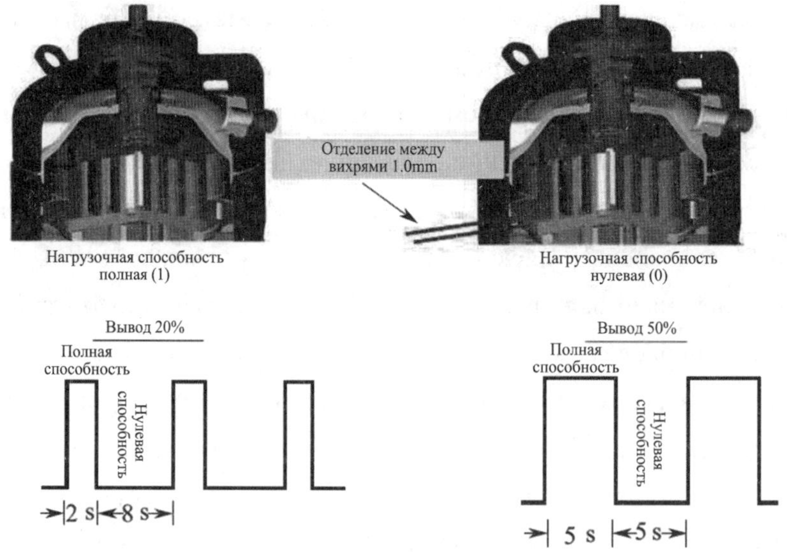

Рис. 3-3-4 Механизм регулировки цифрового спирального холодильного компрессора

3. Процесс работы цифрового спирального холодильного компрессора, используемого в холодильной системе

Процесс работы цифрового спирального холодильного компрессора, используемого в холодильной системе показан на рисунке 3-3-5.

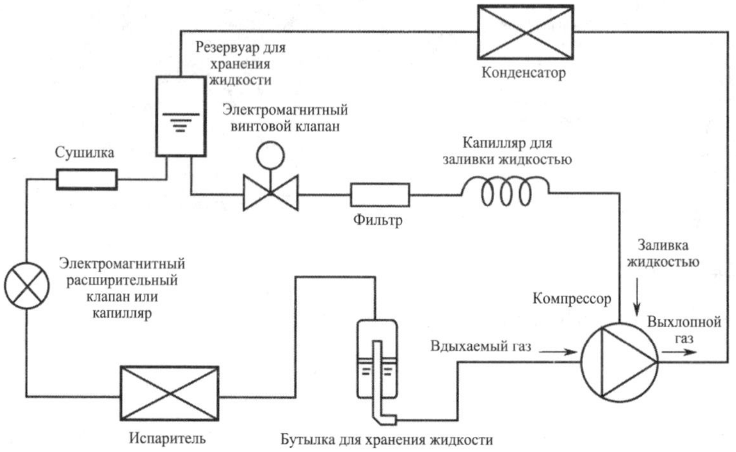

Рис. 3-3-5 Процесс работы цифрового спирального холодильного компрессора, используемого в холодильной системе

5. Процесс работы спирального холодильного компрессора

Во время вращения главного вала спирального холодильного компрессора процессы всасывания, сжатия и выпуска проходят одновременно. Внешнее

пространство соединено с всасывающим отверстием, которое все время находится в процессе всасывания. Внутреннее пространство соединено с выпускным отверстием, которое все время находится в процессе выпуска, как показано на рисунке 3-3-6.

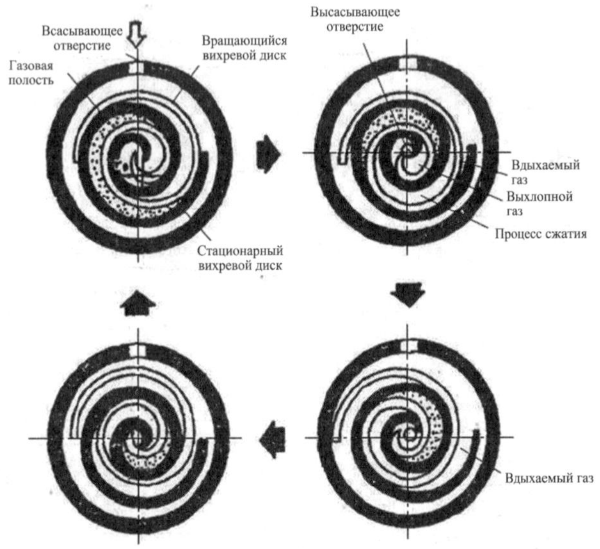

Рис. 3-3-6 Процесс работы спирального холодильного компрессора

【Выполнение задачи】

Табл. 3-3-1 Задача проекта

Название задачи	Общие сведения о спиральных холодильных компрессорах		
Члены группы			
Инструктор-преподаватель		Планируемое время	
Срок реализации		Место реализации	
Содержание и цель задачи			
1. Освоить принцип работы спирального холодильного компрессора; 2. Освоить характеристики спирального холодильного компрессора.			
Пункты аттестации	1. Принцип работы спирального холодильного компрессора 2. Характеристики спирального холодильного компрессора		
Примечание			

Табл. 3-3-2 Отчет о выполнении задачи проекта

Название задачи	Общие сведения о спиральных холодильных компрессорах		
Члены группы			
Конкретное разделение труда			
Планируемое время		Фактическое время реализации	

Примечание	
1. Кратко опишите принцип работы спирального холодильного компрессора. 2. Опишите характеристики спирального холодильного компрессора.	

【Оценка задачи】

Табл. 3-3-3 Форма комплексной оценки задачи проекта

Название задачи: Время оценки: Год месяц день

Детали оценки		Стандартный балл	Полученный балл								
			Члены группы								
			Самооценка группы	Взаимная оценка между группами	Оценка преподавателя	Самооценка группы	Взаимная оценка между группами	Оценка преподавателя	Самооценка группы	Взаимная оценка между группами	Оценка преподавателя
Группа (60 баллов)	Может ли группа понять цели и прогресс обучения в целом	10									
	Существует ли четкое разделение труда между членами группы	10									
	Есть ли у группы сознание сотрудничества	10									
	Есть ли у группы инновационные идеи (методы)	10									
	Добросовестно ли группа заполнила отчет о завершении задачи	10									
	Есть ли у группы проблемы и пути их решения	10									

Детали оценки		Стандартный балл	Полученный балл								
			Члены группы								
			Самооценка группы	Взаимная оценка между группами	Оценка преподавателя	Самооценка группы	Взаимная оценка между группами	Оценка преподавателя	Самооценка группы	Взаимная оценка между группами	Оценка преподавателя
Отдельное лицо (40 баллов)	Подчиняется ли отдельное лицо постановке работы группы	10									
	Выполняет ли отдельное лицо задачи, поставленные группой	10									
	Может ли отдельное лицо своевременно общаться с членами группы	10									
	Может ли отдельное лицо тщательно описать трудности, ошибки и изменения	10									
Всего		100									

【Закрепление знаний】

1. В процессах ________________, ________________, ________________ статический спиральный диск закрепляется на раме, динамический спиральный диск приводится в действие ______________ и удерживается антиротационным механизмом для реализации плоского движения вокруг центра основной окружности статического спирального диска с небольшим радиусом. Газ всасывается через ______________ по периферии статического спирального диска, по мере вращения эксцентрикового коленчатого вала газ постепенно сжимается в серповидных компрессионных камерах, образованных при

зацеплении динамического и статического спиральных дисков, а затем непрерывно выпускается из осевого отверстия в центральной части статического спирального диска.

2. Каковы преимущества и недостатки спирального холодильного компрессора?

Задача Ⅳ Общие сведения о компрессорах с роликовым ротором

【Подготовка к задаче】

1. Основная конструкция компрессора с роликовым ротором

Компрессор с роликовым ротором представляет собой объемный ротационный компрессор, изменение рабочего объема цилиндра которого осуществляется за счет вращения цилиндрического ротора эксцентрикового устройства в цилиндре.

(1) После полного оборота ротора завершаются процесс сжатия и выпуска газа предыдущего рабочего цикла, а затем начинается процесс всасывания газа следующего рабочего цикла.

(2) При отсутствии впускного клапана время начала всасывания строго соответствует положению всасывающего отверстия на цилиндре и не меняется при изменении условий работы.

(3) При наличии выпускного клапана время окончания сжатия изменяется в зависимости от изменения давления во выпускной трубе.

2. Преимущества компрессора с роликовым ротором

Ротационный компрессор с роликовым ротором, который сегодня также широко применяется в бытовых холодильниках и кондиционерах, имеет следующие преимущества:

(1) Простая конструкция, небольшие размеры и малая масса. По

сравнению с поршневыми компрессорами объем и массу можно уменьшить на 40-50%;

（2）Мало деталей и компонентов, особенно быстроизнашивающихся деталей, в то же время потери на трение между относительно движущимися частями невелики, поэтому надежность довольно высокая;

（3）Только шибер имеет небольшую возвратно-поступательную силу инерции, однако она может быть полностью сбалансирована, скорость вращения может быть выше, колебание небольшое, а работа плавная;

（4）Отсутствие впускного клапана, длительное время всасывания, а зазор небольшой. Прямое всасывание позволяет уменьшить вредный перегрев всасываемого газа, поэтому его эффективность высока, но требуется высокая точность обработки и сборки из-за отсутствия всасывающего клапана для транспортировки загрязненного технологического газа, а также пылесодержащих технологических газов.

3. Недостатки компрессора с роликовым ротором

（1）Утечка, трение и износ между шибером и стенкой цилиндра велики, что ограничивает срок его службы и эффективность компрессора, кроме того, данный компрессор требует высокой точности обработки. Если применяется двухслойный шибер, во время работы концы обоих шиберов находятся в контакте с внутренней стенкой цилиндра, и образуют две линии герметизации, между обеими линиями герметизации образуется сальник, что позволяет значительно снизить потери утечки на концах шибера, уменьшает силу трения и потери, таким образом можно увеличить срок службы и эффективность компрессора.

（2）В случае износа подшипника, главного вала, ролика или шибера увеличивается зазор, что может оказать заметное негативное влияние на его работу, поэтому этот тип компрессора обычно применяется в холодильниках и кондиционерах, которые собираются на заводе целиком, внутри системы также требуется высокая степень чистоты.

【Выполнение задачи】

Табл. 3-4-1 Задача проекта

Название задачи	Общие сведения о компрессорах с роликовым ротором		
Члены группы			
Инструктор-преподаватель		Планируемое время	
Срок реализации		Место реализации	
Содержание и цель задачи			
1. Ознакомиться с основной конструкцией ротационного холодильного компрессора с роликовым ротором; 2. Овладеть особенностями ротационного холодильного компрессора с роликовым ротором.			
Пункты аттестации	1. Конструкция ротационного холодильного компрессора с роликовым ротором 2. Овладеть особенностями ротационного холодильного компрессора с роликовым ротором.		
Примечание			

Табл. 3-4-2 Отчет о выполнении задачи проекта

Название задачи	Общие сведения о компрессорах с роликовым ротором		
Члены группы			
Конкретное разделение труда			
Планируемое время		Фактическое время реализации	
Примечание			
1. Кратко опишите принцип работы ротационного холодильного компрессора с роликовым ротором. 2. Опишите особенности ротационного холодильного компрессора с роликовым ротором.			

【Оценка задачи】

Табл. 3-4-3 Форма комплексной оценки задачи проекта

Название задачи: Время оценки: Год месяц день

Детали оценки		Стандартный балл	Полученный балл								
			Члены группы								
			Самооценка группы	Взаимная оценка между группами	Оценка преподавателя	Самооценка группы	Взаимная оценка между группами	Оценка преподавателя	Самооценка группы	Взаимная оценка между группами	Оценка преподавателя
Группа (60 баллов)	Может ли группа понять цели и прогресс обучения в целом	10									
	Существует ли четкое разделение труда между членами группы	10									
	Есть ли у группы сознание сотрудничества	10									
	Есть ли у группы инновационные идеи (методы)	10									
	Добросовестно ли группа заполнила отчет о завершении задачи	10									
	Есть ли у группы проблемы и пути их решения	10									

Детали оценки		Стандартный балл	Полученный балл								
			Члены группы								
			Самооценка группы	Взаимная оценка между группами	Оценка преподавателя	Самооценка группы	Взаимная оценка между группами	Оценка преподавателя	Самооценка группы	Взаимная оценка между группами	Оценка преподавателя
Отдельное лицо (40 баллов)	Подчиняется ли отдельное лицо постановке работы группы	10									
	Выполняет ли отдельное лицо задачи, поставленные группой	10									
	Может ли отдельное лицо своевременно общаться с членами группы	10									
	Может ли отдельное лицо тщательно описать трудности, ошибки и изменения	10									
Всего		100									

【Закрепление знаний】

1. Ротационный компрессор с роликовым ротором представляет собой ______________ компрессор, изменение рабочего объема цилиндра которого осуществляется за счет вращения цилиндрического ротора ______________ в цилиндре.

2. Каковы преимущества и недостатки холодильного компрессора с роликовым ротором?

Задача Ⅴ Общие сведения о центробежных холодильных компрессорах

【Подготовка к задаче】

Конструкция центробежного компрессора

Центробежный холодильный компрессор представляет собой компрессор скоростного типа, в котором высокоскоростное вращающееся рабочее колесо совершает работу над паром, в результате чего пар получает кинетическую энергию, а затем преобразует кинетическую энергию в энергию давления через диффузор для увеличения давления пара. Данная задача в основном представляет общие сведения о центробежных холодильных компрессорах.

По мере развития крупномасштабных систем кондиционирования воздуха и нефтехимической промышленности возникает острая потребность в крупногабаритных и низкотемпературных холодильных компрессорах, а центробежные холодильные компрессоры вполне могут удовлетворять эти требования.

Центробежный холодильный компрессор имеет большое количество оборотов, строгие требования к прочности материала, точности обработки и качеству изготовления, в противном случае его легко повредить. Раньше общий КПД небольших центробежных холодильных компрессоров был ниже, чем у поршневых холодильных компрессоров, поэтому центробежный холодильный компрессор был более пригодным для использования в больших системах или для специальных целей; однако с развитием технологий в последние годы стали применяться центробежные холодильные компрессоры с небольшой холодопроизводительностью в 175кВт, коэффициент полезного действия которых достигает или превышаст коэффициент винтового холодильного компрессора аналогичной мощности.

1. Конструкция центробежного холодильного компрессора

Центробежный холодильный компрессор аналогичен центробежному водяному насосу по конструкции, как показано на рисунке 3-5-1. После того как газообразный хладагент низкого давления поступает в центр рабочего колеса с боковой стороны, хладагент получает кинетическую энергию и потенциал давления за счет действия центробежных сил, создаваемых при повышенной скорости вращении рабочего колеса, и направляется к наружному краю рабочего колеса. Поскольку окружная скорость центробежного холодильного компрессора очень высока, скорость газообразного хладагента, вытекающего из внешнего края рабочего колеса, также очень высока. Чтобы снизить потери энергии и повысить давление газа на выходе центробежного холодильного компрессора, помимо оснащения спиральной камерой в компрессоре, как у водяного насоса, на внешней кромке рабочего колеса также предусмотрен диффузор, таким образом, газ, выходящий из рабочего колеса, сначала проходит через диффузор, а затем поступает в спиральную камеру, что позволяет значительно снизить скорость потока газа, преобразовать кинетическую энергию в энергию давления для получения газа высокого давления и отвода из компрессора.

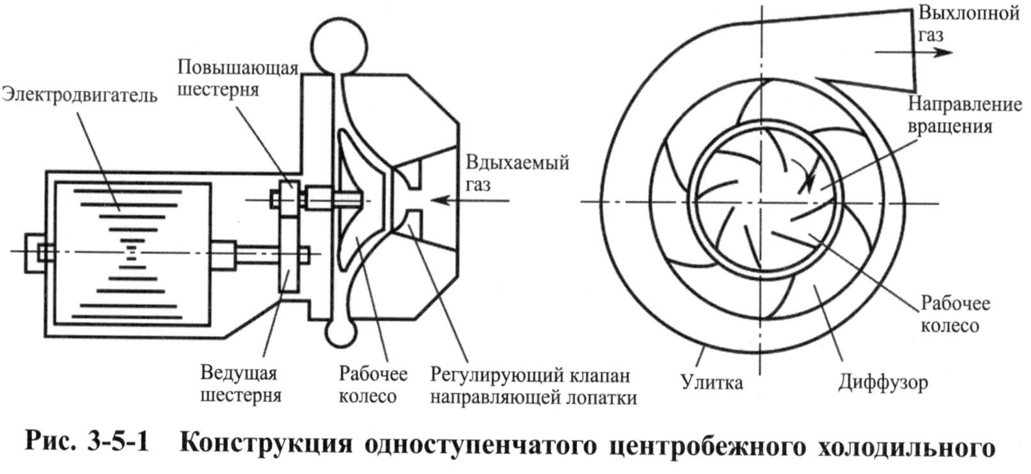

Рис. 3-5-1 Конструкция одноступенчатого центробежного холодильного компрессора

В связи с наличием разных требований к температуре охлаждения и холодопроизводительности центробежного холодильного компрессора, необходимо использовать разные виды хладагента. Более того, компрессор должен работать при разных давлениях испарения и конденсации, что требует

от центробежного холодильного компрессора способности генерировать разные энергетические напоры. Таким образом, центробежный холодильный компрессор делится на одноступенчатый и многоступенчатый, т.е. на главном вале имеется одно или несколько рабочих колес. Очевидно, что чем больше количество оборотов рабочего колеса и больше ступеней рабочего колеса, тем выше напор энергии, вырабатываемой центробежным холодильным компрессором.

2. Принцип работы центробежного холодильного компрессора

1) Сжатия газа рабочим колесом

Как уже было указано, центробежный холодильный компрессор сжимает всасываемый газ низкого давления до состояния высокого давления за счет действия центробежной силы, создаваемой вращением рабочего колеса. На рисунке 3-5-2 показано изменение давления и скорости потока газообразного хладагента при прохождении через рабочее колесо и диффузор, в том числе *ABC* — линия изменения давления газа, *DEF* — линия изменения скорости потока газа, при прохождении газа через рабочее колесо давление повышается с *A* до *B*, в то же время скорость потока газа повышается с *D* до *E*. Когда газ, выходящий из рабочего колеса, проходит через диффузор, скорость его потока снижается с *E* до *F*, а давление увеличивается с *B* до *C*.

2) Количество энергии, необходимое при сжатии газа

При адиабатическом сжатии единицы массы хладагента, имеется:

$$W_{c.th} = h_2 - h_1 \ (kJ/kg)$$

Где, $W_{c.th}$ представляет собой теоретическую величину затраченной работы, необходимой при адиабатическом сжатии единицы массы хладагента, который называется напором энергии в центробежном холодильном компрессоре.

Однако при прохождении газообразного хладагента через рабочее колесо, внутри газа, между газом и поверхностью лопатки возникают потери, трение и т.д., хладагент поглощает тепло от трения в процессе сжатия и осуществляет процесс политропического сжатия с поглощением тепла. Следовательно, напор энергии газообразного хладагента, фактически необходимый в процессе сжатия, должен быть:

$$W = \frac{W_{c.th}}{\eta_{ad}} \qquad (3\text{-}5\text{-}1)$$

Где η_{ad} ——адиабатический КПД центробежного холодильного компрессора,

обычно 0.7-0.8.

3) Окружная скорость наружного края рабочего колеса и минимальная холодопроизводительность

Как указано выше, в связи с различными потерями энергии при прохождении газообразного хладагента через рабочее колесо полученный газообразным хладагентом напор энергии W' всегда меньше теоретического напора $W_{c.th}$, т.е.:

$$W' = \eta_h W_{c.th} = \eta_h \varphi_{u_2} u_2^2 = \varphi u_2^2 \ (J/kg) \qquad (3\text{-}5\text{-}2)$$

Где η_h——гидравлический КПД;

φ——коэффициент давления, равный $\eta_h \varphi u_2$, для центробежных холодильных компрессоров обычно 0.45-0.55.

3. Рабочие характеристики центробежного холодильного компрессора

На рисунке 3-5-3 показаны кривые зависимости между расходом и коэффициентом сжатия (p_k/p_0) центробежного холодильного компрессора, включая кривые зависимости и эквивалентные кривые при различных числах оборотов. Штрих-пунктирная линия на левой стороне является границей помпажа. Как видно на рисунке, при определенном числе оборотов коэффициент полезного действия (КПД) центробежного холодильного компрессора является максимальным, и характеристическая кривая при таком числе оборотов соответствует характеристической кривой при проектном числе оборотов.

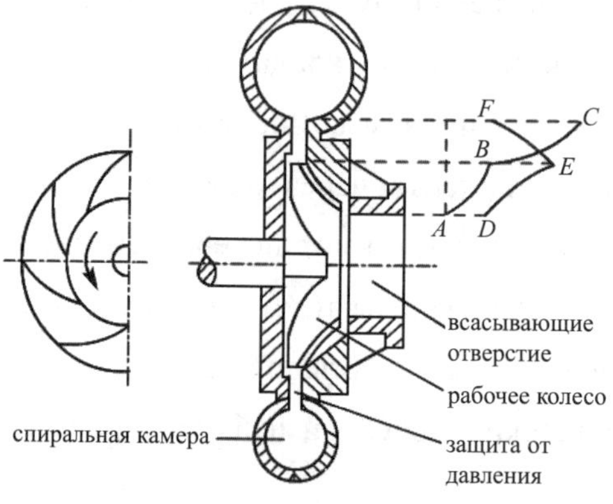

Рис. 3-5-2

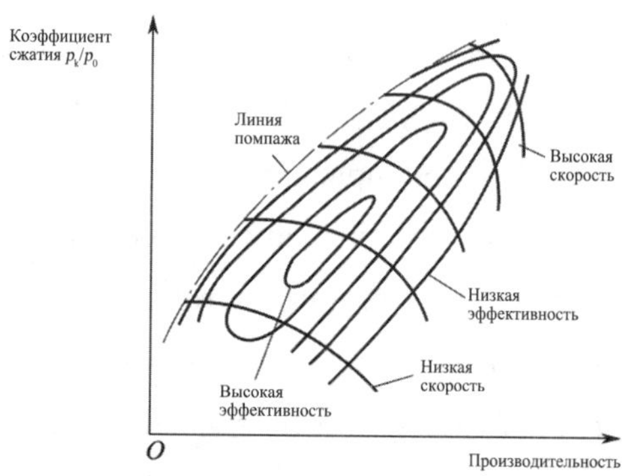

Рис. 3-5-3 Характеристическая кривая центробежного холодильного компрессора

1) Помпаж

Рабочее колесо центробежного холодильного компрессора имеет загнутые назад лопасти, ее рабочие характеристики схожи с центробежным вентилятором с загнутыми назад лопастями. На рисунке 3-5-4 показана характеристическая кривая центробежного холодильного компрессора при проектной скорости вращения: по оси абсцисс — объем подачи газа, по оси ординат — энергетический напор.

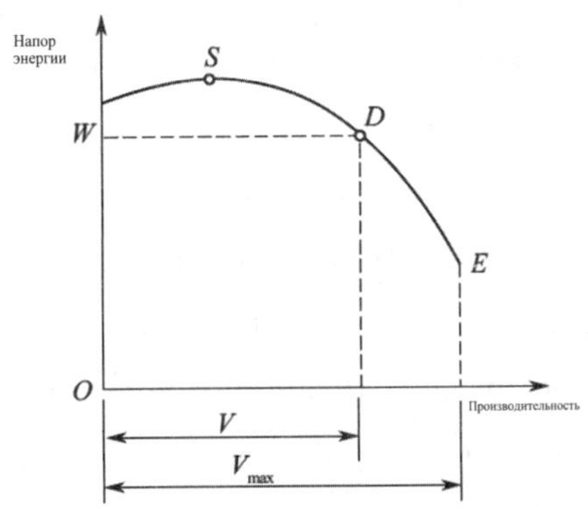

Рис. 3-5-4 Характеристическая кривая центробежного холодильного компрессора при проектной скорости вращения

Точка D на рисунке является проектной точкой. Когда центробежный холодильный компрессор работает в данной точке, наблюдается максимальный КПД, а при отклонении от этой точки КПД снижается, причем чем дальше отклонение от этой точки, тем ниже КПД.

Точка E на рисунке является точкой наибольшей производительности. Когда производительность увеличивается до этой точки, скорость потока на входе рабочего колеса центробежного холодильного компрессора достигает скорости звука, после чего дальнейшее увеличение производительности становится невозможным.

Точка S на рисунке является граничной точкой помпажа. Когда производительность компрессора опускается ниже скорости потока в точке S, эффективный энергетический напор центробежного холодильного компрессора продолжает уменьшаться из-за значительного увеличения энергетических потерь хладагента, в то же время газообразный хладагент за пределами выхода компрессора возвращается в рабочее колесо. Например, когда давление испарения остается неизменным, а давление конденсации по какой-либо

причине возрастает, то энергетический напор, необходимый для сжатия газообразного хладагента, увеличивается, а производительность уменьшается; когда давление конденсации продолжает увеличиваться, производительность уменьшается до точки S, полезный напор энергии, создаваемый центробежным холодильным компрессором, достигает максимального значения; при дальнейшем увеличении давления конденсации напор энергии, создаваемый центробежным холодильным компрессором, становится недостаточным, в результате чего газообразный хладагент втекает обратно в компрессор из конденсатора. После возникновения обратного потока газообразного хладагента давление конденсации снижается, после чего выдавить газообразный хладагент и направить его в конденсатор, затем снова непрерывно растет давление конденсации и происходит обратное течение. Данное явление, связанное с обратным течением газа при работе центробежного холодильного компрессора, называют помпажом. Возникновение помпажа не только приводит к периодическому повышению шума и вибрации, но и вызывает обратное течение высокотемпературного газа в компрессор, которое приводит к повышению температуры корпуса компрессора и подшипников. Если не будут приняты своевременные меры, то это может привести к повреждению компрессора вплоть до повреждения всей холодильной установки.

2) Факторы, влияющие на холодопроизводительность центробежного холодильного компрессора

Из рисунка 3-5-4 видно, что при работе центробежного холодильного компрессора в рабочем диапазоне (S-D-E) чем меньше производительность, тем выше полезный напор энергии. Чем больше разность между давлением конденсации и давлением испарения, тем больше требуемый напор энергии при сжатии газообразного хладагента, поэтому, как и в случае с поршневым холодильным компрессором, в центробежном холодильном компрессоре фактическая производительность уменьшается с повышением температуры конденсации и снижением температуры испарения, уменьшая тем самым холодопроизводительность компрессора.

【Выполнение задачи】

Табл. 3-5-1　Задача проекта

Название задачи	Общие сведения о центробежных холодильных компрессорах		
Члены группы			
Инструктор-преподаватель		Планируемое время	
Срок реализации		Место реализации	
Содержание и цель задачи			
1. Ознакомиться с конструкций центробежного холодильного компрессора. 2. Освоить принципа работы центробежного холодильного компрессора. 3. Ознакомиться с рабочими характеристиками центробежного холодильного компрессора			
Пункты аттестации	1. Конструкция центробежного холодильного компрессора 2. Принцип работы центробежного холодильного компрессора 3. Рабочие характеристики центробежного холодильного компрессора		
Примечание			

Табл. 3-5-2　Отчет о выполнении задачи проекта

Название задачи	Общие сведения о центробежных холодильных компрессорах		
Члены группы			
Конкретное разделение труда			
Планируемое время		Фактическое время реализации	
Примечание			
1. Проведите пробный анализ закономерности влияния скорости вращения, температуры конденсации и температуры испарения на холодопроизводительность центробежного компрессора. 2. Кратко опишите конструкцию центробежного холодильного компрессора. 3. Каковы факторы, влияющие на холодопроизводительность центробежного холодильного компрессора?			

【Оценка задачи】

Табл. 3-5-3 Форма комплексной оценки задачи проекта

Название задачи:　　　　　　　　　　Время оценки: Год месяц zдень

Детали оценки		Стандартный балл	Полученный балл								
			Члены группы								
			Самооценка группы	Взаимная оценка между группами	Оценка преподавателя	Самооценка группы	Взаимная оценка между группами	Оценка преподавателя	Самооценка группы	Взаимная оценка между группами	Оценка преподавателя
Группа (60 баллов)	Может ли группа понять цели и прогресс обучения в целом	10									
	Существует ли четкое разделение труда между членами группы	10									
	Есть ли у группы сознание сотрудничества	10									
	Есть ли у группы инновационные идеи (методы)	10									
	Добросовестно ли группа заполнила отчет о завершении задачи	10									
	Есть ли у группы проблемы и пути их решения	10									

Детали оценки		Стандартный балл	Полученный балл								
			Члены группы								
			Самооценка группы	Взаимная оценка между группами	Оценка преподавателя	Самооценка группы	Взаимная оценка между группами	Оценка преподавателя	Самооценка группы	Взаимная оценка между группами	Оценка преподавателя
Отдельное лицо (40 баллов)	Подчиняется ли отдельное лицо постановке работы группы	10									
	Выполняет ли отдельное лицо задачи, поставленные группой	10									
	Может ли отдельное лицо своевременно общаться с членами группы	10									
	Может ли отдельное лицо тщательно описать трудности, ошибки и изменения	10									
Всего		100									

【Закрепление знаний】

1. На холодопроизводительность центробежного холодильного компрессора оказывают влияние такие факторы, как ________, ________ и ________.

2. Что такое помпаж ?

3. Какова роль рабочего колеса ?

Задача Ⅵ Общие сведения о парокомпрессионных тепловых насосах

【Подготовка к задаче】

Парокомпрессионный тепловой насос, также называемый механическим компрессионным тепловым насосом, характеризуется главным образом использованием силового оборудования, как электродвигателя или двигателя внутреннего сгорания, для привода компрессора, что приводит к циркуляции и изменению состояния рабочего вещества в тепловом насосе, обеспечивая тем самым непрерывное и эффективное производство тепла тепловым насосом. Понимание закономерности изменения состояния и свойств рабочего вещества теплового насоса является основой для освоения принципа работы парокомпрессионного теплового насоса.

1. Принцип работы парокомпрессионного теплового насоса

Принцип работы парокомпрессионного теплового насоса показан на рисунке 3-6-1. Парокомпрессионный тепловой насос представляет собой закрытую систему, состоящую из компрессора, конденсатора, дроссельного клапана и испарителя, образующих замкнутую систему, которая заполняется определенным количеством рабочего вещества, подходящей для теплового насоса. В испарителе рабочее вещество теплового насоса находится в состоянии низкого давления и температуры. Оно способно поглощать тепловую энергию от низкотемпературного источника тепла. При фазовом переходе «жидкость-газ» рабочее вещество превращается в низконапорный пар и попадает в компрессор, а после повышения давления в компрессоре попадает в конденсатор. Пар рабочего вещества теплового насоса под высоким давлением и высокой температурой отдает тепло потребителю тепла в конденсаторе. После чего рабочее вещество теплового насоса под высоким

давлением превращается в жидкость и попадает в дроссельный клапан. После дросселирования в дроссельном клапане рабочее вещество превращается в смесь насыщенных пара и жидкости с высокими давлением и температурой и попадает в испаритель для начала следующего цикла.

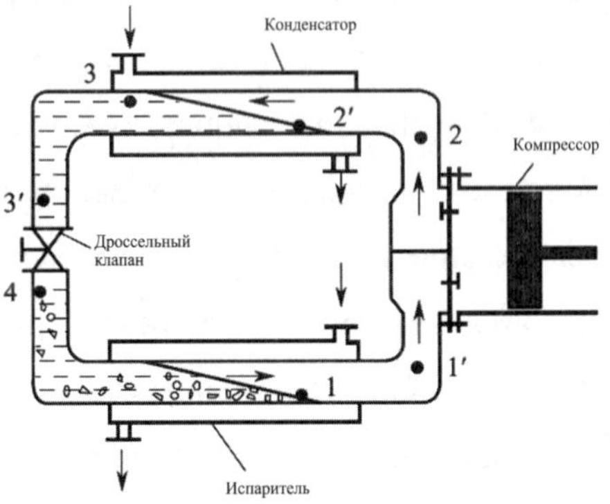

Рис. 3-6-1 Принцип работы парокомпрессионного теплового насоса

2. Степень сухости влажного пара, выходящего из дроссельного клапана

На рисунке 3-6-2 рабочее вещество на выходе дроссельного клапана представляет собой смесь насыщенных пара и жидкости, которая сокращенно называется влажным паром. Для оценки относительного количества насыщенной жидкости и газа во влажном паре используется величина, называемая степенью сухости x. Она отражает долю массы насыщенного газа во влажном паре и вычисляется согласно следующей формуле:

$$x = \frac{\text{масса насыщенного газа}}{\text{масса насыщенного газа} + \text{масса насыщенной жидкости}} = \frac{m_V}{m_V + m_L}$$

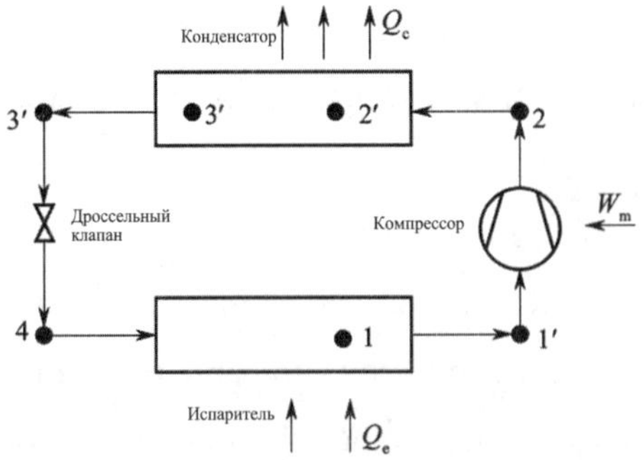

Рис. 3-6-2 Упрощенная схема энергетической взаимосвязи и конструкции парокомпрессионного теплового насоса

3. Энергетическая взаимосвязь на входе и выходе теплового насоса

Для удобства изложения, конструкцию парокомпрессионного теплового насоса часто изображают в виде схемы, аналогичной той, что показана на рисунке 3-6-2. На данной схеме также представлена энергетическая взаимосвязь на входе и выходе теплового насоса в режиме стабильной работы.

Как видно из рисунка 3-6-2, поглощаемая мощность или электроэнергия при прохождении рабочего вещества через компрессор теплового насоса обозначается Wm, поглощаемое тепло от низкотемпературного источника тепла при прохождении через испаритель обозначается Qe, высокотемпературная тепловая энергия, образованная путем слияния этих двух энергетических составляющих, обозначается Qc и передается рабочим веществом в конденсатор, который, в свою очередь, выделяет тепло для потребителя. Связь между ними выражается следующей формулой:

$$Q_c = Q_e + W_m \quad (3\text{-}6\text{-}2)$$

Задача Ⅶ Общие сведения об абсорбционных тепловых насосах

【Ключевые моменты】

Основная особенность парокомпрессионного теплового насоса заключается в том, что в тепловом насосе рабочее вещество приводится в циркуляцию за счет механической работы (компрессора), что позволяет непрерывно «перекачивать» тепло от низкотемпературного источника тепла к основному высокотемпературному радиатору для подачи потребителям. В то время как представленный в данной задаче абсорбционный тепловой насос использует тепловую энергию для циркуляции рабочего вещества, реализуя тем самым функцию «перекачки» тепловой энергии. Он более подходит для случаев, где

имеется отходящая тепловая энергия или низкозатратная тепловая энергия, получаемая из угля, газа, масла и других видов топлива.

【Закрепление знаний】

1. Основной состав абсорбционного теплового насоса

На рисунке 3-7-1 показан основной состав абсорбционного теплового насоса непрерывного действия, который состоит из генератора, абсорбера, конденсатора, испарителя, дроссельного клапана, раствора, растворного клапана и растворного теплообменника, образующих замкнутый контур, и заполняется раствором рабочей пары (абсорбент и циркулирующее рабочее вещество).

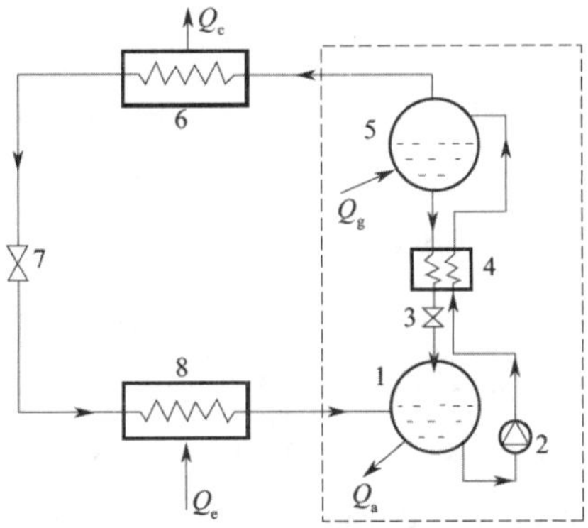

Рис. 3-7-1 Основные составляющие абсорбционного теплового насоса

1—абсорбер; 2—растворный насос; 3—растворный клапан; 4—растворный теплообменник; 5—генератор; 6—конденсатор; 7—дроссельный клапан; 8—испаритель

Основная информация об основных составляющих абсорбционного теплового насоса приведена ниже.

1) Рабочая пара

Как правило, это бинарная неазеотропная смесь, состоящая из циркулирующего рабочего вещества и абсорбента. Циркулирующее рабочее вещество имеет низкую температуру кипения, а абсорбент имеет высокую температуру кипения. Причем температуры кипения двух компонентов должны иметь большую разницу. Циркулирующее рабочее вещество должно обладать относительно высокой растворимостью в абсорбенте, а раствор рабочей пары должен обладать относительно высокой абсорбционной способностью в отношении циркулирующего рабочего вещества. В данной задаче главным образом рассматривается абсорбционный тепловой насос с рабочей парой,

состоящей из H_2O (вода, циркулирующее рабочее вещество) и LiBr (бромистый литий, абсорбент).

2) Генератор

Генератор называется таковым, потому что в нем используется концентрированный раствор рабочей пары H2O-LiBr (вода используется в качестве растворителя), который нагревается с помощью горячей воды, пара или топливного пламени, чтобы выпустить циркулирующее рабочее вещество с низкой температурой кипения в виде пара.

3) Абсорбер

В генераторе используется разбавленный раствор рабочей пары H2O-LiBr, который благодаря своей высокой абсорбционной способности в отношении циркулирующего рабочего вещества вытягивает и поглощает пар циркулирующего рабочего вещества, образованного в испарителе.

4) Конденсатор

Пар циркулирующего рабочего вещества, поступающий от генератора, превращается в жидкость в конденсаторе и выделяет тепло.

5) Дроссельный узел (клапан, диафрагма или капиллярная труба и т.д.)

Дроссельный узел является компонентом, который контролирует расход циркулирующего рабочего вещества. Циркулирующая рабочая жидкость с высокими давлением и температурой до дроссельного компонента является смесью насыщенного пара, а после прохождения через него — жидкостью циркулирующего рабочего вещества с низкими давлением и температурой.

6) Испаритель

В испарителе смесь насыщенных пара и жидкости с низкими давлением и температурой, поступающая от дроссельного компонента, поглощает тепло низкотемпературного источника тепла, в результате чего насыщенная жидкость циркулирующего рабочего тела испаряется в насыщенный пар.

7) Растворный насос

Растворный насос непрерывно подает разбавленный раствор рабочей пары из абсорбера в генератор, поддерживая стабильное количество (уровень) и концентрацию раствора в абсорбере и генераторе.

8) Растворный клапан

Растворный клапан контролирует объем раствора, который поступает из генератора в абсорбер, в соответствии со скоростью потока в растворном

насосе.

9) Растворный теплообменник

Растворный теплообменник—это компонент, обеспечивающий теплообмен между разбавленным раствором, вытекающим из абсорбера, и концентрированным раствором, вытекающим из генератора, что повышает температуру разбавленного раствора, поступающего в генератор и экономит расход высокотемпературной тепловой энергии в генераторе, а также снижает температуру разбавленного раствора, поступающего в абсорбер, и повышает абсорбционную способность раствора в абсорбере.

2. Рабочий процесс абсорбционного теплового насоса

Основной рабочий процесс абсорбционного теплового насоса описан ниже. Сначала концентрированный раствор рабочей пары нагревается с помощью высокотемпературной тепловой энергии в генераторе, для образования циркулирующего пара рабочего вещества с высокой температурой и высоким давлением, который поступает в конденсатор. В конденсаторе циркулирующая рабочая жидкость конденсируется и выделяет тепло, превращаясь в высокотемпературную и находящуюся под высоким давлением циркулирующую рабочую жидкость, которая поступает в дроссельный клапан. Пройдя через дроссельный клапан, она становится смесью низкотемпературного, циркулирующего под низким давлением рабочего вещества, насыщенного газа и насыщенной жидкости, и поступает в испаритель. В испарителе циркулирующее рабочее вещество поглощает тепло от низкотемпературного теплового источника и превращается в пар, который поступает в абсорбер. В абсорбере пар циркулирующего рабочего вещества поглощается раствором рабочей пары. Разбавленный раствор рабочей пары, поглотивший пар циркулирующего рабочего вещества, после нагрева в теплообменнике поступает в генератор, в то время как концентрированный раствор в генераторе, где образовался пар циркулирующего рабочего вещества, перекачивается в абсорбер после охлаждения в теплообменнике, чтобы поддерживать стабильный уровень, концентрацию и температуру в генераторе и абсорбере. Этот процесс обеспечивает непрерывное производство тепла в абсорбционном тепловом насосе.

3. Коэффициент теплопроизводительности абсорбционного теплового насоса

КПД (коэффициент теплопроизводительности) абсорбционного теплового

насоса, как правило, выражается в виде теплового коэффициента, имеющего то же основное значение, что и коэффициент теплопроизводительности, то есть:

$$\text{Тепловой коэффициент} = \frac{\text{Полезное тепло, полученное потребителем}}{\text{Расход топливного тепла или горячей воды, энергии пара и энергии приводного насоса}}$$

Выражается с помощью формулы:

$$\zeta_H = \frac{Q_u}{Q_g + W_p} = \frac{Q_c + Q_a}{Q_g + W_p} \qquad (3\text{-}7\text{-}1)$$

Где W_p——потребляемая мощность насоса, которая при кратком анализе может быть незначительной;

Q_g——тепловая мощность генератора;

Q_a——величина теплоотдачи абсорбера;

Q_c——величина теплоотдачи конденсатора.

4. Классификация абсорбционных тепловых насосов

(1) По рабочим веществам делятся на тепловые насосы H2O-LiBr, NH3-H2O и др.

(2) По приводному источнику тепла делятся на паровые тепловые насосы, тепловые насосы на горячей воде, тепловые насосы прямого нагрева, тепловые насосы на отходящем тепле, комбинированные тепловые насосы и др.

(3) По способу использования приводного источника тепла делятся на тепловые насосы одиночного, двойного, множественного действия, многоступенчатые тепловые насосы и др.

(4) По цели теплопроизводства делятся на абсорбционные тепловые насосы первого типа, второго типа и др.

(5) По процессу циркуляции раствора делятся на каскадные, обратно-каскадные, параллельные, каскадно-параллельные тепловые насосы и др.

(6) По конструкции агрегата делятся на однобарабанные, двухбарабанные, трехбарабанные, многобарабанные тепловые насосы и др.

5. Основные особенности абсорбционных тепловых насосов

(1) Абсорбционные тепловые насосы отличается малым количеством подвижных частей, низким уровнем шума и небольшим эксплуатационным износом, однако их стоимость изготовления немного выше, чем у компрессионных тепловых насосов.

(2) Тепловой коэффициент ξH абсорбционного теплового насоса, как

правило, ниже, чем коэффициент теплопроизводительности компрессионного теплового насоса COPH, однако оба значения отличаются в знаменателе. Абсорбционный тепловой насос приводится в действие с помощью тепловой энергии, которая служит в качестве знаменателя. Однако лишь часть этой тепловой энергии является доступной (доступная энергия эквивалентна электрической/механической энергии; доля доступной энергии в тепловой энергии определяется как 1-Ta/Tr, где Ta—температура окружающей среды, Tr—температура тепловой энергии); а компрессионный тепловой насос приводится в действие с помощью электроэнергии или механической работы, причем вся потребляемая электрическая/механическая энергия является полностью доступной. Таким образом, абсорбционные тепловые насосы подходят для работы за счет тепловой энергии, выработанной на основе отходящего тепла или низкозатратного топлива.

(3) Абсорбционные тепловые насосы демонстрируют меньший диапазон изменения теплового коэффициента по сравнению с компрессионными тепловыми насосами при увеличении разности между температурой конденсации и температурой испарения. Это означает, что когда температура окружающей среды снижается или потребители требуют более высокой температуры для обогрева, изменения в теплоснабжении абсорбционных тепловых насосов менее значительны по сравнению с компрессионными тепловыми насосами.

【Выполнение задачи】

Табл. 3-7-1 Задача проекта

Название задачи	Общие сведения об абсорбционных тепловых насосах		
Члены группы			
Инструктор-преподаватель		Планируемое время	
Срок реализации		Место реализации	
Содержание и цель задачи			
1. Ознакомиться с основными составляющими абсорбционного теплового насоса. 2. Освоить рабочий процесс абсорбционного теплового насоса 3. Ознакомиться с классификацией абсорбционных тепловых насосов			
Пункты аттестации	1. Основные составляющие абсорбционного теплового насоса. 2. Процесс работы абсорбционного теплового насоса 3. Классификация абсорбционных тепловых насосов		
Примечание			

Табл. 3-7-2 Отчет о выполнении задачи проекта

Название задачи	Общие сведения об абсорбционных тепловых насосах		
Члены группы			
Конкретное разделение труда			
Планируемое время		Фактическое время реализации	
Примечание			
1. Кратко опишите основные составляющие абсорбционного теплового насоса. 2. Кратко опишите классификацию абсорбционных тепловых насосов.			

【Оценка задачи】

Табл. 3-6-3 Форма комплексной оценки задачи проекта

Название задачи:　　　　Время оценки: Год　месяц　день

Детали оценки		Стандартный балл	Полученный балл								
			Члены группы								
			Самооценка группы	Взаимная оценка между группами	Оценка преподавателя	Самооценка группы	Взаимная оценка между группами	Оценка преподавателя	Самооценка группы	Взаимная оценка между группами	Оценка преподавателя
Группа (60 баллов)	Может ли группа понять цели и прогресс обучения в целом	10									
	Существует ли четкое разделение труда между членами группы	10									
	Есть ли у группы сознание сотрудничества	10									
	Есть ли у группы инновационные идеи (методы)	10									
	Добросовестно ли группа заполнила отчет о завершении задачи	10									
	Есть ли у группы проблемы и пути их решения	10									

Детали оценки		Стандартный балл	Полученный балл								
			Члены группы								
			Самооценка группы	Взаимная оценка между группами	Оценка преподавателя	Самооценка группы	Взаимная оценка между группами	Оценка преподавателя	Самооценка группы	Взаимная оценка между группами	Оценка преподавателя
Отдельное лицо (40 баллов)	Подчиняется ли отдельное лицо постановке работы группы	10									
	Выполняет ли отдельное лицо задачи, поставленные группой	10									
	Может ли отдельное лицо своевременно общаться с членами группы	10									
	Может ли отдельное лицо тщательно описать трудности, ошибки и изменения	10									
Всего		100									

【Закрепление знаний】

1. КПД (коэффициент теплопроизводительности) абсорбционных тепловых насосов, как правило, выражается в виде ____________.

Проект Ⅳ

Дроссельный механизм и вспомогательное оборудование

【Описание проекта】

Охлаждение все более широко применяется в коммерции и повседневной жизни. Чтобы реализовать энергоснабжение и снижение выбросов, способствовать формированию зеленой и низкоуглеродной экономической системы, установка дроссельных механизмов и вспомогательного оборудования, включая дроссельные устройства (также называемые как дроссельные механизмы), в системах охлаждения стала важным инструментом для реализации целей пика выбросов углекислого газа и углеродной нейтральности.

【Цель проекта】

Дроссельные устройства и вспомогательное оборудование
Цели образования
1. Улучшить оперативные способности у студентов
2. Развивать у студентов хорошие учебные навыки и инновационное мышление
3. Стимулировать познавательные интересы студентов
4. Повысить самоуверенность и ощущение достижения успеха у студентов
Цели знаний
1. Освоить важные компоненты холодильной системы
2. Освоить типичные дроссельные устройства
3. Ознакомиться с контрольными клапанами холодильной системы
4. Освоить типичное вспомогательное оборудование холодильной системы
5. Освоить функции типичного вспомогательного оборудования
6. Ознакомиться с предохранительными устройствами холодильной системы
Цели навыков
1. Уметь устанавливать типичное оборудование холодильной системы
2. Уметь использоваться типичное оборудование холодильной системы

Задача Ⅰ Знакомство с дроссельными устройствами

【Подготовка к задаче】

Данная задача ориентирована на изучение основных составляющих системы охлаждения — дроссельных устройств. В процессе обучения необходимо освоить состав, принцип работы дроссельного устройства, а также способы устранения проблем,

Назначение и монтаж дроссельной установки системы охлаждения

связанных с ним.

Дроссельное устройство является одним из четырех ключевых компонентов системы охлаждения, который выполняет следующие функции.

(1) Выполняет дросселирование и снижает давления жидкого хладагента высокого давления, обеспечивая разницу давлений между конденсатором и испарителем, чтобы жидкий хладагент в испарителе мог испаряться и поглощать тепло при требуемом низком давлении, достигая тем самым цели охлаждения и снижения температуры, и чтобы парообразный хладагент мог осуществлять теплоотдачу и конденсироваться в конденсаторе при заданном высоком давлении.

(2) Регулирует расход хладагента, подаваемого в испаритель, чтобы адаптироваться к изменению тепловой нагрузки испарителя во избежание влажного сжатия вплоть или возникновения аварии в цилиндре из-за попадания в холодильный компрессор той части хладагента, которая не испарилась в испарителе; а также во избежание недостаточной подачи жидкости, которая приводит к неполному использованию площади теплообмена в испарителе и снижению давления всасывания в холодильном компрессоре, что, в свою очередь, приводит к снижению охлаждающей способности.

Поскольку дроссельное устройство обладает функцией контроля расхода хладагента, поступаемого в испаритель, его также называют механизмом управления расходом, и поскольку жидкий хладагент высокого давления после прохождения через данный узел дросселируется и расширяется, превращаясь во влажный пар, он также известен как дроссельный или расширительный клапан. Существуют несколько типов распространенных дроссельных устройств, таких как ручной, поплавковый, тепловой и электронный расширительный клапан, капиллярная труба, дроссельная труба и др.

1. Ручной расширительный клапан

Конструкция ручного расширительного клапана схожа с конструкцией обычного запорного клапана, за исключением того, что сердечник клапана представляет собой игольчатый конус или конус с V-образным вырезом, как показано на рисунке 4-1-1. Шток клапана оснащен мелкой резьбой, которая при вращении маховика позволяет медленно увеличивать или уменьшать степень открытия клапана для обеспечения хороших регулятивных характеристик.

Рис. 4-1-1 Сердечник ручного расширительного клапана

(a) Игольчатый сердечник клапана (b) Сердечник клапана с V-образным вырезом

Поскольку ручные расширительные клапаны эксплуатируются на основе опыта и сложны в управлении, большинство из них заменены другими дроссельными устройствами. Они все еще используются в небольших количествах в аммиачных системах охлаждения, испытательных устройствах или в качестве резервных дроссельных устройств, установленных в байпасах.

2. Поплавковый расширительный клапан

Жидкостные испарители требуют определенной высоты уровня жидкости, и поэтому обычно используют поплавковые расширительные клапаны.

В зависимости от течения жидкого хладагента поплавковые расширительные клапаны делятся на два типа: прямоточный и непрямоточный, как показано на рисунке 4-1-2 и 4-1-3. Принцип работы обоих типов поплавковых расширительных клапанов заключается в том, что поплавок управляет открытием или закрытием клапана в зависимости от снижения или повышения уровня жидкости в поплавковой камере. Поплавковая камера устанавливается с одной стороны испарителя. Ее верхняя и нижняя части соединяются с испарителем уравнительными трубами, чтобы обеспечить одинаковый уровень жидкости в них, контролируя тем самым уровень жидкости в испарителе.

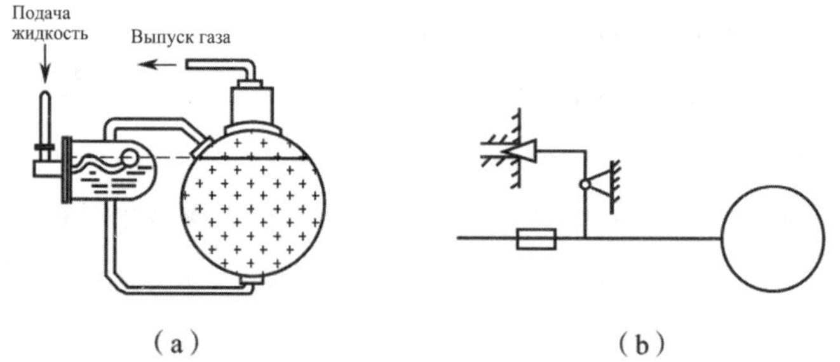

Рис. 4-1-2 Прямоточный поплавковый расширительный клапан

(a) Схема монтажа (b) Принцип работы

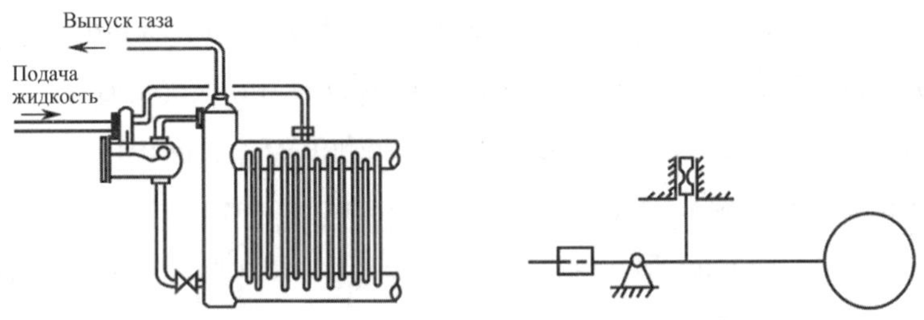

Рис. 4-1-3 Непрямоточный поплавковый расширительный клапан

(a) Схема монтажа (b) Принцип работы

Разница между этими двумя типами поплавковых расширительных клапанов состоит в том, что прямоточный поплавковый расширительный клапан подает жидкость в испаритель через поплавковую камеру и нижнюю жидкостную уравнительную трубу, он характеризуется простой конструкцией, но из-за больших колебаний уровня жидкости в поплавковой камере и большой ударной силы, передаваемой от поплавка к сердечнику клапана, легко возникают повреждения; непрямоточный поплавковый расширительный клапан оснащен клапанным механизмом, расположенным вне поплавковой камеры, поэтому после дросселирования хладагент не проходит через поплавковую камеру, а непосредственно вытекает в испаритель, что обеспечивает стабильный уровень жидкости в поплавковой камере, однако данный тип клапана имеет более сложную конструкцию и установку в отличие от прямоточного поплавкового расширительного клапана. В настоящее время непрямоточный поплавковый расширительный клапан имеет более широкое применение.

3. Тепловой расширительный клапан

Тепловой расширительный клапан контролирует степень открытия расширительного клапана на основе степени перегрева парообразного хладагента на выходе испарителя и широко используется в нежидкостных испарителях.

По методу балансировки тепловые расширительные клапаны делятся на два типа с внутренней и внешней балансировкой.

1) Тепловой расширительный клапан с внутренней балансировкой

На рисунке 4-1-4 изображена схема принципа работы теплового расширительного клапана с внутренней балансировкой, который состоит из

сердечника, седла, упругой металлической мембраны, пружины, термоэлемента и регулировочного винта. Если взять в качестве примера обычный тепловой расширительный клапан, заполненный однородным рабочим веществом, то на упругую металлическую мембрану будут воздействовать три силы:

(1) Давление хладагента за клапаном p_1 действует на нижнюю часть мембраны, заставляя клапан двигаться в направлении закрытия.

(2) Усилие пружины p_2 также действует на нижнюю часть мембраны, заставляя клапан двигаться в направлении закрытия. Его величина регулируется с помощью регулировочного винта.

(3) Давление хладагента в термокармане p_3 действует на верхнюю часть мембраны, заставляя клапан двигаться в направлении открытия. Его величина зависит от свойств хладагента и температуры, определенной термокарманом.

Вышеуказанные три силы достигают баланса при любом рабочем режиме, то есть $p_1+p_2=p_3$, причем упругая металлическая мембрана остается неподвижной, положение сердечника клапана не меняется, а степень открытия клапана остается постоянной.

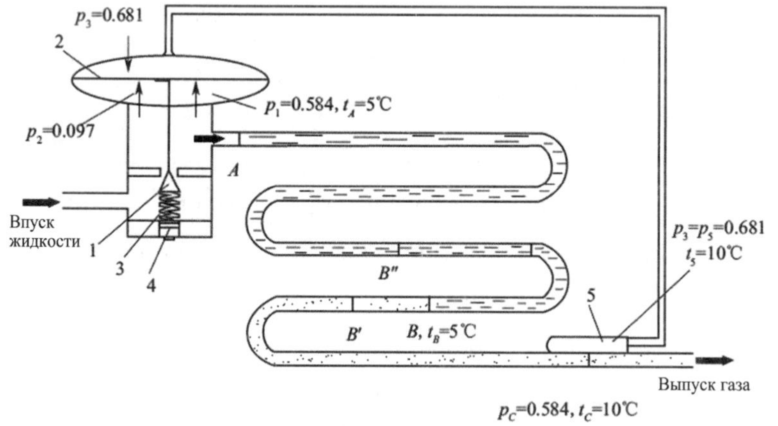

Рис. 4-1-4 Принцип работы теплового расширительного клапана с внутренней балансировкой

1—сердечник; 2—упругая металлическая мембрана; 3—пружина; 4—регулировочный винт; 5—термокарман

Как показано на рисунке 4-1-4, термокарман наполняется определенным количеством жидкого хладагента R22, соответствующего системе охлаждения. Если температура испарения жидкого хладагента, поступающего в испаритель, равна 5 ℃, то соответствующее давление насыщения составляет 0, 584 МПа.

Если не учитывать потери давления хладагента в испарителе, то давление во всех частях испарителя также составляет 0, 584 МПа. В испарителе жидкий хладагент поглощает тепло и закипает, превращаясь в пар, пока не достигнет полного испарения в точке B, показанной на рисунке, и состояния полного насыщения. Затем, начиная с точки B, хладагент продолжает поглощать тепло и достигает состояния перегрева. Если в точке C термокармана установленного на выходе испарителя температура повысится на 5 ℃, достигнув 10 ℃, то есть t_5 =10 ℃, то соответствующее давление насыщения будет равно 0, 681 МПа, а давление, действующее на верхнюю часть мембраны, составит $p_3 = p_5$ =0, 681 МПа. Если отрегулировать усилие пружины так, чтобы нижняя часть мембраны оказалась под давлением, равным 0, 097 Мпа, то $p_1 + p_2 + p_3 = 0$, 681 МПа и мембрана будет находиться в сбалансированном положении, при этом клапан будет иметь определенную степень открытия, что обеспечит степень перегрева хладагента 5 ℃ на выходе испарителя.

При уменьшении нагрузки испарителя из-за изменения внешних условий ослабевает кипение жидкого хладагента в испарителе, и хладагент перемещается до точки B' после достижения насыщенного состояния. При этом температура на месте термоэлемента опускается ниже 10 ℃, что приводит к $(p_1 + p_2) > p_3$, после чего клапан немного закрывается, снижая объем подачи хладагента. Таким образом, мембрана достигает другого сбалансированного положения. Поскольку клапан немного закрывается и немного ослабевает пружина, снижается ее усилие, а степень перегрева хладагента на выходе испарителя становится меньше 5 ℃. И наоборот, при уменьшении нагрузки испарителя из-за изменения внешних условий усиляется кипение жидкого хладагента в испарителе, который перемещается в точку B″ до достижения положения насыщенного состояния. В такой ситуации температура на месте термоэлемента становится выше 10 ℃, что приводит к $(p_1 + p_2) < p_3$. В ответ на это клапан слегка открывается и увеличивается расход хладагента, при этом степень перегрева хладагента на выходе испарителя превышает 5 ℃.

2) Тепловой расширительный клапан с внешней балансировкой

Если змеевик испарителя относительно узкий или длинный, либо если несколько змеевиков параллельно подключаются к одному тепловому расширительному клапану с помощью сепаратора, то, при использовании теплового расширительного клапана с внутренней балансировкой, большое

сопротивление потоку хладагента может привести к сильному перегреву хладагента на выходе испарителя и неэффективному использованию площади теплообмена испарителя. На примере рисунка 4-1-4 можно заметить, если потери давления хладагента в испарителе составляют 0, 036 МПа, то давление испарения хладагента на выходе испарителя составит 0, 584- 0, 036 = 0, 548МПа, соответствующая температура насыщения составит 3 ℃. В таком случае степень перегрева хладагента на выходе испарения увеличится до 7 ℃. Чем больше потеря на сопротивление хладагента в испарителе, тем больше увеличение степени перегрева, поэтому в таком случае не следует использовать тепловой расширительный клапан с внутренней балансировкой. В обычных условиях, когда потеря давления в испарителе R22 достигает значений, указанных в таблице 4-1-1, следует использовать уравнительный тепловой расширительный клапан с внешней балансировкой.

Табл. 4-1-1 Значение потери на сопротивление испарителя с использованием теплового расширительного клапана внешней балансировки (R22)

Температура испарения /℃	10	0	-10	-20	-30	-40	-50
Потеря на сопротивление / КПа	42	33	26	19	14	10	7

На рисунке 4-1-5 показана схема принципа работы теплового расширительного клапана с внешней балансировкой. Как видно на рисунке, конструкция теплового расширительного клапана с внешней балансировкой в целом схожа с тепловым расширительным клапаном с внутренней балансировкой, за исключением того, что нижнее пространство упругой металлической мембраны не подключено к выходу расширительного клапана, а лишь соединено с выходом испарителя с помощью уравнительной трубы малого диаметра. Таким образом, нижняя часть мембраны оказывается под воздействием давления хладагента на выходе испарения, устраняя тем самым влияние сопротивления потоку хладагента внутри испарителя. На примере рисунка 4-1-5, если температура испарения жидкого хладагента, поступающего в испаритель, составляет 5℃, соответствующее давление насыщения равно 0, 584 МПа, потеря давления хладагента в испарителе составляет 0, 036 МПа, то давление испарения хладагента на выходе испарителя составит p1=0, 548 МПа (соответствующая температура насыщения равна 3 ℃), а если добавить еще

усилие пружины p_2=0.097 MPa, эквивалентное степени перегрева 5 ℃, то $p_3=p_1+p_2$=0, 645 МПа, что соответствует температуре насыщения, примерно равное 8 ℃. При этом мембрана находится в сбалансированном положении, обеспечивая в целом степень перегрева парообразного хладагента на выходе испарителя в размере 5 ℃.

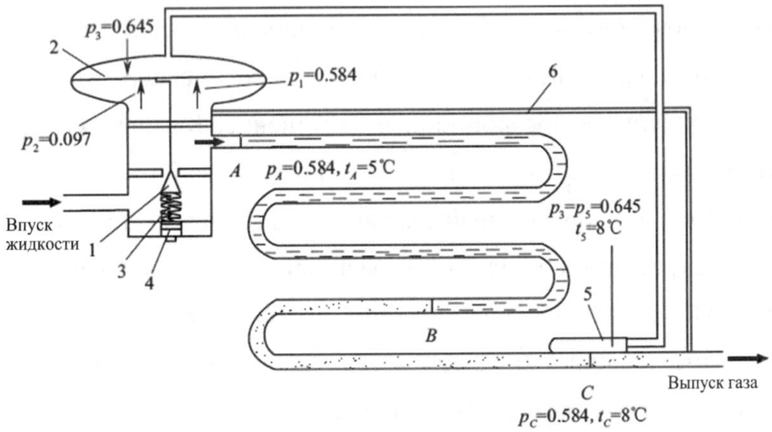

Рис. 4-1-5 Принцип работы теплового расширительного клапана с внешней балансировкой

1—сердечник; 2—упругая металлическая мембрана; 3—пружина; 4—регулировочный винт; 5—термоэлемент 6—уравнительная труба

Существующие тепловые расширительные клапаны регулируют расход хладагента, определяя изменения температуры хладагента на выходе испарителя через термочувствительную колбу. Когда в термочувствительной колбе происходит утечка, закрывается расширительный клапан, что приводит к полной остановке подачи хладагента в испаритель и, следовательно, к неработоспособности системы. Для решения этой проблемы предусмотрен двухсторонний тепловой расширительный клапан с предохранительной конструкцией, как показано на рисунке 4-1-6. Когда отсутствует утечка в термокармане, его принцип работы аналогичен тепловому расширительному клапану с внешней балансировкой. Когда возникает утечка в термокармане, дроссельный канал между сердечником 5 и отверстием 2-1 седла клапана закрывается, а ограничительный блок 1-6 и мембраны 1-4 перемещаются вверх под воздействием давления хладагента на выходе испарителя через трубу передачи давления 3, перемещая иглу 4 клапана вверх для открытия осевого

отверстия внутри сердечника 5 клапана. Данное отверстие становится дроссельным каналом и продолжает подачу жидкости в испаритель, обеспечивая непрерывную работу системы.

3) Заполнение термокармана

В зависимости от используемого в системе охлаждения вида хладагента и его температуры испарения существуют различные вещества и методы заполнения термочувствительной системы теплового расширительного клапана. Основные методы включают жидкостное, газовое, перекрестное жидкостное, смешанное заполнение и абсорбционное заполнение. Каждый метод имеет свои преимущества, недостатки и ограничения в использовании.

Ⅰ. Тепловой расширительный клапан с жидкостным заполнением

Выше был рассмотрен тепловой расширительный клапан с жидкостным заполнением. Объем закачанной жидкости должен быть достаточно большим, чтобы обеспечить наличие жидкости в термокармане при любых температурах. Давление в термочувствительной системе является давлением насыщения наполнительной жидкости.

Преимущество теплового расширительного клапана с жидкостным заполнением заключается в том, что его работа не зависит от температуры окружающей среды, в которой находятся расширительный клапан и балансировочная капиллярная трубка. Он может исправно работать даже при температуре ниже той, которую регистрирует термокарман. Однако по мере того, как температура испарения заполненного жидкостью терморасширительного клапана снижается, степень перегрева значительно увеличивается. На рисунке 4-1-7 показаны изменения степени перегрева теплового расширительного клапана с жидкостным заполнением R22, где нижняя кривая представляет собой кривую зависимости между давлением насыщения и температурой R22, а при добавлении силы пружины p_2 (для любой температуры испарения берется сила пружины, равная p_2=0, 097 МПа) получается кривая зависимости между усилием открытия расширительного клапана p_3 и температурой испарения (верхняя кривая) . Из рисунка видно, что при температуре испарения 5 ℃ степень перегрева хладагента на выходе испарителя составляет 5 ℃ (отрезок ab); при температуре испарения -15℃ и -40℃ степень перегрева хладагента на выходе испарителя составляет 8 ℃ и 15 ℃ соответственно (отрезки cd и ef) . Следовательно, тепловой расширительный клапан с жидкостным заполнением

имеет малый диапазон температурной адаптации.

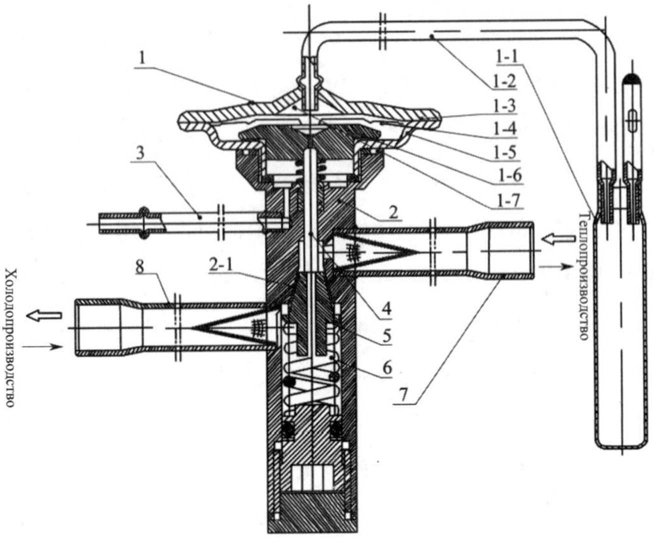

Рис. 4-1-6 Двухсторонний тепловой расширительный клапан с предохранительной конструкцией

1—мембранная коробка; 1-1—термочувствительная труба;
1-2—соединительная капиллярная трубка; 1-3—верхняя крышка; 1-4—мембрана;
1-5—нижняя крышка; 1-6—ограничительный блок; 1-7—датчик температуры; 2—корпус клапана;
2-1—отверстие седла клапана; 3—труба передачи давления; 4-игла клапана; 5—сердечник клапана;
6—уравновешивающая пружина; 7, 8—соединительные трубки

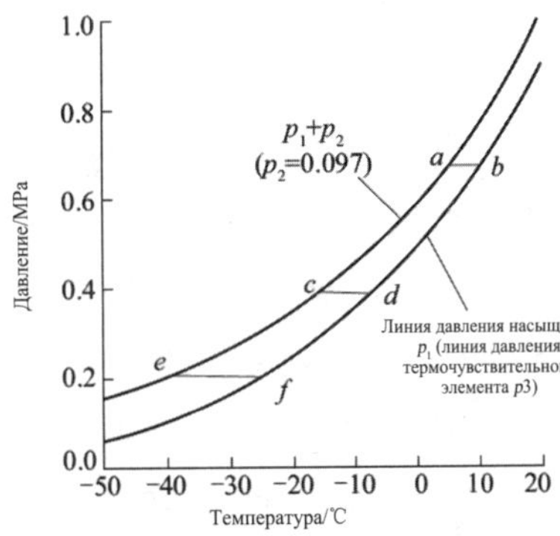

Рис. 4-1-7 Изменение степени перегрева теплового расширительного клапана с жидкостным заполнением

Ⅱ. Тепловой расширительный клапан с газовым заполнением

Тепловой расширительный клапан с газовым заполнением заправляется тем же хладагентом, что система охлаждения, но объем наполнительной жидкости

зависит от максимальной температуры испарения во время работы теплового расширительного клапана, при которой жидкий хладагент, заправленный в термочувствительную систему, полностью испаряется и превращается в газ, как показано на рисунке 4-1-8. Когда температура термокармана ниже t_A, связь между давлением и температурой в термокармане выражается характеристической кривой насыщения хладагента. Когда температура термокармана выше t_A, хладагент в нем находится в газообразном состоянии, при этом давление увеличивается незначительно даже при сильном увеличении температуры. Поэтому, когда температура испарения системы охлаждения превышает максимальную предельную температуру t_M, газообразный хладагент на выходе испарителя имеет большую степень перегрева, а клапан не может быть широко открыт. Таким образом, можно регулировать объем подачи жидкости в испаритель, чтобы избежать перегрузки двигателя холодильного компрессора из-за слишком высокой температуры испарения в системе.

Ⅲ. Тепловой расширительный клапан с другими видами заполнениями

Помимо упомянутых двух методов заполнения, существует перекрестно-жидкостное заполнение, которое предполагает заполнение термокармана теплового расширительного клапана хладагентом, отличным от того, что используется в системе охлаждения; смешанное заполнение, которое предполагает заполнение термокармана не только хладагентом, отличным от того, что используется в системе охлаждения, но еще и неконденсирующимся газом определенного давления; абсорбционное заполнение, которое подразумевает заполнение термокармана абсорбентом (например, активированным углем) и абсорбирующим газом (например, диоксидом углерода). На рисунке 4-1-9 представлена характеристическая кривая теплового расширительного клапана с перекрестным жидкостным заполнением, которая демонстрирует способность поддерживать почти неизменной степень перегрева хладагента на выходе испарителя. Использование различных методов заполнения направлено на то, чтобы обеспечить изменение давления по обе стороны упругой металлической мембраны в соответствии с двумя различными кривыми с целью улучшения регулировочных характеристик теплового расширительного клапана и расширения его диапазона рабочих температур.

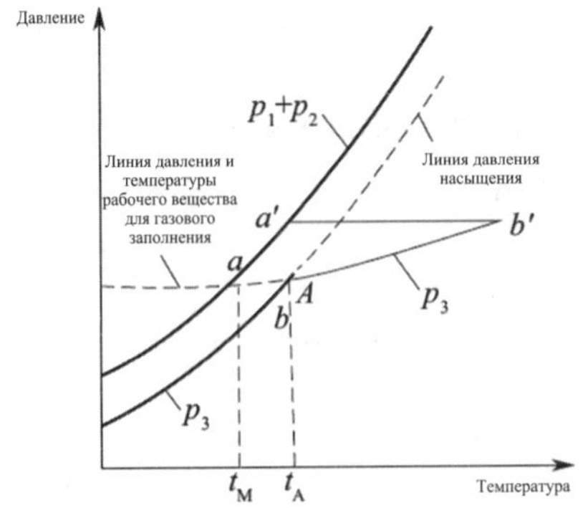

Рис. 4-1-8 Характеристическая кривая хладагента в термокармане теплового расширительного клапана с газовым заполнением

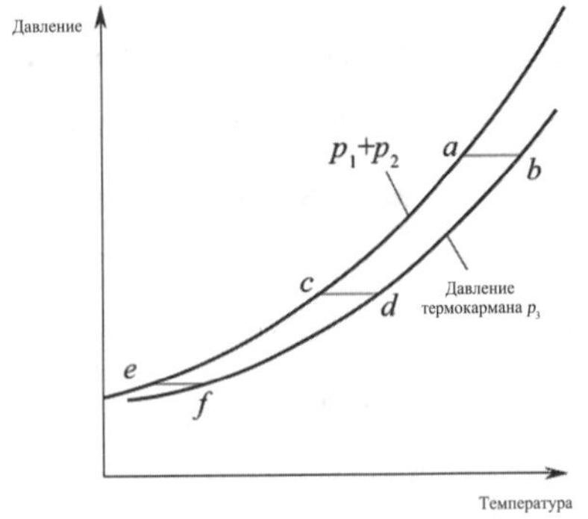

Рис. 4-1-9 Характеристическая кривая теплового расширительного клапана с перекрестно-жидкостным заполнением

4) Выбор и монтаж теплового расширительного клапана

Ⅰ . Выбор теплового расширительного клапана

При выборе теплового расширительного клапана для системы охлаждения следует учитывать вид хладагента и диапазон температур испарения, а также соответствие объема расширительного клапана с нагрузкой испарителя.

Холодопроизводительность, возникающая при полном испарении хладагента, проходящего через расширительный клапан с определенной степенью открытия, в определенных условиях (определенная температура и разница давлений) называется объемом данного расширительного клапана при данной разнице давлений и температуре испарения. При определенной степени открытия расширительного клапана и состоянии хладагента на входе/выходе расширительного клапана, массовый расход хладагента, проходящего через расширительный клапан, можно вычислить по следующей формуле:

$$M_r = C_D A_v \sqrt{2\left(p_{vi} - p_{vo}\right) / v_{vi}} \qquad (4\text{-}1\text{-}1)$$

$$C_D = 0.020\,05\sqrt{\rho_{vi}} + 6.34 v_{vo}$$

Где p_{vi}——давление на входе расширительного клапана, Па;

p_{vo}——давление на выходе расширительного клапана, Па;

v_{vi}——удельный объсм хладагепта на входе расширительного клапана, м^3/кг;

A_v——площадь канала расширительного клапана, м^2;

C_D——коэффициент расхода;

p_{vi}——плотность хладагента на входе расширительного клапана, кг/м^3;

v_{vo}——удельный объем хладагента на выходе расширительного клапана, м3/кг.

Объем теплового расширительного клапана можно рассчитать по следующей формуле:

$$\varphi_0 = M_r \left(h_{eo} - h_{ei} \right) \quad (4\text{-}1\text{-}2)$$

Где h_{eo}——значение энтальпии хладагента на выходе испарителя, кДж/кг;

h_{ei}——значение энтальпии хладагента на входе испарителя, кДж/кг.

При выборе теплового расширительного клапана можно выполнить расчеты по формулам 4-1-1 и 4-1-2 на основе известных холодопроизводительности испарителя φ_0, температуры испарения и состояния хладагента на входе/выходе расширительного клапана. Конечно же, можно также воспользоваться таблицей объемных характеристик расширительного клапана, предоставляемой заводом-изготовителем. Как правило, при выборе требуется, чтобы объем теплового расширительного клапана был на 20%-30% больше объема испарителя.

Ⅱ. Монтаж теплового расширительного клапана

Место монтажа теплового расширительного клапана должно находиться рядом с испарителем, причем корпус клапана следует располагать вертикально, без наклона. Монтаж в перевернутом положении не допустим. Поскольку работа терморасширительного клапана зависит от температуры, измеряемой датчиком температуры, а чувствительность системы измерения температуры относительно низкая, временная задержка в передаче сигнала велика, что может легко привести к открытию расширительного клапана и его выходу из строя. Поэтому установка термокармана является крайне необходимой.

Ⅰ) Методы монтажа термокармана

Правильный метод монтажа направлен на улучшение эффекта теплопередачи хладагента в термокармане и всасывающей трубе, чтобы сократить задержку времени и повысить стабильность работы теплового расширительного клапана.

Как правило, термокарман наматывают на всасывающую трубу так, чтобы он тесно прилегал к стенкам трубы, обеспечивая тем самым надежное

крепление. Место контакта должно быть тщательно очищено от оксидной накипи, при необходимости можно нанести антикоррозийный слой. Если наружный диаметр всасывающей трубы менее 22 мм влияние температуры можно не учитывать, а место монтажа может быть выбрано произвольно, обычно на верхней части всасывающей трубы. Если наружный диаметр всасывающей трубы более 22 мм, а на месте монтажа термокармана течет жидкий хладагент или смазочное масло, может существовать большая разница температур между верхней и нижней сторонами горизонтальной трубы, поэтому термокарман должен быть установлен в пределах 45° (как правило, 30°) под горизонтальной осью всасывающей трубы, как показано на рисунке 4-1-10. Во избежание воздействия внешней температуры термокарман необходимо перевязать после намотки водонепроницаемым теплоизоляционным материалом.

Ⅱ) Место монтажа термокармана

Термокарман устанавливается на выходе испарителя и на участке всасывающей трубы компрессора, по мере возможности следует выбирать горизонтальный участок трубы для монтажа и избегать мест, где может накапливаться жидкость или масло, как показано на рисунке 4-1-11. Для предотвращения накопления жидкости в горизонтальной трубе и ошибочного срабатывания расширительного клапана необходимо поднять всасывающую трубу на выходе испарителя, следует предусмотреть изгиб для хранения жидкости на месте подъема, в противном случае прийдется установить термокарман на вертикальной трубе. При использовании теплового расширительного клапана с внешней балансировкой наружная уравнительная труба обычно подключается к выходу испарителя и всасывающей трубе компрессора, расположенной за термокарманом, соединительное отверстие должно находиться в верхней части всасывающей трубы во избежание засорения смазочным маслом. И конечно, для подавления колебаний в работе системы охлаждения также можно подключить наружную уравнительную трубу в участке испарительной трубы с большим перепадом давления.

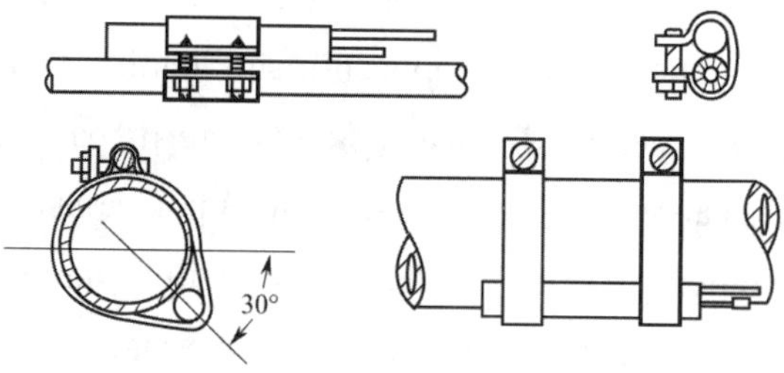

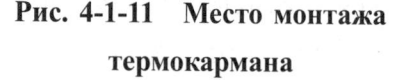

Рис. 4-1-10 Метод монтажа термокармана

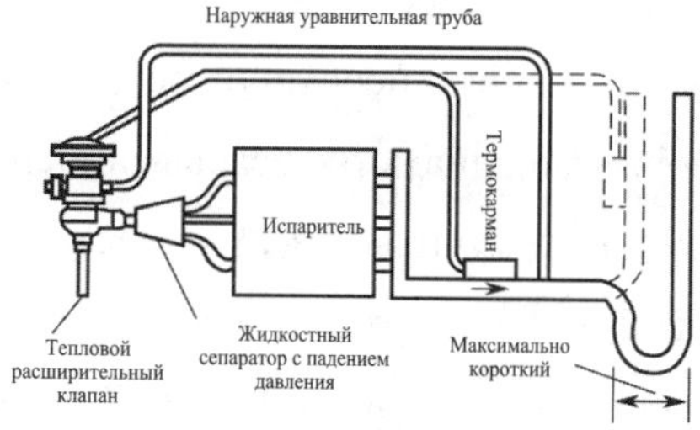

Рис. 4-1-11 Место монтажа термокармана

4. Электронный расширительный клапан

Система охлаждения с бесступенчатым переменным объемом обладает широким диапазоном регулирования объема подачи жидкости и требует быстрого реагирования на регулирование. Традиционные дроссельные устройства (такие как терморасширительные клапаны) почти не удовлетворяют данные требования, в то время как электронные расширительные клапаны отлично справляются с этой задачей. Электронный расширительный клапан использует электрические сигналы, полученные на основе регулируемых параметров, для управления напряжением или током, подаваемым на расширительный клапан, осуществляя тем самым регулирование объема подачи жидкости.

В зависимости от способа привода существует два типа электронных расширительных клапанов: электромагнитный и электрический.

1) Электромагнитный электронный расширительный клапан

Конструкция электромагнитного электронного расширительного клапана изображена на рисунке 4-1-12 (a). Данный клапан опирается на игольчатый клапан с магнитным приводом электромагнитной катушки. Перед подачей тока на электромагнитную катушку игольчатый клапан находится в полностью открытом положении, а после подачи тока — под действием магнитного поля степень открытия игольчатого клапана уменьшается в зависимости от контрольного напряжения, подаваемого на электромагнитную катушку, то есть чем выше напряжение, тем меньше степень открытия (на рисунке 4-1-12 (b) показано изменение степени открытия игольчатого клапана в зависимости от контрольного напряжения), и тем меньше расход хладагента, протекающего через расширительный клапан.

Электромагнитный электронный расширительный клапан характеризуется простой конструкцией и быстрым реагированием, но при работе системы охлаждения, он нуждается в постоянной подаче контрольного напряжения.

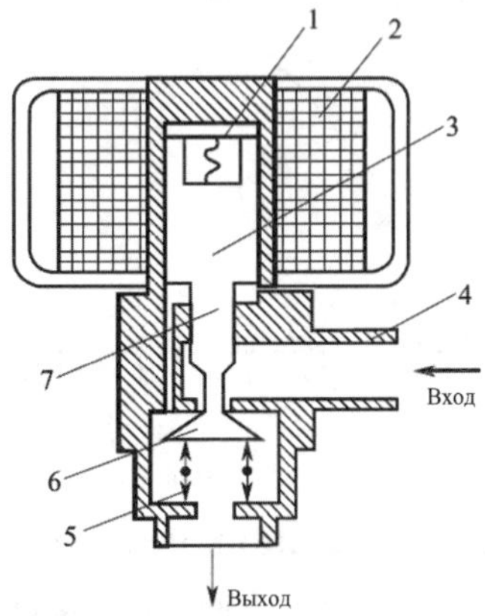

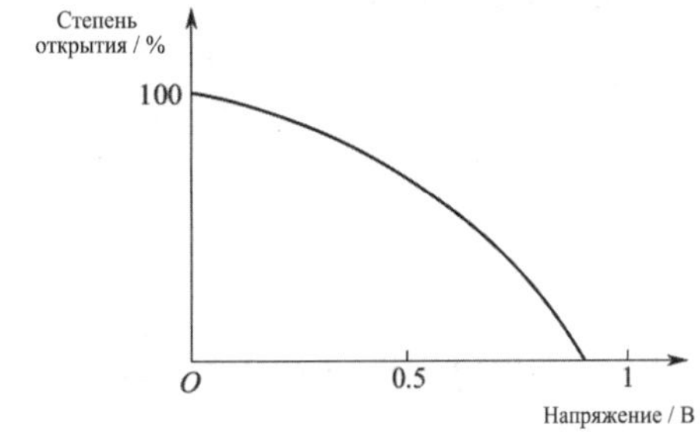

Рис. 4-1-12 Электромагнитный электронный расширительный клапан

(a) Структурная схема (b) Схема связи между степенью открытия и напряжением

1—пружина плунжера; 2—катушка; 3—плунжер; 4—седло; 5—пружина; 6—игольчатый клапан; 7—шток

2) Электрический электронный расширительный клапан

Электрические электронные расширительные клапаны опираются на игольчатый клапан с электроприводом и делятся на два типа: прямой и редукционный.

Ⅰ. Прямой тип

Конструкция электрического электронного расширительного клапана прямого типа показана на рисунке 4-1-13 (a). Данный расширительный клапан непосредственно приводит в движение игольчатый клапан с помощью импульсного шагового двигателя. Когда импульсное напряжение от контрольной цепи воздействует на каждую фазную катушку статора двигателя в соответствии с определенным логическим соотношением, ротор двигателя, изготовленный из постоянных магнитов, под действием магнитного момента совершает вращательное движение, которое передается по винтовой нарезке, чтобы поднять или опустить игольчатый клапан для регулирования в нем расхода. Рабочие характеристики электрического электронного расширительного клапана прямого типа приведены на рисунке 4-1-13 (b).

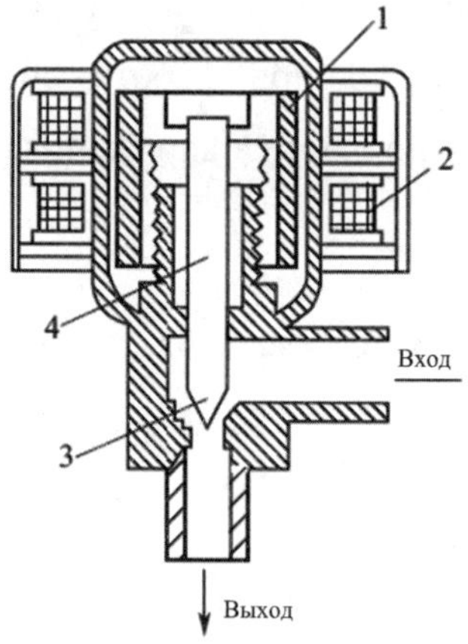

(a)

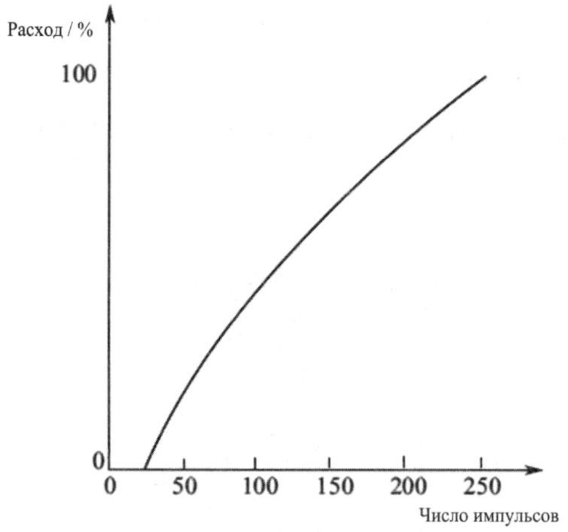

(b)

Рис. 4-1-13 Прямой электронный расширительный клапан

(a) Структурная схема (b) Схема связи между расходом и числом импульсов

1—ротор; 2—катушка; 3—игольчатый клапан; 4—шток

Момент, с помощью которого электрический электронный расширительный клапан прямого типа приводит в движение игольчатый клапан, непосредственно происходит от магнитного момента катушки статора, но этот момент ограничивается размером двигателя и является небольшим.

Ⅱ. Редукционный тип

Конструкция электрического электронного расширительного клапана редукционного типа показана на рисунке 4-1-14 (a). Внутри данного расширительного клапана установлен редуктор. Шаговый двигатель передает свой магнитный момент игольчатому клапану через редуктор. Блок редуктора может увеличивать магнитный момент, что позволяет этому шаговому двигателю легко сочетаться с корпусами клапанов различных габаритов, удовлетворяя тем самым потребности в различных диапазонах регулирования. Рабочие характеристики электрического электронного расширительного клапана редукционного типа с диаметром дроссельного клапана 1, 6 мм приведены на рисунке 4-1-14 (b).

Регулирование степени перегрева хладагента на выходе испарителя осуществляется с помощью электронного расширительного клапана. Сигналы о степени перегрева могут быть собраны через датчики температуры и давления, установленные на выходе испарителя (иногда для сбора данных о температуре испарения используется датчик температуры, установленный посередине

испарителя). Регулирование степени открытия расширительного клапана осуществляется с помощью обратной связи. Также может быть применено комбинированное регулирование с передней и обратной связью для устранения задержки в контроле степени перегрева, вызванной теплоемкостью стенок трубы и датчика испарителя. Это позволяет улучшить качество регулирования системы и поддерживать степень перегрева в рамках широкого диапазона температур испарения. Помимо управления степенью перегрева хладагента на выходе испарителя, электронный расширительный клапан также может выполнять другие функции в соответствии с заданными программами управления, такие как размораживание теплового насосного агрегата, контроль температуры выхлопа компрессора и др. Кроме того, электронный расширительный клапан может регулировать рабочий процесс в зависимости от уровня хладагента, поэтому он может использоваться не только в сухих, но и в жидкостных испарителях.

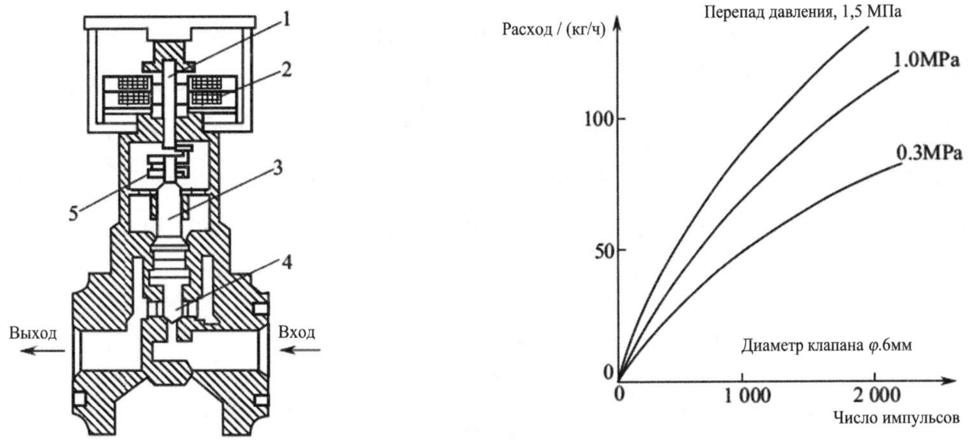

Рис. 4-1-14 Электронный расширительный клапан редукционного типа

(a) Структурная схема (b) Схема связи между расходом и числом импульсов

1—ротор; 2—катушка; 3—шток; 4—игольчатый клапан; 5—блок редуктора

5. Капиллярная трубка

С появлением закрытых холодильных компрессоров и фреоновых хладагентов на замену расширительным клапанам пришли узкие медные трубки с диаметром от 0, 7-2, 5 мм и длиной 0, 6-6 м, которые используются в качстве элемента для управления расходом в циркуляционном охлаждении, дросселировании и снижении давления. Эти трубки называются капиллярными

или редукционными расширительными трубками. Капиллярные трубки нашли широкое применение в малогабаритных холодильных устройствах закрытого типа, таких как бытовые холодильники, осушители воздуха и кондиционеры для помещений. Конечно же, их также применяют в более крупных холодильных агрегатах.

1) Принцип работы капиллярной трубки

Принцип работы капиллярной трубки основан на том, что «жидкость проходят через них легче, чем газ». Когда жидкий хладагент с определенной температурой входит в капиллярную трубку, давление и температура вдоль длины трубки изменяется, как показано на рисунке 4-1-15. На рисунке отрезок 1 → 2 представляет собой участок жидкой фазы, где перепад давления невелик и происходит линейное изменение, при этом температура хладагента на этом отрезке является постоянной. Когда хладагент достигает точки 2, то есть давление снижается до соответствующего давления насыщения, в трубке начинают появляться пузырьки до тех пор, пока не будет достигнут конец капиллярной трубки, где хладагент переходит из однофазной жидкости в двухфазное состояние, состоящее из газа и жидкости, с температурой, соответствующей температуре насыщения под данным давлением. Поскольку процент насыщенного газа на этом отрезке увеличивается постепенно и перепад давления меняется нелинейно, чем ближе к концу капиллярной трубки, тем больше падение давления на единицу длины.

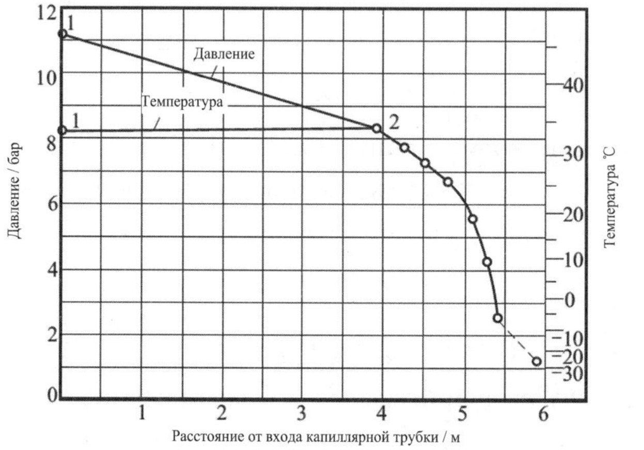

Рис. 4-1-15 Изменение давления и температуры в капиллярной трубке

Пропускная способность капиллярной трубки главным образом зависит от

состояния хладагента на входе капиллярной трубки (давление p1 и температура t_1) и геометрических размеров капиллярной трубки (длина L и внутренний диаметр di) . Однако давление испарения p_0 в обычных рабочих условиях оказывает небольшое воздействие на пропускную способность. Это происходит потому, что в процессе движения газа через капиллярную трубку постоянного течения возникает явление критического течения. Если обратное давление на выходе капиллярной трубки (то есть давление испарения p_0) соответствует критическому давлению p_{cr}, то есть $p_0 = p_{cr} = p_2$, то максимальный расход капиллярной трубки достигает максимального значения. Когда обратное давление на выходе капиллярной трубки (то есть давление испарения p_0) ниже критического давления p_{cr}, давление в сечении выхода капиллярной трубки p_2 соответствует критическому давлению pcr, и дальнейшее снижение давления происходит вне капиллярной трубки, а за счет сохранения неизменного расхода капиллярной трубки. Только когда обратное давление на выходе капиллярной трубки (то есть давление испарения p_0) выше критического давления p_{cr}, давление в сечении выхода капиллярной трубки p_2 становится равным давлению испарения p_0, а расход капиллярной трубки увеличивается с уменьшением давления на выходе.

2) Определение размеров капиллярной трубки

При проектировании системы охлаждения необходимо определить размеры капиллярной трубки в соответствии с массовым расходом хладагента Mr и состоянием хладагента на входе капиллярной трубки (давление p1 и степень переохлаждения Δt) . Поскольку существует множество факторов, влияющих на расход капиллярной трубки, для предварительного выбора ее размеров обычно используются расчетные диаграммы, созданные на основе большого количества теоретических данных и результатов испытаний. Затем путем эксплуатационного испытания устройства корректируются размеры капиллярной трубки до достижения оптимальных значений.

Сначала в соответствии с состоянием хладагента на входе капиллярной трубки (давление p_1 или температура конденсации t_k, степень переохлаждения Δt) определяется расход стандартной капиллярной трубки M_a с использованием рисунка 4-1-16, затем с помощью формулы (4-1-3) вычисляется относительный коэффициент расхода ψ, на основе которого предварительно определяется

длина и внутренний диаметр капиллярной трубки (рисунок 4-1-17). Конечно, также можно определить предварительное значение расхода капиллярной трубки на основе ее заданных размеров.

$$\psi = \frac{M_r}{M_a} \tag{4-1-3}$$

Кроме того, геометрические размеры капиллярной трубки определяют пропускную способность. По мере увеличения длины или уменьшения внутреннего диаметра снижается пропускная способность. Согласно данным соответствующих испытаний, при одинаковых рабочих условиях и одинаковом расходе длина капиллярной трубки прямо пропорциональна 4, 6-ой степени ее внутреннего диаметра, то есть:

$$\frac{L_1}{L_2} = \left(\frac{d_{i1}}{d_{i2}}\right)^{4.6} \tag{4-1-4}$$

Другими словами, если внутренний диаметр капиллярной трубки превышает номинальный размер более чем на 5%, то его первоначальная длина должна быть увеличена в 1, 25 раз, чтобы сохранить пропускную способность неизменной. Поэтому отклонение внутреннего диаметра капиллярной трубки оказывает существенное влияние на ее пропускную способность.

Капиллярная трубка имеет такие преимущества, как простая конструкция, отсутствие подвижных частей и низкая стоимость. При использовании система не требует установки ресивера жидкости, объем заправки хладагента небольшой, и давление в конденсаторе и испарителе быстро и автоматически достигает баланса после остановки компрессора, что снижает стартовую нагрузку электродвигателя.

Основными недостатками капиллярной трубки являются плохие регулировочные характеристики и невозможность произвольного изменения объема подачи жидкости в зависимости от изменения режима работы. Поэтому она подходит для использования в условиях небольшого диапазона изменения температуры испарения и относительно стабильной нагрузки.

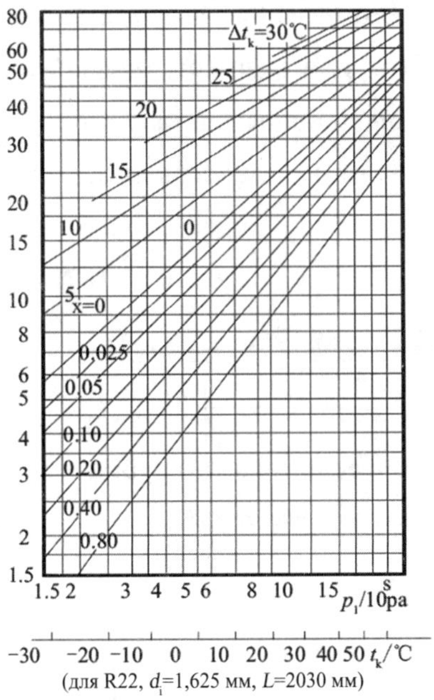

Рис. 4-1-16 Схема зависимости коэффициента относительного расхода капиллярной трубки от состояния входа

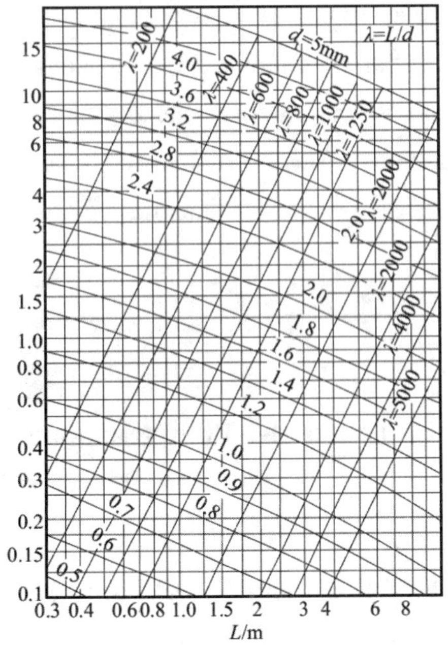

Рис. 4-1-17 Схема зависимости коэффициента относительного расхода капиллярной трубки φ от геометрических размеров

VI. Дроссельный патрубок

Дроссельный патрубок является дроссельным устройством с дроссельным отверстием фиксированного сечения, которое используется отчасти в автомобильных кондиционерах и реже в водоохладительных и тепловых насосных агрегатах. Например, в автомобильных кондиционерах дроссельный патрубок обычно представляет собой участок медной трубы с отношением длины к диаметру в пределах 3-20. Этот участок трубы устанавливается внутри пластиковой оболочки, на которой предусматривается одно или два О-образных уплотнительных кольца. Снаружи медной трубы находится фильтровальная сетка. Хладагент, поступающий от конденсатора, изолируется О-образными уплотнительными кольцами и может пройти только через узкое дроссельное отверстие перед входом в испаритель. Фильтровальная сетка предотвращает попадание примесей в медную трубу. Ее конструкция показана на рисунке 4-1-18. Для систем охлаждения, использующих дроссельный патрубок, необходимо установить газожидкостный сепаратор за испарителем, чтобы предотвратить влажное сжатие компрессора. Основными преимуществами дроссельного

патрубка являются низкая стоимость, простота изготовления, высокая надежность и легкость установки. Он позволяет упразднить термокарман, добавленный с целью определения величины нагрузки холодопроизводства, в системе теплового расширительного клапана. Кроме того, дроссельный патрубок обладает отличной взаимозаменяемостью и саморегулирующей способностью.

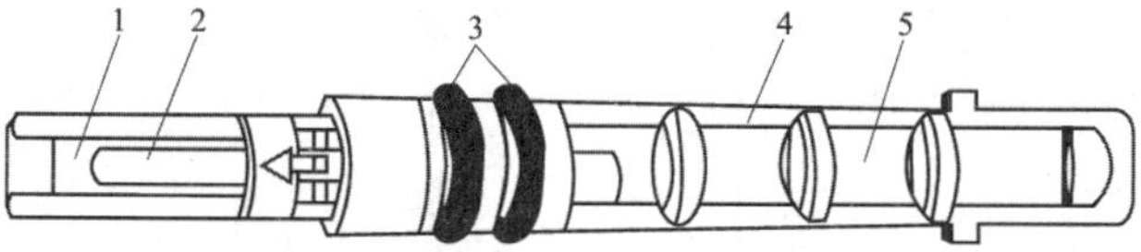

Рис. 4-1-18 Схема конструкции дроссельного патрубка

1—фильтровальная сетка на выходе; 2—дроссельное отверстие;
3—О-образное уплотнительное кольцо; 4—пластиковая оболочка; 5—фильтровальная сетка на входе

【Выполнение задачи】

Задача выполняется путем завершения отчета в соответствии с формулировкой и задачей проекта, см. таблицу 4-1-2 и 4-1-3.

Табл. 4-1-2 Задача проекта

Название задачи	Знакомство с дроссельными устройствами		
Члены группы			
Инструктор-преподаватель		Планируемое время	
Срок реализации		Место реализации	
Содержание и цель задачи			
1. Освоить типы дроссельных устройств. 2. Освоить конструкцию, монтаж и принцип работы дроссельных устройств			
Пункты аттестации	1. Типы и назначение дроссельных устройств. 2. Классификация тепловых расширительных клапанов. 3. Классификация электронных расширительных клапанов		
Примечание			

Табл. 4-1-3 Отчет о выполнении задачи проекта

Название задачи	Знакомство с дроссельными устройствами		
Члены группы			
Конкретное разделение труда			
Планируемое время		Фактическое время реализации	
Примечание			

1. Какие дроссельные устройства чаще всего используются？ Опишите подробнее их функции.

2. Как классифицируются тепловые расширительные клапаны？ Что включает в себя данная классификация？

3. Кратко опишите классификацию электронных расширительных клапанов. Подробно опишите их функции.

【Оценка задачи】

Оценка задачи осуществляется по форме комплексной оценки задачи проекта, приведенной в таблице 4-1-4.

Табл. 4-1-4 Форма комплексной оценки задачи проекта

Название задачи: Время оценки: Год месяц день

Детали оценки		Стандартный балл	Полученный балл								
			Члены группы								
			Самооценка группы	Взаимная оценка между группами	Оценка преподавателя	Самооценка группы	Взаимная оценка между группами	Оценка преподавателя	Самооценка группы	Взаимная оценка между группами	Оценка преподавателя
Группа (60 баллов)	Может ли группа понять цели и прогресс обучения в целом	10									
	Существует ли четкое разделение труда между членами группы	10									
	Есть ли у группы сознание сотрудничества	10									
	Есть ли у группы инновационные идеи (методы)	10									
	Добросовестно ли группа заполнила отчет о завершении задачи	10									
	Есть ли у группы проблемы и пути их решения	10									

Детали оценки		Стандартный балл	Полученный балл								
			Члены группы								
			Самооценка группы	Взаимная оценка между группами	Оценка преподавателя	Самооценка группы	Взаимная оценка между группами	Оценка преподавателя	Самооценка группы	Взаимная оценка между группами	Оценка преподавателя
Отдельное лицо (40 баллов)	Подчиняется ли отдельное лицо постановке работы группы	10									
	Выполняет ли отдельное лицо задачи, поставленные группой	10									
	Может ли отдельное лицо своевременно общаться с членами группы	10									
	Может ли отдельное лицо тщательно описать трудности, ошибки и изменения	10									
Всего		100									

【Закрепление знаний】

1. Задание на заполнение пробелов

(1) Одним из четырех основных компонентов системы охлаждения считается _________.

(2) Существуют такие дроссельные устройства, как _________, _________, _________, _________, _________, _________.

(3) В зависимости от способа балансировки расширительных клапанов, они делятся на _________ и _________.

2. Вопросы с кратким ответом

(1) В чем заключается разница между поплавковым расширительным клапаном прямого и непрямого действия ?

(2) Какие способы заполнения тепловых расширительных клапанов

существуют ?

Задача Ⅱ Знакомство с клапанами

【Подготовка к задаче】

Клапаны являются трубопроводной арматурой, предназначенной для открытия и закрытия трубопровода, управления направлением потока и регулирования параметров транспортируемой среды (температуры, давления и расхода). По функциональности клапаны делятся на запорные клапаны, обратные клапаны, регулирующие клапаны и др. В данной задаче главным образом рассматриваются типичные контрольные клапаны в системах охлаждения, включая клапаны регулирования давления хладагента, переключатель давления, переключатель температуры и электромагнитные клапаны.

1. Клапан регулирования давления хладагента

Клапаны регулирования давления хладагента главным образом включают в себя клапаны регулирования давления испарения, всасывания и конденсации.

1) Клапан регулирования давления испарения

При изменении внешней нагрузки изменяется объем подачи жидкости в системе, что влечет за собой колебания давления, которые влияют не только на точность термоконтроля охлаждаемого объекта, но и на стабильность системы. Клапан регулирования давления испарения обычно устанавливается на выходе испарителя и автоматически регулирует степень своего открытия в зависимости от давления испарения. Это позволяет контролировать расход хладагента, вытекающего из испарителя, и поддерживать постоянное давление испарения.

Клапаны регулирования давления испарения делятся на два типа: прямой и контрольный.

Клапан регулирования давления испарения прямого типа является пропорциональным клапаном, контролируемым давлением на входе клапана, как показано на рисунке 4-2-1. Открытие клапана пропорционально разнице

между значением давления испарения и значением давления срабатывания главной пружины. Эффективная площадь балансного сильфона соответствует площади седла клапана, а ход пластины клапана не зависит от выходного давления. Когда давление испарения превышает заданное давление главной пружины, открывается клапан, увеличивается расход хладагента и снижается давление испарения. Когда давление испарения меньше заданного давления главной пружины, постепенно закрывается клапан, уменьшается расход хладагента и повышается давление испарения. Таким образом осуществляется процесс регулирования и контроля давления испарения. Чтобы избежать колебаний в системе охлаждения, клапан регулирования давления испарения оснащен демпфирующим устройством, которое обеспечивает длительный срок службы регулятора без снижения точности регулирования.

Клапан регулирования давления испарения контрольного типа использует комбинацию управляющего клапана постоянного давления (контрольного клапана) и главного клапана для регулирования давления испарения. Как правило, он применяется в системах охлаждения, где требуется точное регулирование давления испарения, как показано на рисунке 4-2-2. Где A — отверстие управляющего клапана, p_e — давление испарения, pc — давление, поступающее со стороны системы высокого давления, p_1 и p_3 — силы пружины. Давление испарения устанавливается путем регулирования давления пружины p_1, чтобы оно было сбалансировано с давлением испарения p_e. Когда снижается давление испарения p_e, давление пружины p_1 становится выше давления испарения p_e, что приводит к уменьшению пропускного отверстия управляющего клапана. Это, в свою очередь, вызывает повышение давления p_c в верхней части поршня главного клапана. Главный клапан закрывается при $p_c > p_3$, что приводит к повышению давления в испарителе. Напротив, когда давление испарителя $p_e > p_1$, пропускное отверстие управляющего клапана широко открывается, и давление p_c сбрасывается через A, после чего снижается давление в верхней части поршня главного клапана, затем под действием p_3 открывается главный клапан, что приводит к снижению давления в испарителе. Этот динамический процесс управляет степенью открытия главного клапана и осуществляет контроль над расходом хладагента, чтобы давление испарения оставалось близким к заданному значению.

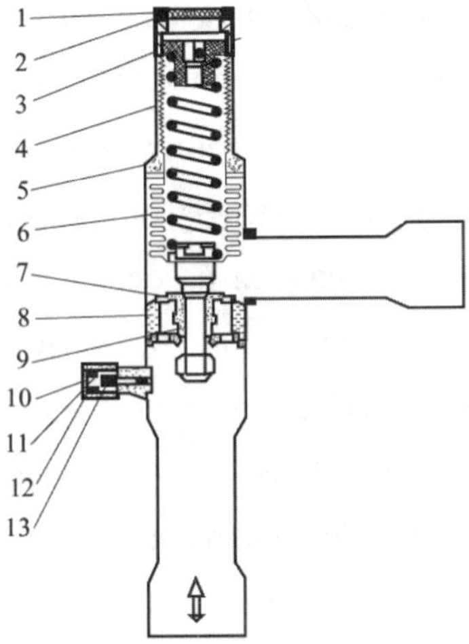

Рис. 4-2-1 Клапан регулирования давления испарения прямого типа

1—уплотнительная крышка; 2—прокладка; 3- регулировочная гайка; 4—главная пружина; 5—корпус клапана; 6—балансный сильфон; 7—пластина; 8- седло; 9—демпфирующее устройство; 10—штуцер манометра; 11—колпачок; 12—прокладка; 13—вставка

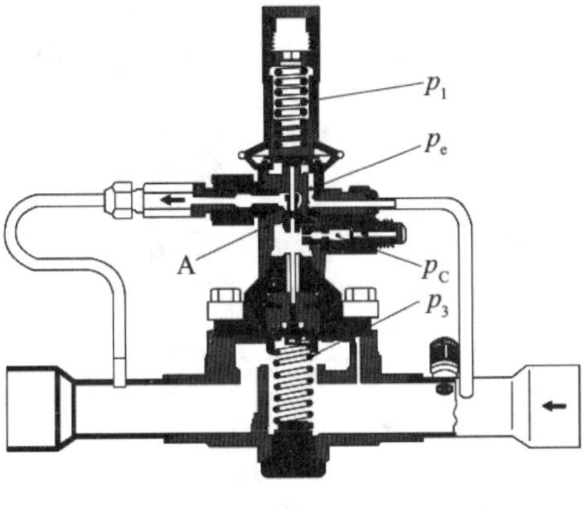

Рис. 4-2-2 Клапан регулирования давления испарения контрольного типа

2) Клапан регулирования давления всасывания компрессора

Слишком высокое давление всасывания компрессора может вызвать чрезмерную нагрузку на электродвигатель, а в серьезных случаях — к его перегоранию. В частности при запуске после длительного простоя или после окончания размораживания испарителя перед возвратом к нормальному режиму охлаждения наблюдается очень высокое давление всасывания. Поэтому на всасывающем трубопроводе компрессора можно установить клапан регулирования давления, также называемый клапаном регулирования давления в картере коленчатого вала, чтобы предотвратить поломку электродвигателя из-за слишком высокого давления всасывания и защитить компрессор.

Клапаны регулирования давления всасывания также делятся на два типа: прямого действия и регулирующего типа. На рисунке 4-2-3 показан клапан прямого действия регулирования давления всасывания. Принцип его работы аналогичен принципу работы клапана регулирования давления пара. Управление ходом пластины клапана осуществляется на основе разницы между установленным значением давления главной пружины и значением давления всасывания, действующего на нижнюю часть пластины клапана, и не зависит от входного давления. Когда давление всасывания выше установленного значения, степень открытия пластины клапана уменьшается; когда давление всасывания ниже установленного значения, степень открытия пластины клапана увеличивается. Прямой клапан регулирования давления всасывания также является пропорциональным регулирующим клапаном с определенной зоной пропорциональности. Например, зона пропорциональности клапана регулирования давления всасывания типа KVL составляет 0, 15 МПа, что означает, когда давление всасывания ниже установленного значения давления и находится в пределах 0, 15 МПа, степень открытия клапана прямо пропорциональна его перепаду давления.

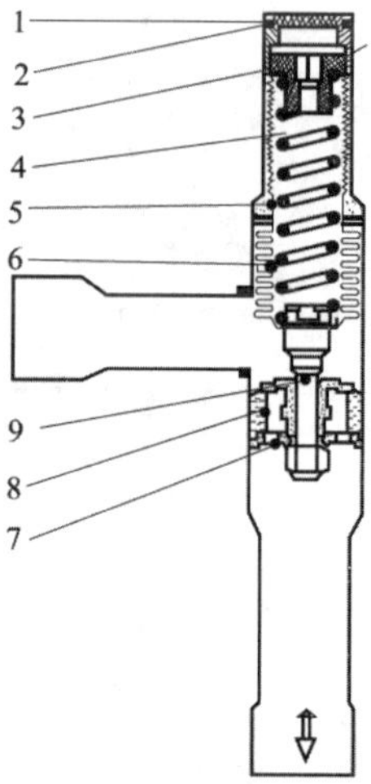

Рис. 4-2-3 Прямой клапан регулирования давления всасывания компрессора

1—уплотнительная крышка; 2—прокладка; 3—регулировочная гайка; 4—главная пружина; 5—корпус клапана; 6—уравнительный сильфон; 7—пластина; 8—седло; 9—демпфирующее устройство

Данный тип клапана регулирования давления всасывания обычно используется в низкотемпературной системе охлаждения. При его использовании необходимо обратить внимание на размер штуцера, который не должен быть слишком маленьким во избежание шума, вызванного слишком быстрым

потоком воздуха на входе. Для среднего и крупного холодильного оборудования, как правило, применяется клапан регулирующего типа.

3) Клапан регулирования давления конденсации

Когда изменяется нагрузка, изменение температуры и расхода охлаждающей среды вызывает изменение давления конденсации. Повышение давления конденсации приводит к увеличению процента давления всасывания/выхлопа компрессора, увеличению мощности компрессора, уменьшению холодопроизводительности и снижению КПД системы. Чрезмерное снижение давления конденсации может привести к недостатку мощности подачи жидкости в расширительном клапане, что вызывает уменьшение холодопроизводительности, затруднение возврата масла в систему и другие проблемы. Поэтому необходимо регулировать давление конденсации системы. Существуют различные способы регулирования давления конденсации в зависимости от типа конденсатора.

Конденсатор воздушного охлаждения, как правило, регулируется с помощью регулятора давления конденсации, в частности подходит для систем воздушного охлаждения, работающих круглогодично. Его принцип заключается в изменении полезной площади теплопередачи конденсатора для изменения его теплопередающей способности и, следовательно, давления конденсации, что представляет собой эффективный метод регулирования. Клапан регулирования давления конденсации состоит из регулирующего клапана высокого давления, установленного на выходной трубе для жидкости конденсатора, и клапана регулирования перепада давления, установленного мостовым соединением между выходом компрессора и ресивером жидкости высокого давления. Регулирующий клапан высокого давления является пропорциональным регулирующим клапаном, управляемый входным давлением. Степень открытия клапана регулируется в зависимости от разницы между входным давлением и заданным давлением конденсации. Клапан регулирования перепада давления является регулирующим клапаном, управляемым разницей давления между передней и задней частью клапана (сумма перепадов давлений конденсатора и регулирующего клапана высокого давления), и его степень открытия изменяется синхронно с изменением перепада давления. Когда перепад давления снижается до заданного значения, клапан закрывается. Когда давление конденсации слишком низкое, регулирующий клапан высокого давления закрывается, и хладагент, выпускаемый из компрессора, конденсируется в

конденсаторе. После чего сокращается полезная площадь теплопередачи конденсатора и постепенно увеличивается давление, затем создается разница давлений перед и после клапаном регулирования перепада давления и открывается клапан. Выхлопной газ компрессора непосредственно поступает в верхнюю часть ресивера жидкости, повышая в нем давление, чтобы обеспечить стабильность давления перед расширительным клапаном. Когда постепенно увеличивается давление конденсации, регулирующий клапан высокого давления постепенно открывается, а клапан регулирования перепада давления постепенно закрывается из-за постепенного уменьшения разницы давлений. Когда температура повышается настолько, что система может нормально работать при давлении конденсации выше заданного, полностью открывается регулирующий клапан высокого давления и полностью закрывается клапан регулирования перепада давления, и хладагент следует по нормальному пути циркуляции.

На рисунках с 4-2-4 по 4-2-6 показаны конструкции регулирующего клапана высокого давления, клапана регулирования перепада давления и место размещения клапана регулирования давления конденсации в системе охлаждения.

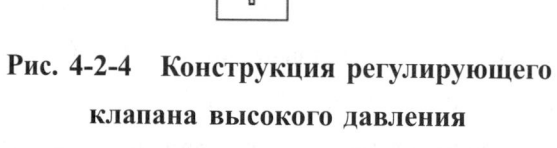

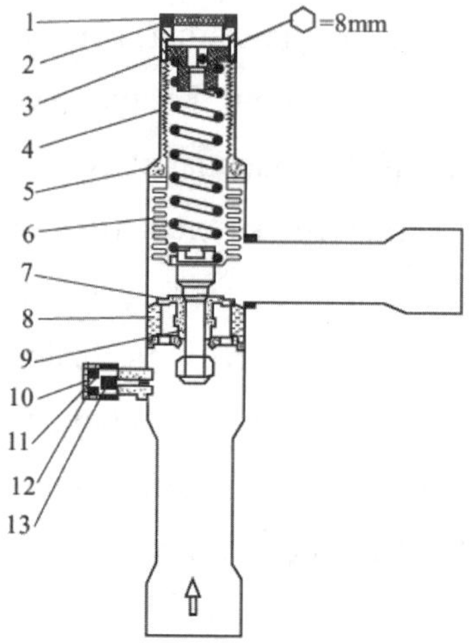

Рис. 4-2-4 Конструкция регулирующего клапана высокого давления

1—уплотнительная крышка; 2—прокладка; 3—регулировочная гайка; 4—главная пружина; 5—корпус клапана; 6—уравнительный сильфон; 7—пластина клапана; 8—седло клапана; 9—демпфирующее устройство; 10—штуцер манометра; 11—самозакрывающийся клапан

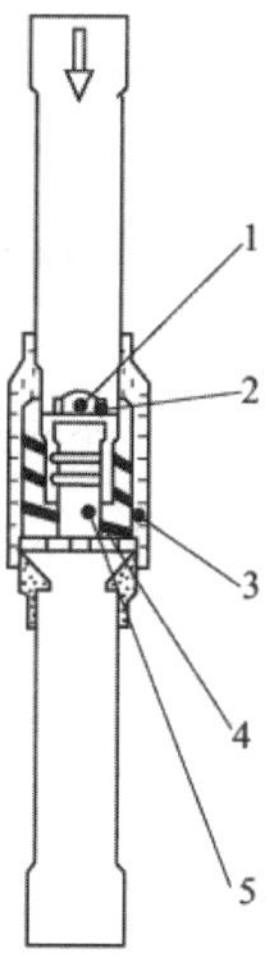

Рис. 4-2-5 Конструкция клапана регулирования перепада давления

1—поршень; 2—пластина клапана; 3—направляющая поршня; 4—корпус клапана; 5—пружина

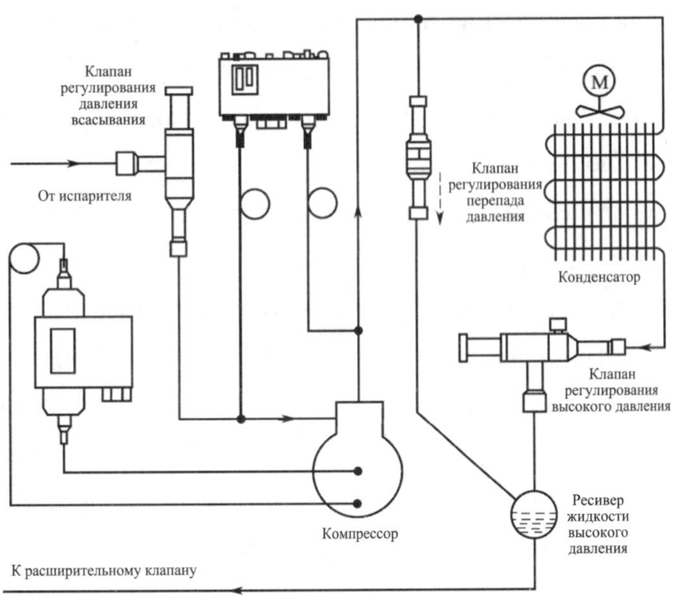

Рис. 4-2-6 Система охлаждения с использованием клапана регулирования давления конденсата (локально)

Как правило, водяной конденсатор регулирует давление конденсации путем регулирования расхода охлаждающей воды. Клапан регулирования расхода воды устанавливается на трубе охлаждающей воды. Степень его открытия изменяется в зависимости от изменения давления конденсации, что позволяет отрегулировать его. В зависимости от параметров клапаны регулирования расхода воды делятся на два типа: с управлением по давлению и управлением по температуре.

Клапан регулирования давления воды с управлением по давлению использует давление конденсации в качестве сигнала для пропорционального регулирования расхода охлаждающей воды. Чем выше давление конденсации, тем больше степень открытия клапана, и чем ниже давление конденсации, тем меньше степень открытия клапана. Когда давление конденсации опускается ниже давления открытия клапана. Когда давление конденсации падает ниже давления открытия клапана, клапан автоматически закрывается и прекращает подачу охлаждающей воды. После этого быстро поднимается давление конденсации, и когда оно становится выше давления открытия клапана, клапан снова автоматически открывается. Принцип работы клапана регулирования расхода воды с управлением по температуре такой же, как у клапана с управлением по давлению, однако он отличается тем, что использует

термоэлемент для определения изменения температуры на выходе охлаждающей воды. В термокармане сигнал температуры преобразуется в сигнал давления для регулирования расхода охлаждающей воды. Клапан регулирования расхода воды с управлением по температуре реагирует не медленнее, чем клапан с управлением по давлению, но характеризуются стабильной работой, простотой и удобством монтажа датчика.

Вышеупомянутые два типа клапанов регулирования расхода воды имеют две конструкции: прямого действия и регулирующего типа, первые обычно применяются в малых системах, а последние — в крупных системах охлаждения, чтобы уменьшить влияние колебаний давления охлаждающей воды на процесс регулирования. На рисунках 4-2-7 и 4-2-8 представлены клапаны прямого и регулируемого действия соответственно.

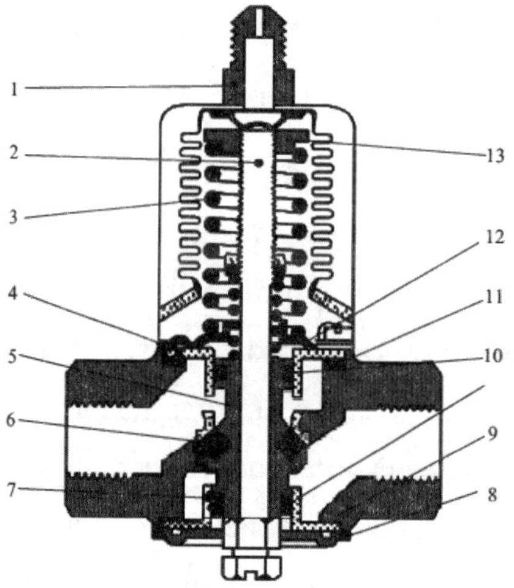

Рис. 4-2-7 Прямой клапан регулирования расхода воды

1—штуцер манометра;
2—регулировочный шток;
3—регулировочная пружина;
4—верхняя направляющая втулка;
5—конус клапана; 6—Т-образное кольцо;
7—нижняя направляющая втулка;
8—нижняя пластина; 9—шайба;
10—О-образное кольцо; 11—шайба;
12—верхняя пластина;
13—фиксатор пружины

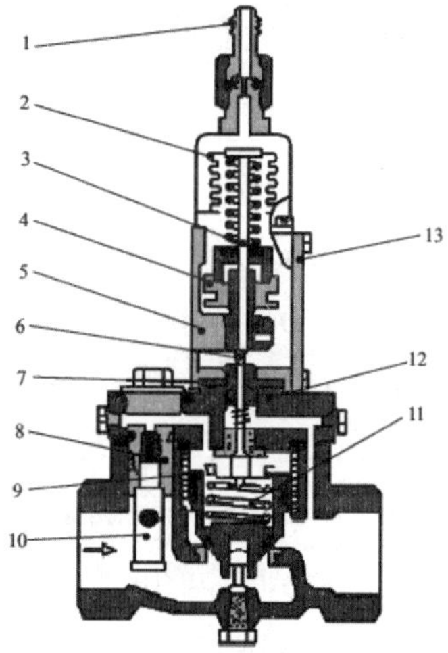

Рис. 4-2-8 Регулируемый клапан регулирования расхода воды

1—штуцер манометра; 2—сильфон; 3—толкатель;
4—регулировочная гайка с коническим пояском;
5—пружинная камера;
6—конический толкатель направляющего клапана;
7—изоляционная прокладка;
8—уравнительное пропускное отверстие;
9—сервопоршень; 10—узел фильтровальной сетки;
11—сервопружина; 12—крышка клапана;
13—торцевая крышка

2. Реле давления и температуры

1) Реле давления

Процесс работы холодильной системы представляет собой процесс динамического изменения давления: давление на выходе компрессора самое высокое, после дросселирования оно снижается и достигает наименьшего значения на входе во всасывающий трубопровод компрессора. Чтобы охлаждающее устройство функционировало в пределах своего рабочего диапазона давлений во избежание аварий, необходимо предусмотреть защиту давления. Для этого используется реле давления.

Реле давления является электрическим выключателем, управляемым сигналом давления. Когда давление всасывания/выхлопа изменяется и превышает нормальный рабочий диапазон давлений, отключается питание и принудительно останавливается компрессор для его защиты. Реле давления также называется контроллером давления. В зависимости от величины контрольного давления существуют реле низкого, высокого, низкого и высокого давления и др. Для компрессоров, в которых для принудительной подачи масла используется масляный насос, необходимо также предусмотреть реле перепада давления масла.

Ⅰ. Реле низкого давления

Если давление всасывания компрессора слишком низкое, это приведет не только к повышению мощности и снижению эффективности компрессора, но также к бессмысленному снижению температуры охлаждаемого продукта при замораживании или холодном хранении пищевых продуктов и повышению сухости пищевых продуктов, снижая их качество. Если отрицательное давление на стороне низкого давления очень серьезное, это может привести к проникновению воздуха и воды в систему охлаждения. Поэтому необходимо поддерживать давление всасывания компрессора на уровне выше безопасного значения.

Реле низкого давления предназначено для защиты давления всасывания компрессора. Когда давление опускается ниже минимального заданного значения, отключается питание для остановки компрессора и срабатывает сигнализация. Когда давление повышается до максимального заданного значения, подключается питание и снова запускается система. На рисунке 4-2-9 показана структурная схема реле низкого давления. Его принципиальная схема

приведена на рисунке 4-2-10. Когда давление в системе опускается ниже заданного значения, сильфон преодолевает усилие главной пружины и приводит в движение главную балку, которая перемещает микровыключатель, размыкая контакты 1 и 4 и замыкая контакты 1 и 2. Когда реле низкого давления находится в положении, показанном на рисунке 4-2-10 (a), отключается питание компрессора, после чего компрессор перестает работать. Когда давление в системе восстанавливается до нормального диапазона, реле низкого давления находится в состоянии, показанном на рисунке 4-2-10 (b), при котором замыкаются контакты 1 и 4 под током, включается питание и восстанавливается нормальная работа системы.

Реле давления, показанное на рисунке 4-2-9, имеет кнопку ручного сброса. После восстановления нормального давления контакты не возвращаются автоматически, чтобы защитить систему. Поэтому следует вручную нажать кнопку сброса после устранения неисправностей, чтобы контакты вернулись в нормальное положение. Существуют также реле давления, предназначенные для автоматического сброса, в этом случае сброс производится автоматически без ручного вмешательства. При фактическом использовании вы можете выбрать реле низкого давления с ручным или автоматическим сбросом, в зависимости от обстоятельств.

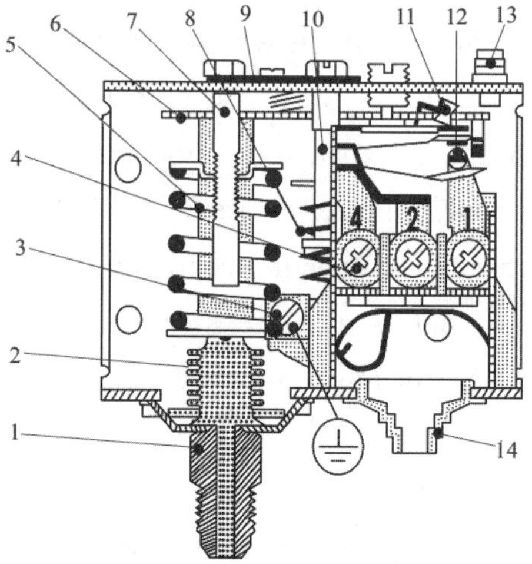

Рис. 4-2-9 Конструкция реле низкого давления

1—соединитель давления; 2—сильфон; 3—клемма заземления; 4—соединительная клемма; 5—главная пружина; 6—главная балка; 7—шток регулирования давления; 8—дифференциальная пружина; 9—неподвижный диск; 10—шток регулирования перепада давления; 11—окантовка; 12—поворотная кнопка; 13—кнопка сброса; 14—разъем провода

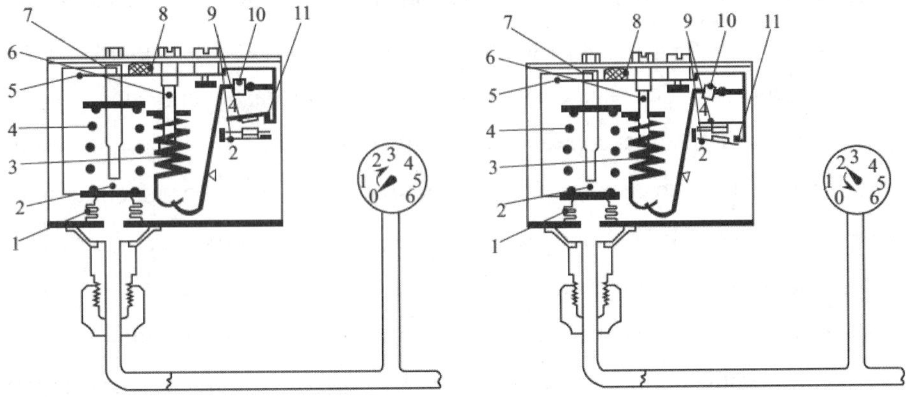

(a) (b)

Рис. 4-2-10 Принципиальная схема реле низкого давления

(a) Состояние защиты (b) Нормальное состояние

1—сильфон; 2—толкатель; 3—дифференциальная пружина; 4—главная пружина; 5—главная балка; 6—шток регулирования перепада давления; 7—шток регулирования низкого давления; 8—рычаг; 9—контактная система контактов; 10—окантовка; 11—опорная рама

В настоящее время все реле давления имеют индикацию установленного значения и амплитуды. Заданное значение реле давления может быть достигнуто путем изменения предварительного натяжения главной пружины с помощью штока регулирования давления, что позволяет регулировать в пределах заданного диапазона давлений в соответствии с потребностями. Амплитуду можно отрегулировать путем изменения предварительного натяжения дифференциальной пружины с помощью штока регулирования перепада давления, чтобы предотвратить частые переключения выключателя питания, когда контролируемое давление находится вблизи заданного значения.

Ⅱ. Реле высокого давления

Если при включенном компрессоре, клапан выхлопной трубы не открывается, заправка хладагента слишком велика, вентилятор конденсатора вышел из строя, или увеличено содержание неконденсирующихся газов. Это может привести к слишком высокому давлению выхлопных газов в системе, что является одной из наиболее опасных неисправностей в системе охлаждения. Слишком высокое давление выхлопа может привести к очень высокой температуре выхлопа компрессора, которая портит смазочнос масло и хладагент, а также может привести к возгоранию обмотки двигателя и

повреждению выхлопного клапана. Если давление выхлопа превышает предел, который может выдержать оборудование, может возникнуть взрыв, создающий угрозу безопасности. Реле высокого давления предназначено для управления давлением выхлопа компрессора, чтобы оно не превышало заданное безопасное значение. Если давление выхлопа компрессора превышает безопасное значение, реле высокого давления отключает питание компрессора для остановки его работы и подает сигнал тревоги.

Реле высокого и низкого давления схожи по конструкции и принципу работы, они немного отличаются друг от друга лишь в характеристиках сильфона и пружины, однако здесь не дается подробное описание. Следует отметить, что после отключения реле высокого давления, даже если давление вернется к нормальному диапазону, автоматическое включение питания компрессора не произойдет. Для этого необходимо произвести сброс вручную после устранения неисправностей.

Ⅲ. Реле низкого и высокого давления

Реле низкого и высокого давления, также именуемое выключателем двойного давления, представляет собой комбинацию реле низкого и высокого давления, как показано на рисунке 4-2-11. Оно состоит из части низкого, высокого давления и соединительной части, и предназначено для одновременного управления давлением всасывания и давлением выхлопа компрессора в системе охлаждения. Штуцеры низкого и высокого давления соединяются с выхлопной и всасывающей трубами компрессора соответственно. Соединитель давления после получения сигнала давления смещается, и под действием непосредственно толкателя и силы пружины приводится в движение микровыключатель, который управляет включением и отключением цепи. В таблице 4-2-1 приведены основные технические показатели некоторых реле низкого и высокого давления.

Ⅳ. Реле перепада давления масла

Для компрессоров, которые используют масляные насосы для принудительной подачи масла, недостаток давления масла может нарушить нормальную циркуляцию, и в серьезных случаях это может привести к сгоранию компрессора. Поэтому в данной системе устанавливается реле перепада давления масла для обеспечения защиты. Реле перепада давления масла представлено на рисунке 4-2-12. В случае неисправности системы

нормальная подача масла насосом станет невозможной, а если отсутствует или недостаточен перепад давления масла, защитное реле давления масла отключает питание компрессора и подает сигнал тревоги. Учитывая то, что перепад давления масла создается постепенно после запуска компрессора, действие по отключению компрессора из-за пониженного давления должно быть произведено с задержкой, чтобы разница давления масла перед запуском компрессора не влияла на его запуск. В этом и заключается разница между реле перепада давления масла и обычным реле давления.

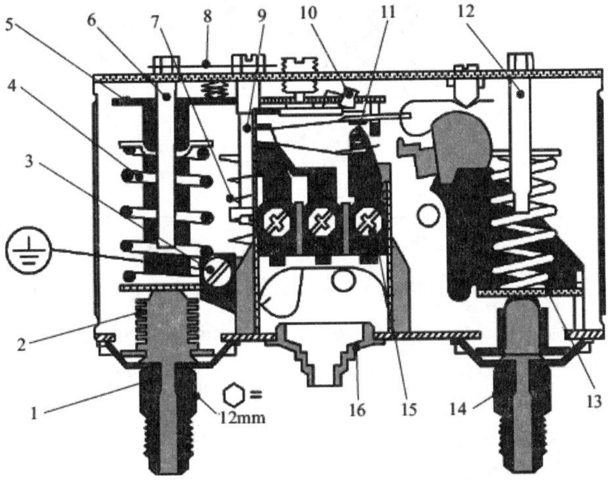

Рис. 4-2-11 Конструкция реле низкого и высокого давления

1—соединитель низкого давления; 2—сильфон; 3—клемма заземления; 4—главная пружина; 5—главная балка; 6—шток регулирования низкого давления; 7—дифференциальная пружина; 8—неподвижный диск; 9—шток регулирования перепада давления; 10—окантовка; 11—поворотная кнопка; 12—шток регулирования высокого давления; 13—опорная рама; 14—соединитель высокого давления; 15—соединительная клемма; 16—разъем провода

Табл. 4-2-1 Основные технические показатели нескольких реле низкого и высокого давления

Модель	Высокое давление / МПа		Низкое давление / МПа		Емкость контакта реле	Применимое рабочее вещество
	Диапазон давлений	Амплитуда	Диапазон давлений	Амплитуда		
KD155-S	0,6~1, 5	0,3 ± 0,1	0,07~0,35	0,05 ± 0,1	AC220/380, 300 V · A	R12
KD255-S	0,7~2,0			0,15 ± 0,1	DC115/230 V, 50 W	R22, R717
YK-306	0,6~3,0	0,2~0,5	0,07~0,6	0,06~0,2	DC115/230 V, 50 W	R12
YWK-11	0, 6~2, 0	0~0, 4	0,08~0, 4	0,025~0,1		
KP-15	0, 6~3, 2	0.4	0, 07~0, 75	0, 07~0, 4		R12, R22, R500

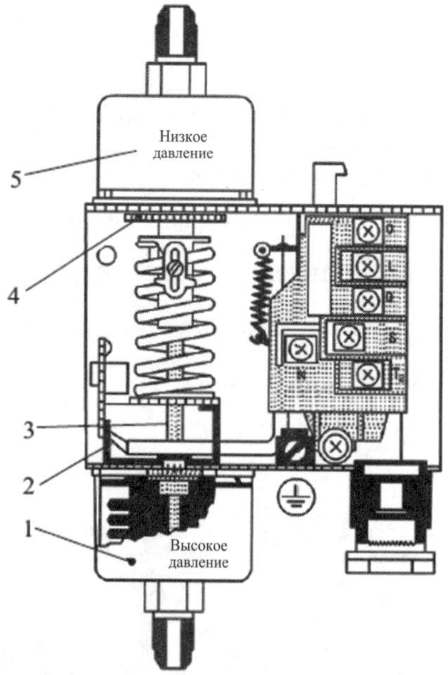

Рис. 4-2-12 Температурное реле давления масла

1—сильфон высокого давления; 2—рычаг; 3-толкатель; 4—главная пружина; 5—механизм установки перепада давления

2) Реле температуры

Реле температуры, известное так же как терморегулятор, является электрическим выключателем, управляемым по сигналу температуры, который используется для управления и регулирования температуры хранения в холодильниках, морозильниках и другом оборудовании, а также температуры в помещениях с использованием кондиционеров. Кроме того, оно также служит для защиты и контроля температуры в системах охлаждения, например, температуры выхлопа и температуры масла в компрессорах. В соответствии с принципом термочувствительности, типичные реле температуры в холодильных кондиционерах делятся на напорные, биметаллические, резистивные и электронные.

Ⅰ. Температурное реле давления

Температурное реле давления главным образом состоит из термоэлемента, капиллярной трубки, сильфона, главной пружины, амплитудной пружины, контактов и других компонентов. Термоэлемент, капиллярная трубка и сильфон образуют герметичный контейнер, который заполняется низкокипящей жидкостью. После того как термоэлемент определит температуру измеряемой

среды, залитая летучая жидкость преобразует сигнал температуры в сигнал давления, который передается через капиллярную трубку к сильфону, где происходит сравнение с заданным давлением, соответствующим предварительному натяжению пружины. В пределах заданного диапазона амплитуды происходит выдача электрического сигнала переключения, и через переключение контрольного выключателя осуществляется контроль над температурой.

На рисунке 4-2-13 представлен типичное температурное реле давления. В отличие от реле давления, которое непосредственно передает сигнал контролируемого давления на сильфон, температурное реле давления воспринимает контролируемую температуру через термоэлемент и преобразует сигнал температуры в сигнал давления, затем подает его на сильфон.

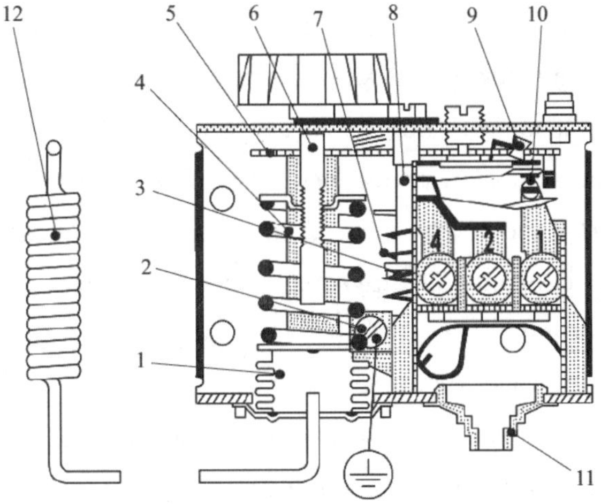

Рис. 4-2-13 Типичное температурное реле давления

1—сильфон; 2—клемма заземления; 3—клемма; 4 - главная пружина; 5—главная балка; 6—шток регулирования температуры; 7—дифференциальная пружина; 8—шток регулирования перепада температуры; 9—окантовка; 10—поражение электрическим током; 11—кабельный ввод; 12—термочувствительный зонд

При выборе температурного реле давления важно обратить внимание на то, соответствует ли он особенностям и требованиям объекта управления, и следует учесть диапазон регулируемой температуры, разность амплитуд, форму термокармана, а также емкость, способ контакта и другие электрические характеристики. При монтаже термокарман следует всегда размещать там, где температура ниже, чем у капиллярной трубки корпуса контроллера, чтобы обеспечить независимость регулирования от температуры окружающей среды.

Также необходимо учитывать связь между температурой окружающей среды термокармана и сильфона в соответствии со способом заполнения. Кроме того, можно объединить два реле температуры, которые управляют разными температурами, что называется реле двойной температуры, чтобы избежать слишком высокой температуры выхлопа компрессора и управлять температурой масла внутри компрессора.

Ⅱ. Биметаллическое реле температуры

Металлы обладают свойством расширяться при нагреве и сжиматься при охлаждении, а разные металлы имеют различные коэффициенты теплового расширения в зависимости от температуры. Биметаллическое реле температуры представляет собой двухслойную металлическую пластину, образованную путем сварки двух металлов с разными коэффициентами расширения. При нагреве создается изгиб из-за разницы в расширении, что приводит к срабатыванию электрического выключателя, реализуя тем самым контроль температуры. Как правило, применяется комбинация латуни и стали. Для обеспечения быстрого срабатывания реле, длина биметаллической пластины должна быть достаточно большой, если она слишком длинная, ее можно свернуть в форму спиральной пружины или спирали с целью обеспечения компактной конструкции.

Ⅲ. Резистивные и электронные реле температуры

Резистивное реле температуры работает на основе принципа изменения сопротивления металла при изменении температуры. Оно подключается в качестве датчика температуры к одному из плеч моста Уинстона для преобразования сигнала температуры в изменение напряжения в чувствительной цепи. После усиления в электронной цепи генерируется команда для срабатывания электрического реле, что позволяет реализовать двухпозиционное и трехпозиционное управление.

Электронное реле температуры использует терморезистор или термопару в качестве термочувствительного элемента. Терморезисторы изготавливаются путем сплавления металлов Mn, Ni, Co и др. Их сопротивление снижается или повышается в зависимости от температуры, что обеспечивает быстрое реагирование. Термопара работает на основе эффекта Зеебека и преобразует температуру в разницу потенциалов, что обеспечивает высокую точность измерения.

Резистивные и электронные реле температуры имеют ряд преимуществ по сравнению с биметаллическими и напорными реле температуры и характеризуются малыми габаритами, стабильными характеристиками и быстрым реагированием. В настоящее время они широко используются для управления температурой в помещениях, управления пуском и остановкой компрессора, вентилятора, управления размораживанием и др.

3. Электромагнитный клапан

Электромагнитный клапан является типичным элементом автоматического управления позиционного типа в системах охлаждения. Он представляет собой саморегулирующийся клапан, который совершает действия открывания и закрывания с помощью электрического сигнала. Данный элемент широко используется в системах охлаждения на фреоне (хладагент) и относится к элементам управления расходом. Электромагнитные клапаны могут адаптироваться к различным средам, включая газообразный хладагент, жидкий хладагент, воздух, воду, смазочное масло и т. д.

В зависимости от режима работы электромагнитные клапаны делятся на два вида: нормально-открытые (закрытые при включении питания) и нормально-закрытые (открытые при включении питания). В зависимости от конструкции и принципа работы различают два типа электромагнитных клапанов: клапаны прямого и косвенного действия.

1) Электромагнитный клапан прямого действия

Электромагнитный клапан прямого действия также называется прямым электромагнитным клапаном (рисунок 4-2-14), который главным образом состоит из корпуса, электромагнитной катушки, якоря и пластины. Он непосредственно приводится в действие электромагнитной силой. Как правило, диаметр данного типа электромагнитных клапанов составляет менее 3 мм.

После включения электромагнитной катушки создается магнитное поле, под действием которого поднимается якорь, отдаляя клапанную пластину от седла для открытия клапана. При отключении тока магнитное поле исчезает, и якорь автоматически опускается под действием силы тяжести и силы пружины, прижимаясь к седлу клапана для закрытия клапана, после чего прекращается подача жидкости.

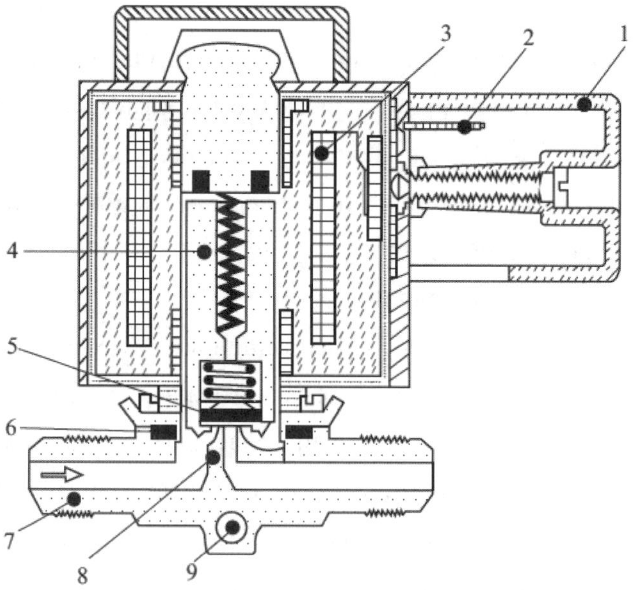

Рис. 4-2-14 Электромагнитный клапан прямого действия

1—клеммная коробка; 2—DIN-разъем; 3—электромагнитная катушка; 4—якорь; 5—пластина клапана; 6—сальник; 7—корпус клапана; 8—седло клапана; 9—монтажное отверстие

Электромагнитный клапан прямого действия отличается быстрым срабатыванием и может работать в условиях вакуума, отрицательного давления, и когда разница давления между передней и задней частью клапана равна нулю. При большой разнице давлений на входе и выходе затрудняется открытие электромагнитного клапана, и он не способен действовать быстро. Поэтому электромагнитный клапан прямого действия подходит только для использования в малогабаритных системах охлаждения.

2) Электромагнитный клапан косвенного действия

Электромагнитные клапаны косвенного действия, также известные как релейные электромагнитные клапаны, бывают двух типов: мембранные и поршневые. Оба типа имеют схожий основной принцип действия и относятся к двухступенчатому типу открытия клапана. Они главным образом состоят из корпуса клапана, направляющего клапана, электромагнитной катушки, якоря и пластины клапана.

На рисунке 4-2-15 показана конструкция мембранного электромагнитного клапана косвенного действия, которая делится на две части. В верхней половине находится электромагнитный клапан прямого действия с малым диаметром, который служит в качестве направляющего клапана; в нижней

половине находится корпус клапана, в котором установлен мембранный узел. Сердечник направляющего клапана находится в середине мембраны и непосредственно устанавливается на якорь. На мембране имеется уравнительное отверстие. При отключенном питании верхняя часть мембраны и вход клапана балансируются с помощью уравнительного отверстия.

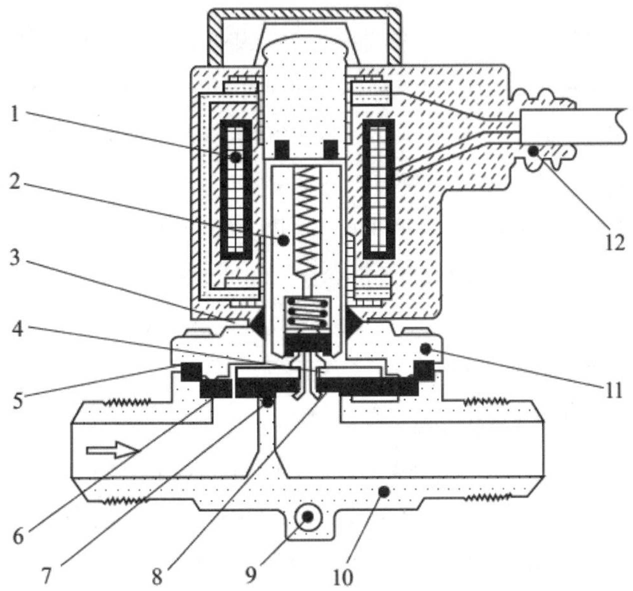

Рис. 4-2-15 Электромагнитный клапан косвенного действия (мембранный)

1—катушка; 2—якорь; 3—сердечник главного клапана; 4—сердечник направляющего клапана; 5—сальник; 6—уравнительное отверстие; 7—седло клапана; 8—мембрана; 9—монтажное отверстие; 10—корпус клапана; 11—крышка клапана; 12—штуцер

При подаче питания на электромагнитную катушку под действием силы магнитного поля поднимается якорь, открывая сердечник направляющего клапана и соединяя верхнее отверстие с выходом клапана, после чего снижается давление в верхней части направляющего клапана, создавая перепад давления над и под направляющим клапаном, который действует на мембрану, отодвигая ее от сердечника главного клапана, после чего открывается главный клапан и включается электромагнитный клапан. После отключения питания, якорь под действием силы тяжести и силы пружины опускается, закрывая направляющий клапан. Среда перед клапаном поступает в верхнюю часть мембраны через уравнительное отверстие на ней, создавая перепад давления с

высоким давлением вверху и низким давлением внизу, который опускает мембрану, после чего закрывается главный клапан.

Хотя данный электромагнитный клапан имеет сложную конструкцию, его электромагнитная катушка управляет только подъемом и опусканием сердечника направляющего клапана, что значительно сокращает мощность катушки, уменьшая габариты электромагнитного клапана. Поэтому он чаще всего используется в фреоновых системах охлаждения. Следует отметить, что поскольку открытие и поддержание мембраны осуществляются на основе перепада давления перед и после клапаном, для электромагнитного клапана косвенного действия предусмотрено минимальное давление открытия. Клапан может быть открыт только в случае, когда перепад давления перед и после клапаном больше этого минимального давления открытия. Вместе с тем электромагнитный клапан должен быть установлен вертикально на горизонтальном трубопроводе.

3) Четырехходовой клапан

Знание и применение четырехходового клапана

Четырехходовой клапан, также известный как четырехходовой реверсивный клапан, главным образом используется в агрегатах кондиционирования воздуха с тепловым насосом или в системах размораживания с обратной циркуляцией горячего воздуха. Четырехходовой клапан является комбинированным клапаном, состоящим из электромагнитного реверсивного клапана (направляющий клапан) и четырехходового золотника (главного клапана), управление которым осуществляется путем подачи и отключения тока на катушке направляющего клапана для перемещения сердечника электромагнитного реверсивного клапана влево или вправо, изменяя направление подключения трубопровода сигнала давления, и перемещает четырехходовой золотник, изменяя направление течения хладагента. Таким образом, система осуществляет переключение между двумя режимами работы — охлаждением и нагревом. Поскольку в качестве движущей силы четырехходового золотника используется разность давлений всасывания и выхлопа компрессора, поэтому когда система охлаждения работает в режиме нагрева, даже если компрессор не включен, четырехходовой клапан не производит реальное изменение направления, а лишь создает базовые условия для этого процесса. Только когда разница давлений всасывания и выхлопа достигает определенного значения, изменяется направление четырехходового клапана.

Четырехходовой клапан имеет высокие требования к точности изготовления и использования. Корпус клапана не должен протекать, иначе это приведет к отказу в срабатывании и неработоспособности клапана.

【Выполнение задачи】

Задача выполняется путем завершения отчета в соответствии с формулировкой и задачей проекта, см. таблицу 4-2-2 и 4-2-3.

Табл. 4-2-2 Задача проекта

Название задачи	Знакомство с клапанами		
Члены группы			
Инструктор-преподаватель		Планируемое время	
Срок реализации		Место реализации	
Содержание и цель задачи			
1. Освоить классификацию, конструкцию и принцип работы клапанов регулирования давления хладагента. 2. Освоить классификацию и конструкцию переключателей давления и температуры. 3. Освоитьклассификацию и конструкцию электромагнитных клапанов.			
Пункты аттестации	1. Какие клапаны регулирования давления хладагента существуют. 2. Краткое описание определений переключателей давления и температуры. 3. Классификация электромагнитных клапанов и их назначение.		
Примечание			

Табл. 4-2-3 Отчет о выполнении задачи проекта

Название задачи	Знакомство с клапанами		
Члены группы			
Конкретное разделение труда			
Планируемое время		Фактическое время реализации	
Примечание			
1. Какие клапаны регулирования давления хладагента существуют? Подробно опишите их роль и влияние. 2. Кратко опишите определения переключателей давления и температуры и их классификацию. 3. Кратко опишите классификацию электромагнитных клапанов и их назначение.			

【Оценка задачи】

Оценка задачи осуществляется по форме комплексной оценки задачи проекта, приведенной в таблице 4-2-4.

Табл. 4-2-4 Форма комплексной оценки задачи проекта

Название задачи: Время оценки: Год месяц день

Детали оценки		Стандартный балл	Полученный балл								
			Члены группы								
			Самооценка группы	Взаимная оценка между группами	Оценка преподавателя	Самооценка группы	Взаимная оценка между группами	Оценка преподавателя	Самооценка группы	Взаимная оценка между группами	Оценка преподавателя
Группа (60 баллов)	Может ли группа понять цели и прогресс обучения в целом	10									
	Существует ли четкое разделение труда между членами группы	10									
	Есть ли у группы сознание сотрудничества	10									
	Есть ли у группы инновационные идеи (методы)	10									
	Добросовестно ли группа заполнила отчет о завершении задачи	10									
	Есть ли у группы проблемы и пути их решения	10									

Детали оценки		Стандартный балл	Полученный балл								
			Члены группы								
			Самооценка группы	Взаимная оценка между группами	Оценка преподавателя	Самооценка группы	Взаимная оценка между группами	Оценка преподавателя	Самооценка группы	Взаимная оценка между группами	Оценка преподавателя
Отдельное лицо (40 баллов)	Подчиняется ли отдельное лицо постановке работы группы	10									
	Выполняет ли отдельное лицо задачи, поставленные группой	10									
	Может ли отдельное лицо своевременно общаться с членами группы	10									
	Может ли отдельное лицо тщательно описать трудности, ошибки и изменения	10									
Всего		100									

【Закрепление знаний】

(1) В системах охлаждения часто используются следующие контрольные клапаны: ________, ________, ________, ________.

(2) Клапаны регулирования хладагента главным образом включают в себя: ________, __________, _________.

(3) Клапаны регулирования давления испарения делятся на ________ и ____.

(4) Водяной конденсатор обычно использует метод регулирования расхода охлаждающей воды ________.

(5) Выключатель высокого и низкого давления, также известный как ________, представляет собой комбинацию ____ и _____.

(6) В охлаждающих кондиционерах типичные выключатели температуры делятся на ________, ________, ________, ________.

Задача Ⅲ Знакомство со вспомогательным оборудованием

【Подготовка к задаче】

В паровых компрессионных системах охлаждения, помимо четырех ключевых компонентов и оборудования теплообмена, как например вторичный охладитель, регенератор, промежуточный охладитель, конденсатор-испаритель и т. д., — также предусматривается вспомогательное оборудование для хранения, сепарации и очистки хладагента, сепарации и сбора смазочного масла, обеспечения безопасности и др. с целью улучшения рабочих условий системы охлаждения, обеспечения ее нормального функционирования, а также повышения экономичности и надежности эксплуатации. Конечно, некоторые компоненты можно исключить для упрощения системы. В данном разделе главным образом рассматривается вспомогательное оборудование системы охлаждения.

1. Ресивер жидкости

Ресивер жидкости в системах охлаждения служит для стабилизации расхода хладагента и может использоваться для хранения жидкого хладагента. Ресиверы жидкости бывают горизонтальными и вертикальными. На рисунке 4-3-1 представлена схема горизонтального ресивера для аммиака. Цилиндрический корпус ресивера изготавливается путем сварки стального листа. На ресивере установлены впускная труба, выпускная труба (подключающаяся к месту под серединной линией цилиндрического корпуса), предохранительный клапан, индикатор уровня жидкости и др.

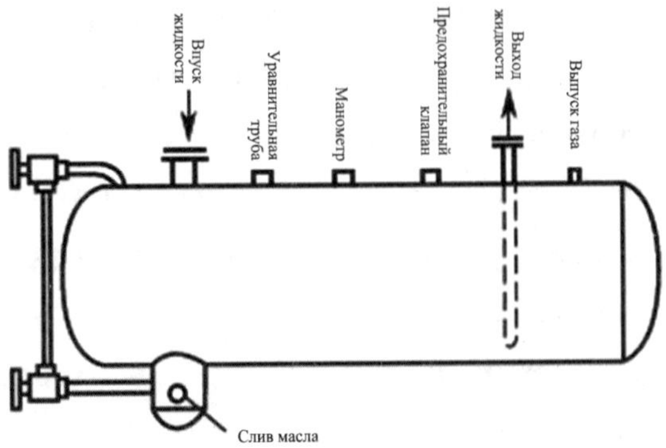

Рис. 4-3-1 Схема горизонтального ресивера жидкости для аммиака

Как показано на рисунке 4-3-2, ресивер жидкости устанавливается под конденсатором для хранения жидкого хладагента высокого давления, поэтому он также именуется как ресивер жидкости высокого давления. Для малых установок охлаждения и фреоновых систем охлаждения с использованием сухого испарителя можно использовать ресиверы жидкости с малым объемом, либо, в случае использования горизонтального кожухотрубного конденсатора, также можно использовать пространство в нижней части корпуса конденсатора для хранения определенного количества хладагента без отдельной установки ресивера жидкости, так как система заполняется небольшим количеством хладагента и обладает хорошей герметичностью.

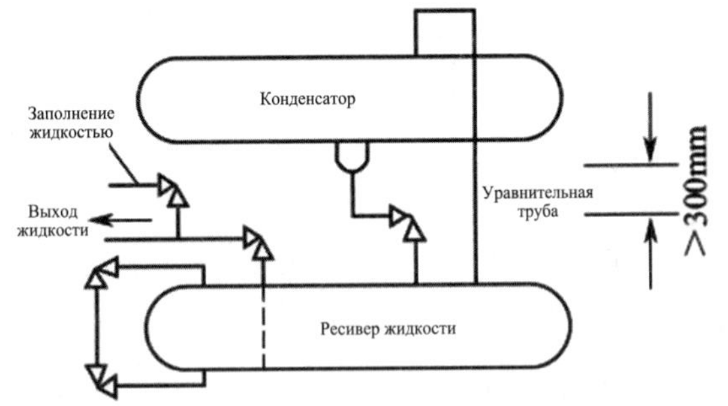

Рис. 4-3-2 Соединение ресивера жидкости с конденсатором

Как правило, объем ресивера высокого давления должен соответствовать полному объему заполнения жидкостью системы, чтобы предотвратить опасность теплового расширения при изменении температуры. Объем хранения ресивера не должен превышать 80% от собственного объема.

Система охлаждения испарителя с насосной циркуляцией оснащается

ресивером жидкости низкого давления, что позволяет не только осуществлять газожидкостную сепарацию, но и предотвратить газовую коррозию жидкостного насоса. Объем хранения ресивера жидкости низкого давления должен быть не менее 30% от часового объема циркуляции жидкостного насоса. Максимальный допустимый объем хранения равен 70% от объема цилиндрического корпуса.

2. Газожидкостный сепаратор

Газожидкостный сепаратор служит для отделения капель жидкости из пара низкого давления, выходящего из испарителя, с целью предотвращения влажного сжатия вплоть до гидравлического удара в холодильном компрессоре. Помимо вышеперечисленных функций, газожидкостный сепаратор для аммиака также способствует сепарации газожидкостной смеси, поступающей от дроссельного устройства, позволяя только жидкому аммиаку попасть в испаритель, чтобы повысить эффект теплопередачи испарителя.

Газожидкостные сепараторы, используемые в малых фреоновых системах охлаждения, предназначенных для регулирования воздуха, и делятся на трубопроводные и цилиндрические. На рисунке 4-3-3 показан цилиндрический газожидкостный сепаратор. В нем газожидкостный хладагент, поступающий от испарителя, подается сверху, после чего жидкость и капли масла, переносимые газожидкостным хладагентом, отделяются друг от друга за счет снижения скорости газового потока и изменения его направления сепарируются. Затем с помощью всасывающей трубы с масляным отверстием в нижней части колена трубы, слегка перегретый газожидкостный хладагент низкого давления и смазочное масло всасываются в компрессор. Маленькое отверстие в верхней части всасывающей трубы является уравнительным отверстием, которое предотвращает возврат жидкого хладагента и смазочного масла, находящихся в сепараторе, из масляного отверстия в компрессор во время остановки компрессора. Для кондиционеров с тепловым насосом газожидкостный сепаратор является неотъемлемой частью, которая необходима для обеспечения надежной работы компрессора в процессе размораживания.

Газожидкостные сепараторы, предназначенные для средних и крупных аммиачных систем охлаждения, бывают горизонтальными и вертикальными. На рисунке 4-3-4 показан горизонтальный газожидкостный сепаратор для аммиака, который представляет собой стальной цилиндрический корпус с несколькими штуцерами. В нем аммиачный газ, поступающий от испарителя, попадает в

сепаратор через газовпускную трубу в средней части цилиндрического корпуса. Благодаря резкому расширению площади поперечного сечения жидкостного канала и изменению направления течения отделяются капли жидкости, содержащиеся в паре, а затем они попадают в нижний аммиачный раствор. После дросселирования влажный пар попадает в сепаратор с нижней боковой стороны цилиндрического корпуса, где жидкость осаждается в нижней части и возвращается в испаритель или ресивер жидкости низкого давления через нижнюю трубу выпуска жидкости за счет собственной силы тяжести, а аммиачный газ во влажном паре всасывается компрессором вместе с паром от испарителя. Эффективность сепарации обеспечивается тем, что направление движения аммиачного газа противоположно направлению осаждения аммиачного раствора во время газожидкостной сепарации.

При выборе газожидкостного сепаратора следует следить за тем, чтобы скорость потока воздуха в поперечном сечении цилиндра не превышала 0,5 м/с.

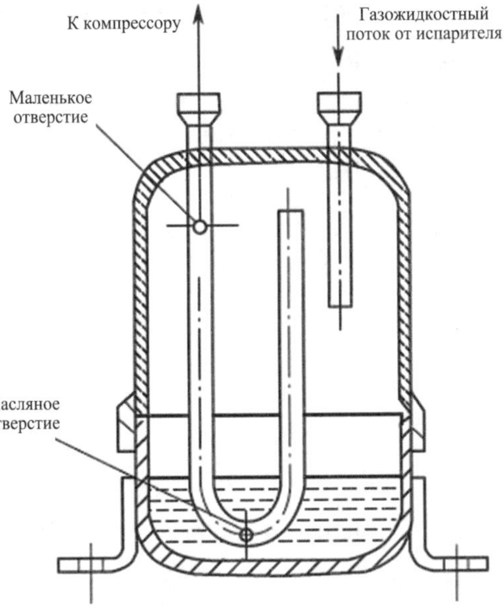

Рис. 4-3-3 Цилиндрический газожидкостный сепаратор для фреона

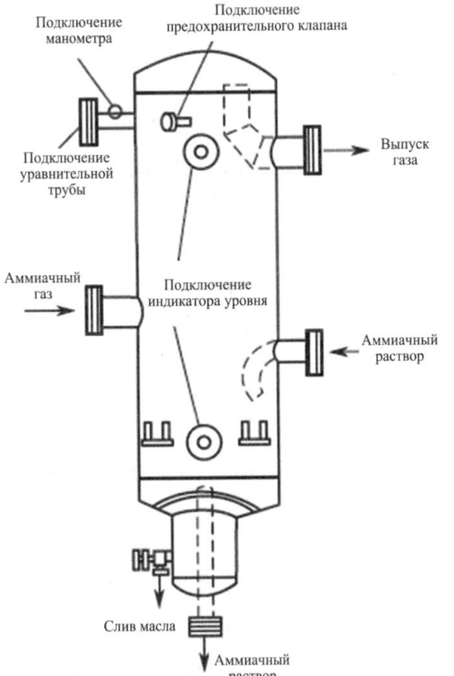

Рис. 4-3-4 Вертикальный газожидкостный сепаратор для аммиака

3. Фильтры и осушители

1) Фильтр

Фильтр предназначен для удаления примесей, таких как железная стружка, ржавчина и др., из пара и жидкости хладагента. В аммиачных системах охлаждения существуют фильтры для аммиачного раствора и аммиачного газа, конструкция которых показана на рисунке 4-3-5. Как правило, аммиачный фильтр изготавливается из 2-3 слоев стальной сетки с ячейкой 0, 4 мм. Как правило, фильтр для аммиачного раствора устанавливается на трубопроводе аммиачного раствора перед дроссельным устройством. Скорость течения аммиачного раствора через фильтрующую сетку должна быть менее 0, 1м/с. Фильтр для аммиачного газа обычно устанавливается на всасывающем трубопроводе компрессора. Скорость течения аммиачного газа через фильтровальную сетку должна составлять 1-1, 5 м/с.

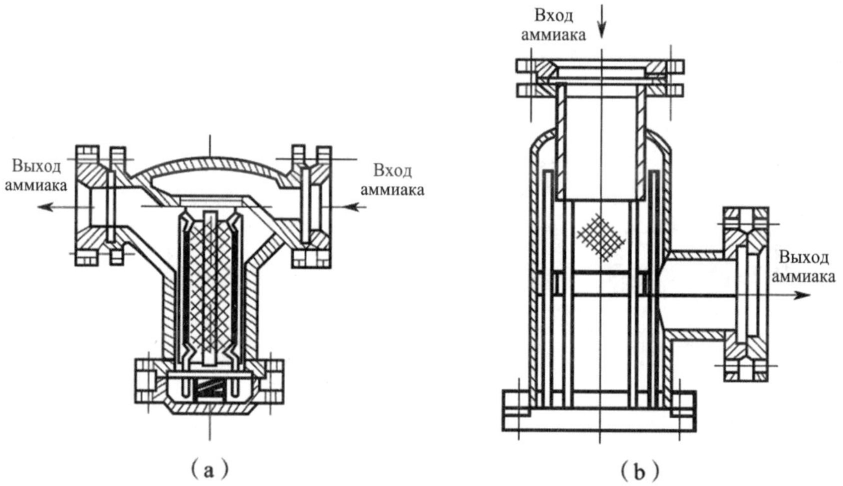

Знание теплового насоса

Рис. 4-3-5 Аммиачный фильтр

(a) Фильтр для аммиачного раствора (b) Фильтр для аммиачного газа

На рисунке 4-3-6 показан фильтр для жидкого фреона. Он использует бесшовную стальную трубу в качестве корпуса, внутри которого находится медная сетка с ячейкой 0, 1-0, 2 мм. Крышки на обоих концах соединяются с цилиндрическим корпусом резьбой и надежно запаиваются оловом.

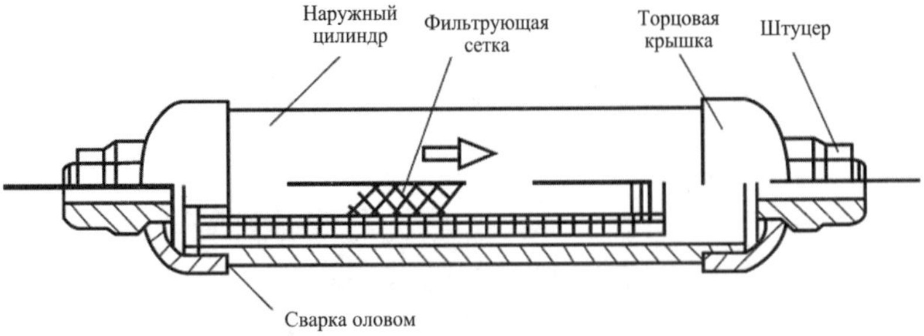

Рис. 4-3-6 Фильтр фреоновой жидкости

2) Осушитель

Если система охлаждения недостаточно осушена или хладагент, которым заправляется система, содержит влагу, то в системе будет появляться влага. Растворимость воды во фреоне зависит от температуры; с уменьшением температуры снижается растворимость воды. При расширении и дросселировании фреона с содержанием влаги в дроссельном устройстве, резко падает температура, после чего растворимость воды становится относительно низкой, поэтому часть влаги отделяется и задерживается вокруг дроссельного отверстия. Если после дросселирования температура опустится ниже точки замерзания, образуется лед и появится явление «засорения льдом». В долгосрочной перспективе вода во фреоне вызывает коррозию металла и образование эмульсии из смазочного масла. Поэтому необходимо использовать осушитель для абсорбции влаги из фреона.

На практике во фреоновых системах охлаждения часто комбинируют функции фильтрации и осушения в одном устройстве, которое называется фильтром-осушителем. На рисунке 4-3-7 показана конструкция фильтра-осушителя. Фильтрующий элемент установлен внутри цилиндрического корпуса и запрессован упругой мембраной, полиэфирной прокладкой и волнистого перфорированного листа. Фильтрующий элемент изготавливается из активированного оксида алюминия и молекулярного сита путем агломерации, что позволяет эффективно удалять влагу, вредные кислоты и примеси. Фильтр-осушитель следует устанавливать на перед дроссельным устройством фреоновой системы охлаждения на жидкостной трубе или на трубе, заполненным жидким хладагентом. Скорость потока фреона через слой сушки должна быть не менее 0, 03 м/с.

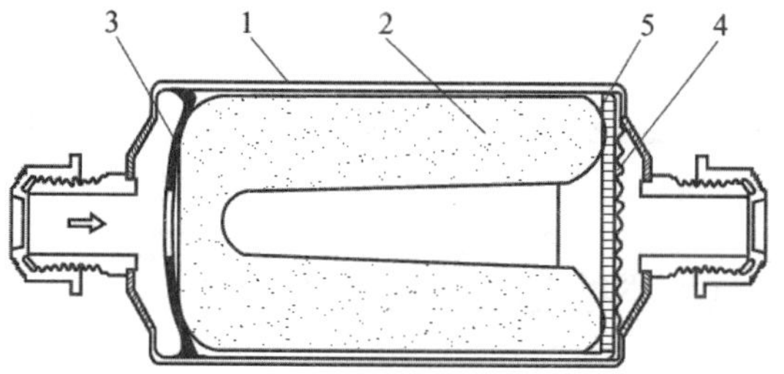

Рис. 4-3-7 Фильтр-осушитель

1—цилиндрический корпус; 2—фильтрующий элемент; 3—эластичная мембрана; 4—волнистый перфорированный лист; 5—полиэфирная прокладка

4. Сепаратор масла

Во время работы холодильного компрессора небольшое количество капель смазочного масла всегда попадает в выхлопную трубу вместе с парообразным хладагентом высокого давления. Они также могут быть перенесены в конденсатор и испаритель. Если на выхлопной трубе не предусмотрен сепаратор масла, то в аммиачной охлаждающей установке после попадания смазочного масла в конденсатор и, в частности, испаритель образуется серьезное масляное загрязнение на поверхности теплопередачи со стороны хладагента, что снижает коэффициент теплопередачи конденсатора и испарителя. Для фреоновых охлаждающих установок, если возврат масла плохой или трубопровод слишком длинный, в испарителе может накапливаться большое количество смазочного масла, что приводит к значительному снижению холодопроизводительности системы. Чем ниже температура испарения, тем сильнее его влияние. В серьезных случаях это может привести к поломке компрессора из-за нехватки масла.

Сепараторы масла подразделяются на четыре вида: инерционные, промывные, центробежные и фильтрующие. Инерционный сепаратор масла использует резкое снижение скорости и изменение направления газового потока для отделения смазочного масла, переносимого парообразным хладагентом высокого давления. Отделенное масло накапливается на дне сепаратора и отводится обратно в холодильный компрессор с помощью поплавкового или ручного клапана, как показано на рисунке 4-3-8. Промывной сепаратор масла пропускает перегретый аммиачный газ высокого давления через аммиачный раствор для промывки и охлаждения, что способствует коагуляции и отделению туманообразного смазочного масла в аммиачном газе, как показано на рисунке

4-3-9. Центробежный сепаратор масла использует центробежную силу для отделения капель смазочного масла, разбрасывая их по стенкам корпуса, где они скапливаются и осаждаются, как показано на рисунке 4-3-10. Фильтрующий сепаратор масла отделяет капли масла посредством изменения направления течения, снижении скорости и фильтрующем эффекте сеточки фильтра для отделения капель масла, как показано на рисунке 4-3-11.

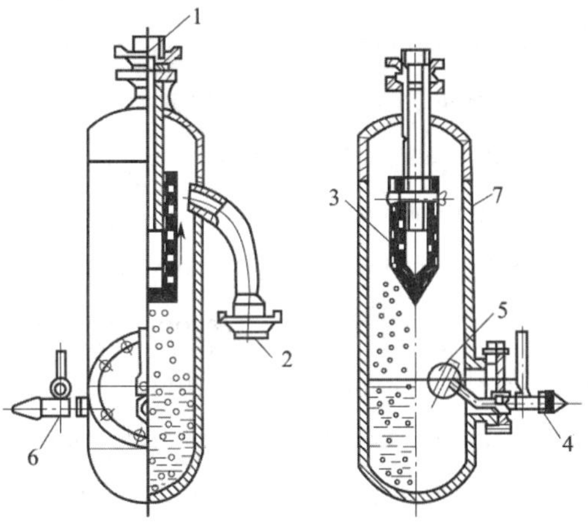

Рис. 4-3-8 Инерционный сепаратор масла

1—вход; 2—выход; 3—фильтровальная сетка; 4—ручной клапан; 5—поплавковый клапан; 6—возвратный клапан; 7—корпус

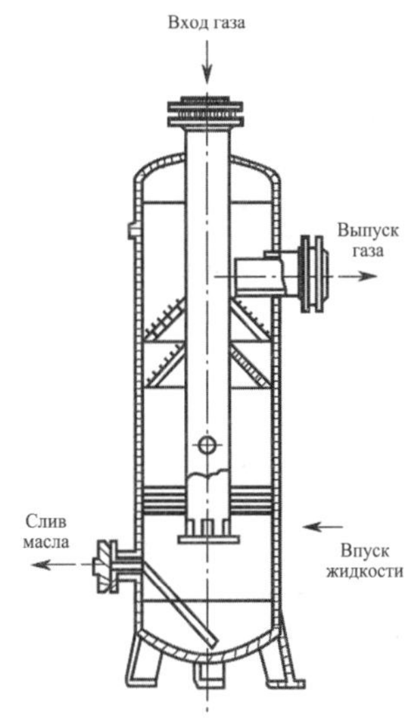

Рис. 4-3-9 Промывной сепаратор масла

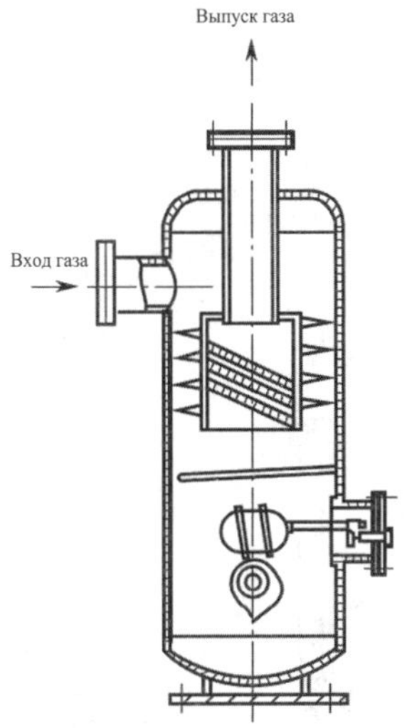

Рис. 4-3-10 Центробежный сепаратор масла

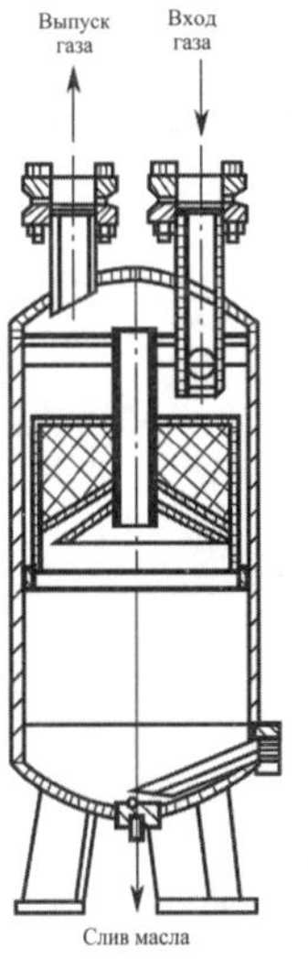

Рис. 4-3-11 Фильтрующий сепаратор масла

Скорость прохождения газового потока через фильтрующий слой фильтрующего сепаратора масла составляет от 0, 4 до 0, 5 м/с, скорость прохождения газового потока через цилиндрический корпус других видов сепараторов не должна превышать 0, 8 м/с.

5. Маслосборник

Поскольку аммиачный хладагент и смазочное масло не растворяются друг в друге, на дне конденсатора, испарителя, ресивера жидкости и другого оборудования скапливается смазочное масло. Поэтому для сбора и слива накопившегося смазочного масла следует предусмотреть маслосборник.

Маслосборник представляет собой цилиндрическую емкость, изготовленную из стального листа, на которой предусмотрены масловпускная труба, маслосливная труба, газовыпускная труба и штуцер манометра, как показано на рисунке 4-3-12. При этом газовыпускная труба соединяется с всасывающей трубой компрессора. Для слива масла сначала открывается газовыпускной клапан, чтобы снизить давление внутри маслосборника до значения немного выше атмосферного давления, а затем открывается масловпускной клапан, чтобы пропустить накопившееся смазочное масло из оборудования в маслосборник. Когда количество смазочного масла достигнет 60-70% от объема маслосборника, закрывается масловпускной клапан, после чего с помощью газовыпускного клапана снижается давление в маслосборнике, а затем закрывается газовыпускной клапан и открывается маслосливной клапан для слива смазочного масла.

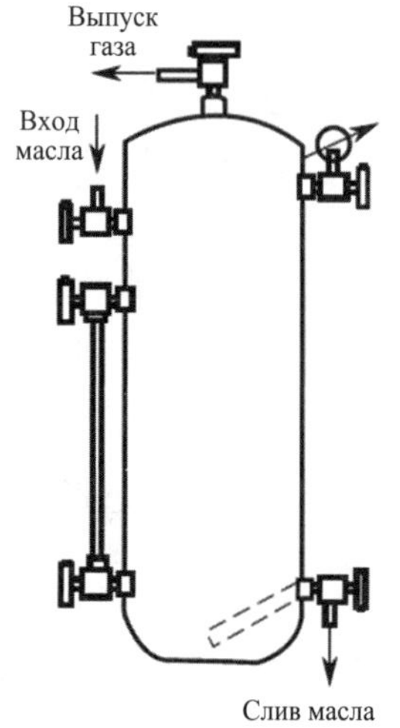

Рис. 4-3-12 Маслосборник

6. Сепаратор неконденсирующихся газов

По таким причинам, как проникновение воздуха или разложение смазочного масла в системах охлаждения, в них всегда будут присутствовать неконденсирующиеся газы (в основном воздух) . Это особенно актуально для систем охлаждения открытого типа или систем охлаждения, часто работающих при низких температурах и давлениях ниже атмосферного, причем ситуация в таких случаях усугубляется. Эти газы часто накапливаются в конденсаторе, ресивере жидкости высокого давления и другом оборудовании, в результате чего снижается эффект теплопередачи конденсатора, повышаются давление и температура выхлопа компрессора, что приводит к увеличению потребления мощности и уменьшению холодопроизводительности системы охлаждения. В частности, в аммиачных системах охлаждения после смешения аммиака с воздухом существует опасность взрыва при высоких температурах. Поэтому необходимо регулярно удалять неконденсирующиеся газы из системы охлаждения.

В таблице 4-3-1 представлено соотношение между содержанием насыщенного воздуха, давлением и температурой в смеси R22, паров аммиака и воздуха. Из таблицы видно, что в смеси газообразного хладагента и воздуха, чем выше давление и ниже температура, тем больше массовая доля воздуха. Поэтому, когда сепаратор неконденсирующихся газов осуществляет сброс воздуха при высоком давлении и низкой температуре, можно не только отделить неконденсирующиеся газы, но и сократить потери хладагента.

Табл. 4-3-1 Зависимость содержания насыщенного воздуха (массовая доля, %) от давления и температуры

Давление / bar	Температура / ℃	Содержание насыщенного воздуха		Давление / bar	Температура / ℃	Содержание насыщенного воздуха	
		R717	R22			R717	R22
12	20 -20	41 90	10 55	8	20 -20	8 82	0 40
10	20 -20	20 87	3 50	6	20 -20	0 76	0 30

В аммиачных системах охлаждения часто используются сепараторы неконденсирующихся газов двух типов: четырехслойные двухтрубные и змеевиковые. На рисунке 4-3-13 представлен змеевиковый сепаратор неконденсирующихся газов, который, по сути, является охлаждающим

оборудованием. Круглый цилиндрический корпус сепаратора изготовлен из стального листа путем сварки и оснащен встроенным охлаждающим змеевиком. Принцип работы сепаратора неконденсирующихся газов показан на рисунке 4-3-14. При сбросе воздуха сначала открываются клапаны 9, 10 и 13, чтобы газовая смесь, накопившаяся в верхней части конденсатора или ресивера жидкости, попала в цилиндрический корпус сепаратора, затем открывается клапан выпуска паров хладагента 8, соединенный с всасывающей трубой компрессора, и слегка открывается расширительный клапан 12, чтобы жидкий хладагент низкого давления попал в испарительный змеевик 6 для охлаждения газовой смеси вне охлаждающей трубы. Это приводит к снижению температуры газовой смеси и конденсации хладагента, что, в свою очередь, увеличивает содержание воздуха в газовой смеси. Конденсированный хладагент оседает на дне сепаратора и отводится в ресивер жидкости через обратную трубу после открытия клапанов 11, 14, а неконденсирующиеся газы накапливаются в верхней части сепаратора и выпускаются через сбросной клапан 5. Поскольку в процессе конденсации в сепараторе хладагент участвует в теплообмене, изменение температуры является незаметным. При увеличении концентрации неконденсирующихся газов температура внутри сепаратора значительно снижается, поэтому в верхней части сепаратора предусмотрен термометр 7. Если температура заметно ниже температуры насыщения хладагента при давлении конденсации, это указывает на наличие большого количества неконденсирующихся газов и требует проведения сброса.

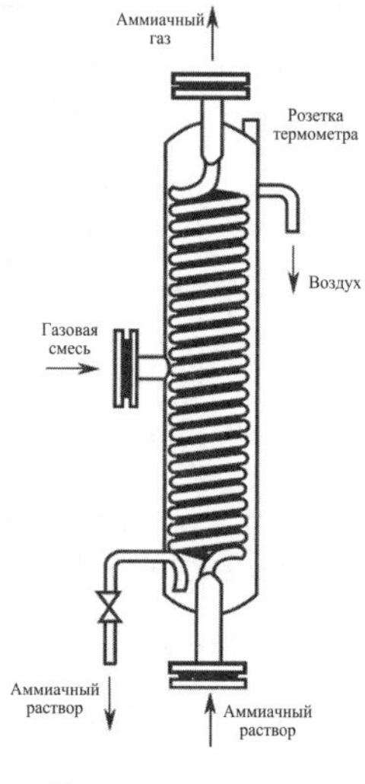

Рис. 4-3-13　Змеевиковый сепаратор неконденсирующихся газов

В системах охлаждения, предназначенных для регулирования воздуха, за исключением центробежных систем охлаждения (с использованием R11 или R123), рабочее давление превышает атмосферное давление, особенно при использовании фреона в качестве хладагента очень сложно отделить неконденсирующиеся газы (таблица 4-3-1). Более того, при частом использовании полностью закрытых и полузакрытых холодильных компрессоров обычно не требуется установка сепаратора неконденсирующихся газов.

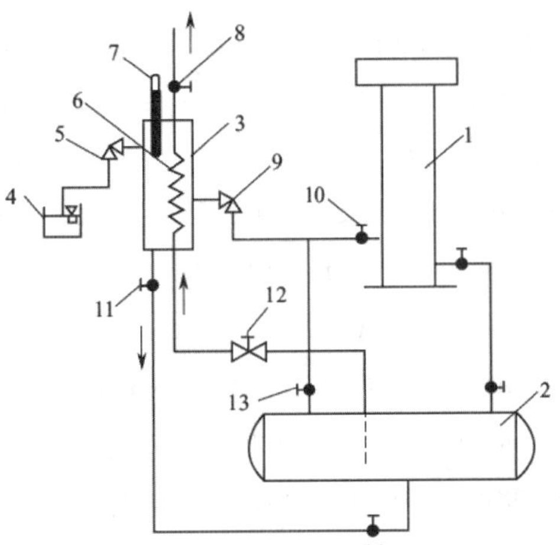

Рис. 4-3-14 Принцип работы сепаратора неконденсирующихся газов

1—конденсатор; 2—ресивер жидкости; 3—сепаратор неконденсирующихся газов; 4—стеклянная емкость; 5—сбросной клапан; 6—испарительный змеевик; 7—термометр; 8—клапан выпуска паров хладагента; 9, 10, 11, 13, 14—клапаны; 12—расширительный клапан

7. Предохранительные устройства

Компрессоры, теплообменное оборудование, трубопроводы, клапаны и другие компоненты системы охлаждения работают при разных давлениях. Неправильная эксплуатация или неисправность оборудования могут привести к аномальному давлению в системе охлаждения и вызвать аварию. Поэтому в процессе работы системы охлаждения необходимо строго соблюдать правила эксплуатации и предусмотреть совершенное предохранительное оборудование для обеспечения защиты. Чем сильнее способность предохранительного оборудования к автоматическому предотвращению неисправностей, тем меньше вероятность возникновения аварии, поэтому установка совершенного предохранительного оборудования является крайне необходимой. Обычно используемое защитное оборудование включает предохранительные клапаны,

пробки с предохранителями, устройства аварийного слива аммиака и др.

1) Предохранительный клапан

Предохранительный клапан — это клапан с приводом от давления, закрытое состояние которого поддерживается с помощью пружины или иного способа. Когда давление превышает заданное значение, клапан автоматически сбрасывает давление. На рисунке 4-3-15 показан малоподъемный пружинный предохранительный клапан, который автоматически открывается при превышении установленного значения давления.

Предохранительные клапаны обычно применяются в емкостях с внутренним объемом более 0, 28 $м^3$. Предохранительный клапан может быть установлен на компрессоре для соединения всасывающей и выхлопной труб. Когда давление выхлопа компрессора превышает допустимое значение, открывается клапан, чтобы соединить стороны низкого и высокого давления, и обеспечить безопасность компрессора. Обычно предусматривается, что когда разница давлений всасывания и выхлопа превышает 1, 6 МПа, диаметр предохранительного клапана автоматического срабатывания Dg (при использовании двухступенчатого компрессора разница давлений всасывания и выхлопа составляет 0, 6 МПа) можно рассчитать по следующей формуле:

$$D_g = C_1\sqrt{V} \text{ (mm)} \qquad (4\text{-}3\text{-}1)$$

Где V——объем выхлопа компрессора, $м^3/ч$;

C_1——коэффициент, см. в таблице 4-3-2.

Предохранительные клапаны также часто устанавливаются на конденсаторе, ресивере жидкости, испарителе и других емкостях с целью предотвращения взрыва, когда давление в емкости превышает допустимое значение при чрезмерно высокой температуре окружающей среды (например, при пожаре) . При этом диаметр предохранительного клапана вычисляется по следующей формуле:

$$D_g = C_2\sqrt{DL} \text{ (mm)} \qquad (4\text{-}3\text{-}2)$$

Где D——диаметр емкости, м;

L——длина емкости, м;

C_2——коэффициент, см. в таблице 4-3-2.

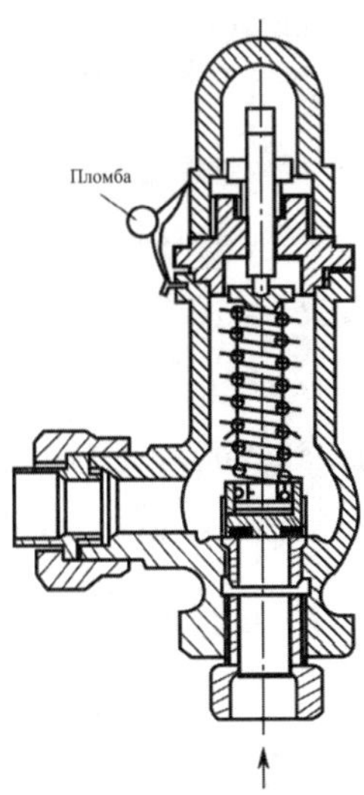

Рис. 4-3-15 Малоподъемный пружинный предохранительный клапан

Табл. 4-3-2 Коэффициент расчета предохранительного клапана

Хладагент	C_1	C_2		Хладагент	C_1	C_2	
		Сторона высокого давления	Сторона низкого давления			Сторона высокого давления	Сторона низкого давления
R22	1.6	8	11	R717	0.9	8	11

2）Пробка с предохранителями

Пробка с предохранителями — это предохранительное устройство для сброса давления с использованием элементов, плавящихся при заданной температуре. Как правило, ее используют в емкостях с диаметром менее 152 мм и чистым внутренним объемом 0, 085 $м^3$. При использовании негорючих хладагентов（например, фреона）в системах охлаждения малого объема или емкостях под давлением менее 1 $м^3$ пробка с предохранителями может заменить предохранительный клапан. На рисунке 4-3-16 показана конструкция пробки с предохранителями, в которой легкоплавкий сплав, как правило, имеет температуру плавления ниже 75 ℃. Температура плавления различается в зависимости от состава сплава. Состав легкоплавкого сплава выбирается в зависимости от напряжения, которое необходимо контролировать. Как только возникает авария в емкости под давлением, резко повышаются давление и температура. А когда температура повышается до определенного значения, легкоплавкий сплав в пробке с предохранителями начинает плавиться, что приводит к выбросу хладагента из емкости в атмосферу, чтобы обеспечить

защиту оборудования и людей. Следует подчеркнуть, что использование пробки с предохранителями запрещено в системах охлаждения, работающих с горючими, взрывоопасными или токсичными хладагентами.

3) Устройство аварийного слива аммиака

Устройство аварийного слива аммиака представляет собой оборудование для слива аммиачного раствора из всей системы после растворения его в воде, чтобы предотвратить взрыв охлаждающей установки и разлива аммиачного раствора. Когда система заполнена большим количеством аммиака, как правило, следует предусмотреть устройство аварийного слива аммиака, которое соединяется с емкостью (например, ресивером жидкости, испарителем), содержащей большое количество аммиачного раствора, с помощью трубопровода. Конструкция устройства аварийного слива аммиака показана на рисунке 4-3-17. Аммиачный раствор подается сверху, вода поступает с боковой стороны в верхней части корпуса, а в нижней части находится сливное отверстие. При возникновении аварийной ситуации открываются впускной клапан впускной трубы и сливной клапан аммиачного раствора, чтобы смешать большое количество воды с аммиачным раствором для получения разбавленной аммиачной воды, которая затем спускается в канализацию во избежание серьезных аварий. Следует отметить, что в неаварийных ситуациях строго запрещается использовать данное оборудование во избежание потери аммиака.

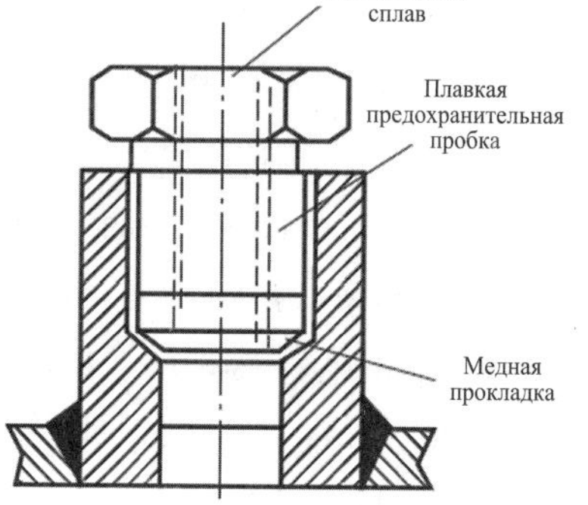

Рис. 4-3-16 Пробка с предохранителями

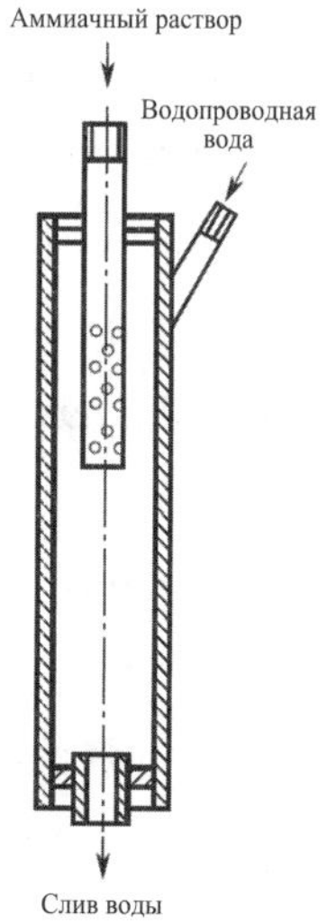

Рис. 4-3-17 Устройство аварийного слива аммиака

【Выполнение задачи】

Задача выполняется путем завершения отчета в соответствии с формулировкой и задачей проекта, см. таблицу 4-3-3 и 4-3-4.

Табл. 4-3-3 Задача проекта

Название задачи	Знакомство со вспомогательным оборудованием		
Члены группы			
Инструктор-преподаватель		Планируемое время	
Срок реализации		Место реализации	
Содержание и цель задачи			
1. Освоить функции ресивера жидкости, газожидкостного сепаратора, фильтра-осушителя, масляного сепаратора, маслосборника и сепаратора неконденсирующихся газов. 2. Освоить виды сепараторов масла; 3. Ознакомиться с классификацией предохранительных устройств.			
Пункты аттестации	1. Классификация вспомогательного оборудования и его соответствующие функции. 2. Виды сепараторов масла. 3. Классификация предохранительных устройств.		
Примечание			

Табл. 4-3-4 Отчет о выполнении задачи проекта

Название задачи	Знакомство со вспомогательным оборудованием		
Члены группы			
Конкретное разделение труда			
Планируемое время		Фактическое время реализации	
Примечание			
1. Кратко опишите классификацию вспомогательного оборудования и его соответствующие функции. 2. Какие виды сепараторов масла существуют? Дайте подробное описание. 3. В каких случаях могут возникнуть неисправности в системе охлаждения? Какие предохранительные устройства существуют?			

【Оценка задачи】

Оценка задачи осуществляется по форме комплексной оценки задачи проекта, приведенной в таблице 4-3-5.

Табл. 4-3-5 Форма комплексной оценки задачи проекта

Название задачи: Время оценки: Год месяц день

Детали оценки		Стандартный балл	Полученный балл								
			Члены группы								
			Самооценка группы	Взаимная оценка между группами	Оценка преподавателя	Самооценка группы	Взаимная оценка между группами	Оценка преподавателя	Самооценка группы	Взаимная оценка между группами	Оценка преподавателя
Группа (60 баллов)	Может ли группа понять цели и прогресс обучения в целом	10									
	Существует ли четкое разделение труда между членами группы	10									
	Есть ли у группы сознание сотрудничества	10									
	Есть ли у группы инновационные идеи (методы)	10									
	Добросовестно ли группа заполнила отчет о завершении задачи	10									
	Есть ли у группы проблемы и пути их решения	10									

Детали оценки		Стандартный балл	Полученный балл								
			Члены группы								
			Самооценка группы	Взаимная оценка между группами	Оценка преподавателя	Самооценка группы	Взаимная оценка между группами	Оценка преподавателя	Самооценка группы	Взаимная оценка между группами	Оценка преподавателя
Отдельное лицо (40 баллов)	Подчиняется ли отдельное лицо постановке работы группы	10									
	Выполняет ли отдельное лицо задачи, поставленные группой	10									
	Может ли отдельное лицо своевременно общаться с членами группы	10									
	Может ли отдельное лицо тщательно описать трудности, ошибки и изменения	10									
Всего		100									

【Закрепление знаний】

(1) Какие типы масляных сепараторов существуют?

(2) Какую функцию выполняет ресивер жидкости высокого давления в системе охлаждения?

Проект V

Состав и эксплуатация центральной системы кондиционирования

【Описание проекта】

С улучшением уровня жизни людей возрастают требования к комфорту внутри помещений, что приводит к широкому использованию систем центрального кондиционирования в жилищных и производственных условиях, делая их неотъемлемой частью современных зданий. Данный проект фокусируется на описании структуры, классификации и принципа работы системы центрального кондиционирования.

В докладе 20-го Всекитайского съезда Коммунистической партии Китая подчеркивается необходимость активного и устойчивого движения к цели достижения пика выбросов углерода и углеродной нейтральности на основе энергетических ресурсов Китая, а также последовательного планирования действий по реализации этой цели, придерживаясь принципа «сначала укрепить позиции, а затем решать проблемы». В контексте политики, направленной на достижение «двойной углеродной цели», энергосбережение и охрана окружающей среды играют решающую роль в реализации устойчивого развития. Системы центрального кондиционирования потребляют огромное количество энергии в современных зданиях. Поэтому разумное проектирование, эксплуатация и управление на научной основе являются ключевыми аспектами энергосбережения в таких системах.

【Цель проекта】

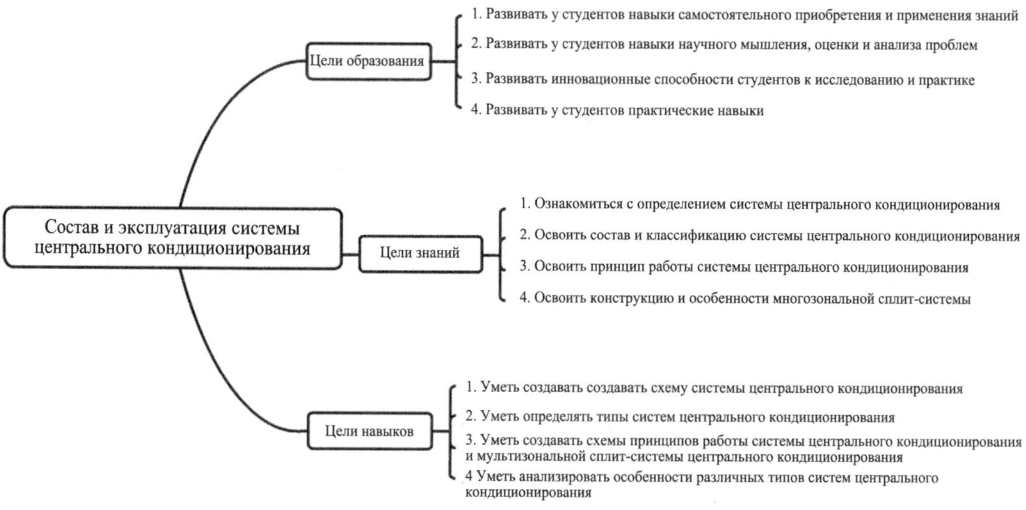

Задача I Знакомство со структурой центральной системы кондиционирования

Состав и эксплуатация градирни

Техническое обслуживание системы воздуховодов

【Подготовка к задаче】

Центральная система кондиционирования представляет собой крупномасштабную (региональную) систему кондиционирования воздуха, которая широко применяется в различных промышленных охлаждающих помещениях и общественных зданиях, таких как офисные зданиях, торговые центры, больницы, рельсовый транспорт, аэропорты и т.д. Система центрального кондиционирования представляет собой систему кондиционирования, состоящую из одной или нескольких систем тепло- и хладоснабжения и нескольких систем кондиционирования воздуха, для централизованной или полуцентрализованной очистки, охлаждения (или нагрева), увлажнения (или удаления влаги) воздуха, а также для транспортировки и распределения подготовленного воздуха с целью регулирования воздуха в помещении.

1. Структура системы центрального кондиционирования

Система центрального кондиционирования главным образом состоит из охлаждающего агрегата, циркуляционной системы охлаждающей воды, циркуляционной системы холодной воды, системы вентиляторного доводчика и градирни, как показано на рисунке 5-1-1. Охлаждающее оборудование сжимает хладагент до жидкого состояния с помощью компрессора и подает его в испаритель, где происходит теплообмен с холодной водой для ее охлаждения. Далее холодная вода перекачивается холодильным насосом в охлаждающие змеевики на воздухозаборниках вентиляторов, затем вентиляторы осуществляют продув с целью снижения температуры.

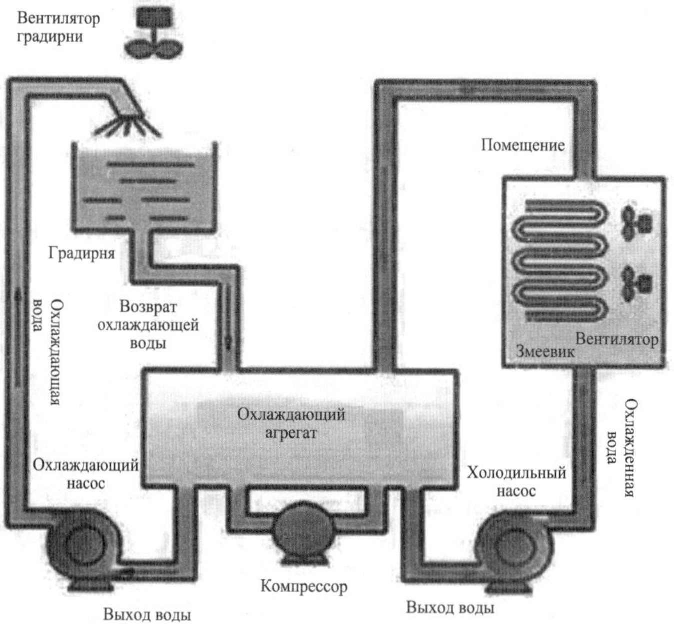

Рис. 5-1-1 Структура системы центрального кондиционирования

(1) Охлаждающий агрегат: циркуляционная вода, поступающая в помещения, подвергается «внутреннему теплообмену» с помощью охлаждающего агрегата для охлаждения холодной воды до 5-7℃ и предоставляет внешний источник теплообмена для всех точек кондиционера через систему циркуляционной воды. Тепло, выделяющееся в результате внутреннего теплообмена, выбрасывается через систему охлаждающей воды в воздух в градирне. Внутренняя система теплообмена является «источником холода» центрального кондиционера.

(2) Градирня: предоставляет «охлаждающую воду» охлаждающему агрегату; тепло, выделяемое охлаждающим агрегатом, сбрасывается с помощью охлаждающей воды через градирню, что аналогично наружному блоку бытового кондиционера.

(3) Система «наружного теплообмена»: состоит из циркуляционной системы холодной воды и циркуляционной системы охлаждающей воды.

① Циркуляционная система холодной воды: состоит из холодильного насоса и трубопровода холодной воды; холодная вода, вытекающая из охлаждающего агрегата, подается в трубопровод холодной воды под нагнетанием холодильного насоса для теплообмена в помещении, удаления тепла из помещения и снижения температуры в помещении.

② Циркуляционная система охлаждающей воды: состоит из охлаждающего насоса, трубопровода охлаждающей воды и градирни; в процессе теплообмена в охлаждающем агрегате происходит снижение температуры воды, что неизбежно сопровождается выделением большого количества тепла, которое поглощается охлаждающей водой, в результате чего температура охлаждающей воды повышается, после чего охлаждающий насос нагнетает охлаждающую воду повышенной температуры в градирню, где происходит теплообмен с атмосферой, затем охлаждающая вода пониженной температуры подается обратно в охлаждающий агрегат, таким образом, она непрерывно циркулирует, забирая с собой тепло, выделяемое охлаждающим агрегатом.

(4) Оборудование для транспортировки и распределения воздуха: состоит из воздухозаборника, воздухопровода, вентилятора, продувного отверстия, отверстия возвратной вентиляции. Существуют такие методы транспортировки и распределения воздуха, как прямоточный (полностью приточная вентиляция), закрытый (полностью закрытый без приточной вентиляции) и смешанный (с приточной и возвратной вентиляцией).

(5) Водяная система кондиционера: включает водяной насос, водопровод, водоотделитель и водосборник.

(6) Система управления: делится на две части — систему электрического управления и систему мониторинга.

① Система электрического управления (часть сильного тока): главным образом включает электроснабжение системы и эксплуатацию охлаждающего агрегата, вентилятора, водяного насоса и др., позволяет осуществить ручное управление системой кондиционирования воздуха.

② Система мониторинга (часть слабого тока, также называемая системой мониторинга здания): включает в себя управление различными датчиками, исполнительными устройствами, а также функцию централизованного мониторинга в центре домоуправления, позволяет осуществить автоматический мониторинг всей системы центрального кондиционирования.

(7) Система мониторинга центрального кондиционирования: главным образом включает в себя датчики, исполнительные механизмы, контроллеры и центральную станцию мониторинга (компьютер) с установленным программным обеспечением для мониторинга и управления.

(8) Подробнее о датчиках см. ниже.

① Датчик температуры: предназначен для измерения температуры воздуха внутри и вне помещения, водопровода и воздухопровода, включает в себя датчик температуры в помещении, датчик вне помещения, воздухопроводный датчик температуры, водопроводный датчик температуры.

② Реле перепада давления воды: предназначен для контроля перепада давления воды в трубопроводе, например, измерение перепада давления воды между водоотделителем и водосборником или между впускной и выпускной трубами водяного насоса.

③ Датчик давления водопровода: предназначен для измерения давления воды в водопроводе, включает в себя датчик давления воды и дистанционный манометр.

④ Реле потока воды: предназначен для контроля состояния течения воды в водопроводе и выдачи дискретного сигнала при достижении заданной скорости течения воды.

⑤ Датчик расхода: предназначен для измерения расхода в водопроводе, типичные датчики расхода бывают двух типов: электромагнитные и турбинные.

⑥ Датчик перепада давления фильтровальной сети: также называется реле перепада давления фильтровальной сетки, предназначен для проверки засорения фильтра кондиционера.

⑦ Морозозащитное реле: предназначено для защиты от замерзания при эксплуатации агрегата кондиционирования воздуха или агрегата приточной вентиляции в северных регионах зимой. Он подает сигнал тревоги, когда температура приточного воздуха в агрегате становится слишком низкой, и в то же время срабатывает защитная блокировка во избежание замерзания и разрушения змеевика в агрегате.

(9) Подробнее об исполнительных механизмах см. ниже.

① Электрический водяной клапан: приводится в движение электродвигателем, регулирует степень открытия клапана.

② Электромагнитный клапан: управление открытием/закрытием клапана осуществляется с помощью электромагнитного притяжения, созданного после подачи тока на катушку, поэтому данный клапан имеет только два состояния: открытое и закрытое.

③ Обратный клапан: предназначен для предотвращения обратного течения

воды.

2. Особенности системы центрального кондиционирования

Система центрального кондиционирования имеет следующие преимущества.

(1) Оборудование для обработки воздуха и холодопроизводства сосредоточено в машинном отделении, чтобы облегчить централизованное управление и регулирование, источники тепла и холода являются централизованными.

(2) В переходные сезоны можно в полной мере использовать свежий воздух снаружи для сокращения времени работы охлаждающего оборудования.

(3) Позволяет строго контролировать температуру, влажность и чистоту воздуха в помещении.

(4) Для системы кондиционирования воздуха можно принять эффективные меры по защите от ударов и снижению шума.

(5) Длительный срок службы.

(6) Большая мощность обработки воздуха, отличается надежной эксплуатацией и удобством в управлении и ремонте.

Система центрального кондиционирования имеет следующие недостатки.

(1) Машинное отделение имеет большую площадь и относительно высокую высоту этажа; воздуховоды имеют сложную компоновку и занимают большое пространство здания; большой объем монтажных работ и длительный срок строительства.

(2) Для зданий с неравномерным изменением нагрузки по температуре и влажности в помещении с неравномерным временем работы эксплуатация системы становится экономически неэффективной.

(3) Объем воздуха в каждом ответвлении и воздухозаборниках системы воздухопроводов трудно поддаются балансировке; помещения соединены между собой с помощью воздухопроводов, что затрудняет предотвращение пожара.

【Выполнение задачи】

Задача выполняется путем завершения отчета в соответствии с формулировкой и задачей проекта, см. таблицу 5-1-1 и 5-1-2.

Табл. 5-1-1 Задача проекта

Название задачи	Знакомство со структурой центральной системы кондиционирования		
Члены группы			
Инструктор-преподаватель		Планируемое время	
Срок реализации		Место реализации	
Содержание и цель задачи			
1. Ознакомиться с системой центрального кондиционирования. 2. Освоить структуру системы центрального кондиционирования. 3. Освоить особенности системы центрального кондиционирования			
Пункты аттестации	1. Система центрального кондиционирования. 2. Структура системы центрального кондиционирования. 3. Особенности системы центрального кондиционирования		
Примечание			

Табл. 5-1-2 Отчет о выполнении задачи проекта

Название задачи	Знакомство со структурой центральной системы кондиционирования		
Члены группы			
Конкретное разделение труда			
Планируемое время		Фактическое время реализации	
Примечание			
1. Кратко опишите, что такое система центрального кондиционирования. 2. Кратко опишите, из чего состоит система центрального кондиционирования. 3. Проанализируйте особенности системы центрального кондиционирования. 4. Нарисуйте схему системы центрального кондиционирования.			

【Оценка задачи】

Оценка задачи осуществляется по форме комплексной оценки задачи проекта, приведенной в таблице 5-1-3.

Табл. 5-1-3　Форма комплексной оценки задачи проекта

Название задачи:　　　　　　　　　　Время оценки:　Год　месяц　день

Детали оценки		Стандартный балл	Полученный балл								
			Члены группы								
			Самооценка группы	Взаимная оценка между группами	Оценка преподавателя	Самооценка группы	Взаимная оценка между группами	Оценка преподавателя	Самооценка группы	Взаимная оценка между группами	Оценка преподавателя
Группа (60 баллов)	Может ли группа понять цели и прогресс обучения в целом	10									
	Существует ли четкое разделение труда между членами группы	10									
	Есть ли у группы сознание сотрудничества	10									
	Есть ли у группы инновационные идеи (методы)	10									
	Добросовестно ли группа заполнила отчет о завершении задачи	10									
	Есть ли у группы проблемы и пути их решения	10									

Детали оценки		Стандартный балл	Полученный балл								
			Члены группы								
			Самооценка группы	Взаимная оценка между группами	Оценка преподавателя	Самооценка группы	Взаимная оценка между группами	Оценка преподавателя	Самооценка группы	Взаимная оценка между группами	Оценка преподавателя
Отдельное лицо (40 баллов)	Подчиняется ли отдельное лицо постановке работы группы	10									
	Выполняет ли отдельное лицо задачи, поставленные группой	10									
	Может ли отдельное лицо своевременно общаться с членами группы	10									
	Может ли отдельное лицо тщательно описать трудности, ошибки и изменения	10									
Всего		100									

【Закрепление знаний】

(1) Что такое система центрального кондиционирования воздуха и каковы ее особенности ?

(2) Из чего состоит система центрального кондиционирования ?

Задача Ⅱ Понимание классификации центральной системы кондиционирования

Общие контрольные электроприборы для холодильного оборудования

Знание агрегата для очистки воздуха

【Подготовка к задаче】

Существует множество методов классификации систем центрального кондиционирования. Различные типы систем центрального кондиционирования имеют разный состав. Системы центрального кондиционирования классифицируются по размещению оборудования обработки воздуха и среды, используемой для тепловой и влажной нагрузки в помещении.

1. Классификация по размещению оборудования очистки воздуха

1）Централизованная система центрального кондиционирования

Ⅰ. Определение централизованной системы центрального кондиционирования

Все оборудование очистки воздуха централизованной системы центрального кондиционирования, такое как вентилятор, нагреватель/охладитель, фильтр, увлажнитель и т.д., сосредоточено в одном помещении кондиционера, источники охлаждения и тепла обычно также устанавливаются централизованно; такая система называется централизованной системой кондиционирования. Система кондиционирования, в которой воздух после обработки агрегатом подается воздуховодами в кондиционируемые помещения, называется централизованной системой кондиционирования. Это самая ранняя и основная форма системы кондиционирования воздуха, которая до сих пор широко используется.

Ⅱ. Основные характеристики централизованной системы центрального кондиционирования

（1）Оборудование обработки воздуха и охлаждающее оборудование

расположены в машинном отделении централизованно, источники тепла устанавливаются централизованно на обменной станции и других зонах, для централизованного управления проверкой и контролем.

(2) В переходный сезон может быть полностью использован наружный свежий воздух, что позволяет сократить время работы охлаждающего оборудования, при переключении на режим работы со свежим воздухом.

(3) Температуру, влажность и чистоту воздуха в кондиционируемом помещении можно точно регулировать с помощью централизованной системы кондиционирования.

(4) Система имеет длительный срок службы.

(5) Машинное отделение для централизованного монтажа оборудования имеет большую площадь и занимает большое архитектурное пространство; схема расположения воздуховодов, трубопроводов охлажденной и охлаждающей воды сложна, с большим объемом монтажных работ и длинным строительным периодом.

(6) Для помещений с кондиционированием воздуха, где влажность, нагрузка на охлаждение и тепловая нагрузка изменяются часто и с большой амплитудой в разные периоды, работа системы неэкономична.

Ⅲ. Форма централизованной системы центрального кондиционирования

Ⅰ) Система первичного возврата воздуха

В процессе централизованной обработки воздуха, возвратный воздух из помещения и наружный свежий воздух смешиваются и охлаждаются поверхностным охладителем, со снижением влажности, а затем подаются непосредственно в кондиционируемое помещение, или нагреваются и направляются в кондиционируемое помещение, такой воздух называется первичным возвратным воздухом, как показано на рисунке 5-2-1. После того как возвратный воздух и свежий воздух смешиваются друг с другом перед распылительной камерой (или поверхностным охладителем) и обрабатываются теплом и влагой, возвратный воздух системы кондиционирования еще раз смешивается с наружным свежим воздухом перед распылительной камерой (или воздухоохладителем).

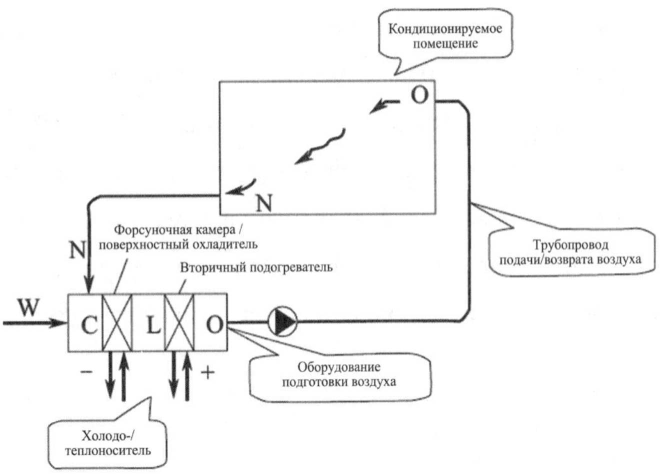

Рис. 5-2-1　Система первичного возврата воздуха

Система первичного возвратного воздуха смешивает воздух, извлекаемый из помещения, с наружным воздухом, обрабатывает смешанный газ и потом подает его в помещение. Поскольку воздух, извлекаемый из помещения, обычно ближе к состоянию приточного, чем наружный воздух, то может быть снижена энергия, необходимая для нагрева или охлаждения, с низкими затратами на эксплуатацию, что является широко распространенной формы системы.

Преимущества системы первичного возвратного воздуха:

(1) Простое оборудование, с экономией первоначальных инвестиций;

(2) Строгое управление температурой в помещении;

(3) Вентиляция может быть полностью обеспечена, а санитарные условия в помещении хорошие;

(4) Централизованное размещение агрегатов обработки воздуха в машинном помещении, с удобством ремонта и управления;

(5) Реализация регулировки энергосберегающей эксплуатации при различных рабочих режимах в течение года;

(6) Длительный срок службы;

(7) Возможно принятие эффективных мер по шумоподавлению и виброизоляции.

Ⅱ) Система вторичного возвратного воздуха

Возвратный воздух из кондиционируемого помещения, смешанный с воздухом после обработки через форсуночную камеру или воздухоохладитель,

называется вторичным возвратным воздухом. Система кондиционирования с первичным и вторичным возвратным воздухом называется системой первичного и вторичного возвратного воздуха, для краткости — системой вторичного возвратного воздуха, как показано на рисунке 5-2-2. В системе вторичного возвратного воздуха используется возвратный воздух вместо подогревателя для нагрева воздуха. Хотя теоретически это экономит энергию, но фактический эффект не очень хорош, также процесс сложен и имеет трудное управление.

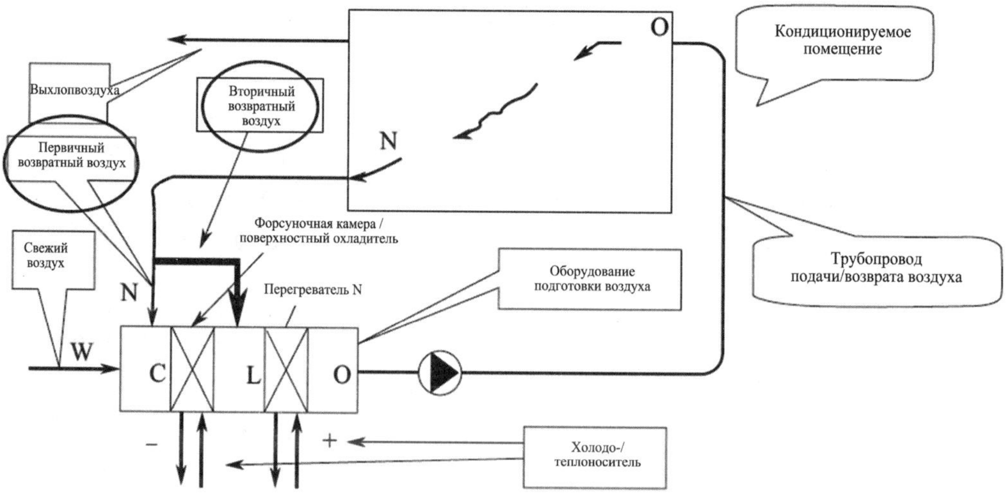

Рис. 5-2-2 Система вторичного возвратного воздуха

2) Полуцентрализованная система центрального кондиционирования

Ⅰ. Определение полуцентрализованной системы центрального кондиционирования

Система, в которой предусмотрены централизованная обработка и распределение свежего воздуха, а также осуществляется локальная обработка циркуляционного воздуха в помещении с помощью концевых устройств (например, змеевиков вентиляторов), расположенных в кондиционируемом помещении, называется полуцентрализованной системой кондиционирования.

Ⅱ. Форма полуцентрализованной системы центрального кондиционирования

Полуцентрализованная система центрального кондиционирования в основном включает систему кондиционирования со змеевиками вентилятора и систему кондиционирования с индуктором.

Ⅰ) Система кондиционирования со змеевиками вентилятора

Система кондиционирования воздуха со змеевиками вентилятора

представляет собой полуцентрализованную водовоздушную систему, разработанную для преодоления таких недостатков, как большой размер системы, толстые воздуховоды, большая занимаемая площадь и пространство здания, а также плохая гибкость системы.

Змеевик вентилятора является идеальным конечным продуктом для центрального кондиционера, и широко используется в гостиницах, административных зданиях, больницах, коммерческих жилых застройках и научно-исследовательских учреждениях. Вентилятор охлаждает или нагревает воздух в помещении или наружный смешанный воздух поверхностным охладителем и подает воздух после обработки в помещение, чтобы температура воздуха в помещении снизилась или повысилась, таким образом удовлетворяя требованиям к комфорту людей. При протекании охлажденной или горячей воды в змеевике осуществляется теплообмен с воздухом вне змеевика для охлаждения воздуха, а также для регулирования параметров воздуха в помещении путем осушения или нагрева.

Свежий воздух, необходимый в помещении, может поступать в помещение путем просачивания через двери и окна или непосредственно через отверстия свежего воздуха, установленные в помещении. Наружный воздух подвергается централизованной обработке с помощью агрегата обработки свежего воздуха и подается по трубопроводу непосредственно в кондиционируемое помещение, или по входу воздуха змеевика вентилятора смешивается с внутренним воздухом, такой смешанный воздух подвергается тепловой и мокрой обработке с помощью змеевика вентилятора, а затем подается в помещение. Охлаждающая среда и теплоноситель для обработки воздуха в змеевике поставляются централизованно установленными источниками холода и тепла. Поэтому, система кондиционирования со змеевиками вентилятора относится к полуцентрализованной системе центрального кондиционирования. В то же время, эта система кондиционирования также называется водовоздушной системой кондиционирования, поскольку холод или тепло в кондиционируемое помещение подаются соответственно воздухом и водой. Внутренняя конструкция кондиционера со змеевиками показана на рисунке 5-2-3.

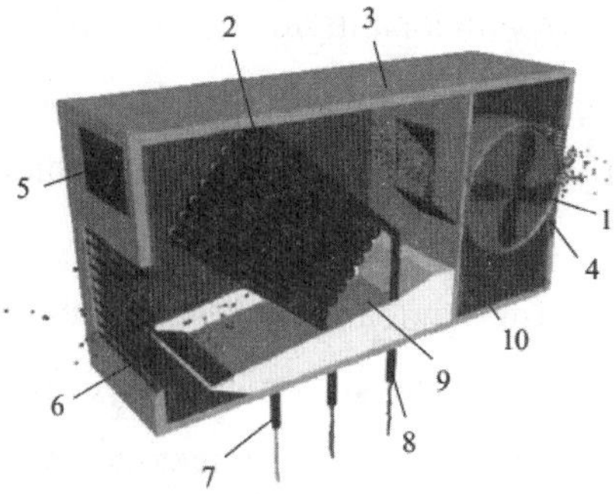

Ремонт, уход и эксплуатация змеевика вентилятора

Знание и регулирование змеевиковой системы вентилятора

Рис. 5-2-3 Внутренняя конструкция кондиционера со змеевиками

1—вентилятор; 2—змеевик; 3—корпус; 4—вход циркуляционного воздуха и воздушные фильтры; 5—контроллер; 6—воздуховыпускная решетка; 7—дренажная труба; 8—охлаждающая среда; 9—поддон для конденсата; 10—звукопоглощающий материал

Для того чтобы удовлетворить требования к выбору в проектировании для различных случаев, в сферу змеевика вентилятора входят горизонтальный змеевик вентилятора скрытой установки (с коробкой возвратного воздуха), горизонтальный змеевик вентилятора открытой установки, вертикальный змеевик вентилятора скрытой установки, вертикальный змеевик вентилятора открытой установки, кассетный змеевик вентилятора с двумя воздуховыпускными отверстиями, кассетный змеевик вентилятора с четырьмя воздуховыпускными отверстиями и настенный змеевик вентилятора. Агрегат змеевика вентилятора состоит в основном из низкошумного электродвигателя, змеевика и др.

Ⅱ) Индукционная система кондиционирования воздуха

Индуктор — специальное устройство, используемое для подачи воздуха в систему кондиционирования, и состоит из камеры статического давления, форсунка, змеевика (некоторые без змеевиков) и т.д. Камера статического давления выполняет функцию уравнивания потока и шумоподавления, для того, чтобы первичный воздух мог равномерно выбрасываться из форсунки при протекании, а также для шумоподавления; сечение камеры статического давления намного больше сечения воздуховода, кроме того, внутри устанавливаются различные перегородки, а внутренняя полость также покрыта звукопоглощающими материалами. Как правило, чем больше камера статического давления, тем лучше эффект уравнивания тока и шумоподавления. Роль форсунка заключается в том, чтобы выводить первичный воздух с высокой скоростью, а также индуцировать вторичный воздух. Количество,

расположение и конструктивная форма форсунка влияют на коэффициент индукции и сопротивление индуктора.

Индукционная система кондиционирования воздуха также относится к полуцентрализованной системе центрального кондиционирования. На рисунке 5-2-4 представлена схема принципа работы системы кондиционирования с индуктором, т.е. централизованно обработанный первичный воздух сначала входит в камеру статического давления индуктора, затем с очень высокой скоростью（20-30м/с）выбрасывается из форсунки на камере статического давления; За счет эжекционного эффекта струйного воздушного потока, внутри индуктора создается зона отрицательного давления, а воздух в помещении（также называемый вторичным воздухом）всасывается внутрь индуктора, смешивается с первичным воздухом индуктора, а затем подается в кондиционируемое помещение. Змеевик внутри индуктора может быть использован для подачи холодной и горячей воды для охлаждения или нагрева вторичного воздуха, а нагрузка в кондиционируемом помещении распределяется между воздухом и водой.

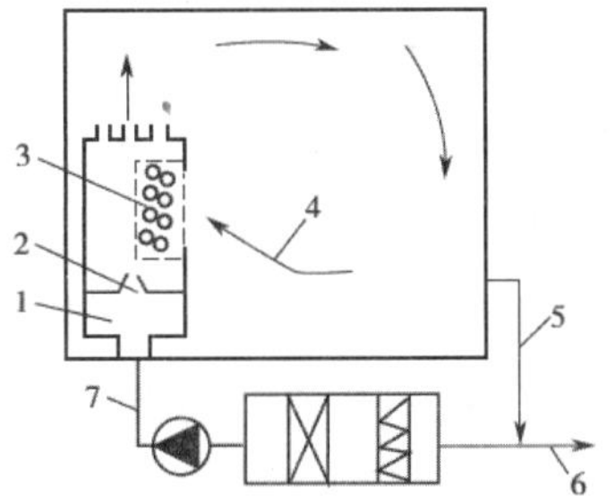

Рис. 5-2-4　Принцип работы системы кондиционирования с индуктором

1—камера статического давления; 2—форсунок; 3—теплообменник; 4—вторичный ветер; 5—трубопровод возвратного воздуха; 6—трубопровод свежего воздуха; 7—первичный воздух

Ⅲ. Основные особенности полуцентрализованной системы центрального кондиционирования

（1）В дополнение к централизованной камере обработки воздуха, в кондиционируемом помещении предусмотрено оборудование обработки вторичного воздуха.

（2）Данный способ кондиционирования воздуха, сочетающий в себе централизованную и локальную обработку воздуха, преодолевает недостатки централизованной центральной системы кондиционирования воздуха, такие как

большая производительность обработки воздуха, большую площадь поперечного сечения оборудования и воздуховодов, а также имеет преимущество локальной системы кондиционирования, которую легко регулировать самостоятельно.

(3) Полуцентрализованная система центрального кондиционирования в основном классифицируется на систему кондиционирования со змеевиками вентилятора и систему кондиционирования с индуктором исходя из различных типов оборудования обработки вторичного воздуха. Среди них система кондиционирования свежего воздуха со змеевиком вентилятора является наиболее часто используемой полуцентрализованной системой центрального кондиционирования.

2. Классификация по среде, используемой для тепловой и влажной нагрузки в помещении

1) Полностью воздушная система кондиционирования воздуха

Полностью воздушная система кондиционирования воздуха относится к системе кондиционирования воздуха, в которой нагрузка в кондиционируемом помещении полностью покрывается обработанным воздухом, как показано на рисунке 5-2-5. Полностью воздушная система кондиционирования воздуха используется для устранения явных тепловых и охлаждающих нагрузок внутри помещений, а также скрытых тепловых и охлаждающих нагрузок. Перед подачей в помещение воздух в этой системе должен быть охлажден и осушен. Что касается обогрева помещения, то его можно осуществить с помощью той же системы, то есть добавив в систему оборудование для обогрева воздуха и увлажнения (или без увлажнения), а также с помощью другой системы отопления. Централизованная полностью воздушная система кондиционирования воздуха является часто используемой формой системы, в частности, такая система используется в большинстве технологических кондиционеров со строгими требованиями к управлению параметрами воздуха.

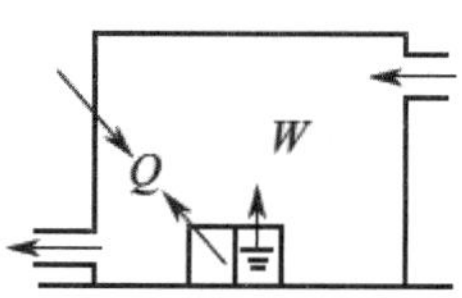

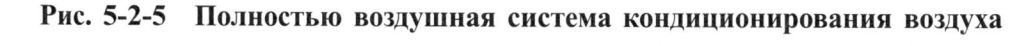

Рис. 5-2-5 Полностью воздушная система кондиционирования воздуха

Полностью кондиционированная система кондиционирования воздуха имеет

небольшую удельную теплоемкость воздуха, низкую плотность, большую потребность в воздухе, большое поперечное сечение воздуховода и высокое энергопотребление при транспортировке, и подходит для обычного низкоскоростного одиночного воздуховода.

2) Полностью водяная система кондиционирования воздуха

Система кондиционирования воздуха (в основном змеевик вентилятора), в которой тепловая и влажностная нагрузка в кондиционируемом помещении полностью покрывается очищенной водой, называется полностью водяной системой кондиционирования воздуха, как показано на рисунке 5-2-6. В такой системе тепловая и влажная нагрузки в кондиционируемом помещении полностью покрываются водой с определенной температурой.

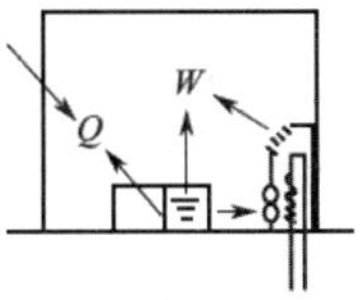

Рис. 5-2-6　Полностью водяная система кондиционирования воздуха

Транспортный трубопровод полностью водяной системы кондиционирования воздуха имеет малое сечение и не имеет функции вентиляции. Он подходит для системы змеевиков вентилятора, а также системы лучистого холодоснабжения и теплоснабжения панелей (обычно не применяется отдельно).

Поскольку удельный объем воды намного больше, чем у воздуха, при той же нагрузке требуется меньше воды, поэтому транспортные трубопроводы занимают меньше места. Однако, поскольку эта система использует воду для устранения остаточного тепла и влажности в кондиционируемом помещении и не имеет функции вентиляции, качество воздуха в помещении плохое, из-за чего такая система применяется реже.

3) Водовоздушная система кондиционирования

Водовоздушная система кондиционирования представляет собой систему, в которой охлаждающая и тепловая нагрузки покрываются совместно воздухом и водой. Помимо подачи обработанного воздуха в помещение, также предусмотрено конечное оборудование с водой в качестве среды в помещении для охлаждения или нагрева воздуха в помещении, а воздух и вода (в качестве холодной и тепловой среды) совместно покрывают тепловую и мокрую нагрузку в кондиционируемом помещении, как показано на рисунке 5-2-7.

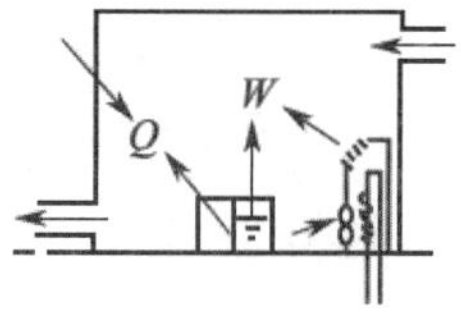

Рис. 5-2-7 Водовоздушная система кондиционирования

Водовоздушная система кондиционирования находится между полностью воздушной системой кондиционирования воздуха и полностью водяной системой кондиционирования воздуха. Она подходит для лучистого охлаждения панелей и свежего воздуха, системы свежего воздуха со змеевиками вентилятора и водовоздушной системы кондиционирования воздуха с индуктором, при этом она широко применяется.

4) Хладагентная система

Система кондиционирования, в которой испаритель системы охлаждения расположен непосредственно в кондиционируемом помещении для поглощения остаточной теплоты и влажности, называется хладагентной системой, как показано на рисунке 5-2-8.

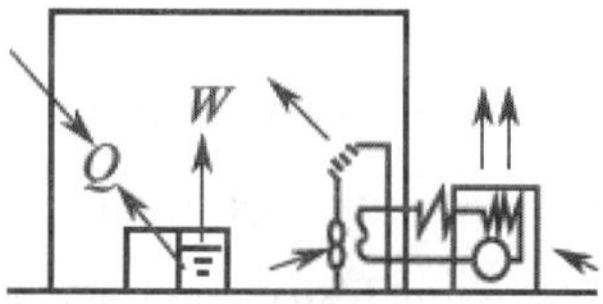

Рис. 5-2-8 Хладагентная система

Испаритель или конденсатор хладагентной системы поглощает или выделяет тепло непосредственно в помещение, с небольшими потерями на передачу холода и тепла, и подходит для цельного или раздельного шкафного агрегата для кондиционирования воздуха, раздельного агрегата для кондиционирования воздуха с несколькими внутренними блоками, системы теплового насосного агрегата с водяным источником тепла замкнутого цикла (агрегата для локального кондиционирования воздуха) .

Преимуществами этой системы являются высокая степень использования источников холода и тепла, малая занимаемая площадь, гибкая планировка и возможность свободно выбирать охлаждение и обогрев в соответствии с различными требованиями к кондиционированию воздуха. Как правило, такая система используется для децентрализованных локальных установок

кондиционирования воздуха.

【Выполнение задачи】

Задача выполняется путем завершения отчета в соответствии с формулировкой и задачей проекта, см. таблицу 5-2-1 и 5-2-2.

Табл. 5-2-1 Задача проекта

Название задачи	Понимание классификации центральной системы кондиционирования		
Члены группы			
Инструктор-преподаватель		Планируемое время	
Срок реализации		Место реализации	
Содержание и цель задачи			
1. Освоить классификацию центральной системы кондиционирования; 2. Овладеть формой и особенностями централизованной системы центрального кондиционирования; 3. Овладеть формой и особенностями полуцентрализованной системы центрального кондиционирования;			
Пункты аттестации	1. Система центрального кондиционирования. 2. Форма системы центрального кондиционирования; 3. Особенности различных форм системы центрального кондиционирования.		
Примечание			

Табл. 5-2-2 Отчет о выполнении задачи проекта

Название задачи	Понимание классификации центральной системы кондиционирования		
Члены группы			
Конкретное разделение труда			
Планируемое время		Фактическое время реализации	
Примечание			
1. Кратко опишите, что такое централизованная система центрального кондиционирования, а что такое полуцентрализованная система центрального кондиционирования. 2. Кратко опишите какие типы систем центрального кондиционирования существуют. 3. Проанализируйте различия между полностью воздушной системой кондиционирования воздуха, полностью водяной системой кондиционирования воздуха, водовоздушной системой кондиционирования и хладагентной системой в сфере системы центрального кондиционирования. 4. Нарисуйте схему системы центрального кондиционирования с первичным возвратом воздуха.			

【Оценка задачи】

Оценка задачи осуществляется по форме комплексной оценки задачи проекта, приведенной в таблице 5-2-3.

Табл. 5-2-3 Форма комплексной оценки задачи проекта

Название задачи: Время оценки: Год месяц день

Детали оценки		Стандартный балл	Полученный балл								
			Члены группы								
			Самооценка группы	Взаимная оценка между группами	Оценка преподавателя	Самооценка группы	Взаимная оценка между группами	Оценка преподавателя	Самооценка группы	Взаимная оценка между группами	Оценка преподавателя
Группа (60 баллов)	Может ли группа понять цели и прогресс обучения в целом	10									
	Существует ли четкое разделение труда между членами группы	10									
	Есть ли у группы сознание сотрудничества	10									
	Есть ли у группы инновационные идеи (методы)	10									
	Добросовестно ли группа заполнила отчет о завершении задачи	10									
	Есть ли у группы проблемы и пути их решения	10									

Детали оценки		Стандартный балл	Полученный балл								
			Члены группы								
			Самооценка группы	Взаимная оценка между группами	Оценка преподавателя	Самооценка группы	Взаимная оценка между группами	Оценка преподавателя	Самооценка группы	Взаимная оценка между группами	Оценка преподавателя
Отдельное лицо (40 баллов)	Подчиняется ли отдельное лицо постановке работы группы	10									
	Выполняет ли отдельное лицо задачи, поставленные группой	10									
	Может ли отдельное лицо своевременно общаться с членами группы	10									
	Может ли отдельное лицо тщательно описать трудности, ошибки и изменения	10									
Всего		100									

【Закрепление знаний】

(1) Какова классификация систем центрального кондиционирования ?

(2) Что такое централизованная система центрального кондиционирования ?

Задача Ⅲ Понимание принципа работы центральной системы кондиционирования

Содержание технического обслуживания и ухода центрального кондиционера Конструкция поршневого компрессора

【Подготовка к задаче】

Система центрального кондиционирования в основном состоит из системы холодильного компрессора, системы (холодной и горячей) циркуляционной воды охлаждающей среды, системы охлаждающей циркуляционной воды, вентиляционной системы со змеевиками, вентиляционной системы с градирнями и др. Различные системы центрального кондиционирования имеют разные принципы работы.

1. Принцип работы системы центрального кондиционирования

1) Принцип охлаждения

Холодильный компрессорный агрегат выполняет сжатие хладагента кондиционера (охлаждающая среда, такая как R134a и R22) с помощью компрессора в жидкое состояние и подает его в испаритель, а система охлаждения циркуляционной воды с помощью насоса охлажденной воды накачивает воду комнатной температуры в змеевик испарителя для косвенного теплообмена с охлаждающей средой, так что исходная вода при нормальной температуре превращается в низкотемпературную охлажденную воду, охлажденная вода еще раз подается в охлаждающий змеевик в отверстиях вентиляторов для поглощения тепла воздуха вокруг змеевика, и полученный низкотемпературный воздух подается вентилятором змеевика в помещения для достижения цели понижения температуры.

2) Принцип производства тепла

После того как хладагент полностью сжимается в испарителе и процесс

поглощения тепла завершается, он затем направляется в конденсатор, чтобы вернуться к нормальному давлению, так что хладагент выделяет тепло в конденсаторе, а выделенное тепло уносится охлаждающей водой из системы циркуляционной охлаждающей воды. После этого система циркуляционной охлаждающей воды перекачивает воду комнатной температуры насосом охлаждающей воды в теплообменный змеевик конденсатора, затем отправляет нагретую охлаждающую воду в градирню, где она естественным образом охлаждается градирней или вентилятором градирни, осуществляет принудительное воздушное охлаждение распылительного типа и полностью обменивается теплом с атмосферой, возвращая охлаждающую воду до нормальной температуры для повторного использования. В зимнее время, при необходимости производства тепла, система центрального кондиционирования с помощью насоса холодной и горячей воды закачивает воду комнатной температуры в теплообменник, и после полного теплообмена с водой в котле, горячая вода подается в змеевики вентиляторов на различных этажах, что позволяет обеспечить потребителей горячим воздухом отопления.

Принцип работы системы центрального кондиционирования приведен на рисунке 5-3-1.

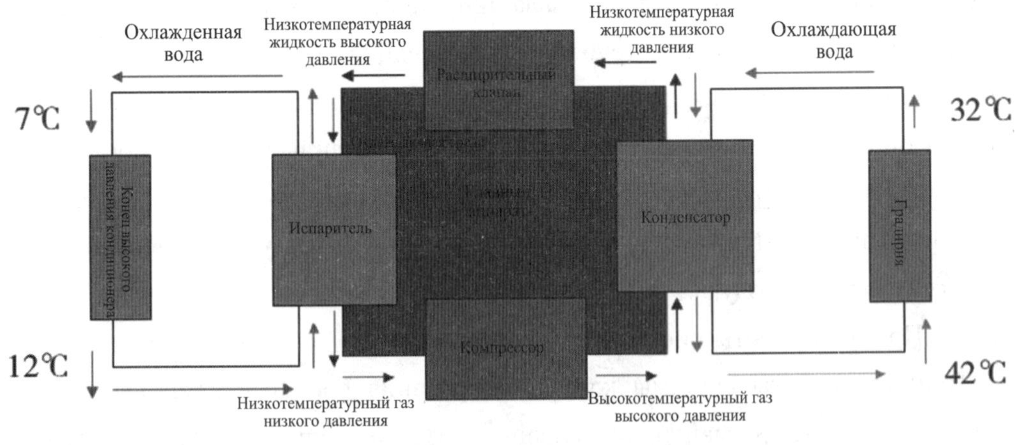

Рис. 5-3-1　Принцип работы системы центрального кондиционирования

2. Принципы работы различных систем центрального кондиционирования

1）Принцип работы водяной системы

Система центрального кондиционирования с водяным охлаждением состоит из четырех основных компонентов: компрессора, конденсатора, дроссельного устройства и испарителя. Хладагент циркулирует поочередно через четыре

вышеуказанных основных компонента, т.е. газ с высокой температурой и высоким давлением охлаждающей среды (хладагента) из компрессора проходит через конденсатор для снижения температуры и давления. Конденсатор передает тепло в градирню через систему охлаждающей воды и сбрасывает его. Хладагент продолжает течь, проходит через дросселирующее устройство и становится жидкостью с низкой температурой и низким давлением, а затем проходит через испаритель, где он поглощает тепло и сжимается. На обоих концах испарителя подключены системы циркуляции охлажденной воды. Тепло, поглощаемое хладагентом, снижает температуру охлажденной воды, в результате чего низкотемпературная вода течет к пользователю, где она затем проходит через змеевик вентилятора для теплообмена и выдувания холодного воздуха.

2) Принцип работы воздушной системы

Передача свежего воздуха осуществляется путем замещения, а не по принципу внутренней циркуляции кондиционируемых газов, смешивание которых вредно для здоровья. Свежий воздух с улицы автоматически всасывается в помещение за счет отрицательного давления, обеспыливается и фильтруется при поступлении в помещение через отверстие свежего воздуха, установленное на окнах спальни, зала или жилой комнаты. В то же время, соответствующие внутренние трубопроводы соединяются с воздуховыпускными отверстиями в нескольких функциональных помещениях, из-за чего образуется система циркуляции, которая будет забирать отработанные газы из помещения, и «выдыхать» централизованно на воздуховыпускных отверстиях, выходящие газы не используются в циркуляции, при этом образуется хороший цикл старого и свежего воздуха.

3) Принцип работы системы со змеевиками

Принцип работы системы кондиционирования со змеевиками вентилятора заключается в непрерывной циркуляции воздуха в помещении с помощью агрегата змеевика вентилятора для охлаждения или нагрева воздуха через змеевик, в целях поддержания требуемой температуры и определенной относительной влажности в помещении. Холодная или горячая вода для змеевика подается из централизованных источников холода и тепла. Наряду с этим, свежий воздух после централизованной обработки в помещении кондиционера свежего воздуха подается в кондиционируемые помещение по

специальному трубопроводу свежего воздуха, чтобы удовлетворить санитарные требования в кондиционируемых помещениях.

По сравнению с централизованной системой кондиционирования, система кондиционирования со змеевиками вентилятора не имеет большого воздуховода, только водопроводные трубы и малые трубопроводы свежего воздуха, и обладает такими преимуществами как простота компоновки и монтажа, малое занимаемое архитектурное пространство и хорошее регулирование. Она широко используется для комфортного кондиционирования воздуха, где точность регулирования температуры и влажности не высока, имеются много комнат с малой площадью, и требуется отдельный контроль.

【Выполнение задачи】

Задача выполняется путем завершения отчета в соответствии с формулировкой и задачей проекта, см. таблицу 5-3-1 и 5-3-2.

Табл. 5-3-1 Задача проекта

Название задачи	Понимание принципа работы центральной системы кондиционирования		
Члены группы			
Инструктор-преподаватель		Планируемое время	
Срок реализации		Место реализации	
Содержание и цель задачи			
1. Овладеть принципом работы охлаждения и производства тепла системы центрального кондиционирования; 2. Овладеть принципами работы различных типов систем центрального кондиционирования.			
Пункты аттестации	1. Принцип охлаждения системы центрального кондиционирования; 2. Принцип производства тепла системы центрального кондиционирования; 3. Принципы работы различных форм систем центрального кондиционирования.		
Примечание			

Табл. 5-3-2 Отчет о выполнении задачи проекта

Название задачи	Понимание принципа работы центральной системы кондиционирования		
Члены группы			
Конкретное разделение труда			
Планируемое время		Фактическое время реализации	
Примечание			

1. Начертите принципиальную схему охлаждения системы центрального кондиционирования.

2. Начертите принципиальную схему производства тепла системы центрального кондиционирования.

3. Проанализируйте принцип работы системы центрального кондиционирования с водяной и воздушной системой.

4. Кратко опишите состав и принцип работы системы центрального кондиционирования со змеевиками вентилятора.

【Оценка задачи】

Оценка задачи осуществляется по форме комплексной оценки задачи проекта, приведенной в таблице 5-2-3.

Табл. 5-3-3 Форма комплексной оценки задачи проекта

Название задачи:　　　　Время оценки:　Год　месяц　день

Детали оценки		Стандартные баллы	Полученный балл								
			Члены группы								
			Самооценка группы	Взаимная оценка между группами	Оценка преподавателя	Самооценка группы	Взаимная оценка между группами	Оценка преподавателя	Самооценка группы	Взаимная оценка между группами	Оценка преподавателя
Группа (60 баллов)	Может ли группа понять цели и прогресс обучения в целом	10									
	Существует ли четкое разделение труда между членами группы	10									
	Есть ли у группы сознание сотрудничества	10									
	Есть ли у группы инновационные идеи (методы)	10									
	Добросовестно ли группа заполнила отчет о завершении задачи	10									
	Есть ли у группы проблемы и пути их решения	10									

Детали оценки		Стандартные баллы	Полученный балл								
			Члены группы								
			Самооценка группы	Взаимная оценка между группами	Оценка преподавателя	Самооценка группы	Взаимная оценка между группами	Оценка преподавателя	Самооценка группы	Взаимная оценка между группами	Оценка преподавателя
Отдельное лицо (40 баллов)	Подчиняется ли отдельное лицо постановке работы группы	10									
	Выполняет ли отдельное лицо задачи, поставленные группой	10									
	Может ли отдельное лицо своевременно общаться с членами группы	10									
	Может ли отдельное лицо тщательно описать трудности, ошибки и изменения	10									
Всего		100									

【Закрепление знаний】

(1) Кратко опишите принцип охлаждения системы центрального кондиционирования.

(2) Кратко опишите принцип производства тепла системой центрального кондиционирования.

Управление электродвигателем в общем электроуправлении холодильного оборудования

Анализ процессов управления кондиционером в разных режимах

Задача Ⅳ Понимание принципа работы мультизональной сплит-системы кондиционирования

【Подготовка к задаче】

Мультизональная сплит-система центрального кондиционирования — это тип пользовательской центральной системы кондиционирования, широко известный как «один тащит многих», т.е. один наружный блок соединяется с двумя или более внутренними блоками с помощью трубопроводов. Наружная сторона использует теплообмен с воздушным охлаждением, а внутренняя сторона использует теплообмен с прямым испарением. Мультизональная сплит-система центрального кондиционирования широко применяется в малых и средних зданиях, а также в некоторых общественных зданиях.

1. Структура мультизональной сплит-системы центрального кондиционирования

Мультизональная сплит-система центрального кондиционирования использует сжатый хладагент в качестве транспортной среды и один компрессор для привода нескольких внутренних блоков, как показано на рисунке 5-4-1. Наружный основной блок состоит из внешнего теплообменника, компрессора и других аксессуаров. Внутренний блок состоит из прямого испарительного теплообменника и вентилятора. Хладагент подается из наружного блока во внутренний блок по трубопроводу, чтобы удовлетворить требованиям к кондиционированию в разных помещениях путем управления расходом хладагента в трубопроводе и расходом охлаждения радиаторов в помещении. Основным отличием от других систем кондиционирования с охлаждающей средой является то, что компрессор в данной системе контролируется за счет частотного регулирования, при низкой нагрузке системы регулируется скорость

вращения компрессора с помощью контроллера преобразования частоты, что позволяет изменять поток циркуляции охлаждающей среды в системе, таким образом осуществляется автоматическое управление холодопроизводительностью в соответствии с требованиями к использованию. Для пользовательской системы кондиционирования в обычных жилищах предусматривается только один компрессор с преобразователем частоты.

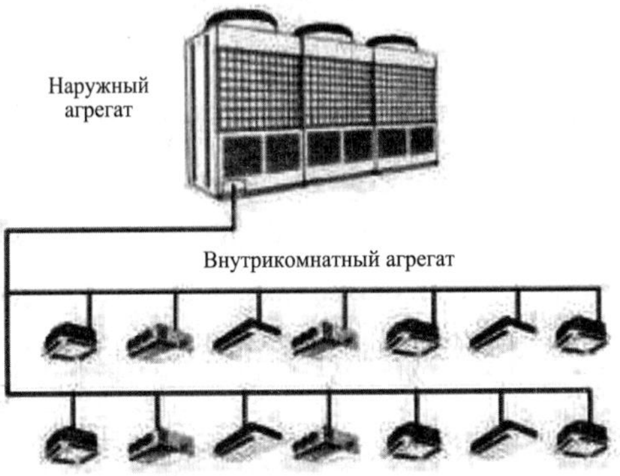

Рис. 5-4-1　Мультизональная сплит-система центрального кондиционирования

2. Принцип работы мультизональной сплит-системы центрального кондиционирования

Принцип работы мультизональной сплит-системы центрального кондиционирования отличается от настенного и шкафного кондиционера. В зависимости от формы принцип работы мультизональной сплит-системы центрального кондиционирования можно разделить на принцип охлаждения и принцип производства тепла.

1) Принцип охлаждения мультизональной сплит-системы центрального кондиционирования

Мультизональная сплит-система центрального кондиционирования осуществляет охлаждение путем парообразования жидкости. Во время парообразования жидкости появляется эндотермическая реакция, а во время конденсации газа возникает экзотермическая реакция. Жидкость в мультизональной сплит-системе центрального кондиционирования находится в замкнутом состоянии, в котором только существуют жидкость и пар, производимый самой жидкостью, без других веществ. Когда жидкость и производимый ею пар достигают равновесия при давлении насыщения,

температура в это время называется температурой насыщения. После достижения насыщения жидкость больше не подвергается парообразованию, если в этот момент отнять часть пара, то жидкость снова подвергается парообразованию до состояния равновесия.

Продолжая испаряться, жидкость поглощает тепло и охлаждает помещение. Следовательно, чтобы достичь цели охлаждения, необходимо постоянно отводить пар, накапливая пар в жидкость, а затем возвращать ее в кондиционер. Принцип охлаждения мультизональной сплит-системы центрального кондиционирования заключается в том, что жидкость испаряется при низкой температуре и низком напряжении для производства холодных газа и жидкости, которые еще конденсируются при нормальной температуре и высоком давлении. Итак, парообразование жидкости имеет четыре этапа: парообразование, повышение давления, конденсация и понижение давления.

2) Принцип производства тепла мультизональной сплит-системы центрального кондиционирования

Компрессор в кондиционере сжимает газ под низкой температурой и давлением, а компрессор в кондиционере сжимает газ под высокой температурой и давлением, теплообменник в кондиционере повышает температуру воды, и одновременно газ конденсируется в жидкость, которая поступает в испаритель в кондиционере. После попадания жидкости в испаритель образуется газ низкого давления и низкой температуры, который снова всасывается компрессором для сжатия. Осуществляется повторная циркуляция для достижения эффекта производства тепла.

3. Особенности мультизональной сплит-системы центрального кондиционирования

По сравнению с традиционной системой центрального кондиционирования, мультизональная сплит-система центрального кондиционирования имеет следующие особенности.

(1) Значительный эффект энергосбережения: мультизональная сплит-система центрального кондиционирования может автоматически регулировать скорость вращения компрессора в соответствии с изменением нагрузки системы, изменять расход хладагента для обеспечения работы агрегата с высоким КПД; при эксплуатации с частичной нагрузкой снижается энергопотребление, и снижаются эксплуатационные расходы в течение всего

года.

（2）Экономия архитектурного пространства: наружный блок с воздушным охлаждением, применяемый в мультизональной сплит-системе центрального кондиционирования, как правило, устанавливается на крыше, и не занимает площадь застройки; соединительные трубы мультизональной сплит-системы центрального кондиционирования включают в себя трубу хладагента и конденсационной воды. Расположение трубопроводов для хладагента является гибким. По сравнению с водной системой, при удовлетворении одинаковой высоты подвесного потолка в помещении, применение мультизональной сплит-системы центрального кондиционирования может уменьшить высоту этажа здания и снизить стоимость строительства.

（3）Простота строительства и монтажа, надежность эксплуатации: по сравнению с централизованной водяной системой кондиционирования воздуха, объем строительных работ мультизональной сплит-системы центрального кондиционирования намного меньше, с коротким сроком строительства, что очень подходит для бытовых условий; к тому же, система имеет малые звенья, что позволяет обеспечить безопасную и надежную эксплуатацию и управление системой.

（4）Удовлетворение требованиям к эксплуатации в помещениях с разными режимами работы: мультизональная сплит-система центрального кондиционирования имеет удобную и гибкую комбинацию, и может быть организована в соответствии с разными требованиями к эксплуатации, для удовлетворения требованиям к эксплуатации в помещениях с разными режимами работы. Для мультизональной сплит-системы кондиционирования с рекуперацией тепла, часть внутренних блоков в одной системе выполняет охлаждение, другая часть внутренних блоков может работать для отопления. В зимнее время, мультизональная сплит-система кондиционирования может осуществлять холодоснабжение во внутренней зоне и теплоснабжение во внешней зоне, передавая тепло из внутренней зоны во внешнюю зону, чтобы полностью использовать энергию, снижать энергопотребление и удовлетворять требованиям к кондиционированию в разных зонах.

По сравнению с традиционным кондиционером, мультизональный сплит-кондиционер обладает следующими преимуществами: применение новой концепции интегрирует разные высокие и новейшие технологии, такие как

технология интеллектуального управления, многоуровневые технологии здравоохранения, энергосберегающие технологии и технология управления сетью, что может удовлетворить требованиям потребителей к комфорту и удобству.

По сравнению с традиционными кондиционерами, мультизональный сплит-кондиционер требуют меньших инвестиций. В них используется только один наружный блок, который прост в установке, красив, гибок и удобен в управлении. Он может осуществлять централизованное управление каждым внутренним блоком с использованием сетевого управления; может быть запущен один внутренний блок отдельно, или некоторые внутренние блоки могут быть запущены одновременно, что позволяет осуществлять более гибкое управление и реализовать энергосбережение.

Мультизональная сплит-система центрального кондиционирования занимает мало места, и имеет только один наружный блок, который может быть размещена на крыше здания. Ее конструкция компактна, красива и экономит пространство

【Выполнение задачи】

Задача выполняется путем завершения отчета в соответствии с формулировкой и задачей проекта, см. таблицу 5-4-1 и 5-4-2.

Табл. 5-4-1 Задача проекта

Название задачи	Понимание принципа работы мультизональной сплит-системы кондиционирования		
Члены группы			
Инструктор-преподаватель		Планируемое время	
Срок реализации		Место реализации	
Содержание и цель задачи			
1. Освоить мультизональную сплит-систему центрального кондиционирования; 2. Овладеть составом мультизональной сплит-системы центрального кондиционирования; 3. Овладеть принципом работы мультизональной сплит-системы центрального кондиционирования; 4. Уметь анализировать разницу между мультизональной сплит-системой центрального кондиционирования и традиционной системой центрального кондиционирования.			
Пункты аттестации	1. Мультизональная сплит-система центрального кондиционирования; 2. Состав мультизональной сплит-системы центрального кондиционирования; 3. Принцип работы мультизональной сплит-системы центрального кондиционирования; 4. Проанализировать разницу между мультизональной сплит-системой центрального кондиционирования и традиционной системой центрального кондиционирования		

Примечание	

Табл. 5-4-2　Отчет о выполнении задачи проекта

Название задачи	Понимание принципа работы мультизональной сплит-системы кондиционирования		
Члены группы			
Конкретное разделение труда			
Планируемое время		Фактическое время реализации	
Примечание			
1. Начертите схему мультизональной сплит-системы центрального кондиционирования. 2. Кратко опишите состав мультизональной сплит-системы центрального кондиционирования. 3. Кратко опишите принцип работы охлаждения и обогрева в мультизональной сплит-системе центрального кондиционирования. 4. Проанализируйте разницу между мультизональной сплит-системой центрального кондиционирования и традиционной системой центрального кондиционирования.			

【Оценка задачи】

Оценка задачи осуществляется по форме комплексной оценки задачи проекта, приведенной в таблице 5-4-3.

Табл. 5-4-3 Форма комплексной оценки задачи проекта

Название задачи: Время оценки: Год месяц день

Детали оценки		Стандартный балл	Полученный балл								
			Члены группы								
			Самооценка группы	Взаимная оценка между группами	Оценка преподавателя	Самооценка группы	Взаимная оценка между группами	Оценка преподавателя	Самооценка группы	Взаимная оценка между группами	Оценка преподавателя
Группа (60 баллов)	Может ли группа понять цели и прогресс обучения в целом	10									
	Существует ли четкое разделение труда между членами группы	10									
	Есть ли у группы сознание сотрудничества	10									
	Есть ли у группы инновационные идеи (методы)	10									
	Добросовестно ли группа заполнила отчет о завершении задачи	10									
	Есть ли у группы проблемы и пути их решения	10									

Детали оценки		Стандартный балл	Полученный балл								
			Члены группы								
			Самооценка группы	Взаимная оценка между группами	Оценка преподавателя	Самооценка группы	Взаимная оценка между группами	Оценка преподавателя	Самооценка группы	Взаимная оценка между группами	Оценка преподавателя
Отдельное лицо (40 баллов)	Подчиняется ли отдельное лицо постановке работы группы	10									
	Выполняет ли отдельное лицо задачи, поставленные группой	10									
	Может ли отдельное лицо своевременно общаться с членами группы	10									
	Может ли отдельное лицо тщательно описать трудности, ошибки и изменения	10									
Всего		100									

【Закрепление знаний】

(1) Что такое мультизональная сплит-система центрального кондиционирования? Каковы ее особенности?

(2) Каков принцип работы мультизональной сплит-системы центрального кондиционирования?

Проект VI

Применение базовых знаний о тепловых насосах

【Описание проекта】

Тепловой насос — это устройство, которое может получать низкопотенциальное тепло из природного воздуха, воды или почвы, выполнять работу за счет электричества и выдавать полезное высокопотенциальное тепло. Тепловой насос представляет собой энергосберегающее и чистое интегральное оборудование для отопления и кондиционирования воздуха. В соответствии с источниками отбора тепла тепловой насос может быть классифицирован на гидротермальный, геотермальный и воздушный. Функция теплового насоса заключается в поглощении тепла из окружающей среды и передаче его обогреваемому объекту (объекту с более высокой температурой). Когда тепловой насос работает, он потребляет часть энергии и использует энергию, накопленную в окружающей среде. Данный проект позволяет лучше понять функции тепловых насосов, путем ознакомления с основными теоретическими знаниями о тепловых насосов, классификацией тепловых насосов и низкотемпературными источниками тепла.

Китайская индустрия тепловых насосов зародилась поздно, но развивается быстрыми темпами. Уникальные преимущества технологии тепловых насосов делают ее применение перспективным. В докладе, представленном на 20-м съезде КПК, отмечается необходимость ускорения экологической трансформации способов развития и реализации стратегии всесторонней экономии. Овладение основными знаниями о тепловых насосах, стимулирование и реализация применения технологии тепловых насосов в таких областях, как экологически чистое теплоснабжение и зеленое строительство, с учетом местных условий, могут способствовать энергосбережению и сокращению выбросов, а также реализации целей 20-го съезда КПК по строительству экокультуры.

【Цель проекта】

Применение основных знаний теплового насоса
Цели образования
1. Улучшить оперативные способности у студентов
2. Развивать у студентов хорошие учебные навыки и инновационное мышление
3. Стимулировать познавательные интересы студентов
4. Повысить самоуверенность и ощущение достижения успеха у студентов
Цели знаний
1. Овладеть основными знаниями термодинамики, свойств передачи, теплопередачи и методами расчета термодинамических свойств рабочей среды
2. Овладеть смыслом теплового насоса и отличием от холодильного оборудования
3. Узнать историю развития тепловых насосов и факторы, определяющие развитие тепловых насосов
4. Овладеть показателями характеристик теплового насоса
5. Овладеть классификацией тепловых насосов
6. Овладеть основными характеристиками обычно используемых низкотемпературных источников тепла тепловых насосов
7. Овладеть типом источника энергии для привода теплового насоса
Цели навыков
1. Уметь рассчитать термодинамические свойства рабочей среды
2. Уметь провести основной расчет теплообменника
3. Уметь провести расчет поглощения или выделения тепла влажным воздухом
4. Уметь провести расчет источников энергии для привода теплового насоса

Задача Ⅰ Применение базовых знаний теории тепловых насосов

【Подготовка к задаче】

Данная задача в основном ориентирована на изучение основных теоретических знаний о тепловых насосах, а также на понимание основных терминов тепловых насосов и состояния их рабочей среды.

Типичные неисправности и ремонт электродвигателя кондиционера

1. Положения о терминологии

На рисунке 6-1-1 представлена принципиальная схема работы теплового насоса. В целом, тепловой насос — это устройство, которое преобразует многочисленную низкотемпературную тепловую энергию Q_L в высокотемпературную тепловую энергию Q_H за счет потребления небольшой высокопотенциальной энергии W (например, электроэнергии).

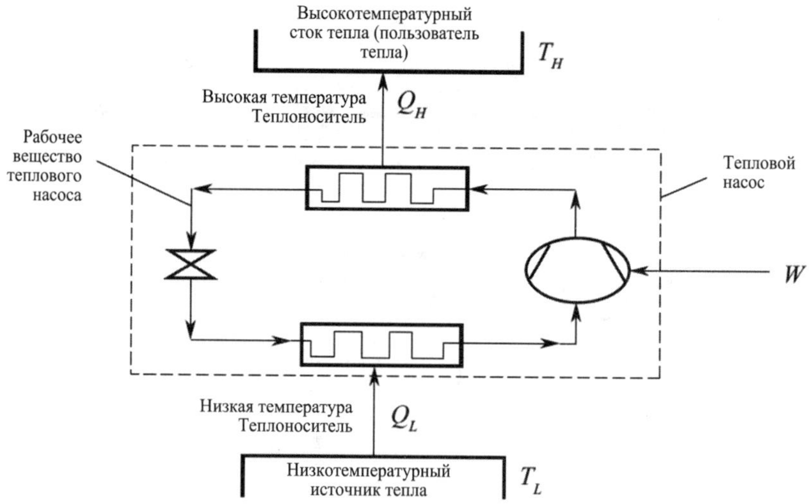

Рис. 6-1-1 Принципиальная схема работы теплового насоса

Для удобства описания, несколько основных терминов согласованы следующим образом.

(1) Низкотемпературный источник тепла: источник тепла, который обеспечивает тепловой насос низкотемпературной тепловой энергией, например окружающий воздух, грунтовые воды, почва, морская вода, промышленное отработанное тепло и т.д.

(2) Высокотемпературный сток тепла: потребитель тепла, который требует высокотемпературную тепловую энергию.

(3) Рабочее вещество теплового насоса: рабочая среда, циркулирующая в тепловом насосе, может называться рабочим веществом или циркулирующим рабочим веществом.

(4) Низкотемпературный теплоноситель: среда, подающая низкотемпературную тепловую энергию от низкотемпературного источника тепла к тепловому насосу.

(5) Высокотемпературный теплоноситель: среда, подающая высокотемпературную тепловую энергию, полученную тепловым насосом, потребителю тепла.

(6) Рабочая среда теплового насоса: низкотемпературный теплоноситель и высокотемпературный теплоноситель вместе называются рабочей средой теплового насоса.

(7) Температура низкотемпературного источника тепла: T_L на рисунке 6-1-1.

(8) Температура высокотемпературного источника тепла: T_H на рисунке 6-1-1.

(9) Количество переданной теплоты из низкотемпературного источника тепла: Q_L на рисунке 6-1-1.

(10) Теплопроизводительность теплового насоса: Q_H на рисунке 6-1-1.

(11) Потребляемая мощность теплового насоса: W на рисунке 6-1-1.

2. Состояние рабочей среды теплового насоса

Обычно существует пять состояний рабочей среды теплового насоса: переохлажденная жидкость, насыщенная жидкость, влажный пар, насыщенный пар и перегретый пар. Например, при давлении 1 атмосферы (1 atm) различные состояния воды показаны на рисунке 6-1-2.

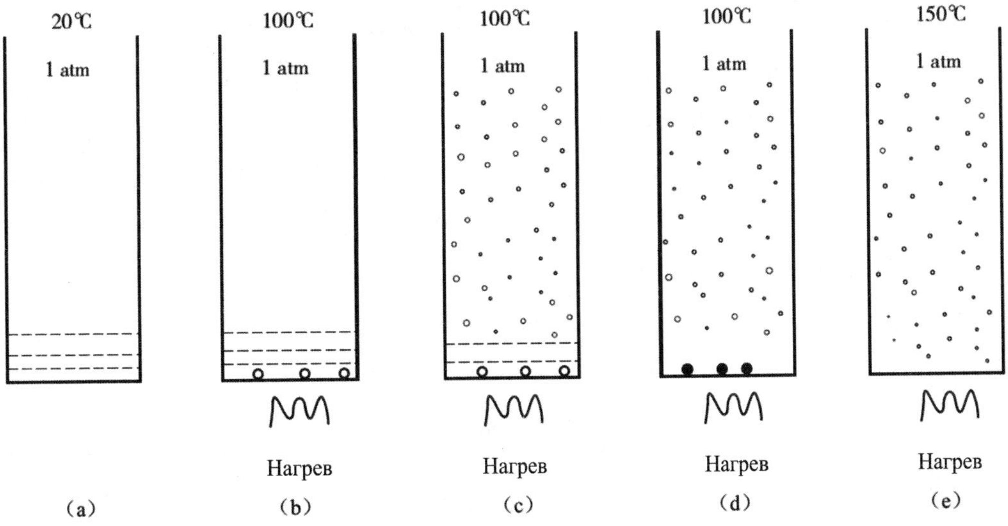

Рис. 6-1-2 Схема состояний воды при 1 атмосферном давлении (1 atm)

1) Переохлажденная жидкость

Когда температура жидкости рабочей среды ниже температуры насыщения, ее называют переохлажденной жидкостью. Температура кипения рабочего тела при определенном давлении называется температурой насыщения при данном давлении. Для воды, температура кипения составляет 100 ℃ при давлении 1 атмосферы (1 atm).

2) Насыщенная жидкость

Когда температура жидкости рабочего тела равна температуре насыщения и пузырьки только начинают образовываться, ее называют насыщенной

жидкостью.

3）Влажный пар

Когда температура рабочей среды при жидком состоянии равна температуре насыщения, и при этом уже образовалось большее количество пара, с состоянием сосуществования газа и жидкости, такой пар называется влажным паром.

4）Насыщенный пар

Когда температура рабочей среды при парообразном состоянии равна температуре насыщения, и парообразование насыщенной жидкости будет почти завершено, такой пар называется насыщенным паром, а также сухим насыщенным паром и т.д.

5）Перегретый пар

Когда в рабочей среде при парообразном состоянии не существует насыщенной жидкости, и температура пара превышает температуру насыщения, такой пар называется перегретым паром.

Давление рабочего тела различно, и температура его насыщения также различна, но процесс изменения состояния аналогичен.

【Выполнение задачи】

Задача выполняется путем завершения отчета в соответствии с формулировкой и задачей проекта, см. таблицу 6-1-1 и 6-1-2.

Табл. 6-1-1　Задача проекта

Название задачи	Применение базовых знаний теории тепловых насосов		
Члены группы			
Инструктор-преподаватель		Планируемое время	
Срок реализации		Место реализации	
Содержание и цель задачи			
1. Освоить базовую терминологию теплового насоса; 2. Овладеть рабочим состоянием термодинамической среды; 3. Овладеть методом расчета термодинамических свойств рабочей среды; 4. Освоить свойства передачи; 5. Овладеть знаниями о передачи тепла.			
Пункты аттестации	1. Состояние рабочей среды теплового насоса; 2. Метод расчета термодинамических свойств рабочей среды; 3. Способ и содержание передачи.		

Примечание	

Табл. 6-1-2 Отчет о выполнении задачи проекта

Название задачи	Применение базовых знаний теории тепловых насосов		
Члены группы			
Конкретное разделение труда			
Планируемое время		Фактическое время реализации	
Примечание			

1. В каком состоянии обычно находится рабочая среда теплового насоса?

2. Оцените стандартную температуру кипения рабочего вещества R134a теплового насоса.

3. Какие существуют способы передачи свойств? Дайте подробное описание.

【Оценка задачи】

Оценка задачи осуществляется по форме комплексной оценки задачи проекта, приведенной в таблице 6-1-3.

Табл. 6-1-3 Форма комплексной оценки задачи проекта

Название задачи:　　　　　　　　　　Время оценки:　Год　месяц　день

Детали оценки		Стандартный балл	Полученный балл								
			Члены группы								
			Самооценка группы	Взаимная оценка между группами	Оценка преподавателя	Самооценка группы	Взаимная оценка между группами	Оценка преподавателя	Самооценка группы	Взаимная оценка между группами	Оценка преподавателя
Группа (60 баллов)	Может ли группа понять цели и прогресс обучения в целом	10									
	Существует ли четкое разделение труда между членами группы	10									
	Есть ли у группы сознание сотрудничества	10									
	Есть ли у группы инновационные идеи (методы)	10									
	Добросовестно ли группа заполнила отчет о завершении задачи	10									
	Есть ли у группы проблемы и пути их решения	10									

Детали оценки		Стандартный балл	Полученный балл								
			Члены группы								
			Самооценка группы	Взаимная оценка между группами	Оценка преподавателя	Самооценка группы	Взаимная оценка между группами	Оценка преподавателя	Самооценка группы	Взаимная оценка между группами	Оценка преподавателя
Отдельное лицо (40 баллов)	Подчиняется ли отдельное лицо постановке работы группы	10									
	Выполняет ли отдельное лицо задачи, поставленные группой	10									
	Может ли отдельное лицо своевременно общаться с членами группы	10									
	Может ли отдельное лицо тщательно описать трудности, ошибки и изменения	10									
Всего		100									

【Закрепление знаний】

(1) Перечислите общие термины для теплового насоса.

(2) Каково обычное состояния рабочей среды теплового насоса？ Дайте подробное описание.

Задача Ⅱ Понимание значения и характеристики тепловых насосов

【Подготовка к задаче】

Данная задача в основном ориентирована на изучение понятий и особенностей тепловых насосов. В ходе обучения вы ознакомитесь с наиболее важными преимуществами тепловых насосов, с отличиями тепловых насосов от охлаждающего оборудования, а также с областями применения.

Тепловой насос представляет собой устройство производства тепла, которое за счет потребления небольшого количества электрической или топливной энергии преобразует большое количество свободной низкотемпературной тепловой энергии в полезную высокотемпературную тепловую энергию, подобно «насосу», перекачивающему «тепловую энергию».

Как показано на рисунке 6-2-1, водяной насос потребляет небольшое количество электрической или топливной энергии W для перекачки большого количества воды с низкого уровня до желаемого высокого уровня; тепловой насос потребляет небольшое количество электрической или топливной энергии W для преобразования большого количества свободной тепловой энергии, содержащейся в окружающей среде, или бесполезного низкотемпературного отработанного тепла Q_2 в процессе производства в высокотемпературную тепловую энергию Q_1 для удовлетворения требований пользователя. Согласно первому закону термодинамики, Q_1, Q_2 и W удовлетворяют следующему соотношению:

$$Q_1 = Q_2 + W \qquad (6\text{-}2\text{-}1)$$

Где Q_1——полезная тепловая энергия, выделяемая тепловым насосом потребителю, кВт;

Q_2——свободная тепловая энергия, получаемая тепловым насосом из низкотемпературных источников тепла (тепло окружающего воздуха или промышленные отходы), кВт;

W——электрическая или топливная энергия, потребляемая при работе теплового насоса, кВт.

Из формулы (6-2-1) видно, что при $Q_1>W$, полезная тепловая энергия, получаемая тепловым насосом, всегда больше потребляемой электрической или топливной энергии. Однако при использовании топочного отопления, электрообогрева и других устройств для отопления получаемая тепловая энергия, как правило, меньше потребляемой электрической энергии, что является основным отличием теплового насоса от обычного нагревательного устройства, а также самым большим преимуществом теплового насоса.

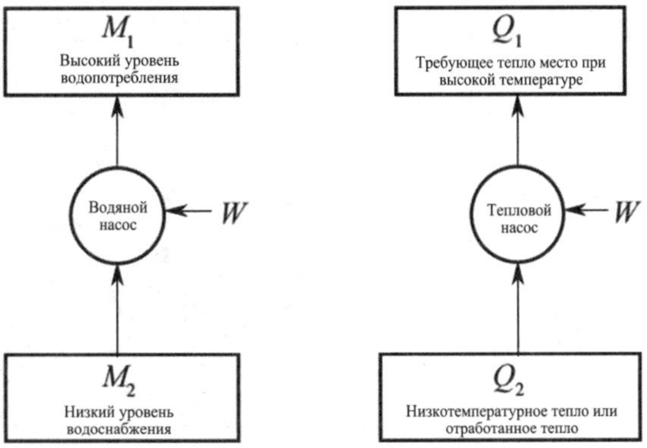

Рис. 6-2-1 Сопоставление рабочих процессов теплового насоса и водяного насоса

Тепловой насос подает тепло в определенное место при высокой температуре, также поглощает тепло (охлаждение) из низкотемпературного источника тепла, поэтому тепловой насос выполняет двойную функцию охлаждения и обогрева, но тепловой насос явно отличается от охлаждающего оборудования, в основном в следующих аспектах.

(1) Различные цели: тепловой насос предназначен для теплоснабжения, а охлаждающее оборудование — для холодоснабжения; различные цели влияют на проектирование конструкции и процессов агрегата. Например, тепловой насос, приводимый в действие двигателем внутреннего сгорания, должен максимально рекуперировать отработанное тепло выхлопных газов и теплоту

охлаждения цилиндров и подавать его пользователю вместе с теплом, производимым тепловым насосом; а охлаждающее оборудование, приводимое в движение двигателем внутреннего сгорания, должно учитывать только эффект охлаждения.

(2) Различные интервалы рабочих температур: нижним пределом рабочей температуры теплового насоса обычно является температура окружающей среды, верхний предел определяется в соответствии с потребностями потребителя и может быть выше 100 ℃; верхним пределом рабочей температуры охлаждающего оборудования обычно является температура окружающей среды, а нижний предел определяется в соответствии с потребностями потребителя (например, температура замораживания пищевых продуктов составляет -30 ℃), как показано на рисунке 6-2-2.

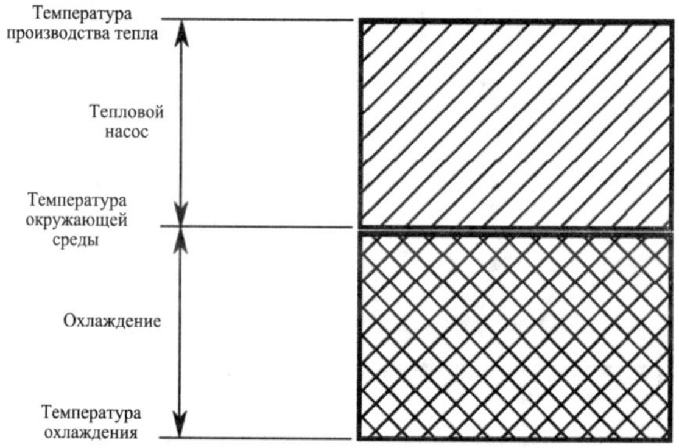

Рис. 6-2-2 Интервал рабочих температур теплового насоса и охлаждающего оборудования

(3) Различные требования к компонентам и рабочему веществу. В связи с разными рабочими температурами теплового насоса и охлаждающего оборудования, их рабочее давление, материалы и конструкции компонентов, а также требования к характеристикам рабочего вещества также отличаются.

(4) Различные отрасли применения: охлаждающее оборудование предназначено для низкотемпературного хранения или переработки, а тепловой насос — для теплоснабжения.

【Выполнение задачи】

Задача выполняется путем завершения отчета в соответствии с формулировкой и задачей проекта, см. таблицу. 6-2-1 и 6-2-2.

Табл. 6-2-1 Задача проекта теплового насоса

Название задачи	Понимание значения и характеристики тепловых насосов		
Члены группы			
Инструктор-преподаватель		Планируемое время	
Срок реализации		Место реализации	
Содержание и цель задачи			
1. Освоить характеристики теплового насоса; 2. Освоить особенности теплового насоса; 3. Освоить сравнение теплового насоса и охлаждающего оборудования;			
Пункты аттестации	1. Рабочий процесс теплопроизводящего устройства; 2. Сопоставление рабочего процесса водяного и теплового насоса; 3. Функции теплового насоса и его отличия от охлаждающего оборудования.		
Примечание			

Табл. 6-2-2 Отчет о выполнении задачи проекта

Название задачи	Понимание значения и характеристики тепловых насосов		
Члены группы			
Конкретное разделение труда			
Планируемое время		Фактическое время реализации	
Примечание			
1. Кратко опишите характеристики теплового насоса. 2. Опишите особенности тепловых насосов по сопоставлению рабочих процессов теплового и водяного насоса на рисунке 6-2-1. 3. В чем заключается отличие теплового насоса от охлаждающего оборудования ?			

【Оценка задачи】

Оценка задачи осуществляется по форме комплексной оценки задачи проекта, приведенной в таблице 6-2-3.

Табл. 6-2-3 Форма комплексной оценки задачи проекта

Название задачи: Время оценки: Год месяц день

Детали оценки		Стандартный балл	Полученный балл								
			Члены группы								
			Самооценка группы	Взаимная оценка между группами	Оценка преподавателя	Самооценка группы	Взаимная оценка между группами	Оценка преподавателя	Самооценка группы	Взаимная оценка между группами	Оценка преподавателя
Группа (60 баллов)	Может ли группа понять цели и прогресс обучения в целом	10									
	Существует ли четкое разделение труда между членами группы	10									
	Есть ли у группы сознание сотрудничества	10									
	Есть ли у группы инновационные идеи (методы)	10									
	Добросовестно ли группа заполнила отчет о завершении задачи	10									
	Есть ли у группы проблемы и пути их решения	10									

Детали оценки		Стандартный балл	Полученный балл								
			Члены группы								
			Самооценка группы	Взаимная оценка между группами	Оценка преподавателя	Самооценка группы	Взаимная оценка между группами	Оценка преподавателя	Самооценка группы	Взаимная оценка между группами	Оценка преподавателя
Отдельное лицо (40 баллов)	Подчиняется ли отдельное лицо постановке работы группы	10									
	Выполняет ли отдельное лицо задачи, поставленные группой	10									
	Может ли отдельное лицо своевременно общаться с членами группы	10									
	Может ли отдельное лицо тщательно описать трудности, ошибки и изменения	10									
Всего		100									

【Закрепление знаний】

1. Задание на заполнение пробелов

(1) Бесплатная тепловая энергия, получаемая тепловым насосом из низкотемпературных источников тепла, включает в себя ___________, ____________.

(2) При работе тепловой насос потребляет ___________ и ___________.

(3) Тепловые насосы могут не только _________ но и ____________.

(4) Охлаждающее оборудование предназначено для___________ или ____________.

2. Вопросы с кратким ответом

(1) Что такое тепловой насос? Каковы его отличия от охлаждающего агрегата?

(2) Рабочий процесс теплового насоса одинаков с рабочим процессом водяного насоса, правильно ли это выражение и почему?

Задача Ⅲ Понимание истории развития тепловых насосов

【Подготовка к задаче】

В данной задаче основное внимание уделяется изучению истории развития теплового насоса, знанию необходимых факторов, влияющих на развитие теплового насоса, путем ознакомления с историей и этапами развития теплового насоса.

Теоретическая основа тепловых насосов восходит к работе о цикле Карно, опубликованной Карно в 1824 году. В 1850 году Уильям Томпсон отметил, что охлаждающие установки также могли использоваться для производства тепла, а в 1852 году он опубликовал работу, в которой предложил идею тепловых насосов и назвал их усилителями тепловой энергии или умножителями тепловой энергии. К 1870-м годам, технология охлаждения и охлаждающее оборудование быстро развивались, однако нагрев был осуществлен различными простыми способами, развитие тепловых насосов началось лишь в начале XX века.

К 1920-1930 годам, тепловые насосы стали постепенно развиваться. В 1930 году, Холдейн в своей работе упомянул о бытовом тепловом насосе, который был установлен и испытан в Шотландии в 1927 году. Это устройство, использующее тепловой насос для поглощения тепла окружающего воздуха для отопления помещений и обеспечения горячей воды, может считаться настоящим прототипом современного парокомпрессионного теплового насоса.

Самые первые тепловые насосы большой мощности применялись в Лос-Анджелесском офисе компании Эдисон, Южная Калифорния, США, в 1930-

1931 гг., с тех пор тепловые насосы получили относительно быстрое развитие; до конца 1940-х годов появились многие представительные проектирования тепловых насосов, например, в Великобритании и Швейцарии, типичные применения приведены в таблице 6-3-1.

Табл. 6-3-1 Ранние типичные применения тепловых насосов

Год строительства	Место	Низкотемпературный источник тепла	Теплопроизводительность, кВт	Примечание
1941	Цюрих, Швейцария	Речная вода, сточная вода	1 500	Нагрев воды в плавательном бассейне
1941	Скекборн, Швейцария	Озерная вода	1 950	Технологическое тепло на заводе по производству искусственного шелка
1941	Ландвард, Швейцария	Воздух	122	Технологическое тепло на бумажной фабрике
1943	Цюрих, Швейцария	Речная вода	1 750	Теплоснабжение
1945	Нориджская энергетическая компания в Великобритании	Речная вода	120-240	Отопление
1949	Королевский фестивальный зал Великобритании	Вода	2 700	
1952	Британская Ассоциация Исследователей в области Электротехники	Сточные воды	25	

По мере того, как во всем мире все больше внимания уделяется экономии энергии и охране окружающей среды, в полной мере демонстрируются выдающиеся преимущества тепловых насосов для высокоэффективного получения высокотемпературной тепловой энергии за счет поглощения тепловой энергии окружающей среды или рекуперации низкотемпературного отработанного тепла.

Скорость развития тепловых насосов в основном зависит от следующих факторов.

(1) Энергетические факторы: включая цену на энергоресурсы (сравнительная цена на электроэнергию, уголь, нефть, газ и т.д.) и изобилие энергоресурсов. Когда сравнение цен на различные источники энергии является

разумным или энергия ограничена, тепловые насосы будут иметь лучшую среду для развития.

（2）Экологические факторы: при наличии жестких ограничений на другие способы производства тепла（например, получение тепловой энергии за счет сжигания угля）по соображениям охраны окружающей среды, тепловой насос обладает большим пространством применения.

（3）Технические факторы: включая повышение эффективности тепловых насосов за счет улучшения циклов тепловых насосов, компонентов и рабочих жидкостей, использования технологий материалов для упрощения конструкции тепловых насосов и снижения затрат на тепловые насосы, а также использования технологий измерения и управления для улучшения надежности теплового насоса, простоты его эксплуатации и обслуживания с помощью технологии измерения и управления, что позволяет тепловому насосу иметь более сильное комплексное конкурентное преимущество по сравнению с другими простыми способами нагрева.

（4）Низкотемпературный источник тепла: одним из отличий тепловых насосов от других простых способов нагрева является наличие низкотемпературного источника тепла, причем чем выше температура низкотемпературного источника тепла, тем благоприятнее это для повышения производительности теплового насоса. Иногда наличие подходящего низкотемпературного источника тепла является даже ключевым фактором при принятии решения о применении тепловых насосов.

（5）Развитие областей применения: в настоящее время тепловые насосы используются в отоплении, производстве горячей воды, сушке（древесина, продукты питания, бумага, хлопок, шерсть, зерно, чай и т. д.）, концентрации（молоко и т. д.）, развлечения и фитнес（искусственный каток, одновременное охлаждение и подогрев бассейнов и т. д.）, посадки, разведение растений, искусственные теплицы и др.

【Оценка задачи】

Задача выполняется путем завершения отчета в соответствии с формулировкой и задачей проекта, см. таблицу 6-3-2 и 6-3-3.

Табл. 6-3-2 Задача проекта

Название задачи	Понимание истории развития тепловых насосов		
Члены группы			
Инструктор-преподаватель		Планируемое время	
Срок реализации		Место реализации	
Содержание и цель задачи			
1. Освоить историю развития теплового насоса; 2. Ознакомиться с ранними областями применения теплового насоса; 3. Освоить решающие факторы в развитии тепловых насосов			
Пункты аттестации	1. Сколько этапов развития у теплового насоса; 2. Факторы, определяющие развитие тепловых насосов		
Примечание			

Табл. 6-3-3 Отчет о выполнении задачи проекта

Название задачи	Понимание истории развития тепловых насосов		
Члены группы			
Конкретное разделение труда			
Планируемое время		Фактическое время реализации	
Примечание			
1. Сколько этапов развития у теплового насоса? Подробно описать. 2. В каких областях применялись ранние тепловые насосы? 3. Каковы определяющие факторы на развитие теплового насоса в процессе его развития?			

【Оценка задачи】

Оценка задачи осуществляется по форме комплексной оценки задачи проекта, приведенной в таблице 6-3-4.

Табл. 6-3-4 Форма комплексной оценки задачи проекта

Название задачи: Время оценки: Год месяц день

Детали оценки		Стандартный балл	Полученный балл								
			Члены группы								
			Самооценка группы	Взаимная оценка между группами	Оценка преподавателя	Самооценка группы	Взаимная оценка между группами	Оценка преподавателя	Самооценка группы	Взаимная оценка между группами	Оценка преподавателя
Группа (60 баллов)	Может ли группа понять цели и прогресс обучения в целом	10									
	Существует ли четкое разделение труда между членами группы	10									
	Есть ли у группы сознание сотрудничества	10									
	Есть ли у группы инновационные идеи (методы)	10									
	Добросовестно ли группа заполнила отчет о завершении задачи	10									
	Есть ли у группы проблемы и пути их решения	10									

Детали оценки		Стандартный балл	Полученный балл								
			Члены группы								
			Самооценка группы	Взаимная оценка между группами	Оценка преподавателя	Самооценка группы	Взаимная оценка между группами	Оценка преподавателя	Самооценка группы	Взаимная оценка между группами	Оценка преподавателя
Отдельное лицо (40 баллов)	Подчиняется ли отдельное лицо постановке работы группы	10									
	Выполняет ли отдельное лицо задачи, поставленные группой	10									
	Может ли отдельное лицо своевременно общаться с членами группы	10									
	Может ли отдельное лицо тщательно описать трудности, ошибки и изменения	10									
Всего		100									

【Закрепление знаний】

(1) William Thomson опубликовал работу, в которой он предложил __________ и назвал их ________________ или ___________________.

(2) Самые первые тепловые насосы большой мощности применялись в _____________.

(3) В полной мере развиваются тепловые насосы их выдающимися преимуществами для высокоэффективного получения высокотемпературной тепловой энергии за счет поглощения __________ или _____________.

(4) Скорость развития теплового насоса зависит в основном от _________________________, ___________, ___________, _____________.

Задача Ⅳ Анализ показателей эффективности тепловых насосов

Технология и принцип отбора тепла из геотермальных скважин без помех в среднем и глубоком горизонтах

【Подготовка к задаче】

Данная задача в основном заключается в сравнении эффективности производства тепла других теплопроизводящих устройств путем изучения знаний о коэффициенте производства тепла теплового насоса, таким образом, отражая преимущество производства тепла теплового насоса.

1. Коэффициент производства тепла теплового насоса

Основным показателем характеристик теплового насоса является коэффициент производства тепла, обозначаемый $COP_{\text{н}}$, который обычно определяется как

$$COP_{\text{н}} = \frac{\text{Тепловая энергия, полученная пользователем}}{\text{Электрическая или топливная энергия, потребляемая тепловым насосом}} \qquad (6\text{-}4\text{-}1)$$

Из формулы (6-4-1) известно, что коэффициент производства тепла $COP_{\text{н}}$ представляет собой безразмерную величину, которая передает полезную тепловую энергию, получаемую потребителем от удельного расхода электрической или топливной энергии.

2. Сравнение эффективности производства тепла теплового насоса и других теплопороизводящих устройств

По сравнению с котлом, электрическим нагревателем и теплопороизводящими устройствами, отличительной особенностью теплового насоса является то, что он может получить большое количество требуемой тепловой энергии путем

потребления небольшого количества электрической или топливной энергии. Эта особенность четко отражена в диаграмме потока энергии и коэффициенте производства тепла устройства.

1) Диаграмма потока энергии и коэффициент производства тепла теплового насоса

Упрощенная диаграмма потока энергии теплового насоса показана на рисунке 6-4-1, где коэффициент производства тепла теплового насоса составляет 4, т.е. при входе 1 части электрической или топливной энергии, 3 части тепловой энергии могут быть поглощены из окружающей среды или отработанного тепла, и всего 4 части тепловой энергии подаются потребителю; коэффициент производства тепла теплового насоса COP_{H} составляет:

$$COP_{\text{H}} = \frac{Q_1}{W} = \frac{Q_2 + W}{W} = 1 + \frac{Q_2}{W} > 1 \qquad (6\text{-}4\text{-}2)$$

То есть, коэффициент производства тепла теплового насоса всегда превышает 1, а тепловая энергия, получаемая потребителем, всегда больше, чем потребляемая электрическая или топливная энергия.

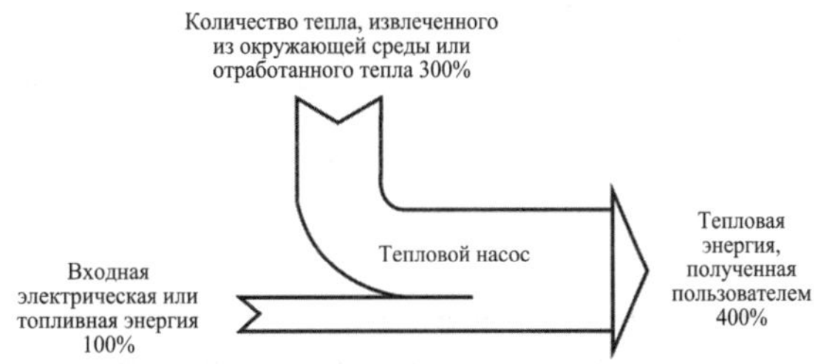

Рис. 6-4-1 Упрощенная диаграмма потока энергии теплового насоса

2) Диаграмма потока энергии и коэффициент производства тепла котла

В качестве представителя обычных теплопороизводящих устройств используется котел, его упрощенная диаграмма потока энергии приведена на рисунке. 6-4-2; по смыслу коэффициента производства тепла, коэффициент производства тепла котла, обычно именуемый тепловым КПД, в данном рисунке принят как 80%.

Коэффициент производства тепла котла и других обычных теплопороизводящих устройств всегда ниже 1, т.е. тепловая энергия, получаемая потребителем, всегда меньше, чем потребляемая электрическая или топливная энергия.

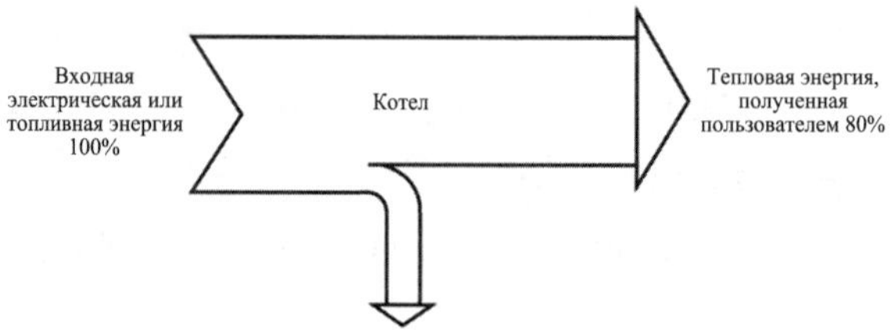

Рис. 6-4-2 Упрощенная диаграм

【Выполнение задачи】

Задача выполняется путем завершения отчета в соответствии с формулировкой и задачей проекта, см. таблицу 6-4-1 и 6-4-2.

Табл. 6-4-1 Задача проекта

Название задачи	Анализ показателей эффективности тепловых насосов		
Члены группы			
Инструктор-преподаватель		Планируемое время	
Срок реализации		Место реализации	
Содержание и цель задачи			
1. Освоить определение коэффициента производства тепла теплового насоса; 2. Знать особенности эффективности производства тепла других теплопроизводящих устройств			
Пункты аттестации	1. Основные показатели характеристик теплового насоса и символы их обозначения; 2. Преимущества теплового насоса.		
Примечание			

Табл. 6-4-2 Отчет о выполнении задачи проекта

Название задачи	Анализ показателей эффективности тепловых насосов		
Члены группы			
Конкретное разделение труда			
Планируемое время		Фактическое время реализации	
Примечание			
1. Каковы основные показатели характеристик теплового насоса? Какими символами их обозначать? 2. Каковы преимущества теплового насоса по сравнению с другими теплопроизводящими устройствами.			

【Оценка задачи】

Оценка задачи осуществляется по форме комплексной оценки задачи проекта, приведенной в таблице 6-4-3.

Табл. 6-4-3　Форма комплексной оценки задачи проекта

Название задачи:　　　　　　　　　　Время оценки:　Год　месяц　день

Детали оценки		Стандартный балл	Полученный балл								
			Члены группы								
			Самооценка группы	Взаимная оценка между группами	Оценка преподавателя	Самооценка группы	Взаимная оценка между группами	Оценка преподавателя	Самооценка группы	Взаимная оценка между группами	Оценка преподавателя
Группа (60 баллов)	Может ли группа понять цели и прогресс обучения в целом	10									
	Существует ли четкое разделение труда между членами группы	10									
	Есть ли у группы сознание сотрудничества	10									
	Есть ли у группы инновационные идеи (методы)	10									
	Добросовестно ли группа заполнила отчет о завершении задачи	10									
	Есть ли у группы проблемы и пути их решения	10									

Детали оценки		Стандартный балл	Полученный балл								
			Члены группы								
			Самооценка группы	Взаимная оценка между группами	Оценка преподавателя	Самооценка группы	Взаимная оценка между группами	Оценка преподавателя	Самооценка группы	Взаимная оценка между группами	Оценка преподавателя
Отдельное лицо (40 баллов)	Подчиняется ли отдельное лицо постановке работы группы	10									
	Выполняет ли отдельное лицо задачи, поставленные группой	10									
	Может ли отдельное лицо своевременно общаться с членами группы	10									
	Может ли отдельное лицо тщательно описать трудности, ошибки и изменения	10									
Всего		100									

【Закрепление знаний】

(1) Показателями характеристик теплового насоса являются __________.

(2) Формула определения коэффициента производства тепла теплового насоса составляет __________.

(3) Коэффициент производства тепла теплового насоса всегда превышает 1, а тепловая энергия, получаемая потребителем, всегда больше, чем потребляемая _______ или _________.

Задача Ⅴ Знакомство с классификацией тепловых насосов

【Подготовка к задаче】

Эта задача ориентирована на изучение классификации тепловых насосов, чтобы освоить эффект тепловых насосов и процесс их работы в соответствии с различными классификациями.

1. Классификация по принципу работы

По принципу работы тепловые насосы могут быть классифицированы на парокомпрессионный тепловой насос (также механический компрессионный тепловой насос), абсорбционный тепловой насос, химический тепловой насос, пароструйный тепловой насос, термоэлектрические тепловой насос и т.д.

1) Парокомпрессионный тепловой насос

Конструкция парового компрессионного теплового насоса показана на рисунке 6-5-1.

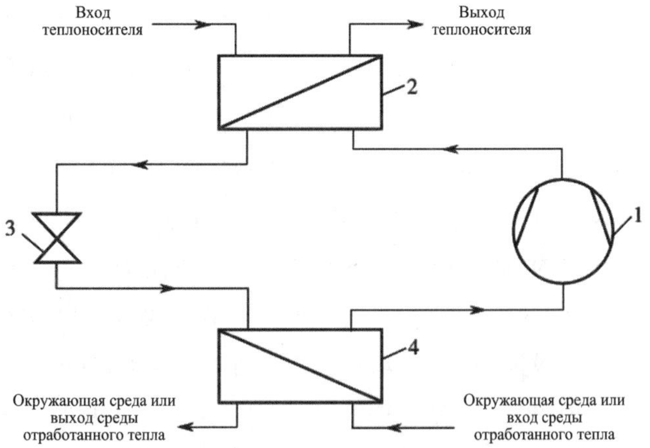

Рис. 6-5-1 Конструкция парового компрессионного теплового насоса

1—компрессор; 2—конденсатор; 3—дроссельно-расширительный узел; 4—испаритель

Парокомпрессионный тепловой насос состоит из таких основных компонентов: компрессор 1 (включая приводное устройство, такое как электродвигатель и двигатель внутреннего сгорания), конденсатор 2, дроссельно-расширительный узел 3, испаритель 4 и другие основные компоненты, которые образуют замкнутый контур где заполняется циркуляционное рабочее вещество, которое циркулирует и течет в различных частях под действием компрессора. В испарителе происходит испаряющееся фазовое изменение рабочего вещества теплового насоса, для поглощения тепловой энергии из низкотемпературного источника тепла; рабочее вещество в компрессоре превращается от состояния низкой температуры и низкого давления до состояния высокой температуры и высокого давления, и поглощает приводную энергию компрессора; в конце концов в конденсаторе происходит тепловыделение конденсационным фазовым изменением и подача энергии, полученной в процессе испарения и сжатия, потребителю.

2) Абсорбционный тепловой насос

Конструкция абсорбционного теплового насоса показана на рисунке 6-5-2. Для абсорбционного теплового насоса, генератор 1, абсорбер 3, насос раствора 2 и клапан раствора 4 совместно действуют и играют роль компрессора в паровом компрессионном тепловом насосе, и вместе с конденсатором 5, дроссельно-расширительным клапаном 6, испарителем 7 и другими компонентами образуют замкнутую систему, в которой заполнен раствор пары жидкого рабочего вещества (циркулирующее рабочее вещество и абсорбент), с очень высокой разницей между температурами кипения абсорбента и циркулирующего рабочего вещества, а также абсорбент имеет очень сильное поглощающее действие на циркулирующее рабочее вещество. При нагреве раствора пары рабочего вещества в генераторе путем сжигания топлива или с помощью другой высокотемпературной среды, пар циркуляционного рабочего вещества с высокой температурой и высоким давлением появляется, вступает в конденсатор, и выделяет тепло в конденсаторе, с превращением в жидкое состояние, после этого через дроссельно-расширительный клапан жидкое циркуляционное рабочее вещество подвергается снижению давления и температуры и входит в испаритель для поглощения тепла окружающей среды или отработанного тепла в испарителе и превращения в пар низкой температуры и низкого давления, который, в конце концов, поглощается абсорбером (и в то

же время, с выделением поглощенного тепла). В то же время, непрерывно осуществляется массо- и теплообмен между концентрированными и разбавленными растворами в абсорбере и генераторе через насос раствора и клапан раствора, в целях поддержания стабильности состава и температуры раствора и обеспечения непрерывной работы системы.

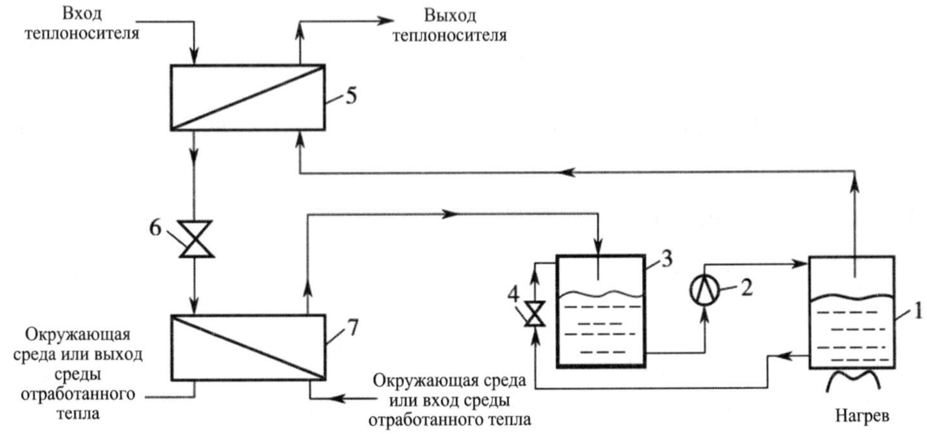

Рис. 6-5-2 Конструкция абсорбционных тепловых насосов

1—генератор; 2—насос раствора; 3—абсорбер; 4—клапан раствора; 5—конденсатор; 6—дроссельно-расширительный клапан; 7—испаритель

3) Химический тепловой насос

Химический тепловой насос относится к тепловым насосам, основанных на принципе адсорбции/десорбции и других термохимических реакций. Рабочий процесс типичного химического теплового насоса показан на рисунке 6-5-3.

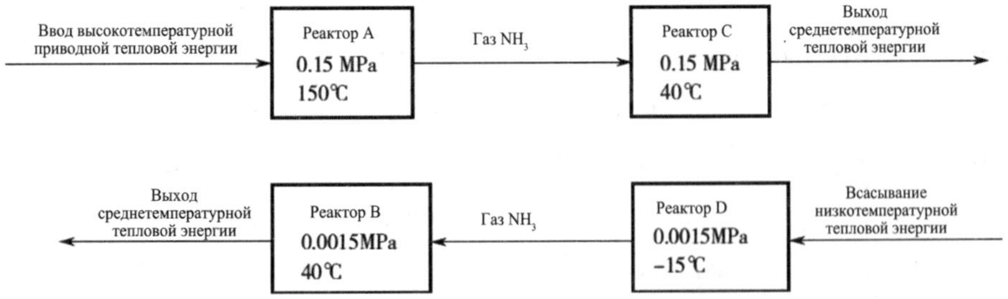

Рис. 6-5-3 Рабочий процесс типичного химического теплового насоса

На рисунке 6-5-3, в четырех реакторах выполняются следующие реакции.

Реакция A:

$FeCl_2 \cdot 6NH_3$ (твердое состояние) → $FeCl_2 \cdot 2NH_3$ (твердое состояние) +

$4NH_3$ (газовое состояние) $-Q_H$

Реакция C:

$FeCl_2 \cdot 4NH_3$ (твердое состояние) $+4NH_3$ (газовое состояние) → $FeCl_2 \cdot 8NH_3$ (твердое состояние) $+ Q_M$

Реакция B:

$FeCl_2 \cdot 2NH_3$ (твердое состояние) $+4NH_3$ (газовое состояние) → $FeCl_2 \cdot 6NH_3$ (твердое состояние) $+ Q_M$

Реакция D:

$FeCl_2 \cdot 8NH_3$ (твердое состояние) → $FeCl_2 \cdot 4NH_3$ (твердое состояние) + $4NH_3$ (твердое состояние) $-Q_L$

Основной рабочий процесс данного теплового насоса: в реакторе A приводной источник тепла предоставляет тепловую энергию для разложения $FeCl_2 \cdot 6NH_3$ поглощением тепла, выделенный NH_3 вступает в реактор C, реагирует с $FeCl_2 \cdot 4NH_3$ для образования $FeCl_2 \cdot 8NH_3$, что позволяет выделять среднетемпературную тепловую энергию потребителям, а вышеуказанная реакция выполняется при высоком давлении (0, 15МПа) . После завершения вышеуказанной реакции давление системы снижается до 0, 0015МПа, и в это время низкотемпературный реактор D может получить низкотемпературную тепловую энергию из окружающей среды и разложить $FeCl_2 \cdot 8NH_3$, выделенный NH_3 входит в реактор B, и реагирует с $FeCl_2 \cdot 2NH_3$, что позволяет выделять среднетемпературную тепловую энергию потребителям. Этот процесс повторяется, что позволяет потребителям постоянно получать среднетемпературную теплую тепловую энергию, удовлетворяющую требованиям.

4) Пароструйный тепловой насос

Рабочий пар, выбрасываемый с высокой скоростью из форсунки пароструйным тепловым насосом, образует зону низкого давления, в результате чего вода в испарителе испаряется при низкой температуре и поглощает тепловую энергию в низкотемпературном источнике тепла, а затем сжимается рабочим паром, и конденсируется в конденсаторе и выделяет тепло потребителям. Тепловые насосы данного типа в основном применяются в технологических процессах концентрирования в пищевой, химической промышленности и других областях, и обычно конструктивно интегрируются с концентрирующем устройством.

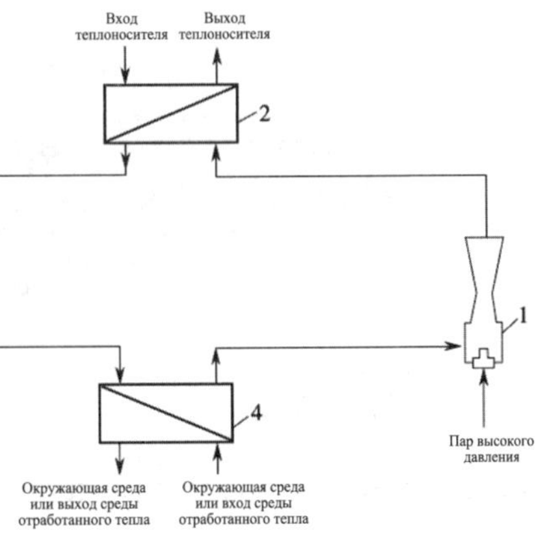

Рис. 6-5-4 Схема конструкции пароструйного теплового насоса

1—пароструйный эжектор; 2—конденсатор; 3—дроссельно-расширительный узел; 4—испаритель

5) Термоэлектрический тепловой насос

Принцип работы термоэлектрического теплового насоса показан на рисунке 6-5-5. Если два различных металлических или полупроводниковых материала образуют цепь, которая питается постоянным током, то один контакт этих двух материалов поглощает тепло (охлаждение), а другой контакт выделяет тепло, при этом тепловой насос, который использует этот эффект, является термоэлектрическим тепловым насосом, также тепловой насос Пельтье.

В связи с тем, что эффект Пельтье полупроводникового материала более значителен, фактический термоэлектрический тепловой насос в основном изготовлен из полупроводникового материала, с конструкцией как на рисунке 6-5-6.

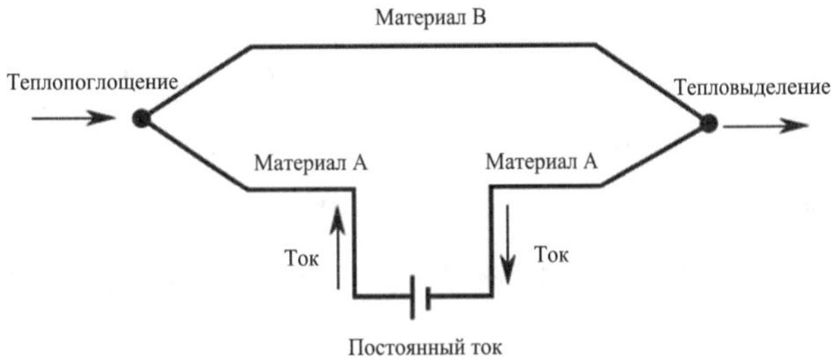

Рис. 6-5-5 Принцип работы термоэлектрического теплового насоса

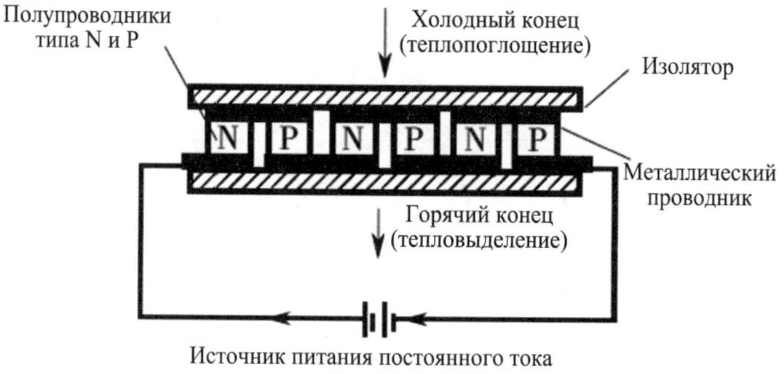

Рис. 6-5-6 Конструкция термоэлектрического теплового насоса

Преимущества термоэлектрического теплового насоса заключаются в отсутствии движущихся частей, гибком переключении теплопоглощающего и тепловыделяющего концов на основе направления тока и компактной конструкции, а его недостаток заключается в низком коэффициенте производства тепла, поэтому его использование ограничено только в особых случаях (научные приборы, космическое оборудование и т.д.) или микроминиатюрных установках.

2. Классификация по типам энергии, используемых при приводе в движение тепловых насосов

В зависимости от используемой приводной энергии, тепловые насосы могут быть классифицированы на электрические, газовые, топливные, паровые тепловые насосы или насосы горячей воды и т.д.

(1) Электрический тепловой насос: электрическая энергия используется в качестве источника энергии для привода в движение теплового насоса.

(2) Газовой тепловой насос: газовые топлива, такие как природный газ, угольный газ, сжиженный углеводородный газ и болотный газ, используются в качестве источника энергии для привода в движение теплового насоса.

(3) Топливный тепловой насос: бензин, дизельное топливо, мазут или другие жидкие топлива используются в качестве источника энергии для привода в движение теплового насоса.

(4) Паровой тепловой насос или тепловой насос горячей воды: пар или горячая вода (которые могут быть получены с помощью угольных котлов и возобновляемых или новых источников энергии, таких как солнечной энергии, геотермальной энергии и биомассовой энергии) используются в качестве источника энергии для привода в движение теплового насоса.

3. Классификация по температуре получаемой тепловой энергии тепловым насосом

По температурам производства тепла, тепловые насосы могут быть классифицированы на тепловые насосы нормальной, средней и высокой температуры, их примерный диапазон температуры указан как ниже.

(1) Тепловой насос нормальной температуры: температура полученной тепловой энергии ниже 40 ℃.

(2) Тепловой насос средней температуры: температура полученной тепловой энергии в диапазоне 40-100 ℃.

(3) Тепловой насос высокой температуры: температура полученной тепловой энергии выше 100 ℃.

4. Классификация по теплоносителям

Теплоносители обычно включают в себя воду, воздух и т. д., в зависимости от сочетания высокотемпературных и низкотемпературных теплоносителей, тепловые насосы могут быть классифицированы на следующие.

(1) Воздухо-воздушный тепловой насос: высокотемпературным и низкотемпературным теплоносителем является воздух.

(2) Воздухо-водяной тепловой насос: низкотемпературным теплоносителем является воздух, а высокотемпературным теплоносителем — вода.

(3) Водо-водяной тепловой насос: высокотемпературным и низкотемпературным теплоносителями является вода.

(4) Водо-воздушный тепловой насос: низкотемпературным теплоносителем является вода, а высокотемпературным теплоносителем — воздух.

(5) Почвенно-водяной тепловой насос: низкотемпературным источником тепла является почва, а высокотемпературным теплоносителем — вода.

(6) Почвенно-воздушный тепловой насос: низкотемпературным источником тепла является почва, а высокотемпературным теплоносителем — воздух.

5. Классификация по методам связи теплового насоса, низкотемпературного источника тепла и высокотемпературного стока тепла

В соответствии с методами связи теплового насоса, низкотемпературного источника тепла и высокотемпературного стока тепла, тепловые насосы могут быть классифицированы на тепловой насос с непосредственной и косвенной

связью.

(1) Тепловой насос с непосредственной связью: тепловой насос непосредственно подключен к низкотемпературному источнику тепла и высокотемпературному стоку тепла. Принцип работы показан на рисунке 6-5-7 (a).

(2) Тепловой насос с косвенной связью: тепловой насос подключен к низкотемпературному источнику тепла или высокотемпературному стоку тепла с помощью теплоносителя. Принцип работы показан на рисунке 6-5-7 (b).

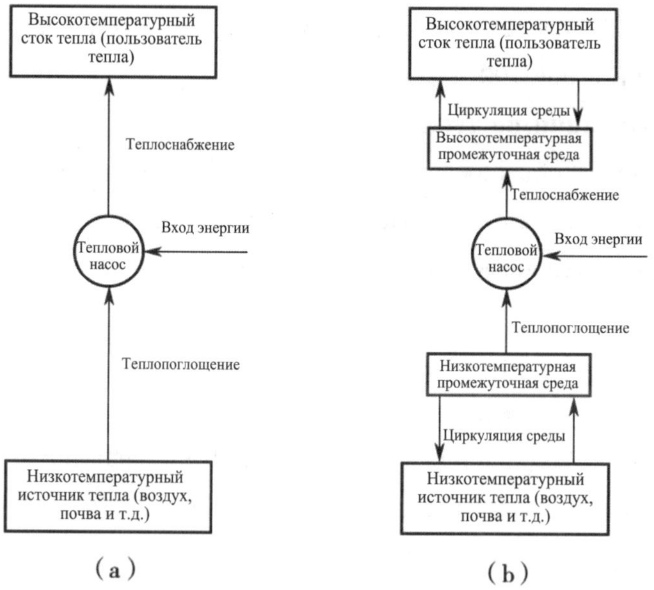

Рис. 6-5-7 Метод связи теплового насоса, низкотемпературного источника тепла и высокотемпературного стока тепла

(a) Тепловой насос с непосредственной связью (b) Тепловой насос с косвенной связью

【Выполнение задачи】

Задача выполняется путем завершения отчета в соответствии с формулировкой и задачей проекта, см. таблицу 6-5-1 и 6-5-2.

Табл. 6-5-1 Задача проекта

Название задачи	Знакомство с классификацией тепловых насосов		
Члены группы			
Инструктор-преподаватель		Планируемое время	
Срок реализации		Место реализации	
Содержание и цель задачи			

1. Освоить классификацию тепловых насосов по их принципу работы; 2. Ознакомится с классификацией тепловых насосов по типам энергии, используемых при приводе в движение тепловых насосов; 3. Освоить классификацию тепловых насосов по температуре получаемой тепловой энергии тепловым насосом; 4. Освоить классификацию тепловых насосов по теплоносителям; 5. Овладеть классификацией тепловых насосов по методам связи теплового насоса, низкотемпературного источника тепла и высокотемпературного стока тепла;	
Пункты аттестации	1. Классификация тепловых насосов по их принципу работы; 2. Классификация тепловых насосов по типам энергии, используемых при приводе в движение тепловых насосов; 3. Классификация тепловых насосов по температуре получаемой тепловой энергии тепловым насосом; 4. Классификация тепловых насосов по теплоносителям; 5. Классификация тепловых насосов по методам связи теплового насоса, низкотемпературного источника тепла и высокотемпературного стока тепла.
Примечание	

Табл. 6-5-2 Отчет о выполнении задачи проекта

Название задачи	Знакомство с классификацией тепловых насосов		
Члены группы			
Конкретное разделение труда			
Планируемое время		Фактическое время реализации	
Примечание			

1. Какова классификация тепловых насосов по их принципу работы ?

2. Какова классификация тепловых насосов по типам энергии, используемых при приводе в движение тепловых насосов ?

3. Какова классификация тепловых насосов по температуре получаемой тепловой энергии тепловым насосом ?

4. Какова классификация тепловых насосов по теплоносителям ?

5. Какова классификация тепловых насосов по методам связи теплового насоса, низкотемпературного источника тепла и высокотемпературного стока тепла ?

【Оценка задачи】

Оценка задачи осуществляется по форме комплексной оценки задачи проекта, приведенной в таблице 6-5-3.

Табл. 6-5-3 Форма комплексной оценки задачи проекта

Название задачи: Время оценки: Год месяц день

Детали оценки		Стандартный балл	Полученный балл								
			Члены группы								
			Самооценка группы	Взаимная оценка между группами	Оценка преподавателя	Самооценка группы	Взаимная оценка между группами	Оценка преподавателя	Самооценка группы	Взаимная оценка между группами	Оценка преподавателя
Группа (60 баллов)	Может ли группа понять цели и прогресс обучения в целом	10									
	Существует ли четкое разделение труда между членами группы	10									
	Есть ли у группы сознание сотрудничества	10									
	Есть ли у группы инновационные идеи (методы)	10									
	Добросовестно ли группа заполнила отчет о завершении задачи	10									
	Есть ли у группы проблемы и пути их решения	10									

Детали оценки		Стандартный балл	Полученный балл								
			Члены группы								
			Самооценка группы	Взаимная оценка между группами	Оценка преподавателя	Самооценка группы	Взаимная оценка между группами	Оценка преподавателя	Самооценка группы	Взаимная оценка между группами	Оценка преподавателя
Отдельное лицо (40 баллов)	Подчиняется ли отдельное лицо постановке работы группы	10									
	Выполняет ли отдельное лицо задачи, поставленные группой	10									
	Может ли отдельное лицо своевременно общаться с членами группы	10									
	Может ли отдельное лицо тщательно описать трудности, ошибки и изменения	10									
Всего		100									

【Закрепление знаний】

1. Задание на заполнение пробелов

(1) По принципу работы тепловые насосы могут быть разделены на _______, _______, _______, _________, _______.

(2) Парокомпрессионный тепловой насос также называется __________.

(3) По используемой для привода энергии тепловые насосы могут быть разделены на _______, _______, _______, _________, _______.

2. Вопросы с кратким ответом

(1) Из какого основного оборудования состоит компрессионный тепловой насос ?

(2) Какие типы источников тепла, обычно используются в тепловых насосах ?

Задача Ⅵ Понимание низкотемпературных источников тепла тепловых насосов

Котельная пиролизного газа и система рекуперации остаточного тепла дымового газа

【Подготовка к задаче】

Данная задача в основном ориентирована на изучение низкотемпературных источников тепла, в целях понимания низкотемпературных источников тепла, характеристик различных низкотемпературных источников тепла, а также расчета теплопоглощения или тепловыделения в разных средах.

Использование теплового насоса для эффективного производства тепла невозможно без низкотемпературных источников с большой емкостью и подходящей температурой. В качестве низкотемпературных источников тепла для тепловых насосов обычно используются окружающий воздух, грунтовые воды, поверхностные воды (речные воды, озерные воды, общественные городские воды и др.), морская вода, почва, промышленные отработанные тепла, солнечная энергия или геотермальная энергия. Основные характеристики обычно используемых низкотемпературных источников тепла приведены в таблице 6-6-1.

Табл. 6-6-1 Основные характеристики обычно используемых низкотемпературных источников тепла

Типы низкотемпературных источников тепла	Окружающий воздух	Грунтовые воды	Поверхностные воды	Морская вода	Почва	Промышленные отработанные тепла	Солнечная энергия	Геотермальная энергия
Температура источника тепла, ℃	От -15 до 35	От 6 до 15	От 0 до 30	От 0 до 30	От 0 до 12	От 10 до 60	От 10 до 80	От 30 до 90
Под влиянием климата	Большое	Малое	Относительно большое	Относительно малое	Относительно малое	Относительно малое	Относительно большое	Малое
Получить везде	Да	Нет	Нет	Нет	Да	Нет	Да	Нет

Типы низкотемпературных источников тепла	Окружающий воздух	Грунтовые воды	Поверхностные воды	Морская вода	Почва	Промышленные отработанные тепла	Солнечная энергия	Геотермальная энергия
Получить в любое время	Да	Да	Нет	Да	Да	Нет	Нет	Да

1. Окружающий воздух

Окружающий воздух представляет собой смесь водяного и сухого воздуха, также называется как влажный воздух или просто воздух, который может быть обработан в качестве идеального газа при анализе и расчетах.

1) Насыщенный влажный воздух

Насыщенным влажным воздухом называется влажный воздух, содержание воды в котором достигло максимального значения. Парциальное давление водяного пара в насыщенном влажном воздухе равно давлению насыщенного пара чистой воды при его температуре.

2) Относительная влажность

Относительная влажность относится к степени приближения влажного воздуха к насыщенному влажному воздуху, как правило, представлена ϕ. При температуре влажного воздуха t, парциальном давлении водяного пара во влажном воздухе p_w, и давлении насыщенного пара чистой воды p_{ws} при температуре t, относительная влажность определяется как:

$$\phi = \frac{p_w}{p_{ws}} \times 100\% \qquad (6\text{-}6\text{-}1)$$

3) Содержание влаги

Содержание влаги означает массу водяного пара на 1 кг сопровождающего сухого воздуха во влажном воздухе, иногда также называется влагоемкостью, и выражено, как правило, в d, с единицей измерения кг (водяного пара) /кг (сухого воздуха).

Предположим, что давление влажного воздуха (как правило, атмосферное) равно p_a, а температура влажного воздуха — t, относительную влажность — ϕ, и давление насыщенного пара чистой воды при температуре t — p_{ws}, то дробное выражение для расчета содержания влаги указано как:

$$d = 0.622 \times \frac{\phi p_{ws}}{p_a - \phi p_{ws}} \qquad (6\text{-}6\text{-}2)$$

4) Расчет теплопоглощения или тепловыделения влажного воздуха

Ⅰ . Расчет количества теплопоглощения при нагревании воздуха

Если установить температуру влажного воздуха в начальном состоянии 1 как t_1 (K), с содержанием влаги d_1[кг (водяного пара) /кг (сухого воздуха)], температуру конечного состояния 2 как t_2 (K), с неизмененным содержанием влаги, и среднюю удельную теплоемкости при постоянном давлении между t_1 и t_2 водяного пара как C_{pw} [кДж/ (кг · K)] и сухого воздуха как C_{pa} [кДж/ (кг · K), то количество теплопоглощения q_H [кДж/кг (сухого воздуха)] влажного воздуха, содержащего 1 кг сухого воздуха, при переходе из начального состояния 1 в конечное состояние 2, рассчитывается по формуле:

$$q_H = C_{pa} (t_2 - _1) + C_{pw} (t_2 - t_1) d_1 \qquad (6\text{-}6\text{-}3)$$

Ⅱ . Расчет количества тепловыделения при охлаждении воздуха

При охлаждении влажного воздуха, без достижения температуры точки росы, расчетная формула количество тепловыделения q_C [кДж/кг (сухого воздуха)] аналогична формуле (6-6-3), т.е.:

$$q_C = C_{pa} (t_1 - t_2) + C_{pa} (t_1 - t_2) d_1 \qquad (6\text{-}6\text{-}4)$$

При охлаждении влажного воздуха до температуры ниже точки росы, установить температуру точки росы как t_d (K), содержание влаги влажного воздуха при конечном состоянии охлаждения 2 как d_2[кг (водяного пара) /кг (сухого воздуха)], среднее содержание влаги влажного воздуха в начальном и конечном состоянии как d_m[кг (водяного пара) /кг (сухого воздуха)], и среднюю скрытую теплоту парообразования воды между температурой точки росы и конечным состоянием как r (кДж/кг), то приближенная расчетная формула количества тепловыделения влажного воздуха, содержащего 1 кг сухого воздуха, при охлаждении из начального состояния 1 в конечное состояние 2 составляет q_C [кДж/кг (сухого воздуха)]:

$$q_C = C_{pa} (t_1 - t_2) + C_{pw} (t_1 - t_2) d_m + r (d_1 - d_2) \qquad (6\text{-}6\text{-}5)$$

При простой оценке, удельная теплоемкость при постоянном давлении для сухого воздуха C_{pa} может быть принята как 1, 0 кДж/ (кг · K), удельная теплоемкость при постоянном давлении для водяного пара C_{pw}−1, 9 кДж/ (кг · K), а также скрытая теплота парообразования воды r−2000 кДж/кг.

2. Грунтовые воды

Среднегодовая температура грунтовых вод составляет около 10 ℃, и относительно стабильна в течение всего года. Однако в зависимости от

расположения и глубины скважин для откачивания грунтовых вод, температура грунтовых вод 8-12 ℃ зимой и 10-14 ℃ летом очень подходит для использования в качестве источника тепла теплового насоса.

Использование грунтовых вод требует разрешения административного отдела. При использовании грунтовых вод в качестве низкотемпературного источника тепла теплового насоса, как правило, одновременно со строительством водозаборной скважины должна быть построена скважина для пополнения подземных вод, после поглощения тепла откачанная вода с сохранением ее состава и химических свойств вливается через скважину для пополнения подземных вод в бывший пласт для откачивания воды, конструкция которого показана на рисунке 6-6-1.

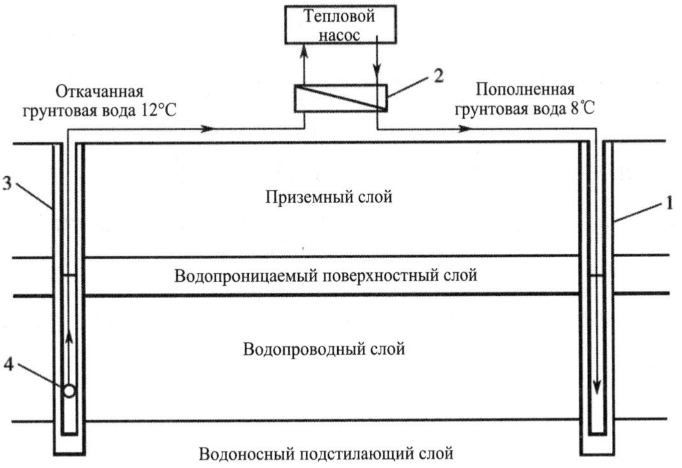

Рис. 6-6-1 Конструкция водозаборной скважины и скважины для пополнения подземных вод теплового насоса грунтовых вод

1—скважина для пополнения подземных вод; 2—теплообменник; 3—водозаборная скважина; 4—всасывающий насос

3. Поверхностные воды

Для использования поверхностных вод в качестве низкотемпературного источника тепла теплового насоса, также требуется предварительное разрешение соответствующих органов.

Преимущества поверхностных вод в качестве низкотемпературного источника теплового насоса заключаются в том, что при использовании грунтовых вод можно избежать расходов на строительство и обслуживание скважин, а также в том, что на местах приближения к рекам, озерам и т.д.

имеется достаточно большой объем воды, а недостаток — высокая изменчивость температуры воды, особенно возможность замерзания зимой, что затрудняет извлечение тепла из воды; необходимо определенное расстояние от источника воды до теплового насоса, необходимо преодолеть значительное сопротивление потоку; поверхностная вода может быть грязной, для теплообменника между тепловым насосом и поверхностными водами следует использовать легко разборный теплообменник, например пластинчатый теплообменник.

4. Морская вода

Преимущества и недостатки морской воды в качестве низкотемпературного источника тепла для тепловых насосов аналогичны преимуществам и недостаткам поверхностных вод, морская вода в качестве низкотемпературного источника тепла особенно подходит предприятиям или организациям вблизи моря для производства тепла с помощью тепловых насосов.

(1) Соленость, плотность и температура морской воды: соленость морской воды в океане обычно составляет 33‰-37‰.

(2) Удельная теплоемкость при постоянном давлении морской воды: удельная теплоемкость при постоянном давлении морской воды уменьшается с ростом температуры и солености, а значение удельной теплоемкости при постоянном давлении уменьшается с ростом давления при одинаковой температуре и солености.

5. Почва

1) Тепловая энергия неглубокой почвы

Когда рядом с тепловым насосом имеется достаточно места, можно использовать тепловую энергию, содержащуюся в неглубокой почве. Как правило, тепловая энергия почвы поглощается путем закладки теплообменника на глубине 1-2 м, температура которой в течение года меняется незначительно.

Глубина заложения почвенного теплообменника и количество тепла, получаемого с помощью почвенного теплообменника, варьируются в зависимости от регионов и климатических условий, и сильно зависят от удельной теплоемкости, теплопроводности, содержания воды, водопроницаемости и свойств водяного пара (диффузности) почвы, а также солнечного облучения.

2) Тепловая энергия глубокой почвы

Когда теплоснабжение, требуемое тепловым насосом, велико, применение тепловой энергии неглубокого грунта часто требует слишком большой площади грунта, которая больше не подходит с точки зрения стоимости и грунтовых условий. В этом случае можно использовать метод глубинной вертикальной прокладки трубы для получения тепловой энергии глубокой почвы, глубина заложения трубы может достигать 30-100м.

6. Промышленные отходы тепла

В гражданском и промышленном секторах существуют остаточные или отработанные отходы тепла в большом количестве (например, явное и скрытое тепло, содержащееся в выхлопных газах сушильных установок, теплые сточные воды, выбрасываемые в процессе производства, дымовые газы или твердые отходы от промышленных установок для сжигания и т.д.), которые могут быть использованы в качестве низкотемпературного источника тепла для тепловых насосов после повышения температуры, что позволяет не только экономить энергию и сокращать расходы, но и уменьшать тепловое загрязнение окружающей среды, а также способствует реализации экологически чистого производства на предприятиях.

7. Солнечная энергия

Преимущество солнечной энергии в качестве низкотемпературного источника тепла для теплового насоса заключается в том, что она может быть получена повсеместно, но недостаток заключается в том, что интенсивность сильно варьируется в зависимости от времени и сезона; а плотность энергии также мала, даже в полдень летом плотность энергии составляет только около 1000 Вт/м^2, а зимой — 50-200 Вт/м^2, в том числе энергия может использоваться менее 50%, поэтому солнечная энергия обычно используется только в качестве вспомогательного источника тепла для теплового насоса.

8. Геотермальная энергия

Геотермальная энергия — это тепловая энергия, содержащаяся глубоко в пласте, и имеет температуру до 30-100 ℃. В Китае имеются богатые геотермальные ресурсы, в основном низкотемпературная геотермальная энергия 30-60 ℃, которая может быть использована в качестве низкотемпературного источника тепла для тепловых насосов, для получения высокотемпературной тепловой энергии, необходимой для производства и жизни, в целях повышения экономической и социальной эффективности геотермальных ресурсов.

【Выполнение задачи】

Задача выполняется путем завершения отчета в соответствии с формулировкой и задачей проекта, см. таблицу 6-6-2 и 6-6-3.

Табл. 6-6-2 Задача проекта

Название задачи	Понимание низкотемпературных источников тепла тепловых насосов		
Члены группы			
Инструктор-преподаватель		Планируемое время	
Срок реализации		Место реализации	
Содержание и цель задачи			
1. Освоить обычно используемые низкотемпературные источники тепла для тепловых насосов; 2. Освоить основные характеристики обычно используемых низкотемпературных источников тепла; 3. Освоить значение и особенности обычно используемых низкотемпературных источников тепла; 4. Овладеть расчетом теплопоглощения или тепловыделения в воздухе при различных условиях окружающей среды.			
Пункты аттестации	1. Обычные используемые низкотемпературные источники тепла для тепловых насосов; 2. Значение и особенности обычно используемых низкотемпературных источников тепла.		
Примечание			

Табл. 6-6-3 Отчет о выполнении задачи проекта

Название задачи	Понимание низкотемпературных источников тепла тепловых насосов		
Члены группы			
Конкретное разделение труда			
Планируемое время		Фактическое время реализации	
Примечание			
1. Какие низкотемпературные источники тепла обычно используются для тепловых насосов? 2. Каковы типы низкотемпературных источников тепла? 3. Опишите значение и особенности (подробно описать) обычно используемых низкотемпературных источников тепла.			

【Оценка задачи】

Оценка задачи осуществляется по форме комплексной оценки задачи проекта, приведенной в таблице 6-6-4.

Табл. 6-6-4 Форма комплексной оценки задачи проекта

Название задачи: Время оценки: Год месяц день

Детали оценки		Стандартный балл	Полученный балл								
			Члены группы								
			Самооценка группы	Взаимная оценка между группами	Оценка преподавателя	Самооценка группы	Взаимная оценка между группами	Оценка преподавателя	Самооценка группы	Взаимная оценка между группами	Оценка преподавателя
Группа (60 баллов)	Может ли группа понять цели и прогресс обучения в целом	10									
	Существует ли четкое разделение труда между членами группы	10									
	Есть ли у группы сознание сотрудничества	10									
	Есть ли у группы инновационные идеи (методы)	10									
	Добросовестно ли группа заполнила отчет о завершении задачи	10									
	Есть ли у группы проблемы и пути их решения	10									

Детали оценки		Стандартный балл	Полученный балл								
			Члены группы								
			Самооценка группы	Взаимная оценка между группами	Оценка преподавателя	Самооценка группы	Взаимная оценка между группами	Оценка преподавателя	Самооценка группы	Взаимная оценка между группами	Оценка преподавателя
Отдельное лицо (40 баллов)	Подчиняется ли отдельное лицо постановке работы группы	10									
	Выполняет ли отдельное лицо задачи, поставленные группой	10									
	Может ли отдельное лицо своевременно общаться с членами группы	10									
	Может ли отдельное лицо тщательно описать трудности, ошибки и изменения	10									
Всего		100									

【Закрепление знаний】

1. Задание на заполнение пробелов

(1) Окружающий воздух представляет собой смесь _______ и ________.

(2) Парциальное давление водяного пара в насыщенном влажном воздухе равно ______ чистой воды при его температуре.

2. Вопросы с кратким ответом

(1) Кратко опишите преимущества и недостатки поверхностных и морских вод в качестве низкотемпературных источников тепла для тепловых насосов.

(2) Кратко опишите особенности почвы в качестве низкотемпературного источника тепла для тепловых насосов.

Проект Ⅶ

Изучение абсорбционных тепловых насосов

【Описание проекта】

Абсорбционный тепловой насос представляет собой циркуляционную систему, которая использует высокопотенциальный источник тепла для перекачки тепла от низкотемпературного источника тепла к высокотемпературному источнику, является эффективным устройством для рекуперации низкопотенциальной тепловой энергии, выполняет двойную функцию экономии энергии и охраны окружающей среды, что может повысить эффективность использования энергии, и значительно уменьшить выбросы CO_2 и некоторых других вредных газов. Таким образом, абсорбционный тепловой насос имеет широкие перспективы применения, кроме области охлаждения и кондиционирования воздуха, он также широко используется для рекуперации остаточного тепла в электроэнергии, металлургии, нефтехимии и других областях. Применение абсорбционного теплового насоса играет активную роль в достижении Китаем углеродной нейтральности; на основе «углеродного пика и углеродной нейтральности» в качестве общего руководства, всесторонне усиливаются ресурсосбережение и охрана окружающей среды, ускоряется формирование зеленого и низкоуглеродного производства и образа жизни, стимулируется всесторонняя зеленая трансформация социально-экономического развития, модернизируется гармоничный симбиоз человека и природы.

В данном проекте в основном описаны принцип работы, классификация, особенности и основные характеристические параметры абсорбционного теплового насоса. Главной задачей является освоение принципа работы абсорбционного бромистолитиевого теплового насоса, ознакомление с составом и характеристиками установки абсорбционного бромистолитиевого теплового насоса, его классификацией, особенностями и основными характеристическими параметрами, а также умение надлежащим образом применять абсорбционный тепловой насос для рекуперации остаточного тепла при средней и низкой температурах.

【Цель проекта】

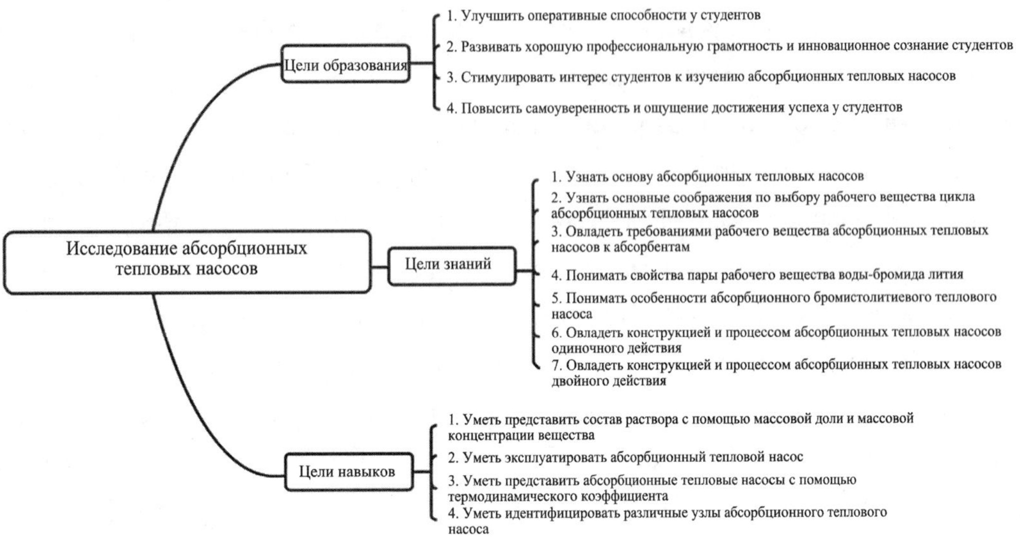

Задача Ⅰ Знакомство с абсорбционными тепловыми насосами

【Подготовка к задаче】

1. Сравнение абсорбционного теплового насоса и парокомпрессионного теплового насоса

Абсорбционный тепловой насос, как и парокомпрессионный, используется для производства тепла путем парообразования жидких хладагентов при низких температурах и низком давлении, но между ними имеются два отличия.

1) Различные способы компенсации энергии

Согласно второму закону термодинамики, передача тепла от низкотемпературного тела к высокотемпературному требует потребления определенной внешней энергии в качестве компенсации. Парокомпрессорный тепловой насос обеспечивает компенсацию энергии за счет преобразования потребленной

электрической энергии в механическую работу; с другой стороны, абсорбционный тепловой насос выполняет этот несамопроизвольный процесс за счет потребления тепловой энергии, и имеет низкие требования к потенциалу тепловой энергии, эти тепловые энергии могут быть промышленным остаточным теплом или отработанным теплом, геотермальной водой, газом или солнечной энергией, что свидетельствует о широком диапазоне использования энергии абсорбционными тепловыми насосами. Таким образом, абсорбционный тепловой насос имеет большие преимущества там, где источники тепла недорогие и в доступе, особенно там, где существует отработаное тепло.

2) Различные используемые рабочие вещества.

Парокомпрессионный тепловой насос завершает работу путем фазового изменения рабочего вещества, который, кроме смешанного рабочего вещества, представляет собой отдельное вещество, такое как R717, R744, R134a и т.д. Рабочее вещество абсорбционного теплового насоса различно и представляет собой бинарную смесь, состоящую из двух веществ с разной температурой кипения. В этой смеси вещество с низкой температурой кипения называется хладагентом, вещество с высокой температурой кипения называется абсорбентом и, следовательно, такая смесь называется парой рабочего вещества хладагента-абсорбента. Среди них абсорбенты представляют собой вещества, обладающие сильно высокой поглощающей способностью к хладагенту, а в качестве хладагента используется вещество с большой скрытой теплотой парообразования. Наиболее часто используемая пара рабочего вещества имеет следующие типы.

(1) Пара рабочего вещества аммиака-воды: температура кипения аммиака при давлении в 1 атмосферу составляет -33, 4 ℃, и при этом аммиак является хладагентом; температура кипения воды при давлении в 1 атмосферу составляет 100 ℃, и при этом вода является абсорбентом. Пара рабочего вещества аммиака-воды подходит для низкотемпературного охлаждения.

(2) Пара рабочего вещества бромида лития-воды: вода является хладагентом; температура кипения бромида лития при давлении в 1 атмосферу достигает до 1265℃, при этом бромид лития является абсорбентом. Пара рабочего вещества бромида лития-воды в основном используется для охлаждения кондиционеров.

2. Основной состав абсорбционного теплового насоса

На рисунке 7-1-1 показан абсорбционный тепловой насос непрерывного

действия, который состоит из генератора, абсорбера, конденсатора, испарителя, дроссельного клапана, насоса раствора, клапана раствора и растворного теплообменника, образующих замкнутый контур, который заполнен раствором пары рабочего вещества (абсорбент и циркулирующее рабочее вещество) .

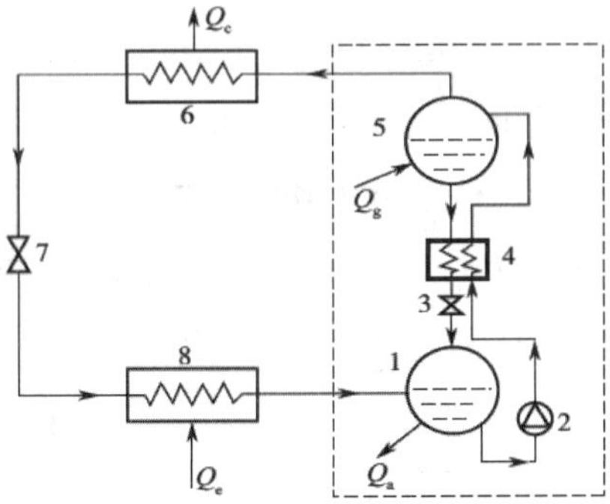

Рис. 7-1-1 Основной состав абсорбционного теплового насоса

1—абсорбер; 2—растворный насос; 3—растворный клапан; 4—растворный теплообменник; 5—генератор; 6—конденсатор; 7—дроссельный клапан; 8—испаритель

3. Процесс работы системы абсорбционного теплового насоса

Абсорбционный тепловой насос использует высокотемпературную тепловую энергию для нагрева концентрированного раствора рабочего тела в генераторе с образованием пара циркулирующей рабочей жидкости с высокой температурой и высоким давлением, который поступает в конденсатор. В конденсаторе циркулирующая рабочая жидкость конденсируется, выделяя тепло, и превращается в жидкость циркулирующего рабочего вещества высоких температуры и давления. Затем эта жидкость проходит через дроссельный клапан и превращается в смесь насыщенных пара и жидкости циркулирующего рабочего вещества низких температуры и давления перед входом в испаритель. В испарителе циркулирующее рабочее вещество поглощает тепло от низкотемпературного теплового источника и превращается в пар, который поступает в абсорбер. В абсорбере пар циркулирующего рабочего вещества поглощается раствором рабочей пары. Разбавленный раствор пары рабочего вещества, поглотивший пар циркулирующего рабочего вещества, после нагрева в теплообменнике поступает в генератор, в то время как концентрированный раствор в генераторе, где образовался пар циркулирующего рабочего вещества, постоянно перекачивается в абсорбер после охлаждения в теплообменнике, чтобы поддерживать стабильный уровень, концентрацию и температуру в

генераторе и абсорбере. Этот процесс обеспечивает непрерывное производство тепла в абсорбционном тепловом насосе.

Сравнивая абсорбционный тепловой насос, показанный на рисунке 7-1-1, с паровым компрессионным тепловым насосом, показанным на рисунке 7-1-2, можно заметить, что часть в пунктирной рамке абсорбционного теплового насоса на рисунке 7-1-1 функционально эквивалентна компрессору парового компрессионного теплового насоса на рисунке 7-1-2, т.е. комплекс генератора, абсорбера, насоса раствора, клапана раствора и растворного теплообменника служит компрессором, но он приводится в действие тепловой энергией, поэтому иногда его называют термокомпрессором.

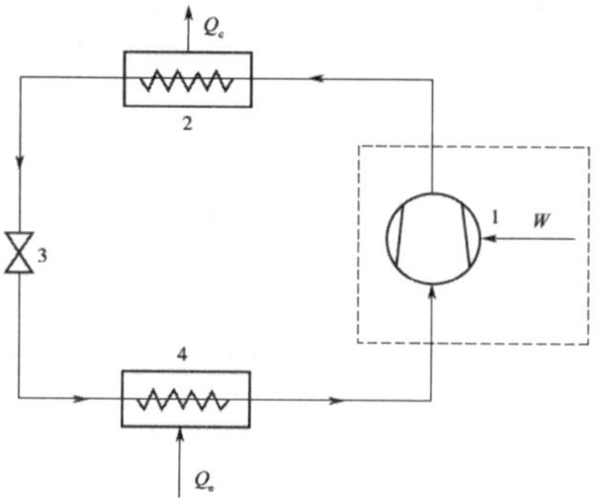

Рис. 7-1-2　Основной состав парового компрессионного теплового насоса

1—компрессор; 2—конденсатор; 3—дроссельный клапан; 4—испаритель

4. Основные особенности абсорбционного теплового насоса

(1) Преимущества абсорбционного теплового насоса заключаются в малом количестве подвижных частей, низком уровне шума, небольшом эксплуатационном износе, но их стоимость изготовление немного выше, чем у паровых компрессионных тепловых насосов.

(2) Тепловой коэффициент ξ_H абсорбционного теплового насоса, как правило, ниже, чем коэффициент производства тепла парового компрессионного теплового насоса COP_H, но оба значения отличаются в знаменателе. Абсорбционный тепловой насос приводится в действие с помощью тепловой энергии, которая служит в качестве знаменателя. Однако лишь часть этой тепловой энергии является доступной (доступная энергия эквивалентна электрической/механической энергии; отношение доступной энергии в тепловой энергии определяется как $1-t_a/t_r$, где t_a — температура окружающей среды, t_r — температура тепловой энергии); а парокомпрессионный тепловой насос

приводится в действие с помощью электроэнергии или механической работы, причем вся потребляемая электрическая/механическая энергия является полностью доступной. Поэтому предпочтительнее приводить в действие абсорбционные тепловые насосы с помощью тепловой энергии, выработанной на основе отходящего тепла или низкозатратного топлива.

(3) Абсорбционные тепловые насосы демонстрируют меньший диапазон изменения термодинамического коэффициента по сравнению с парокомпрессионными тепловыми насосами при увеличении разницы между температурой конденсации и температурой испарения. Это означает, что когда температура окружающей среды снижается или потребители требуют более высокой температуры для обогрева, изменения в теплоснабжении абсорбционных тепловых насосов менее значительны по сравнению с парокомпрессионными тепловыми насосами.

【Выполнение задачи】

Задача выполняется путем завершения отчета в соответствии с формулировкой и задачей проекта, см. таблицу 7-1-1 и 7-1-2.

Табл. 7-1-1 Задача проекта

Название задачи	Знакомство с абсорбционными тепловыми насосами		
Члены группы			
Инструктор-преподаватель		Планируемое время	
Срок реализации		Место реализации	
Содержание и цель задачи			
1. Освоить основу абсорбционных тепловых насосов; 2. Уметь эксплуатировать абсорбционный тепловой насос.			
Пункты аттестации	1. Основной состав абсорбционного теплового насоса. 2. Процесс работы абсорбционного теплового насоса.		
Примечание			

Табл. 7-1-2 Отчет о выполнении задачи проекта

Название задачи	Знакомство с абсорбционными тепловыми насосами		
Члены группы			
Конкретное разделение труда			
Планируемое время		Фактическое время реализации	
Примечание			

1. Краткое опишите основной состав абсорбционного теплового насоса.

2. Кратко опишите процесс работы абсорбционного теплового насоса.

【Оценка задачи】

Оценка задачи осуществляется по форме комплексной оценки задачи проекта, приведенной в таблице 7-1-3.

Табл. 7-1-3 Форма комплексной оценки задачи проекта

Название задачи:　　　　　　　　　　Время оценки:　Год　месяц　день

Детали оценки		Стандартный балл	Полученный балл								
			Члены группы								
			Самооценка группы	Взаимная оценка между группами	Оценка преподавателя	Самооценка группы	Взаимная оценка между группами	Оценка преподавателя	Самооценка группы	Взаимная оценка между группами	Оценка преподавателя
Группа (60 баллов)	Может ли группа понять цели и прогресс обучения в целом	10									
	Существует ли четкое разделение труда между членами группы	10									
	Есть ли у группы сознание сотрудничества	10									
	Есть ли у группы инновационные идеи (методы)	10									
	Добросовестно ли группа заполнила отчет о завершении задачи	10									
	Есть ли у группы проблемы и пути их решения	10									

Детали оценки		Стандартный балл	Полученный балл								
			Члены группы								
			Самооценка группы	Взаимная оценка между группами	Оценка преподавателя	Самооценка группы	Взаимная оценка между группами	Оценка преподавателя	Самооценка группы	Взаимная оценка между группами	Оценка преподавателя
Отдельное лицо (40 баллов)	Подчиняется ли отдельное лицо постановке работы группы	10									
	Выполняет ли отдельное лицо задачи, поставленные группой	10									
	Может ли отдельное лицо своевременно общаться с членами группы	10									
	Может ли отдельное лицо тщательно описать трудности, ошибки и изменения	10									
Всего		100									

【Закрепление знаний】

Кратко опишите основные особенности абсорбционного теплового насоса.

Задача Ⅱ Понимание рабочих веществ абсорбционных тепловых насосов

【Подготовка к задаче】

Рабочее вещество абсорбционного теплового насоса, как правило, представляет собой бинарную неазеотропную смесь, состоящую из циркулирующего рабочего вещества и абсорбента, в том числе температура кипения циркулирующего рабочего вещества (хладагента) низкая, температура кипения абсорбента высокая, и разница в температурах кипения этих двух веществ должна быть велика, чтобы обеспечить разделение двух компонентов. Циркулирующее рабочее вещество должно обладать относительно высокой растворимостью в абсорбенте, и соответствующий раствор пары рабочего вещества должен обладать относительно высокой поглощающей способностью к циркулирующему рабочему веществу. В настоящее время в абсорбционном тепловом насосе используются пара рабочего вещества воды-бромида лития и пара рабочего вещества аммиака-воды. В данной задаче в основном описываются свойства пары рабочего вещества воды-бромида лития и особенности абсорбционного бромистолитиевого теплового насоса.

1. Требования к выбору циркуляционных рабочих веществ

Два компонента пары рабочего вещества абсорбционного теплового насоса имеют различные температуры кипения, и только большая разница в температуре кипения может обеспечить высокую чистоту хладагента в цикле охлаждения, таким образом повышая эффективность охлаждения охлаждающей установки; в целях повышения эффективности абсорбционного цикла, абсорбент должен обладать сильными абсорбционными свойствами по отношению к хладагенту, например, для пары рабочего вещества аммиака-воды, вода 1кг может поглотить

аммиак 700кг, что в основном может считаться неограниченной растворимостью.

При выборе циркуляционного рабочего тела для абсорбционного теплового насоса в основном учитывается следующее.

(1) Давление конденсации при работе абсорбционного теплового насоса не должно быть слишком высоким для снижения себестоимости изготовления оборудования, повышения безопасности и надежности работы агрегата.

(2) Давление испарения при работе абсорбционного теплового насоса не должно быть слишком низким, во избежание попадания воздуха в агрегат в случае большой удельной теплоемкости циркулирующего рабочего вещества и утечки.

(3) Скрытая теплота испарения и конденсации должна быть велика для того, чтобы уменьшить циркулирующий объем циркулирующего рабочего вещества при получении одинакового количества тепла.

(4) Удельная теплоемкость должна быть мала, чтобы уменьшить величины теплопоглощения и тепловыделения при необходимом повышении и снижении температуры.

(5) Термодинамический коэффициент должен быть высок, чтобы снизить расход пара или топлива при получении одинакового количества тепла, таким образом повышая экономичность работы агрегата.

(6) Коэффициент теплопередачи должен быть высок, чтобы уменьшить объем и размеры оборудования теплообмена (включая генераторы и абсорбера) и снизить стоимость агрегата при передаче одинакового тепла.

(7) Вязкость жидкой и газовой фаз должна быть низка, чтобы уменьшить сопротивление потоку циркулирующего рабочего вещества в трубопроводах и оборудовании, снизить расход мощности насоса и повысить экономичность агрегата.

(8) Химические свойства должны быть инертны; рабочее вещество не должно вступать в реакцию с металлом и материалами других компонентов агрегата, и обладать хорошей собственной стабильностью.

(9) Не должны присутствовать токсичность и раздражимость.

(10) Отсутствие горючести и опасности взрыва.

(11) При утечках легко обнаружить и обработать.

(12) Экологичность, например, отсутствуют вред для озонового слоя, парниковый эффект, эффект фотохимического смога и т.д.

(13) Низкая цена, широкий ассортимент и легкость приобретения.

2. Требования к выбору абсорбентов

Абсорбент должен обладать высокой абсорбционной способностью циркулирующего рабочего вещества, компоненты могут быть отделены путем нагрева. В целом, при выборе абсорбентов необходимо учитывать следующие.

（1）Разница между температурой кипения абсорбента и температурой кипения циркулирующего рабочего вещества должна быть велика, при образовании пара циркулирующего рабочего вещества в результате нагрева, включенный абсорбент должен быть мал, не нужно устанавливать ректификатор, парциальный конденсатор и т.д.

（2）Абсорбент должен иметь высокую растворимость в циркулирующем рабочем веществе, и сильную поглощающую способность к циркулирующему рабочему веществу, во избежание опасности кристаллизации.

（3）В генераторе и абсорбере, разница растворимости абсорбента и циркулирующего рабочего вещества должна быть велика, в целях уменьшения циркуляционного объема раствора и снижения расхода энергии насоса раствора.

（4）Вязкость должна быть мала для уменьшения сопротивления потоку в трубах и компонентах.

（5）Теплопроводность должна быть велика для улучшения способности теплопередачи, и уменьшения объема и стоимости оборудования.

（6）Нелегко кристаллизируется, во избежание засорения трубы зерном.

（7）Соотношение скрытой теплоты рабочего вещества к удельной теплоемкости раствора велико.

（8）Химические свойства должны быть инертны; абсорбент не должен вступать в реакцию с металлом и другими материалами, и обладать хорошей стабильностью.

（9）Не должны присутствовать токсичность и раздражимость.

（10）Отсутствие горючести и опасности взрыва.

（11）Экологичность.

（12）Низкая цена, широкий ассортимент и легкость приобретения.

Из всего сказанного выше, пара рабочего вещества воды-бромида лития имеет отличные комплексные характеристики и уже широко применяется на практике. Основным ограничением является то, что температура низкотемпературного источника тепла не должна быть ниже 0 ℃, во избежание замерзания в испарителе и других компонентах, а при использовании следует обратить внимание на

антикоррозийную защиту оборудования и кристаллизацию бромида лития.

3. Особенности абсорбционного бромистолитиевого теплового насоса

Пара вещества воды-бромида лития, как наиболее широко используемая пара рабочего вещества в настоящее время, имеет отличные комплексные характеристики, однако необходимо также обратить внимание на некоторые аспекты; основные особенности абсорбционного теплового насоса, в котором используется пара вещества воды-бромида лития в качестве пары рабочего вещества, приведены ниже.

(1) Вода, которая используется в качестве циркуляционного рабочего вещества, не токсична, безвкусна и не пахуча, а также безвредна для людей, но может использоваться только в случаях с температурой низкотемпературного источника тепла выше 5 ℃.

(2) Когда в качестве абсорбента используется бромид лития, водный раствор бромида лития обладает сильной абсорбционной способностью к воде, разница в температурах кипения циркулирующего рабочего вещества и абсорбента относительно большая, и после образования пара циркуляционного рабочего вещества генератором, не требуется ректификатор и т.д.

(3) Требования к приводному источнику тепла невысоки; обычный пар низкого давления (0, 12МПа и более) или горячая вода 75 ℃ и выше могут удовлетворять требованиям; могут быть использованы отработанные газы, сточные воды в предприятиях химической, металлургической и легкой промышленности, а также геотермальная энергия и солнечная горячая вода.

(4) Водяной пар обладает большой удельной теплоемкостью, и во избежание чрезмерного перепада давления при его потоке генератор и конденсатор часто размещены в одном контейнере, абсорбер и испаритель — в другом, эти четыре основных устройства также могут быть размещены в одном корпусе, и разделены друг от друга перегородкой со стороны высокого давления (в стороне генератора и конденсатора) и стороны низкого давления (в стороне абсорбера и испарителя).

(5) Разница давлений между стороной высокого и низкого давления относительно невелика, и в качестве дросселирующих компонентов обычно используются U-образная труба, дросселирующий патрубок, диафрагма или дроссельное отверстие.

(6) Из-за простой конструкции и удобного изготовления, вся установка в основном представляет собой комплекс теплообменников, не имеет других

движущихся частей, кроме насоса, поэтому вибрация и шум невелики, а работа плавная, требования к капитальному строительству невысоки, при этом возможна установка на открытом воздухе или даже на крыше здания.

(7) Установка работает в вакууме без риска взрыва; простота в эксплуатации и удобство в обслуживании и уходе позволяют легко реализовать автоматизированную работу; теплопроизводительность может бесступенчато регулироваться в пределах 10-100%, тепловой коэффициент агрегата не заметен при частичной нагрузке.

(8) Раствор бромида лития агрессивен к металлам, особенно черным металлам, и в частности при присутствии воздуха, поэтому агрегат должен быть хорошо герметизирован.

(9) При определенных режимах работы существует опасность засорения трубопроводов кристаллами; при проектировании и эксплуатации следует обратить внимание на наличие определенного запаса прочности от температуры и кристаллизации.

【Выполнение задачи】

Задача выполняется путем завершения отчета в соответствии с формулировкой и задачей проекта, см. таблицу 7-2-1 и 7-2-2.

Табл. 7-2-1 Задача проекта

Название задачи	Понимание рабочих веществ абсорбционных тепловых насосов		
Члены группы			
Инструктор-преподаватель		Планируемое время	
Срок реализации		Место реализации	
Содержание и цель задачи			
1. Освоить основные соображения по выбору рабочего вещества цикла абсорбционных тепловых насосов; 2. Овладеть требованиями циркуляционного рабочего вещества абсорбционных тепловых насосов к абсорбентам 3. Освоить особенности абсорбционных бромистолитиевых тепловых насосов.			
Пункты аттестации	1. Состав пары рабочего вещества абсорбционных тепловых насосов; 2. Особенности абсорбционного бромистолитиевого теплового насоса.		
Примечание			

Табл. 7-2-2 Отчет о выполнении задачи проекта

Название задачи	Понимание рабочих веществ абсорбционных тепловых насосов		
Члены группы			
Конкретное разделение труда			
Планируемое время		Фактическое время реализации	

Примечание	
1. Из чего состоит пара рабочего вещества абсорбционного теплового насоса? 2. Кратко опишите особенности абсорбционного бромистолитиевого теплового насоса.	

【Оценка задачи】

Оценка задачи осуществляется по форме комплексной оценки задачи проекта, приведенной в таблице 7-2-3.

Табл. 7-2-3 Форма комплексной оценки задачи проекта

Название задачи: Время оценки: Год месяц день

Детали оценки		Стандартный балл	Полученный балл								
			Члены группы								
			Самооценка группы	Взаимная оценка между группами	Оценка преподавателя	Самооценка группы	Взаимная оценка между группами	Оценка преподавателя	Самооценка группы	Взаимная оценка между группами	Оценка преподавателя
60	Может ли группа понять цели и прогресс обучения в целом	10									
	Существует ли четкое разделение труда между членами группы	10									
	Есть ли у группы сознание сотрудничества	10									
	Есть ли у группы инновационные идеи (методы)	10									
	Добросовестно ли группа заполнила отчет о завершении задачи	10									
	Есть ли у группы проблемы и пути их решения	10									

Детали оценки		Стандартный балл	Полученный балл								
			Члены группы								
			Самооценка группы	Взаимная оценка между группами	Оценка преподавателя	Самооценка группы	Взаимная оценка между группами	Оценка преподавателя	Самооценка группы	Взаимная оценка между группами	Оценка преподавателя
40	Подчиняется ли отдельное лицо постановке работы группы	10									
	Выполняет ли отдельное лицо задачи, поставленные группой	10									
	Может ли отдельное лицо своевременно общаться с членами группы	10									
	Может ли отдельное лицо тщательно описать трудности, ошибки и изменения	10									
Всего		100									

【Закрепление знаний】

Состав раствора, как правило, выражают в виде ________ и ____.

Задача Ⅲ Состав абсорбционных тепловых насосов

【Подготовка к задаче】

Абсорбционные тепловые насосы могут быть классифицированы на абсорбционный тепловой насос одиночного действия и двойного действия, которые имеют различные конструкции и процессы. В настоящее время улучшенными характеристиками обладают абсорбционный бромистолитиевый тепловой насос одиночного действия и абсорбционный бромистолитиевый тепловой насос с паровым обогревом. Абсорбционный бромистолитиевый тепловой насос представляет собой устройство, использующее небольшое количество высокотемпературной приводной тепловой энергии в качестве компенсации, для реализации перехода энергии от низкой температуре к высокой, и может применяться для отопления в технологии производства, отопления в зимний период или обеспечения горячей водой бытового назначения.

В зависимости от разницы температуры выходной горячей воды абсорбционные тепловые насосы могут быть классифицированы на абсорбционный тепловой насос первого типа, с температурой выходной горячей воды ниже температуры источника тепла, приводящего агрегат, который также называется тепловым насосом с увеличением нагрева, и абсорбционный тепловой насос второго типа с температурой выходной горячей воды выше температуры источника тепла, приводящего агрегат, который также называется тепловым насосом с повышением температуры или преобразователем тепла. Коэффициент энергоэффективности COP агрегата абсорбционного теплового насоса первого типа превышает 1, как правило, 1, 5-2, 5; агрегат абсорбционного теплового насоса второго типа имеет коэффициент

энергоэффективности COP меньше 1, как правило, 0, 4-0, 5. С учетом того, что температура горячей воды в первичной сети с централизованным теплоснабжением обычно не превышает 130 ℃, в данной задаче представлен агрегат абсорбционного теплового насоса первого типа.

1. Конструкция абсорбционных тепловых насосов одиночного действия

Абсорбционный бромистолитиевый тепловой насос одиночного действия состоит в основном из испарителя, абсорбера, генератора, конденсатора, теплообменника раствора, насоса раствора, насоса рабочего вещества, отсасывающего устройства, устройства управления количеством производства тепла и предохранительного устройства, а также установки для сгорания для агрегата с прямым нагревом. Среди них, существуют различные комбинации испарителя, абсорбера, генератора и конденсатора, а фактический продукт в основном имеет двухцилиндровый и одноцилиндровый типы, по отдельности встречается и трехцилиндровая конструкция. В двухцилиндровом типе генератор и конденсатор примерно с одинаковым давлением помещаются в один цилиндр, а испаритель и абсорбер — в другой. В одноцилиндровом типе эти четыре части помещаются в один цилиндр.

Способ расположения оборудования двухцилиндрового абсорбционного теплового насоса приведен на рисунке 7-3-1.

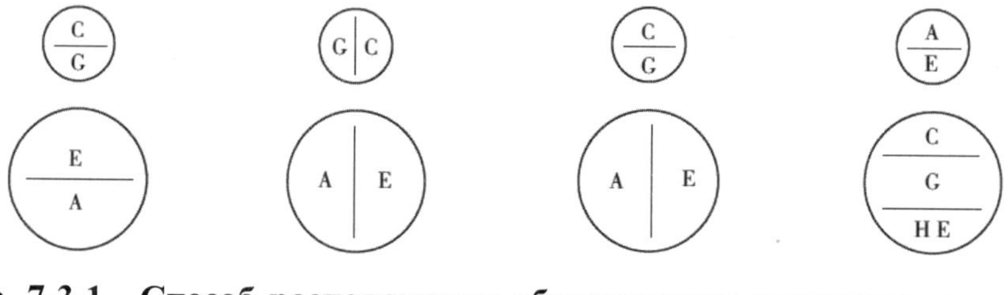

Рис. 7-3-1 Способ расположения оборудования двухцилиндрового абсорбционного теплового насоса

C—конденсатор; G—генератор; A—абсорбер; E—испаритель; HE—теплообменник раствора

Способ расположения оборудования одноцилиндрового абсорбционного теплового насоса приведен на рисунке 7-3-2.

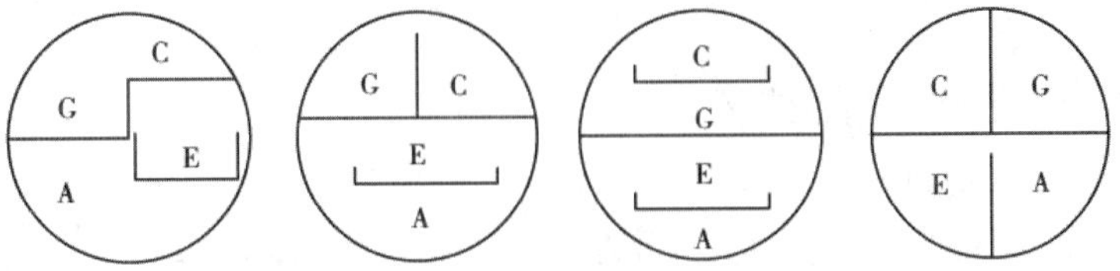

Рис. 7-3-2 Способ расположения оборудования одноцилиндрового абсорбционного теплового насоса

C—конденсатор; G—генератор; A—абсорбер; E—испаритель

2. Конструкция абсорбционных тепловых насосов двойного действия

В качестве примера можно привести абсорбционный бромистолитиевый тепловой насос с паровым нагревом, абсорбционный тепловой насос двойного действия состоит из испарителя, абсорбера, генератора высокого давления, генератора низкого давления, конденсатора, теплообменника высокотемпературного раствора, теплообменника низкотемпературного раствора, теплообменника конденсационной воды, насоса раствора, насоса рабочего вещества, отсасывающего устройства, устройства управления количеством производства тепла и предохранительного устройства, а также горелки для агрегата прямого сгорания. Среди них, первые восемь компонентов являются основными теплообменниками агрегата, обычно с кожухотрубной конструкцией.

Конструктивные формы абсорбционных тепловых насосов двойного действия в основном включают трехцилиндровые и двухцилиндровые модели. Агрегаты большой производительности или абсорбционные тепловые насосы второго типа также имеют многоцилиндровую конструкцию.

В трехцилиндровой конструкции, как правило, генератор высокого давления находится в верхнем цилиндре, генератор низкого давления и конденсатор — в среднем цилиндре, испаритель и абсорбер — в нижнем цилиндре; компоновку компонентов в среднем цилиндре и нижнем цилиндре см. компоновке компонентов в двухцилиндровой конструкции абсорбционного теплового насоса одиночного действия.

В двухцилиндровой конструкции, как правило, генератор высокого давления находится в верхнем цилиндре, а генератор низкого давления, конденсатор, испаритель и абсорбер — в нижнем цилиндре; компоновка компонентов в нижнем цилиндре см. компоновку компонентов в одноцилиндровой конструкции абсорбционного теплового насоса одиночного

действия.

【Выполнение задачи】

Задача выполняется путем завершения отчета в соответствии с формулировкой и задачей проекта, см. таблицу 7-3-1 и 7-3-2.

Табл. 7-3-1 Задача проекта

Название задачи	Состав абсорбционных тепловых насосов		
Члены группы			
Инструктор-преподаватель		Планируемое время	
Срок реализации		Место реализации	
Содержание и цель задачи			
1. Овладеть конструкцией и процессом работы абсорбционных тепловых насосов одиночного действия; 2. Овладеть конструкцией и процессом работы абсорбционных тепловых насосов двойного действия.			
Пункты аттестации	1. Конструкция и процесс работы абсорбционных тепловых насосов одиночного действия; 2. Конструкция и процесс работы абсорбционных тепловых насосов двойного действия.		
Примечание			

Табл. 7-3-2 Отчет о выполнении задачи проекта

Название задачи	Состав абсорбционных тепловых насосов		
Члены группы			
Конкретное разделение труда			
Планируемое время		Фактическое время реализации	
Примечание			
1. Кратко опишите конструкцию и процесс работы абсорбционных тепловых насосов одиночного действия. 2. Кратко опишите конструкцию и процесс работы абсорбционных тепловых насосов двойного действия.			

【Оценка задачи】

Оценка задачи осуществляется по форме комплексной оценки задачи

проекта, приведенной в таблице 7-2-3.

Табл. 7-3-3 Форма комплексной оценки задачи проекта

Название задачи: Время оценки: Год месяц день

Детали оценки		Стандартный балл	Полученный балл								
			Члены группы								
			Самооценка группы	Взаимная оценка между группами	Оценка преподавателя	Самооценка группы	Взаимная оценка между группами	Оценка преподавателя	Самооценка группы	Взаимная оценка между группами	Оценка преподавателя
Группа (60 баллов)	Может ли группа понять цели и прогресс обучения в целом	10									
	Существует ли четкое разделение труда между членами группы	10									
	Есть ли у группы сознание сотрудничества	10									
	Есть ли у группы инновационные идеи (методы)	10									
	Добросовестно ли группа заполнила отчет о завершении задачи	10									
	Есть ли у группы проблемы и пути их решения	10									

Детали оценки		Стандартный балл	Полученный балл								
			Члены группы								
			Самооценка группы	Взаимная оценка между группами	Оценка преподавателя	Самооценка группы	Взаимная оценка между группами	Оценка преподавателя	Самооценка группы	Взаимная оценка между группами	Оценка преподавателя
Отдельное лицо (40 баллов)	Подчиняется ли отдельное лицо постановке работы группы	10									
	Выполняет ли отдельное лицо задачи, поставленные группой	10									
	Может ли отдельное лицо своевременно общаться с членами группы	10									
	Может ли отдельное лицо тщательно описать трудности, ошибки и изменения	10									
Всего		100									

【Закрепление знаний】

(1) Существуют _________ способа расположения оборудования одноцилиндрового абсорбционного теплового насоса.

(2) Кратко опишите преимущества и недостатки одноцилиндровой конструкции.

(3) Кратко опишите преимущества и недостатки конструкции двухцилиндрового абсорбционного теплового насоса.

Задача Ⅳ Понимание компонентов абсорбционных тепловых насосов

【Подготовка к задаче】

Основные компоненты абсорбционного теплового насоса включают генератор, абсорбер, конденсатор, испаритель, теплообменник раствора, дроссельный компонент рабочего вещества, теплообменник конденсационной воды, отсасывающее устройство, экранированный насос, установку для сгорания, предохранительное устройство и т.д. Благодаря изучению основных компонентов абсорбционного теплового насоса, можно овладеть различиями между генераторами с различными приводными источниками тепла и генераторами агрегатов одиночного и двойного действием, понять принцип работы и состав абсорбера, конденсатора, испарителя и т.д., таким образом лучше использовать и понять абсорбционные тепловые насосы.

1. Генератор

Генераторы абсорбционного теплового насоса имеют разные приводные источники тепла, разные внутренние давления, а также разные конструкции.

1) Генераторы с различными приводными источниками тепла

Ⅰ. Генераторы теплового насоса типа пара или горячей воды

При использовании горячей воды или пара в качестве приводного источника тепла, генератор обычно имеет кожухотрубную конструкцию, в трубе пропускается среда приводного источника тепла (пар, горячая вода и т.д.), чтобы нагреть раствор бромида лития снаружи трубы до кипения и образования пара рабочего вещества, и одновременно концентрировать разбавленный раствор.

Ⅱ. Генератор высокого давления теплового насоса прямого сгорания

Для агрегатов прямого сгорания в основном применяются агрегаты двойного действия, генератор низкого давления приводится в действие паром от генератора высокого давления, но генератор высокого давления нагревается высокотемпературным дымовым газом от сгорания топлива.

2) Генераторы агрегатов одиночного и двойного действия

I. Генератор агрегата одиночного действия

Абсорбционный тепловой насос одиночного действия имеет только один генератор, а при высокой температуре приводного источника тепла можно применять погружаемую конструкцию; при относительно низкой температуре приводного источника тепла, во избежание неблагоприятного влияния высоты погружения раствора, применяется распылительная конструкция, которая может устранять влияние высоты погружения раствора и повышать эффект теплопередачи и передачи вещества.

Ⅱ. Генератор агрегата двойного действия

В абсорбционных тепловых насосах двойного действия генератор высокого давления обычно имеет погружаемую конструкцию, а генератор низкого давления имеет погружаемую или распылительную конструкцию.

Ⅰ) Генератор высокого напряжения

При использовании пара или горячей воды в качестве приводного источника тепла, генератор высокого давления обычно представляет собой отдельный цилиндр, и в основном состоит из цилиндра, теплообменной трубы, удерживающего устройства раствора, мешка жидкости, плавающего днища, торцевой крышки, трубной решетки и отражательной перегородки.

Ⅱ) Генератор низкого давления

Генератор низкого давления в агрегате двойного действия, как правило, размещается в одном цилиндре вместе с конденсатором и имеет погружаемую и распылительную конструкцию.

2. Абсорбер

Как правило, абсорбер представляет собой оросительный теплообменник с трубной конструкцией, который распыляет концентрированный раствор на поверхность трубы, поглощает пар рабочего вещества и выделяет поглощенное тепло. Как правило, существует два способа распыления концентрационного раствора в абсорбере: один из них — распыление форсункой, т.е. раствор

распыляется через форсунку при определенном давлении, для образования однородной капли, которая распыляется на теплообменной трубе; другой — оросительное распыление с использованием мелководного желоба.

3. Конденсатор

Конденсатор обычно представляет собой кожухотрубную конструкцию. Нагреваемая среда находится внутри теплообменной трубки. Пар рабочего вещества конденсируется вне трубы и превращается в воду рабочего вещества, которая собирается в поддоне нижней части конденсатора, дросселируется и поступает в испаритель. Конденсатор может быть выполнен из медной теплообменной трубы (гладкой трубы или высокоэффективной трубы с двусторонним усилением) и стальной трубной решетки, а цилиндр изготавливается из стального листа.

Конденсатор и генератор имеют одинаковое давление, и обычно расположены в одном цилиндре; конструкция показана на рисунке 7-4-1.

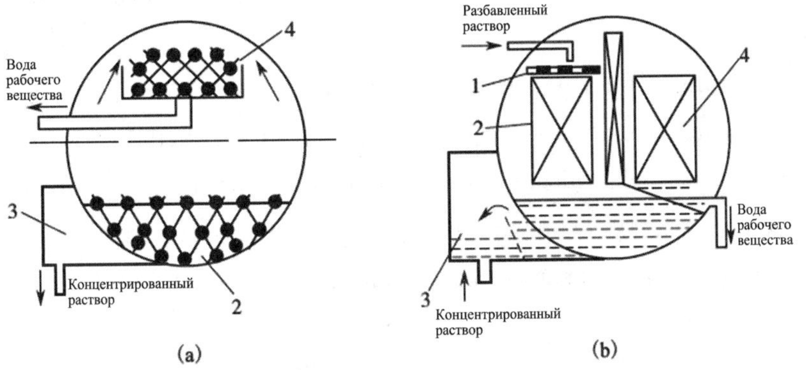

Рис. 7-4-1 Конструкция корпуса генератора-конденсатора

(a) Генератор-конденсатор с верхним и нижним расположением (b) Генератор-конденсатор с левым и правым расположением

1—поддон для распределения жидкости; 2—генератор; 3—мешок раствора; 4—конденсатор

4. Испаритель

Поскольку давление испарения абсорбционного теплового насоса на основе бромида лития относительно низкое, сопротивление рабочей жидкости при прохождении через испаритель должно быть как можно меньшим, поэтому в испарителе обычно используется кожухотрубный распылительный теплообменник, т.е. в теплообменной трубе находится низкотемпературная среда источника тепла, которая нагревает рабочее вещество за трубой до испарения. Цилиндр и

трубная решетка испарителя изготовлены из стального листа, а теплообменная труба — из красномедной гладкой трубы или высокоэффективной теплообменной трубы, такой как прокатной ребристой трубы, С-образной трубы и большой гофрированной трубы.

5. Теплообменник раствора

Теплообменник раствора, как правило, имеет кожухотрубную конструкцию, с квадратной или круглой формой, расположен под наружной частью вне основного цилиндра, корпус и трубная решетка изготавливаются из углеродистой стали, теплообменная труба выполняется из красномедной трубы или трубы из углеродистой стали, которая укреплена на трубной решетке методом развальцовка трубы или сварки. В теплообменнике раствора обычно применяется теплообмен противотоком или перекрестным током, разбавленный раствор после повышения давления насосом раствора течет в теплообменной трубе, а концентрационный раствор течет вне теплообменной трубы за счет разницы давлений и разницы потенциальных энергий между генератором и абсорбером.

6. Дроссельный узел рабочего вещества

Рабочее вещество поступает в испаритель из нижней части конденсатора через дроссельный узел. Обычно существуют два типа дроссельного компонента рабочего вещества, т.е. U-образная труба (также известная как J-образная труба) и дроссельная диафрагма, как показано на рисунке 7-4-2.

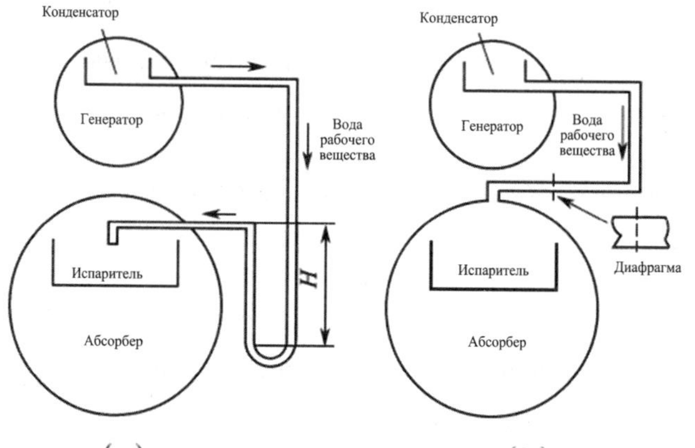

Рис. 7-4-2 Дроссельный узел рабочего вещества

(a) U-образная труба (b) Дроссельная диафрагма

1) U-образное трубное дроссельное устройство

Как показано на рисунке 7-4-2 (a), соединительная водяная труба конденсатора и испарителя выполняется в виде U-образной трубы. Чтобы предотвратить явление утечки при уменьшении количества воды рабочего вещества с низкой нагрузкой (пар непосредственно поступает в испаритель без конденсации), длина H отвода на стороне испарителя U-образной трубы должна быть больше определенного значения, т.е.:

H> разница давлений при максимальной нагрузке (mH_2O) + запас (0.1-0.3 mH_2O)

2) Диафрагмовое дроссельное устройство

Как показано на рисунке 7-4-2 (b), в водяной трубе рабочего вещества, соединяющей конденсатор с испарителем, устанавливается диафрагма или высверливается дроссельное отверстие, а также используется гидравлическое сопротивление рабочей жидкости в качестве жидкостного уплотнения (при снижении расхода рабочего вещества из-за низкой нагрузки и разрушении гидравлического затвора в поддоне конденсатора возможно прямое попадание паров рабочего вещества в испаритель) .

7. Теплообменник конденсационной воды

При использовании пара в качестве приводного источника тепла абсорбционного теплового насоса двойного действия, часто требуется теплообменник конденсационной воды. Теплообменник конденсационной воды также имеет кожухотрубную конструкцию, а теплообменная труба выполняется из красномедной трубы или медно-никелевой трубы. Однако в связи с тем, что конденсационная вода имеет определенное давление и соединяется с генератором высокого давления, теплообменник конденсационной воды следует рассматривать как бак под давлением.

8. Отсасывающее устройство

Как правило, абсорбционный бромистолитиевый тепловой насос работает в вакууме; при образовании водорода из-за утечки воздуха или воздействия ингибитора коррозии, в цилиндре накапливается небольшое количество неконденсирующийся газа, что крайне неблагоприятно для процесса теплопередачи, процесса передачи вещества во время поглощения и конденсации. Таким образом, агрегат абсорбционного бромистолитиевого теплового насоса должен не только вакуумировать систему перед включением,

но и своевременно откачивать неконденсирующийся газ в системе в процессе работы, т.е. необходимо установить автоматическое отсасывающее устройство.

Автоматическое отсасывающее устройство имеет многие формы, основной принцип заключается в использовании жидкости высокого давления во время выпуска раствора в качестве энергии газожидкостного эжектора, для образования зоны низкого давления на выходе эжектора и отсасывания неконденсирующегося газа, а образующийся двухфазный флюид поступает в газожидкостный сепаратор для сепарации, газ выпускается из агрегата, и раствор течет обратно в абсорбер.

9. Защитный насос

Защитный насос является важной движущейся частью абсорбционного теплового насоса, эквивалентно «сердцу» агрегата, среди них, насос для подачи раствора называется насосом раствора, а насос для подачи рабочего вещества — насосом рабочего вещества.

Защитный насос, как правило, является одноступенчатым центробежным насосом, ротор электродвигателя приводит направляющее колесо и рабочее колесо для транспортировки среды из входа защитного насоса на его выход. Способ смазки и охлаждения защитного насоса заключается в том, что жидкость высокого давления, проходящая через насосную камеру, через фильтрующую сетку поступает в переднюю камеру подшипника, внутреннюю полость электродвигателя, заднюю камеру подшипника и центральное отверстие вала, до зоны низкого давления всасывающего отверстия рабочего колеса, образуя внутренний цикл смазки и охлаждения. Такой способ смазки и охлаждения с внутренним циклом указывают на то, что защитный насос имеет преимущества, такие как компактная конструкция и хорошая герметичность.

10. Устройство сгорания

Для абсорбционного теплового насоса с прямым нагревом часто применяются топливная и газовая горелки, а их конструкции и принципы работы различны.

1) Топливная горелка

Принцип работы топливной горелки: шестеренчатый масляный насос в горелке обычно повышает давление топлива до 0, 5-2, 0 МПа, затем распыляет топливо через небольшое отверстие на вершине форсунки и распыляет топливо с помощью давления топлива; после этого с помощью

трансформатора зажигания, применяется ток высокого напряжения между электродами зажигания, и искра, образованная разрядом, зажигает топливо.

Конструкция топливной горелки является пистолетной, регулировка объема впрыска топлива осуществляется двумя способами: как невозвратом топлива, так и возвратом топлива. Горелка с невозвратом топлива имеет очень маленький диапазон регулировки топлива и обычно редко применяется. Для горелки с возвратом топлива, когда объем топлива избыточен, возврат топлива может осуществляться с помощью регулирующего клапана объема топлива, так что, когда давление впрыска топлива не изменяется сильно, объем топлива для сгорания регулируется в соответствии с нагрузкой. В то же время с помощью приводного электродвигателя, при открытии регулирующего клапана объема топлива, осуществляется автоматическая регулировка заслонки, обеспечивая необходимый для сгорания объем воздуха.

2）Газовая горелка

Существует два основных типа конструкции газовых горелок, т.е. пистолетного типа и кольцевого типа. Газовая горелка оснащена главной горелкой и горелкой зажигания.

Главная горелка состоит из головки горелки, воздуховода горелки, вентилятора, электродвигателя, заслонки, газовой трубы и трансформатора зажигания. Газ в главной горелке впрыскивается из газового отверстия в газовой трубе в воздух, текущий посередине, смешивается с воздухом и сжигается для образования основного пламени; а часть газовоздушной смеси через отверстие для удерживания пламени поступает в кольцевое низкоскоростное пространство вокруг главного пламени для горения, для увеличения скорости горения главного пламени, что может предотвратить тушение основного пламени из-за отрыва от горелки, и обеспечить своевременное горение при высокой нагрузке.

Газ в горелку зажигания подается через игольчатый клапан, а воздух — через выход воздуха для зажигания. Количество вводимого воздуха может регулироваться диафрагмой или игольчатым клапаном, установленным на трубопроводе входа воздуха. Воздух и газ смешиваются в нужном количестве и образуют смесь, которая выбрасывается через запальную пластину и зажигается запальной свечей. Запальная свеча расположена в центре запальной пластины; приложено высокое напряжение 6 000В между запальной пластиной и запальной свечей для образования искра между ними, которая зажигает

смешанный газ.

11. Предохранительное устройство

Защитное устройство абсорбционного теплового насоса на основе бромида лития в основном используется для предотвращения замерзания воды рабочей жидкости, кристаллизации раствора, разрыва, вызванного чрезмерным давлением агрегата, и перегрузки по току обмотки двигателя, обеспечивая безопасность сгорания агрегата с прямым нагревом; соответствующие пункты контроля и содержание контроля приведены ниже.

(1) Испаритель: температура и расход воды рабочего вещества для предотвращения замерзания воды.

(2) Генератор высокого давления: температура, давление и уровень раствора для предотвращения кристаллизации раствора.

(3) Генератор низкого давления: температура в обратнооплавленном транзисторе для предотвращения кристаллизации раствора.

(4) Абсорбер и конденсатор: температура и расход воды, подвергнутой нагреву, для предотвращения кристаллизации раствора.

(5) Экранированный насос: уровень раствора в мешке раствора для предотвращения всасывания воздуха экранированным насосом; ток электродвигателя или температура обмотки для предотвращения выжига обмотка из-за перетока.

(6) Часть сгорания агрегата с прямым нагревом: состояние пламени для обеспечения безопасного зажигания и автоматической защиты от пламени; давление газа для обеспечения безопасности газопровода и безопасности сгорания (например, предотвращение обратной вспышки при слишком низком давлении), и предотвращения чрезмерных колебаний сгорания; температура дымового газа, для обеспечения нормальной работы части рекуперации тепла сгорания и дымового тепла; давление воздуха и ток вентилятора горелки для обеспечения нормальной работы части подачи воздуха.

(7) Вакуум в агрегате: обеспечивает герметичность агрегата. Основные предохранительные устройства абсорбционного бромистолитиевого теплового насоса показаны в таблице 7-4-1.

Табл. 7-4-1 Основные предохранительные устройства абсорбционного бромистолитиевого теплового насоса

Наименование	Назначение
Контроллер расхода воды рабочего вещества	Защита от недостатка воды рабочего вещества, с отключением при объеме воды менее половины заданного значения
Контроллер низкой температуры воды рабочего вещества	Защита от замерзания воды рабочего вещества, с отключением, как правило, при температуре ниже 3 ℃
Контроллер высокого уровня воды рабочего вещества	Предотвращение кристаллизации раствора
Контроллер низкого уровня воды рабочего вещества	Предотвращение кавитации насоса рабочего вещества
Контролер уровня раствора	Предотвращение изменения уровня раствора в генераторе высокого давления (особенно генераторе высокого давления в агрегате с прямым нагревом)
Реле давления генератора высокого давления	Предотвращение высокой температуры и высокого давления генератора высокого давления
Контроллер расхода воды, подвергнутой нагреву	Защита от перебоев воды, подвергнутой нагреву, с отключением при общем объеме воды ниже 75% от заданного значения
Контроллер температуры разбавления и разбавляющее устройство при останове	Предотвращение кристаллизации при останове
Реле перегрузки насоса рабочего вещества	Защита насоса рабочего вещества
Реле перегрузки насоса раствора	Защита насоса раствора
Контроллер высокой температуры раствора	Предотвращение кристаллизации раствора и высокой температуры
Устройство автоматической плавки кристаллов	Автоматическая плавка кристаллов после кристаллизации
Предохранительный клапан	Предотвращение разрыва цилиндра при аномальном давлении
Реле температуры выхлопных газов	Предотвращение недостаточного сгорания и отказа части рекуперации тепла, для агрегата с прямым нагревом
Предохранительное устройство сгорания	Предохранительное зажигающее устройство, система защиты по давлению газа, система автоматической защиты по гашению пламени, автоматическая защита по слишком низкому давлению воздуха, защита вентилятора горелки от перегрузки по току

【Выполнение задачи】

Задача выполняется путем завершения отчета в соответствии с формулировкой и задачей проекта, см. таблицу 7-4-2 и 7-4-3.

Табл. 7-4-2 Задача проекта

Название задачи	Понимание компонентов абсорбционных тепловых насосов		
Члены группы			
Инструктор-преподаватель		Планируемое время	
Срок реализации		Место реализации	
Содержание и цель задачи			
1. Овладеть основными компонентами абсорбционного теплового насоса; 2. Уметь идентифицировать различные компоненты абсорбционного теплового насоса			
Пункты аттестации	Компоненты абсорбционного теплового насоса		
Примечание			

Табл. 7-4-3 Отчет о выполнении задачи проекта

Название задачи	Понимание компонентов абсорбционных тепловых насосов		
Члены группы			
Конкретное разделение труда			
Планируемое время		Фактическое время реализации	
Примечание			
1. Кратко опишите компоненты абсорбционного теплового насоса.			

【Оценка задачи】

Оценка задачи осуществляется по форме комплексной оценки задачи проекта, приведенной в таблице 7-4-4.

Табл. 7-4-4 Форма комплексной оценки задачи проекта

Название задачи: Время оценки: Год месяц день

Детали оценки		Стандартный балл	Полученный балл								
			Члены группы								
			Самооценка группы	Взаимная оценка между группами	Оценка преподавателя	Самооценка группы	Взаимная оценка между группами	Оценка преподавателя	Самооценка группы	Взаимная оценка между группами	Оценка преподавателя
Группа (60 баллов)	Может ли группа понять цели и прогресс обучения в целом	10									
	Существует ли четкое разделение труда между членами группы	10									
	Есть ли у группы сознание сотрудничества	10									
	Есть ли у группы инновационные идеи (методы)	10									
	Добросовестно ли группа заполнила отчет о завершении задачи	10									
	Есть ли у группы проблемы и пути их решения	10									

Детали оценки		Стандартный балл	Полученный балл								
			Члены группы								
			Самооценка группы	Взаимная оценка между группами	Оценка преподавателя	Самооценка группы	Взаимная оценка между группами	Оценка преподавателя	Самооценка группы	Взаимная оценка между группами	Оценка преподавателя
Отдельное лицо (40 баллов)	Подчиняется ли отдельное лицо постановке работы группы	10									
	Выполняет ли отдельное лицо задачи, поставленные группой	10									
	Может ли отдельное лицо своевременно общаться с членами группы	10									
	Может ли отдельное лицо тщательно описать трудности, ошибки и изменения	10									
Всего		100									

【Закрепление знаний】

(1) Генератор абсорбционного теплового насоса включает в себя ____________________________.

(2) Как правило, существует два способа разбрызгивания концентрационного раствора в абсорбере: один из них — ____________________________; другой — ____________________________.

Проект Ⅷ

Типичные примеры проектов тепловых насосов

Задача | Введение в проект геотермального теплоснабжения порта города Тяньцзинь

Многоэнергетическая синергетическая взаимодополняющая демонстрационная станция

Режим работы многоэнергетической синергетической взаимодополняющей демонстрационной станции

1. Предыстория проекта

1) Геотермальное теплоснабжение определенного порта

Портовый геотермальный отопительный центр построен на месте первоначальной портовой теплоэлектростанции, которая расположена в новом районе Биньхай города Тяньцзинь, общей площадью 2169 м². На станции теплоснабжения предусматриваются 2 газовых водогрейных котла мощностью 14 МВт (рисунок 8-1-1) и 1 высокоэффективный газовый тепловой насос мощностью 5, 06 МВт (рисунок 8-2-2), с площадью внешнего теплоснабжения около 330000 м². Вокруг станции теплоснабжения построены 4 двухступенчатых теплообменных станций.

2) Состояние геотермальных скважин на проекте

Центр геотермального отопления в порту имеет группу геотермальных скважин неогеновой формации Гуаньтаоской свиты неогеновой системы, с глубиной эксплуатационной скважины около 2000м, температурой выходящей воды 61℃, расходом 80 т/ч, глубиной скважины для пополнения подземных вод 2130м, и температурой пополнения подземных вод 15 ℃.

2. Технический анализ проекта

Повышение эффективности использования геотермальной системы является основным технологическим направлением в проекте геотермального теплоснабжения порта. Для повышения эффективности использования геотермальных ресурсов применяется последовательная схема каскадного использования в геотермальной стороне, где пластинчатый теплообменник 1-ой ступени непосредственно осуществляет теплообмен высококачественной

геотермической воды, а агрегат высокоэффективного газового теплового насоса 2-ой ступени извлекает тепло низкокачественной геотермической воды.

Рис. 8-1-1 Газовый водогрейный котел

Рис. 8-1-2 Высокоэффективный газовый тепловой насос

Высокоэффективная система использования геотермальной энергии не может быть отделена от его основного оборудования, т.е. высокоэффективного абсорбционного бромистолитиевого газового теплового насоса. Проектная тепловая мощность данного газового теплового насоса составляет 5, 06 МВт (значение COP — 2, 4), максимальное потребление газа — 224, 6м^3/ч, и температура вторичной входной и выходной воды — 45 ℃ /53 ℃. Данный агрегат использует раствор бромида лития в качестве среды, чтобы снова извлечь тепло из низкокачественной геотермальной воды, и в конечном итоге выпускать геотермальную воду при низкой температуре 15 ℃, чтобы полностью поглотить тепловую энергию из геотермальной воды и снизить температуру пополнения подземных вод.

Площадь внешнего теплоснабжения центр геотермального теплоснабжения составляет около 330 000 м2, т.е. в начале и конце отопительного сезона потребность в нагрузке составляет только около 6, 6 МВт. С помощью вышеуказанного способа высокоэффективного использования геотермальных ресурсов осуществляется каскадное использование геотермальной воды при температуре 61 ℃, максимальная выходная мощность геотермальной системы может достигать 6МВт; геотермальная вода в качестве основного источника тепла для данной зоны теплоснабжения может обеспечить работы при полной нагрузке в течение всего отопительного сезона, таким образом максимально используя геотермальные ресурсы. Текущая геотермальная система может обеспечить объем производства тепла более 60000 ГДж в год.

В случае, когда тепло геотермальной системы не может удовлетворить

потребности в теплоснабжении, в качестве дополнительного источника тепла используются 2 газовых водонагревательных котла, что обеспечивает стабильное отопление в зимний период. В то же время, 2 газовых водогрейных котла также образуют взаимодополняющий режим теплоснабжения с геотермальной системой, что позволяет избежать крупномасштабного прекращения подачи тепла при возникновении проблем в одной из двух сторон.

3. Анализ экономического эффекта геотермального теплоснабжения определенного порта

В проекте геотермального теплоснабжения порта, используется комбинированная модель теплоснабжения высокоэффективной теплопоглощающей системы и газовой водогрейной котельной, а также приняты различные меры по энергосбережению и снижению потребления, что значительно улучшило эффективность и экономичность использования энергии в централизованном теплоснабжении. В то же время взаимодополняющая комбинированная модель теплоснабжения еще больше повышает устойчивость теплоснабжения при возникновении непредвиденных обстоятельств.

1) Результаты энергосбережения и снижения потребления

После фактической эксплуатации отопительных сезонов в течение 2016-2017 и 2017-2018 гг., по статистике, геотермальная система порта обеспечивает внешнее теплоснабжение 60 000 ГДж в год, общее значение COP геотермальной системы превышает 2, 6, среднесуточное количество производства тепла достигает 500 ГДж, количество внешнего теплоснабжения увеличивается на 75% по сравнению с обычным способом геотермального теплоснабжения, экономия расхода природного газа в год составляет около 1400 000 $м^3$, расходы на газ уменьшаются на 3, 318 млн юаней, а пылевые выбросы уменьшаются на 150т, объем выброса двуокиси углерода — на 95 т, и объем выброса окиси азота — на 32т.

2) Защита геотермальных ресурсов, устойчивое развитие

Проект геотермального теплоснабжения порта полностью объединяет существующую систему газового теплоснабжения, увеличивает количество высокоэффективных газовых тепловых насосов для каскадного использования геотермальных ресурсов, реализует пополнение подземных воды при низкой температуре в течение всего отопительного сезона, уменьшает загрязнение окружающей среды, вызванное прямым выбросом, экономит расходы на выбросы загрязняющих веществ и действительно обеспечивает полное и

устойчивое развитие использование геотермальных ресурсов.

Решение геотермального теплоснабжения порта руководствуется основными принципами «передовые технологии, экологичность и энергосбережение, экономическая рациональность, безопасность и надежность», в полной мере использует геотермальные ресурсы, и одновременно добавляет многие стратегии энергосбережения, чтобы повысить коэффициент комплексного использования энергии. В проекте геотермального теплоснабжения определенного порта также применяется способ косвенного теплоснабжения, чтобы избежать коррозии системы и оборудования высокотемпературным геотермальным потоком и продлить общий срок службы геотермальной системы.

Задача Ⅱ Краткое описание проекта комплексного использования геотермальной + газовой котельной в жилом микрорайоне города Тяньцзинь

1. Предыстория проекта

Геотермальная система микрорайона в г.Тяньцзинь построена во дворе местной котельной, работающей на угле, центр теплоснабжения с превращением угля в газ данного микрорайона находится в южной части центрального района в г.Тяньцзинь, с площадью внешнего теплоснабжения около 300 000 м2. Установленная мощность геотермальной системы в микрорайоне составляет 8, 2 МВт, что обеспечивает основную нагрузку для оборотной воды первичной сети в котельной.

2. Информация о геотермальных скважинах, их конструкция и глубипа

Место расположения проекта тектонически относится к поднятию «Шуаняо» вторичного тектонического элемента выступа «Цансянь» тектонического

элемента класса III. Территория вертикально распределена с тремя основными неогеновыми формациями «Минхуачжэнь», ордовикской системы и свиты «Умишань» системы Цзисянь. В связи с тем, что тепловые коллекторы свиты «Минхуачжэнь» и ордовикской системы имеют геологические проблемы, такие как такие как небольшой объем скважинной воды и низкая температура воды, неравномерное развитие трещин в тепловых коллекторах, относительно большой риск добычи, в конечном итоге выбран тепловой коллектор свиты «Умишань» системы Цзисянь с высокой температурой воды, большим объемом воды и хорошим результатом добычи. По данным исследования можно прогнозировать, что в свите «Умишань» системы Цзисянь имеются благоприятные ресурсные условия для геотермального освоения.

Данная геотермальная скважина глубоко достигает целевого пласта свиты «Умишань» системы Цзисянь, представляет собой направленную скважину с четырьмя бурениями ствола скважины, средняя вертикальная глубина составляет 3000м, наклонная глубина — 3080м, диаметр скважин с четырьмя бурениями ствола — 152, 4мм. Это открытый колодец с температурой воды на выходе 73 ℃, температура подпитки может достигать ниже 10 ℃ в течение всего отопительного сезона. Состояние бурения в скважине приведено на рисунке 8-2-1.

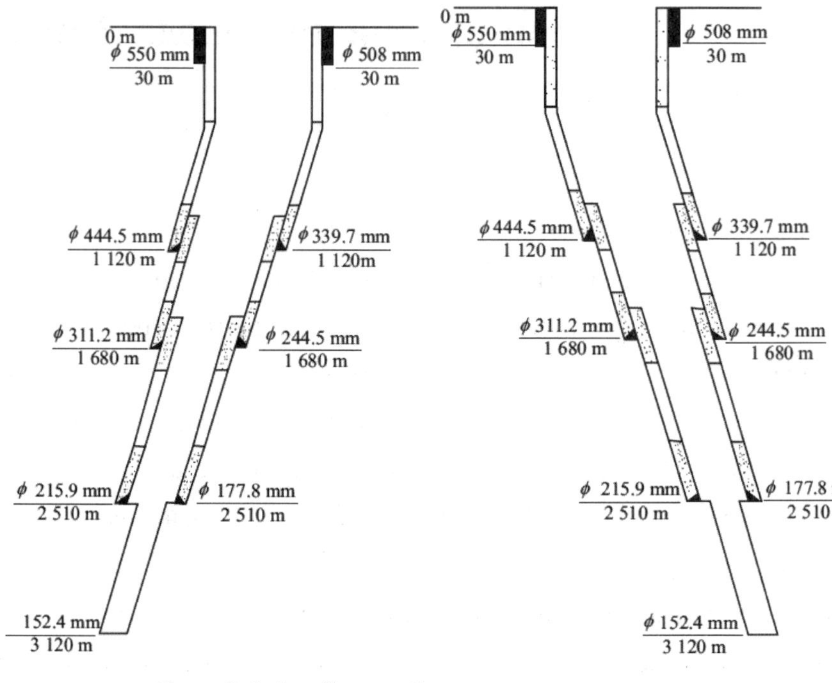

Рис. 8-2-1 Схема бурения в скважине

3. Принцип и основные параметры теплового насосного агрегата

Эффективность использования первичной геотермальной энергии может быть дополнительно повышена за счет рекуперации геотермического остаточного тепла. Среда внутри испарителя всасывается в компрессор, компрессор сжимает этот газ низкой температуры и низкого давления до газа высокой температуры и высокого давления и подает его в конденсатор, где среда охлаждается до жидкости, а затем подвергнута дросселированию и снижению температуры с помощью расширительного клапана, и потом снова поступает в испаритель для следующей циркуляции. Основные параметры теплового насосного агрегата см. таблицу 8-2-1.

Табл. 8-2-1 Основные параметры теплового насосного агрегата

Высокотемпературный тепловой насосный агрегат	
Номинальное напряжение/частота: 380В/50Гц	Температура воды на входе испарителя: 37 ℃
Модель теплового насоса: TSC087M	Температура воды на выходе испарителя: 29 ℃
Мощность: 2730 кВт	Температура воды на входе конденсатора: 45 ℃
Значение COP: 9, 365	Температура воды на выходе конденсатора: 50 ℃
Обычный тепловой насосный агрегат	
Номинальное напряжение/частота: 380В/50Гц	Температура воды на входе испарителя: 18 ℃
Модель теплового насоса: TSC100M	Температура воды на выходе испарителя: 10 ℃
Мощность: 2790 кВт	Температура воды на входе конденсатора: 45 ℃
Значение COP: 4, 989	Температура воды на выходе конденсатора: 50 ℃

4. Режим связанного теплоснабжения геотермальной скважины и теплового насоса с использованием теплоты воды + газовой котельной

В данном микрорайоне применяется 1 пластинчатый теплообменник и 2 электрических тепловых насоса в качестве источника тепла, вторичная трубопроводная сеть подключена к первичной обратной трубопроводной сети в газовой котельной в качестве основной нагрузки для теплоснабжения.

Применяется способ каскадного использования геотермальных ресурсов, сначала пластинчатый теплообменник 1-ой ступени осуществляет непосредственный теплообмен геотермальной воды 73 ℃, потом выполняется теплообмен с помощью пластинчатых теплообменников 2-ой ступени и 3-ой ступени, а также подается вода на промежуточной сторон к тепловому насосу, и после теплообмена пластинчатым теплообменником 3-ой ступени конечная пополнения подземных вод может достигать 10 ℃, из-за чего в полной мере используются геотермальные ресурсы, с суточным количеством производства

тепла 650 ГДж.

Схема системы теплоснабжения данного микрорайона показана на рисунке 8-2-2.

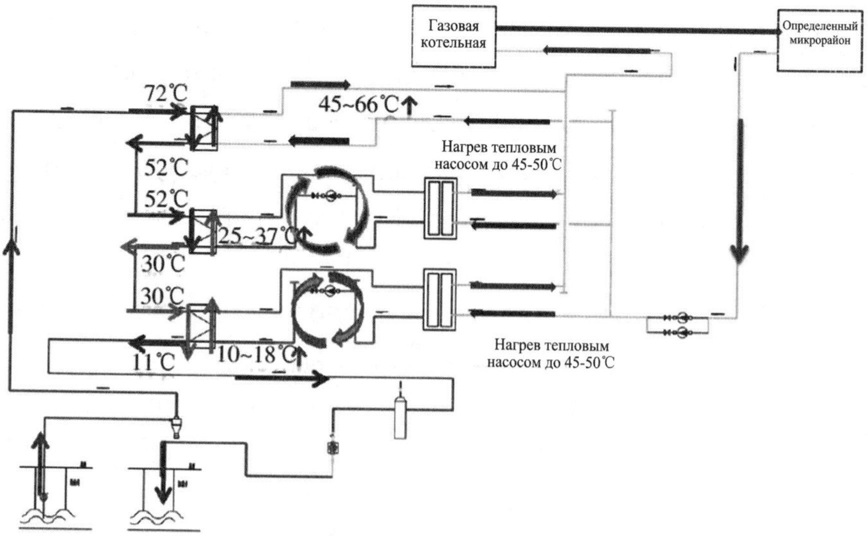

Рис. 8-2-2 Схема системы теплоснабжения микрорайона

5. Энергосбережение и сокращение выбросов

Годовое количество внешнего теплоснабжения данной системы может достигать 85 000 ГДж, что на 70% больше, чем в обычной ситуации, что позволяет экономить расход природного газа 2 592 500м^3. Данный проект позволяет ежегодно экономить 3 460 т стандартного угля на энергосбережении и сокращении выбросов, сократить выбросы двуокиси серы на 259, 5 т, окиси азота на 129, 75 т, углекислого газа на 8 625, 78 т, пыли на 2 352, 8 т.

Реализация проекта позволила эффективно сохранить экологическую среду и в то же время создать благоприятную базовую среду для оптимизации экоэнергетической структуры, значительно снизить загрязнение среды обитания людей, добиться высоких экономических, экологических и социальных выгод.

6. Характеристики использования проекта

(1) Применяется режим последовательного соединения в геотермальной стороне, одновременно применяется технология каскадного использования «геотермальная скважина + высокоэффективный тепловой насосный агрегат», значение COP высокоэффективного теплового насосного агрегата может достигать 11, общее значение COP системы достигает 9, в полной мере

используется геотермальная энергия, и конечная температура дренажа может достигать 10 ℃.

(2) В связи с тем, что температура входной воды в испаритель высокоэффективного теплового насоса достигает 37 ℃, температура масляной ванны не стабильна, часто возникает «помпаж» и невозможна длительная и эффективная работа при полной нагрузке, следует установить внешнюю систему охлаждения масла для осуществления автоматического контроля температуры в масляном баке, и провести регулирование внешней системы охлаждения, чтобы температура в масляном баке, поддерживалась в пределах нормальных параметров, таким образом значительно повышая характеристики оборудования и количество часов использования.

(3) Согласно стратегии регулирования, контроля и управления, в которой осуществляются связь и взаимодополнение с котельной, геотермальная система применяется в качестве основного источника тепла, чтобы обеспечить максимальную эффективность выхода геотермальной системы в течение всего отопительного сезона и использование геотермальной энергии по 100%.

(4) В системе управления применяется небольшая система DCS для осуществления функции всей системы управления, повышения способности автоматического регулирования и контроля системы, достижения режима работы без обслуживающего персонала и с обходной проверкой персоналом, выполнения точного управления, а также обеспечения безопасного, стабильного и оптимального рабочего режима оборудования, таким образом позволяя достичь эффективной производительности.

(5) Осуществление пополнения геотермальной исходной водой во избежание загрязнения подземных вод, одновременно уменьшая загрязнение окружающей среды, вызванное прямым сбросом геотермального потока, экономия расходов на выбросы загрязняющих веществ и осуществление устойчивого освоения геотермальных ресурсов.

Задача III Применение абсорбционного холодильника на основе бромида лития в стекольной промышленности

Абсорбционное охлаждение на основе бромида лития, как новый метод охлаждения, привлекает все больше и больше внимания. В технологии производства стекла, в частности на линии производства стекла флоат-методом, в целях обеспечения точности управления и безопасной работы контрольно-измерительных приборов, в пункте управления, таких как пункт управления разгрузочным торцом печи, ЦПУ, помещение регулятора мощности оловянного бака, помещение регулятора мощности печи для отжига, и помещение управления холодным концом, установлены системы кондиционирования воздуха, отвечающие требованиям оборудования к температуре окружающей среды. В нынешних условиях, когда требования к энергосбережению и сокращению выбросов становятся все более насущными, бромистолитиевое абсорбционное охлаждающее оборудование является оптимальным вариантом, что позволяет системе кондиционирования воздуха более энергоэффективной и экологически чистой.

1. Принцип бромистолитиевого абсорбционного охлаждения

Хладагентная вода в испарителе испаряется на поверхности теплообменной трубки, отбирая тепло холодной воды в трубке, снижая температуру холодной воды, таким образом, производя холод. Пары охлаждающей смеси, образующиеся в результате испарения в испарителе, поглощаются концентрированным раствором в абсорбере, из-за чего концентрированный раствор превращается в разбавленный раствор. Разбавленный раствор из абсорбера подается насосом раствора, и через низкотемпературный

теплообменник, промперегреватель конденсационной воды и высокотемпературный теплообменник направляется в генератор высокого давления, где нагревается греющим паром, образуется первичный пар охлаждающей смеси и концентрируется в промежуточный раствор; промежуточный раствор, после теплообмена для снижения температуры в высокотемпературном теплообменнике, поступает в генератор низкого давления, нагревается первичным паром охлаждающей смеси из генератора высокого давления, и образуется вторичный пар охлаждающей смеси, который концентрируется в концентрированный раствор. После тепловыделения через низкотемпературный теплообменник, концентрированный раствор поступает в абсорбер, поглощает пар охлаждающей смеси из испарителя, в результате чего концентрированный раствор превращается в разбавленный раствор и входит в следующую циркуляцию. Пар охлаждающей смеси (вода), образованный генераторами высокого давления и низкого давления, охлаждается в конденсаторе в воду охлаждающей смеси, которая, после дросселирования и снижения давления, поступает в испаритель, и после испарения и охлаждения вышеуказанный цикл повторяется, образуя технологический процесс непрерывного охлаждения. Принцип работы бромистолитиевого абсорбционного охлаждения показан на рисунке 8-3-1.

2. Источник энергии бромистолитиевого абсорбционного охлаждения

Из принципа работы бромистолитиевого абсорбционного охлаждения ясно, что энергия, обеспечивающая охлаждение, является источником тепла. В линии производства стекла плавильная печь производит большое количество отработанного газа, после теплообмена в котле-утилизаторе получается насыщенный пар, который служит источником тепла для производства. Таким образом, можно рассмотреть возможность обеспечения источников тепла бромистолитиевого абсорбционного охлаждения с помощью утилизационной котельной, т.е. источников тепла насыщенных паров.

На предприятии по производству стекла для подачи пара используется утилизационная котельная, в качестве основного блока кондиционирования воздуха применяется паровой бромистолитиевый абсорбционный охлаждающий агрегат, и предусматривается центральный кондиционер для удовлетворения требованиям к температуре окружающей среды в пункте управления, офисах и других кондиционируемых помещениях в цехах, с очевидным эффектом

энергосбережения. Стеклянная промышленность по своим характеристикам обеспечивает кондиционирование воздуха доступного источника отработанного тепла, в то время бромистолитиевый абсорбционный охлаждающий агрегат значительно повышает социальные и экономические выгоды предприятий благодаря его значительному эффекту экономии электроэнергии и охраны окружающей среды.

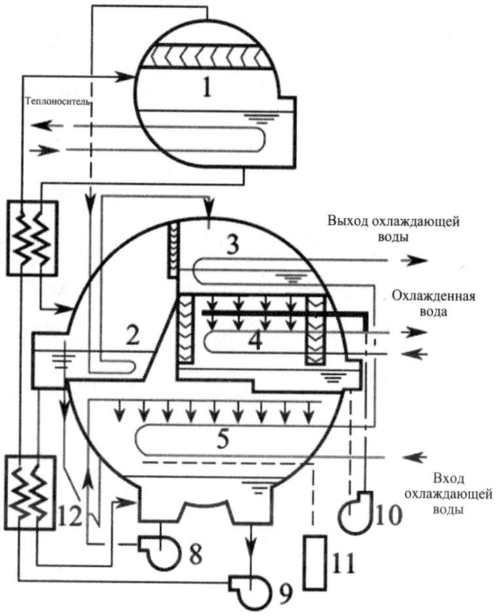

Рис. 8-3-1 Принцип работы абсорбционного бромистолитиевого охлаждения

1—генератор высокого напряжения; 2—генератор низкого напряжения; 3—конденсатор; 4—испаритель; 5—абсорбер; 6—высокотемпературный теплообменник; 7—низкотемпературный теплообменник; 8—насос абсорбера; 9—насос генератора; 10—насос испарителя; 11—отсасывающее устройство; 12—противокристаллическая труба

Задача Ⅳ Применение аммиачно-водного абсорбционного холодильника в новой энергетике

Абсорбционное охлаждающее оборудование может использовать низкопотенциальный источник энергии в качестве энергии и не использовать фреон в качестве хладагента, что позволяет экономить энергию и снижать потребление, уменьшать загрязнение атмосферной среды парниковыми газами и фреоном.

Солнечный водоаммиачный абсорбционный охлаждающий кондиционер использует тепловую энергию из солнечного коллектора для привода водоаммиачного абсорбционного охлаждающего оборудования, и в основном состоит из солнечного коллектора и водоаммиачного абсорбционного охлаждающего оборудования.

Солнечный водоаммиачный абсорбционный охлаждающий кондиционер фактически использует солнечный коллектор в сочетании с диффузионно-абсорбционным охлаждающим оборудованием, использует тепло солнечного света, поглощенное солнечным коллектором, для получения горячей воды и обеспечения энергии для диффузионно-абсорбционного охлаждающего оборудования, чтобы приводить диффузионно-абсорбционное охлаждающее оборудование, и с помощью низкопотенциальной тепловой энергии, обеспеченной солнечным коллектором, в качестве компенсации осуществлять цикл охлаждения кондиционера. Конструкция солнечного аммиачно-водяного абсорбционного охлаждающего кондиционера показана на рисунке 8-4-1.

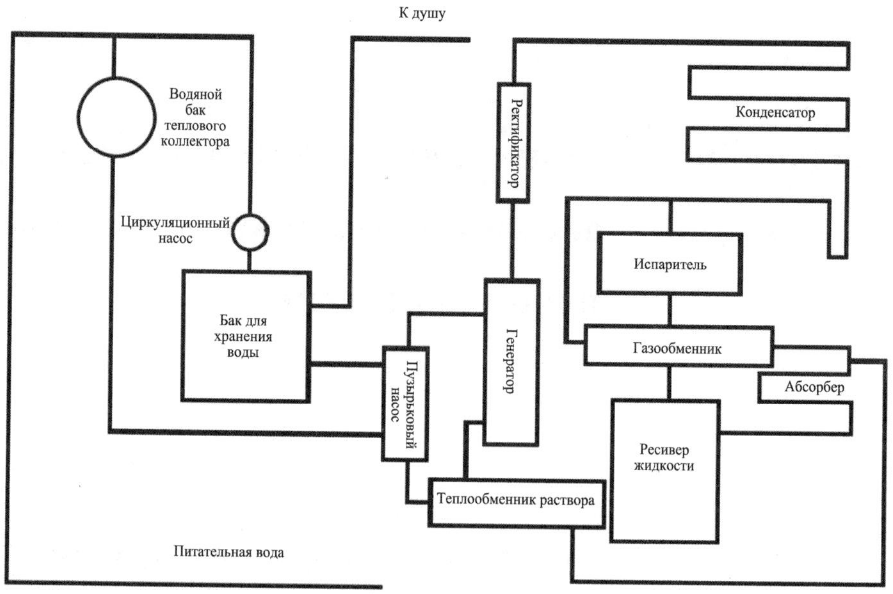

Рис. 8-4-1 Конструкция солнечного аммиачно-водяного абсорбционного охлаждающего кондиционера

1. Солнечный коллектор

В настоящее время технология производства солнечных коллекторов достигла совершенства, и вода-теплоноситель, обеспечиваемая солнечным водонагревателем, может удовлетворять требованиям водоаммиачного ого охлаждающего оборудования. Ниже анализируется принцип работы и конструктивные особенности солнечных коллекторов на примере теплопроводного вакуумно-трубного коллектора.

Теплопроводный вакуумно-трубный коллектор в основном состоит из теплопроводной вакуумной трубы и коллектора (водяного бака), для соединения конденсационного конца теплопроводной вакуумной трубы с водяным баком применяется специальная уплотнительная конструкция. Принцип работы коллектора заключается в непрерывной передаче поглощенной солнечной энергии на конденсационный конец для нагрева воды с использованием процесса цикла паро-жидкостного фазового изменения рабочего вещества в теплопроводе. При воздействии солнечного света на теплопоглощающей пластине в вакуумной трубе рабочее вещество в теплопроводе подвергается нагреву для кипения и парообразования, а пар непрерывно устремляется к верхнему конденсационному концу, и в этом конце

выделяет тепло и конденсируется в жидкость, которая возвращается по стенке трубы в участок испарения теплопровода, таким образом, завершая один цикл. Благодаря отличным теплопередающим свойствам, теплопровод может эффективно поглощать энергию солнечного излучения и непосредственно преобразовать ее в тепловую энергию, непрерывно передавать тепло на конденсационный конец для выделения тепла за счет испарения и конденсации рабочего вещества внутри теплопроводе, таким образом, вода в водяном баке непрерывно нагревается, с рабочей температурой до 70-120 ℃. В процессе сбора тепла, теплопровод может быстро передать все поглощенное тепло к воде в водяном баке, без обратного течения тепла. Даже при изменяющих состояниях погоды, световая энергия рассеянного излучения с низкой плотностью может быть преобразована в тепловую энергию, что дает больше горячей воды, чем другие типы водонагревателей.

2. Абсорбционное охлаждающее оборудования

1) Водоаммиачное абсорбционное охлаждение

Водоаммиачное абсорбционное охлаждение осуществляется с использованием в качестве рабочего вещества бинарного раствора, состоящего из аммиака и воды; эти два вещества имеют разную температуру кипения при одном давлении, а среди них, компонент с высокой температурой кипения называется абсорбентом, а компонент с низкой температурой кипения — хладагентом. Водоаммиачное абсорбционное охлаждение осуществляется с использованием аммиака в качестве хладагента; используя физическое свойство раствора, концентрация которого изменяется в зависимости от его температуры и давления, хладагент отделяется от раствора, и охлаждается путем испарения хладагента, а также поглощается с помощью раствора. Поскольку этот способ охлаждения заключается в завершении цикла хладагента с использованием изменения массовой доли абсорбента, он называется абсорбционным охлаждением.

Водоаммиачная абсорбционная система охлаждения состоит из абсорбера, насоса раствора, генератора, конденсатора, испарителя и дроссельного клапана. Процесс циркуляции хладагента: насыщенная аммиаком жидкость, выведенная из конденсатора, после дросселирования, снижения давления и температуры через регулирующий клапан снижения давления, поступает в испаритель для поглощения тепла под постоянным давлением и превращается в

сухой насыщенный пар, а затем пара аммиака поступает в абсорбер, и поглощается разбавленным раствором аммиачной воды из генератора для повышения концентрации раствора аммиачной воды; после повышения давления через насос раствора, концентрированный раствор аммиачной воды поступает в генератор, нагревается и испаряется для образования пара аммиака, который поступает в конденсатор, выделяет тепло под постоянным давлением и конденсируется в насыщенную аммиаком жидкость. Процесс циркуляции абсорбента: разбавленный раствор аммиачной воды из генератора входит в абсорбер через дроссельный клапан для поглощения пара аммиака и получения концентрационного раствора аммиачной воды, который, после повышения давления через насос раствора, входит в генератор, нагревается и испаряется для образования пара аммиака, таким образом, получается разбавленный раствор аммиачной воды.

Принцип работы водоаммиачного абсорбционного цикла охлаждения показан на рисунке 8-4-2.

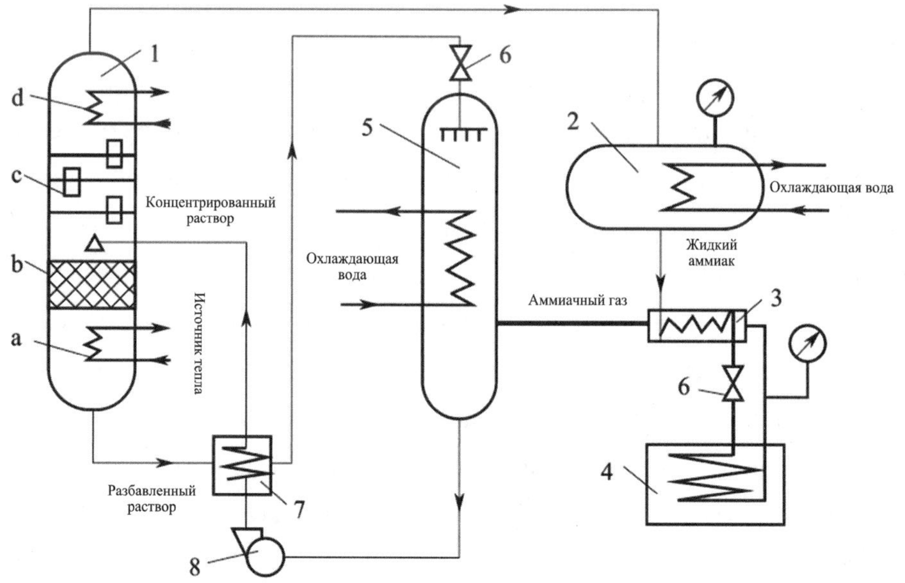

Рис. 8-4-2 Принцип работы аммиачно-водяного абсорбционного цикла охлаждения

1—ректификационная колонна; 2—конденсатор; 3—промперегреватель; 4—испаритель; 5—абсорбер; 6—дроссельный клапан; 7—теплообменник раствора; 8—насос раствора; a—генератор; b—отпарная секция; c—ректифицирующая секция; d—обратный конденсатор

2）Диффузионно-абсорбционное охлаждение

Для диффузионно-абсорбционного охлаждения также применяется принцип водоаммиачного абсорбционного охлаждения, но циркулирующее рабочее вещество состоит из трех компонентов, в том числе аммиак используется в качестве хладагента, разбавленный раствор аммиачной воды — абсорбент, а водород — диффузат. Этот способ охлаждения называется диффузионно-абсорбционным охлаждением из-за образования диффузии аммиака и водорода в испарителях и абсорберах. Баланс давления диффузионно-абсорбционной системы охлаждения достигается за счет подачи водорода в испаритель и абсорбер, хотя общее давление всех частей системы практически одинаково, но при наличии водорода парциальное давление аммиака везде неодинаково, при этом парциальное давление пара аммиака в испарителе и абсорбере（на конце низкого давления）ниже, чем в генераторе и конденсаторе без водорода（на конце высокого давления）, поэтому аммиак подвергнут парообразованию в испарителе при низкой температуре и низком давлении, и конденсации в конденсаторе при высокой температуре и высоком давлении для получения жидкости. В испарителе, после испарения паром аммиака и водородом образуется газовая смесь водорода и аммиака; в газовой смеси водорода и аммиака парциальное давление аммиака очень низко（2-3 бар）, а парциальное давление водорода велико（12-13 бар）, аммиак сильно испаряется из водного раствора аммиака и распространяется в газовую смесь; этот процесс равнозначен процессу дросселирования в паровом компрессорном охлаждении, водный раствор аммиака подвергнут снижению давления с высокого давления 14 бар до низкого давления около 2 бар, поэтому происходит охлаждение поглощением тепла и парообразованием. В абсорбере пар аммиака из газовой смеси водорода и аммиака поглощается разбавленным раствором аммиачной воды, а водород, не растворенный в разбавленной аммиачной воде, имеет небольшую плотность и легко перемещается вверх для входа в испаритель, таким образом способствуя циркуляцию охлаждающего пара в системе.

Диффузионно-абсорбционная система охлаждения состоит из резервуара для жидкости, теплообменника растворов, пузырькового насоса, подъемной трубы, генератора, ректификатора, конденсатора, гидравлического затвора, испарителя, газового теплообменника, абсорбера. Ниже описывается процесс циркуляции раствора аммиачной воды, водорода и аммиака в диффузно-

абсорбционной системе охлаждения.

Ⅰ. Циклический процесс раствора аммиачной воды

Концентрированный раствор аммиачной воды из резервуара для жидкости через теплообменник раствора и разбавленный раствор аммиачной воды из генератора, после предварительного нагрева, поступают в пузырьковый насос и нагреваются водой-теплоносителем из солнечного коллектора (или другими источниками тепла) до кипения, в результате чего образованные пузырьки движутся вверх и поднимают раствор по подъемной трубе в генератор для дальнейшего испарения, чтобы аммиак испаряется, позволяя концентрированному раствора аммиачной воды превращаться в разбавленный раствор аммиачной воды; такой разбавленный раствор аммиачной воды выходит из дна генератора, подвергнут теплообмену через теплообменник раствора с концентрированным раствором аммиачной воды из резервуара для жидкости, и после этого входит в верхнюю часть абсорбера, поглощает аммиак в газовой смеси водорода-аммиака из резервуара для жидкости, и тем самым превращается в концентрированный раствор аммиачной воды, который снова возвращается в резервуар для жидкости.

Ⅱ. Процесс циркуляции газовой смеси водорода-аммиака

Пар аммиака и водяной пар из генератора поступают в ректификатор, и после теплообмена с внешней средой снижается температура, в результате чего водяной пар выделяется и течет обратно в генератор, а пар аммиака поступает в конденсатор для конденсации в жидкий аммиак, а жидкий аммиак поступает в испаритель для поглощения тепла внешней среды и выделения скрытой теплоты парообразования для охлаждения. Аммиак в испарителе смешивается с водородом из абсорбера для образования газовой смеси водорода-аммиака. По мере продолжения процесса испарения парциальное давление паров аммиака продолжает расти. Низкотемпературная газовая смесь водорода-аммиака, содержащая больше аммиака, подвергается теплообмену через газовой теплообменник, и потом поступает в резервуар для жидкости. Газовая смесь водорода-аммиака, выходящая из резервуара для жидкости, поступает в абсорбер, двигается снизу вверх и контактирует с разбавленным раствором аммиачной воды из теплообменника раствора. После поглощения аммиака в газовой смеси водорода-аммиака разбавленным раствором аммиачной воды, парциальное давление газовой смеси постепенно снижается, что не только

обеспечивает стабильное низкое давление в испарителе, но и уменьшает долю аммиака в газовой смеси водорода-аммиака; в итоге газовая смесь почти полностью состоит из водорода, который из-за легкости выпускается из верхней части абсорбера, поступает в газовый теплообменник для охлаждения, а затем входит в испаритель для повторной циркуляции.

Применение бытового кондиционера в сочетании с теплопроводным вакуумно-трубным коллектором и абсорбционным охлаждающим оборудованием открывает новую область применения солнечной энергии, что позволяет не только значительно снизить потребление электроэнергии кондиционером и экономить эксплуатационные расходы, но и значительно уменьшить потребление традиционного источника энергии, уменьшить загрязнение атмосферы парниковыми газами и фреоном, что способствует экономии ресурсов и охране окружающей среды, с очевидными экономическими, социальными и экологическими выгодами.

Справочная литература

[1] Хуан Сян. Кондиционирование воздуха [М]. Пекин: Издательство машиностроения, 2017.

[2] Чжэн Айпин. Кондиционирование воздуха [М]. Пекин: Издательство науки, 2016.

[3] Яо Ян. Технологии тепловых насосов для отопления, вентиляции и кондиционирования [М]. Пекин: Издательство строительной промышленности Китая, 2008.

[4] Ши Вэньсин, Ван Баолун, Шао Шуанцюань. Проектирование малогабаритных тепловых насосных установок [М]. Пекин: Издательство

[5] Ши Вэньсин, Тянь Чанцин, Ван Баолун. Холодильные технологии для кондиционирования воздуха [М]. Пекин: Издательство строительной промышленности Китая, 2016.

[6] Цзя Юнкан. Системы холодоснабжения и теплоснабжения для оборудования зданий [М]. Пекин: Издательство машиностроения, 2013.

[7] Чжан Чан. Технологии тепловых насосов и их применение [М]. Пекин: Издательство машиностроения, 2015.

[8] Чжун Сяохуй, Гоу Юйцзюнь. Технология и применение абсорбционных тепловых насосов [М]. Пекин: Издательство металлургической промышленности, 2014.

[9] У Дэмин, Цай Чжэньдун. Технологии применения центробежных насосов [М]. Пекин: Китайское нефтехимическое издательство, 2013.

[10] Чэнь Дун. Техническое руководство на тепловые насосы [М]. Пекин: Издательство химической промышленности, 2012.

[11] Ма Цзуйлян, Яо Ян, Цзян Ицян и др. Теоретическая основа и практика применения технологий тепловых насосов [М]. Пекин: Издательство строительной промышленности Китая, 2010.

[12] Чжун Сяохуй, Гоу Юйцзюнь. Технология и применение абсорбционных тепловых насосов [М]. Пекин: Издательство металлургической промышленности, 2014.

[13] У Яньпэн. Производство холода и технология тепловых насосов [М]. Пекин:

[14] Ли Юаньчжэ, Цзян Пэнбо, Сюй Цзе. Пирменение тепловых насосов, использующих энергию солнца и теплоту воздуха, для энергосбережения в зданиях [М]. Пекин: Издательство химической промышленности, 2015.

[15] Хэ Цзюньцзе. Холодильные технологии [М]. Пекин: Издательство машиностроения, 2012.

[16] Люй Юе. Проектирование и применение системы геотермальных тепловых насосов [М]. Пекин: Издательство машиностроения, 2014.